Matemática financeira aplicada

Dados Internacionais de Catalogação na Publicação (CIP) (Câmara Brasileira do Livro, SP, Brasil)

Castelo Branco, Anísio Costa
Matemática financeira aplicada : método algébrico, HP-12C : Microsoft Excel® / Anísio Costa Castelo Branco - 4. ed. - São Paulo : Cengage Learning, 2023.

4. reimpr. da 4. ed. de 2016.
ISBN 978-85-221-2213-4

1. HP-12C (Calculadora) 2. Matemática financeira 3. Matemática financeira - Programa de computador 4. Microsoft Excel (Programa de computador) I. Título.

15-00436 CDD-515

Índice para catálogo sistemático:

1. Matemática financeira 650.01513

Matemática financeira aplicada

Método Algébrico, HP-12C, Microsoft Excel®

4ª edição revista e ampliada

Anísio Costa Castelo Branco

CENGAGE

Austrália • Brasil • México • Cingapura • Reino Unido • Estados Unidos

Matemática financeira aplicada – Método algébrico, HP-12C, Microsoft Excel® – 4ª edição revista e ampliada
Anísio Costa Castelo Branco

Gerente editorial: Noelma Brocanelli

Editora de desenvolvimento: Salete Del Guerra

Supervisora de produção gráfica: Fabiana Alencar Albuquerque

Imagem de abertura: Login/Shutterstock

Ilustrações: Tony Fernandes

Diagramação e capa: Triall Composição Editorial Ltda.

Imagens de capa: Johann Carl Friedrich Gauss: Nicku/ Shutterstock; Richard Price: Gravura de T. Holloway a partir de pintura de Benjamin West/Welcome Library

Para informações sobre nossos produtos, entre em contato pelo telefone **+55 (11) 3665-9900**

Para permissão de uso de material desta obra, envie seu pedido para **direitosautorais@cengage.com**

ISBN-13: 978-85-221-2213-4
ISBN-10: 85-221-2213-X

Cengage Learning
WeWork
Rua Cerro Corá, 2175 – Alto da Lapa
São Paulo – SP – CEP 05061-450
Tel.: +55 (11) 3665-9900

Para suas soluções de curso e aprendizado, visite **www.cengage.com.br**

Impresso no Brasil
Printed in Brazil
4ª reimpressão – 2023

Comentários às edições anteriores

"O livro do Professor Castelo Branco obteve o mérito de simplificar o que normalmente é de complexo entendimento para a maioria das pessoas; o formato de multiplicidade na forma de obter as soluções de cada problema facilitará muito o processo de aprendizagem."

José Carlos Damasceno
Coordenador da Área de Treinamento e
Desenvolvimento Profissional – Senac/SP

"O livro do Professor Castelo Branco é um verdadeiro guia prático para o aprendizado e consultas de questões do dia a dia envolvendo a matemática financeira. É um instrumento valioso para profissionais que utilizam planilhas eletrônicas do Microsoft Excel® para realizarem cálculos financeiros. Recomendo o livro para iniciantes e para aquelas pessoas que já conhecem matemática financeira e eventualmente necessitam relembrar os conceitos e fórmulas."

Luiz Antonio Guariente
Superintendente de Auditoria
Interna do Unibanco S.A.

"O livro do Professor Castelo foi um divisor de águas para o aprendizado de matemática financeira. Não só demonstra como se faz as contas de forma algébrica como também demonstra a utilização do Excel. Muitos dos meus alunos comentam sobre como o livro é fácil de ler e, principalmente, de compreender."

Luiz Gustavo Mauro Cardoso
Professor de Finanças da Faculdade São Luís e
Consultor Financeiro em Fusões e Aquisições

"Tive o prazer de fazer o Prefácio da 1ª edição do livro *Matemática Financeira Aplicada*, do Professor Castelo Branco. Também tive a honra de ter sido seu professor no curso de graduação em Administração de Empresas e, falando como professor, posso afirmar que o livro é muito didático, prático e objetivo, ou seja, essencial para as disciplinas de Administração Financeira e Matemática Financeira."

Maurício Agudo Romão
Diretor Financeiro da Credicard S/A
Mestre em Finanças pela FGV/SP

A toda sociedade brasileira que durante anos foi privada deste conhecimento e discussão, principalmente nas obras acadêmicas, no que diz respeito aos conceitos do método de Gauss.

Aos meus filhos, *Valentina* (7 anos) e *Fernando Castelo Branco* (13 anos), que tiveram horas roubadas de meu convívio durante a elaboração desta edição.

Agradecimentos

Aos leitores que esgotaram a 1ª, 2ª e 3ª edições e, principalmente, àqueles que contribuíram com sugestões para aperfeiçoamento do nosso trabalho.

Aos distribuidores, livreiros, sites, professores e divulgadores do nosso trabalho.

A toda equipe da editora Cengage, que sempre acreditou em nosso projeto editorial, principalmente pelo lançamento da primeira tabela de fórmulas do Brasil e, nesta edição, por publicar os conceitos de Gauss aplicáveis a matemática financeira.

Um agradecimento especial a **Dra. Adriana Borghi Fernandes Monteiro**, **Dr. Gilberto Nonaka** e **Prof. Dr. Roberto Senise Lisboa**, promotores de justiça do Ministério Público do Estado de São Paulo (MPSP), por acreditar no consumidor brasileiro.

A economista **Neide Ayoub**, da Fundação PROCON/SP, pelo incentivo e discussões sobre os métodos de capitalização de juros adotados no Brasil, principalmente sobre adoção do método de Gauss (juros simples) em financiamentos imobiliários.

A minha parceira **Nataline Albuquerque de Moura**, pelas dicas e apoio.

A minha equipe de trabalho, representada por minhas companheiras **Bruna Alimari** e **Aline Matos**, pelo suporte recebido.

Mas o agradecimentos maior, sem dúvida, é a **Deus**, que sempre esteve ao meu lado nos momentos infinitamente difíceis e **nunca me deixou faltar a fé**, mesmo em situações improváveis de acontecer.

Apresentação

Este livro tem como objetivo principal mostrar, de forma clara, por meio de exemplos práticos, os conceitos da *matemática financeira* e suas aplicações, e utiliza para isso uma metodologia objetiva e de fácil compreensão.

A maior novidade desta edição, sem dúvida, são os conceitos de Gauss inseridos em vários momentos do livro, demonstrando que tudo aquilo que se pode calcular em *juros compostos* também pode ser igualmente calculado em *juros simples*.

Várias formas de solução para os exemplos apresentados são mostradas, principalmente na forma algébrica, pela calculadora financeira HP-12C e, em alguns casos, pelo programa de planilhas eletrônicas Excel®.

As soluções obedecem sempre à sequência abaixo:

- **1ª solução** (*forma algébrica*);
- **2ª solução** (*pela HP-12C – sequência de teclas ou funções financeiras*); e
- **3ª solução** (*pelo programa de planilhas Excel® – seguindo as fórmulas apresentadas ou funções financeiras específicas*).

O livro contém ainda dois anexos: são tabelas financeiras que poderão ser utilizadas quando não houver a disponibilidade de calculadoras financeiras ou planilhas eletrônicas Excel®.

Anexo 1: Tabela de Fatores de Financiamento para Simulação da Prestação Mensal Fixa a Juros simples (método de Gauss);

Anexo 2: Tabelas Financeiras a Juros Compostos (Tabela Price).

Este livro conta com slides em Power Point como material de apoio para auxiliar o professor em suas aulas. O professor tem a possibilidade de alterar os slides conforme suas necessidades. O material está disponível na página do livro, no site da Cengage Learning em: www.cengage.com.br.

Sumário

Capítulo 2 JUROS SIMPLES

Capítulo 3 JUROS COMPOSTOS

Capítulo 4 OPERAÇÕES COM TAXAS DE JUROS

Capítulo 5 DESCONTOS

Capítulo 6 SÉRIES DE PAGAMENTOS

Capítulo 7 SISTEMAS DE AMORTIZAÇÃO DE EMPRÉSTIMOS E FINANCIAMENTOS

Prefácio à 4ª edição

O estudo da responsabilidade civil vem ganhando novos contornos, especialmente a partir da previsão legal da chamada *teoria do risco*, que o Código Civil de 2002 prevê com base na norma jurídica expressa ou, ainda, no reconhecimento judicial do risco da atividade normalmente desenvolvida pelo agente.

A reparação por danos patrimoniais e morais, nos sistemas econômicos de maior estabilidade da moeda, dá ênfase ao estudo dos juros, assim entendidos como remuneração pelo capital devido.

Entretanto, a sociedade da informação em que hodiernamente se convive, superabunda em acesso aos dados, porém carece da adequada transmissão dos dados. Equivale dizer: o adquirente de produtos e serviços, assim como o tomador de empréstimos e o devedor precisam ser mais bem esclarecidos (não apenas informados, portanto) sobre a imputação dos juros decorrentes do negócio jurídico ou, até mesmo, da decisão judicial.

O autor da obra *Matemática financeira aplicada*, professor Anísio Costa Castelo Branco, procura transmitir, em linguagem escorreita e com didática ímpar, os fundamentos e o estudo dos juros simples e dos juros compostos. Depois de tecer os comentários e as críticas sobre as operações com taxas de juros, trata dos descontos e das séries de pagamentos para, em seguida, dispor sobre os sistemas de amortização de empréstimos e financiamentos (o francês, a Tabela *Price*, o SAC, o SAM, o SACRE e o SAA). Por fim, analisa os investimentos mais corriqueiros, efetuando comparações interessantes entre as operações de *leasing* e o financiamento.

Trata-se de obra acessível ao operador do direito, que nela encontrará estudo compreensível para o debate de importantes questões negociais e judiciais, que certamente despertarão a jurisprudência no seu constante aprimoramento.

Roberto Senise Lisboa
Livre-Docente em Direito Civil pela USP
Professor de Direito Internacional da PUCSP
Professor Emérito de Direito Civil das FMU
Promotor de Justiça do Consumidor em São Paulo

Prefácio à 3ª edição

Com muita honra aceitei prefaciar o livro do Professor Castelo Branco sobre matemática financeira.

Este nobre professor, através de sua obra, ilumina a sociedade com seus conhecimentos e dedicação ao tema, tão importante e atual.

A matéria é complexa e exige do profissional capacidade de exteriorização, comum ao Professor Castelo Branco, que, além de estudioso do assunto, é preocupado com a realidade da sociedade brasileira no que diz respeito aos cálculos de financiamento, sobretudo aqueles relacionados ao mercado imobiliário.

A sensibilidade do Professor Castelo Branco com as questões relativas à sociedade de consumo o levou rumo à Presidência do Instituto de Defesa do Consumidor e Cidadania (DeconSP), à frente do qual vem desenvolvendo sérios trabalhos para a proteção dos consumidores diante de sua reconhecida vulnerabilidade nas relações de consumo.

Esta obra atende não apenas aos anseios dos estudantes universitários, matemáticos, economistas, mas também de juristas, tais como advogados, membros do Ministério Público, Magistratura, Defensoria Pública, ou seja, de todos aqueles que, na incansável batalha pela defesa dos consumidores, necessitam de esclarecimentos e detalhamentos técnicos sobre a matemática financeira para o exercício de seu mister.

Desde o primeiro contato que tivemos com o Professor Castelo Branco presenciamos o seu domínio acerca da matemática financeira e o incomensurável interesse pela defesa do consumidor, na medida em que correlaciona os conceitos e práticas da matemática ao cotidiano das pessoas, sempre de modo que trabalhe na defesa de seus direitos mais basilares, em clara demonstração de que a matemática corretamente aplicada pode se tornar um poderoso instrumento nas mãos dos consumidores para que não se deixem conduzir pelo oportunismo do mercado.

Já estamos na terceira edição desta obra, que vem se destacando como ferramenta indispensável para o entendimento de questões que esbarram nas necessidades da sociedade de consumo de serviços financeiros.

Parabenizo o brilhante Professor Castelo Branco não apenas por sua obra, mas pelo Ser Humano que tem se mostrado a cada trabalho que desenvolve.

Adriana Borghi Fernandes Monteiro
Promotora de Justiça – Coordenadora de Área do
Consumidor do Centro de Apoio Cível e de Tutela Coletiva
do Ministério Público do Estado de São Paulo

Prefácio à 2ª edição

Prefaciar um livro com a qualidade deste que nos é apresentado pelo Prof. Castelo Branco é, para mim, não só uma felicidade como, acima de tudo, uma grande honraria.

Enaltecer as qualidades da obra e de seu autor, nesta oportunidade, muito mais do que um simples gesto de retribuição à distinção não merecida é, ao contrário, dever que se impõe, além de um enorme prazer.

Isso porque o autor, respeitado professor e profissional dedicado, revela-nos, de maneira didática e tranquila, os mistérios quase incompreensíveis de vetustas fórmulas de matemática financeira. E enfrentou o desafio, que a tanto assusta, pela complexidade da matéria, como a serenidade de quem não só entende, mas domina, como poucos, o tema abordado.

Confirma, assim, o Prof. Castelo Branco, a minha impressão inicial, quando nos conhecemos na Escola da Magistratura do Estado do Rio de Janeiro (EMERRJ), de que seria um estudioso apaixonado pela e dedicado à "Ciência dos Números".

Sentimo-nos, agora, muito mais seguros para transitar no intrincado e desafiador mundo dos cálculos financeiros, de tão grande repercussão social e econômica e, nada obstante isso, a tão poucos acessível, o que expõe a vulnerabilidade (fática e científica) da enorme massa de pessoas que, sujeitas a operações de matemática financeira em seu cotidiano, seja em contrato de financiamentos, seja de fornecimento de crédito, entre tantos outros, acabam por expor e submeter ao jugo daqueles poucos versados na matéria – não raro, importantes instituições financeiras, empresas de cobrança, administradoras de cartões de crédito etc.

O lado humano deste cientista exterioriza-se nas incansáveis batalhas travadas em defesa dos consumidores estando à frente do não menos respeitado Instituto Nacional de Proteção do Consumidor (INPC), e no esforço para a formação e para o aperfeiçoamento de uma cultura financeira.

A presente obra, destarte, revela a sua importância não só para matemáticos, economistas, contadores, mas, igualmente, para advogados, representantes do Ministério Público e da Defensoria Pública, magistrados, enfim, para todos aqueles que atuam na área jurídica, palco frequente dos inúmeros embates travados entre consumidores e instituições financeiras. Não menos útil será qualquer pessoa do povo, de qualquer profissão, na elaboração de seus orçamentos domésticos e/ou profissionais, por exemplo. Em suma, todos dispomos, desde a primeira edição deste trabalho, de importante ferramenta, quer na instrução sobre matemática financeira, quer na salvaguarda dos nossos direitos dos consumidores de serviços financeiros.

De parabéns estamos nós pelo presente que recebemos.

Werson Franco Pereira Rego

Juiz de Direito, Doutorando em Ciências Jurídicas
e Sociais e Coordenador dos Cursos de
Pós-Graduação de Direito do Consumidor da Escola
da magistratura do Estado do Rio de Janeiro.

Prefácio à 1ª edição

Foi com muito orgulho que aceitei o convite de apresentar o Prof. Anísio Costa Castelo Branco neste breve prefácio.

Conheci o Prof. Castelo Branco anos atrás, ainda como meu aluno de Administração Financeira, cursando a sua segunda graduação, uma vez que já era Matemático. Sua facilidade no aprendizado e seu raciocínio lógico tornavam-no um dos destaques da turma, liderando um grupo de estudos, onde já ministrava suas primeiras aulas de Finanças.

Tenho acompanhado seu empenho e dedicação no ramo acadêmico, o que tem transformado-o num profissional bastante completo, com experiência empresarial, além de participações em várias consultorias. O Prof. Castelo Branco vem se tornando um dos melhores professores de Matemática Financeira, com cursos ministrados por todo o país.

Seu livro é fruto do desenvolvimento de vários anos de experiência, tornando-o bastante didático e objetivo. Todos os tópicos da Matemática Financeira são tratados com muita profundidade, além de conter diversos exercícios práticos e atuais.

Um dos principais destaques do livro é o fato de possibilitar ao leitor várias formas de resolução de um mesmo exercício, utilizando, além da parte algébrica, os recursos de calculadora financeira (HP-12C) e de planilha eletrônica (Excel). O livro trás ainda dois apêndices interessantíssimos, discutindo a utilização prática de diversas funções da HP-12C e do Excel, o que facilita, em muito, o dia a dia do profissional de finanças.

Maurício Ferreira Agudo Romão
Diretor Financeiro da Credicard S/A
Mestre em Finanças pela FGV/SP

capítulo ■ 1

Fundamentos da matemática financeira

1.1 INTRODUÇÃO

Considerando que o Brasil é um país totalmente inserido no mundo capitalista, nada mais natural que entendermos como os cálculos financeiros podem interferir em nossas decisões sobre dinheiro. Dentro desta linha, vamos conceituar a *matemática financeira*, levando em consideração a participação dos cidadãos, em uma sociedade capitalista.

a) Conceito ACADÊMICO ou TRADICIONAL

> A matemática financeira tem como objetivo principal estudar o valor dinheiro em função do tempo.

Esse conceito, aparentemente simples, tem vários detalhes quanto à forma de estudo do valor do dinheiro no tempo.

Muitos autores de matemática financeira procuram evidenciar o conceito formal ou técnico, ou seja, o conceito acadêmico ou tradicional. Nesta edição, apresentamos duas novas formas de pensar a matemática financeira.

b) Conceito SOCIAL ou de SOBREVIVÊNCIA

> A matemática financeira é um segmento da matemática, que reúne uma série de conceitos, que contribui para que os indivíduos possam exercer sua cidadania em um mundo capitalista.

Considerando uma sociedade capitalista, estamos admitindo que um indivíduo que busca ter uma vida socialmente ativa, tenha a necessidade de conhecer, mesmo que superficialmente, os principais conceitos, técnicas e cálculos de que trata a matemática financeira, tendo em vista que quase tudo é medido em termos financeiros, como: empréstimos bancários, financiamentos de veículos, eletrodomésticos, imobiliários, operações com cartões de crédito, entre outros.

c) Conceito PEDAGÓGICO ou de CONSTATAÇÃO

> A matemática financeira é uma linguagem de alfabetização para um mundo capitalista.

Quando não temos conhecimento sobre algo, podemos nos considerar ignorantes no assunto. Isso pode ocorrer em qualquer área, seja medicina, direito ou outra. O fato é que se queremos nos comunicar de forma adequada em qualquer área, devemos nos alfabetizar nela primeiro. Este livro proporcionará a alfabetização em matemática financeira.

Como já dito, a matemática financeira tem como objetivo principal estudar o valor do dinheiro em função do tempo. Esse conceito, aparentemente simples, tem vários detalhes quanto à forma de estudo do valor do dinheiro no tempo.

Neste livro, o leitor terá todas as condições de verificar e aplicar as alternativas para a aplicação e captação de recursos financeiros.

Alguns conceitos são fundamentais para melhor compreendermos o objetivo da matemática financeira.

1. ***Risco:*** Fala-se muito em "análise de crédito", mas, na verdade, quando estamos concedendo crédito, estamos mesmo é analisando o ***risco*** contido nas operações de crédito. Os conceitos da matemática financeira serão importantes para medir o ***risco*** envolvido em várias operações de crédito.

2. ***Prejuízo (ou despesa):*** Em qualquer operação financeira, normalmente, ocorre o pagamento de juros, taxas, impostos etc., caracterizando-se para alguns como prejuízo e para outros como pagamento de despesas financeiras. A matemática financeira vai mostrar quanto se pagou de despesas ou medir o tamanho do prejuízo em uma operação financeira.

3. ***Lucro (ou receita):*** Da mesma forma que alguém ou uma instituição paga juros e caracteriza-os como prejuízo ou despesa, quem recebe pode classificar esses juros como lucro ou receita ou simplesmente como a remuneração do capital emprestado. A matemática financeira ajuda-nos a calcular esse lucro ou receita, bem como a remuneração do capital emprestado.

1.2 PORCENTAGEM

O cálculo de porcentagem é uma operação das mais antigas, em termos de cálculos comerciais e financeiros. A expressão *por cento* é indicada geralmente por meio do sinal %.

Quando efetuamos um cálculo de porcentagem, na verdade estamos efetuando um simples cálculo de proporção.

Vejamos nosso primeiro exemplo:

1

Qual é a comissão de 10% sobre R$ 800,00?

O raciocínio que se deve empregar na solução deste problema é exatamente este:

Se a comissão sobre R$ 100,00 é R$ 10,00, quanto será sobre R$ 800,00?

Neste caso teremos que:

R$ 100,00________ R$ 10,00

R$ 800,00________ x

Aplicando a propriedade fundamental das proporções ***(o produto dos meios é igual ao produto dos extremos)***, teremos que:

$$x = \frac{800 \times 10}{100} = R\$\ 80{,}00$$

Assim sendo,

(R$ 100,00 x R$ 80,00) = (R$ 800,00 x R$ 10,00), ou seja,

R$ 8.000,00 = R$ 8.000,00

Na calculadora HP-12C o processo de cálculo é muito simples:

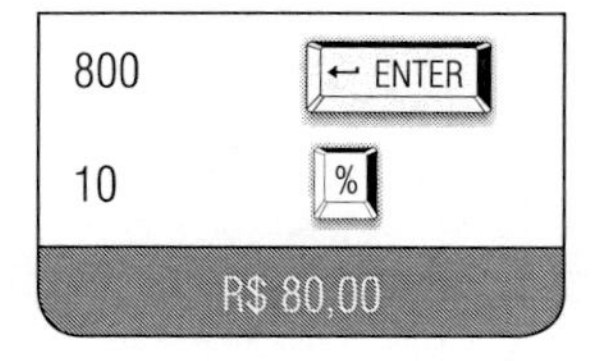

1.3 OPERAÇÕES COM MERCADORIAS

Com base nos conceitos de porcentagem, é possível resolver várias situações que envolvem negociações com mercadorias, ou seja, o cálculo do lucro, o preço de venda, o custo etc.

1.3.1 Cálculo do preço de venda, com base na taxa e no lucro

Para achar a soma de um número qualquer e sua porcentagem, calcula-se, primeiro, a porcentagem e, em seguida, adiciona-se esta ao número dado.

EXEMPLO 2

Por quanto se deve vender certa mercadoria que custou R$ 4.126,75 para obter uma rentabilidade (lucro) de 6%?

Solução 1: algébrica

4.126,75 ____ 100%
x __________ 6%

onde:

x = Lucro

$$\text{Lucro} = \frac{4.126{,}75 \times 6}{100} = \text{R\$ } 247{,}60$$

Então, teremos:

Lucro	= R$ 247,60
Custo da mercadoria	= R$ 4.126,75
Preço de venda	= **R$ 4.374,35**

Observe que R$ 4.126,75 representa a parte inteira = 100% ou $\frac{100}{100} = 1$.

Observe, ainda, que R$ 247,60 representa a parte fracionária = 6% ou $\frac{6}{100} = 0{,}06$.

Partindo desse raciocínio, teremos que:

Preço de venda = parte inteira (1) + parte fracionária (0,06), ou seja, podemos deduzir que o índice para calcular o preço de venda neste exemplo será 1,06. Vamos comprovar:

Preço de venda = 4.126,75 x 1,06
Preço de venda = R$ 4.374,35

Finalmente, podemos dizer que:

Preço de venda = Preço de custo x (1 + % lucro)

Para os próximos exemplos, todas as taxas deverão ser apresentadas em forma decimal, ou seja, todas devem ser divididas por 100. Por exemplo:

$$100\% = \frac{100}{100} = 1;$$

$$5\% = \frac{5}{100} = 0{,}05.$$

1.3.2 Cálculo do custo, com base no lucro e na taxa

O custo inicial, isto é, o valor-base de cálculo para acharmos o lucro e o preço de venda, pode ser encontrado por meio de uma fórmula:

$$\text{Custo} = \frac{\text{lucro}}{\text{taxa}}$$

EXEMPLO 3

Um comerciante ganha R$ 892,14 sobre o custo de certa mercadoria. A taxa de lucro é de 5%. Qual é o custo?

Solução 1: algébrica

$$\text{Custo} = \frac{892{,}14}{0{,}05} = \text{R\$ } 17.842{,}80$$

1.3.3 Cálculo da taxa, com base no lucro/abatimento e no preço de venda

Sendo conhecido o lucro ou abatimento, e o preço total ou de venda de uma mercadoria, produto ou serviço, é possível encontrar a taxa referente ao *lucro* ou *abatimento* a partir da seguinte fórmula:

$$\text{Taxa percentual} = \frac{\text{Lucro ou abatimento}}{\text{Preço de venda}} \times 100$$

EXEMPLO 4

Sobre uma fatura de R$ 3.679,49 se concede o abatimento de R$ 93,91. De quantos por cento é esse abatimento?

Solução 1: algébrica

$$\text{Taxa percentual} = \left(\frac{93{,}91}{3.679{,}49}\right) \text{ x } 100 = 2{,}5522\%$$

Observação:

O desconto de R$ 93,91 do Exemplo 4 poderia também ser entendido como lucro; nesse caso, o lucro seria de 2,5522%.

1.3.4 Cálculo do lucro, com base no preço de venda e na taxa

Sendo informado o preço de venda de um produto ou serviço e a taxa de lucro, é possível calcular o lucro partindo da seguinte fórmula:

$$\text{Lucro} = \frac{\text{Preço de venda x Taxa}}{1 + \text{Taxa}}$$

5

Um comerciante vendeu certas mercadorias com o lucro de 8% sobre o custo por R$ 12.393,00. Qual é o seu lucro em reais?

Solução 1: algébrica

$$\text{Lucro} = \frac{12.393{,}00 \text{ x } 0{,}08}{1 + 0{,}08}$$

$$\text{Lucro} = \frac{991{,}44}{1{,}08}$$

$$\text{Lucro} = \text{R\$ } 918{,}00$$

1.3.5 Cálculo da taxa, com base no preço de venda e no lucro

Para achar a taxa, nesse caso, multiplica-se o lucro por 100 e divide-se o resultado pelo preço de venda, subtraindo-se do lucro, o que pode ser expresso pela seguinte fórmula:

$$\text{Taxa} = \left[\left(\frac{\text{Preço de venda}}{\text{Preço de venda} - \text{Lucro}}\right) - 1\right] \text{ x } 100$$

EXEMPLO 6

Um comerciante vendeu certa mercadoria por R$ 15.825,81 e ganhou R$ 1.438,71 de lucro. Qual foi a taxa de lucro obtida nessa negociação?

Solução 1: algébrica

$$\text{Taxa} = \left[\left(\frac{15.825,81}{15.825,81 - 1.438,71}\right) - 1\right] \times 100$$

$$\text{Taxa} = \left[\left(\frac{15.825,81}{14.387,10}\right) - 1\right] \times 100$$

$$\text{Taxa} = [\,(1,10) - 1] \times 100$$

$$\text{Taxa} = [0,1] \times 100$$

$$\text{Taxa} = 10\%$$

1.3.6 Cálculo do prejuízo, com base no preço de venda e na taxa

Algumas negociações são efetuadas com prejuízo financeiro. Para calcular o prejuízo de uma operação comercial, deve-se dividir o preço de venda por 1 e subtrair a taxa do prejuízo.

Podemos expressar essa situação por meio da seguinte fórmula:

$$\text{Prejuízo} = \left(\frac{\text{Preço de venda}}{1 - \text{Taxa}}\right) - \text{Preço de venda}$$

EXEMPLO 7

Um produto foi vendido por R$ 4.751,29 com o prejuízo de 5% sobre o custo. Qual foi o valor do prejuízo?

Solução 1: algébrica

$$\text{Prejuízo} = \frac{4.751,29}{1 - 0,05} - 4.751,29$$

$$\text{Prejuízo} = \frac{4.751,29}{0,95} - 4.751,29$$

$$\text{Prejuízo} = 5.001,36 - 4.751,29$$

$$\text{Prejuízo} = \text{R\$ } 250,07$$

1.3.7 Cálculo do preço líquido, com base no preço bruto e na taxa

É possível calcular o preço líquido de venda de um produto ou serviço se forem conhecidos o preço bruto e a taxa de desconto considerada na operação. Nesse caso, devemos multiplicar o preço bruto por 1, subtraindo a taxa de desconto. Podemos expressar essa situação por meio da seguinte fórmula:

$$\text{Preço líquido} = \text{Preço bruto} \times (1 - \text{Taxa})$$

8

Um produto é comercializado por R$ 5.460,32. Desse produto, podemos descontar alguns impostos na ordem de 8,5%. Qual deverá ser o preço sem impostos?

Solução 1: algébrica

$$\text{Preço líquido} = \text{R\$ } 5.460{,}32\ (1 - 0{,}085)$$

$$\text{Preço líquido} = \text{R\$ } 5.460{,}32\ (0{,}915)$$

$$\text{Preço líquido} = \text{R\$ } 4.996{,}19$$

1.3.8 Cálculo do preço bruto, com base no preço líquido e na taxa

É possível calcular o preço bruto de venda de um produto ou serviço se forem conhecidos o preço líquido e a taxa considerada na operação. Nesse caso, devemos dividir o preço líquido por 1 menos a taxa. Podemos expressar essa situação por meio da seguinte fórmula:

$$\text{Preço bruto} = \frac{\text{Preço líquido}}{1 - \text{Taxa}}$$

9

Um comerciante vendeu certa mercadoria com o desconto de 8% e recebeu o líquido de R$ 2.448,13. Qual foi o preço de venda?

Solução 1: algébrica

$$\text{Preço bruto} = \frac{2.448{,}13}{1 - 0{,}08} = \frac{2.448{,}13}{0{,}92} = \text{R\$ } 2.661{,}01$$

1.3.9 Cálculo da taxa, com base no preço líquido e no abatimento

É possível calcular a taxa de uma operação comercial se forem conhecidos o preço líquido e o abatimento obtido na operação. Nesse caso, devemos multiplicar o abatimento por 100 e dividir o resultado pela soma do preço líquido com o abatimento. Podemos expressar essa situação por meio da seguinte fórmula:

$$\text{Taxa de abatimento} = \left(\frac{\text{Abatimento}}{\text{Abatimento} + \text{Preço líquido}}\right) \times 100$$

EXEMPLO 10

Um título foi liquidado por R$ 879,64, com o abatimento de R$ 46,30. Determinar a taxa do abatimento.

Solução 1: algébrica

$$\text{Taxa de abatimento} = \left(\frac{46{,}30}{46{,}30 + 879{,}64}\right) \times 100$$

$$\text{Taxa de abatimento} = \left(\frac{46{,}30}{925{,}94}\right) \times 100$$

$$\text{Taxa de abatimento} = (0{,}05) \times 100$$

$$\text{Taxa de abatimento} = 5\%$$

1.3.10 Exercícios sobre porcentagem

1) Achar 9% de R$ 1.297,00
   Resposta: R$ 116,73.

2) Achar 2,5% de R$ 4.300,00
   Resposta: R$ 107,50.

3) Achar 0,5% de R$ 1.346,50
   Resposta: R$ 6,73.

4) Achar 108% de R$ 1.250,25
   Resposta: R$ 1.350,27.

5) Achar 100% de R$ 6.889,85
   Resposta: R$ 6.889,85.

continuação

6) Um objeto comprado por R$ 80,00 foi vendido por R$ 60,00. De quantos por cento foi o prejuízo?

Resposta: 25%.

7) Um produto custou R$ 10,00 e foi vendido por R$ 12,00. De quantos por cento foi o lucro?

Resposta: 20%.

8) Um produto comprado por R$ 4,00 é vendido por R$ 6,00. De quanto foi o lucro percentual?

Resposta: 50%.

9) Um objeto comprado por R$ 40,00 é vendido 20% abaixo do custo. De quanto é o prejuízo?

Resposta: R$ 8,00.

10) Um investidor comprou uma casa por R$ 50.000,00 e gastou 80% do custo em reparos. Mais tarde, vendeu a casa por R$ 120.000,00. Qual foi o seu lucro em reais e em porcentagem?

Resposta: R$ 30.000,00; 33,33%.

11) Um negociante ganhou sobre o custo de 32 metros de mercadorias 16% ou R$ 6,40. Qual é o custo de cada metro?

Resposta: R$ 1,25.

12) Um negociante ganhou neste ano R$ 1.980,00 de lucro, isto é, 20% mais que no ano anterior. Qual foi o seu lucro no ano anterior?

Resposta: R$ 1.650,00.

13) Um objeto custou R$ 4,50 e foi vendido por R$ 9,00. Qual é o percentual de lucro?

Resposta: 100%.

14) Um produto é vendido por R$ 1.850,00 com 15% de lucro. Se o preço de venda fosse R$ 2.210,00, qual seria o percentual de lucro?

Resposta: 37,38%.

15) Certas mercadorias custaram R$ 7.200,00 e foram vendidas com o lucro de 3,5%. Qual é o preço de venda?

Resposta: R$ 7.452,00.

16) Certas mercadorias custaram R$ 4.800,00 e foram vendidas com o prejuízo de 5,25%. Qual é o preço de venda?

Resposta: R$ 4.548,00.

17) Um objeto foi vendido por R$ 574,00 e deu 2,5% de lucro. Qual é o custo?

Resposta: R$ 560,00.

18) Um objeto foi vendido por R$ 346,50 com o prejuízo de 3,75%. Qual é o custo?

Resposta: R$ 360,00.

19) Quanto deve receber um vendedor, tendo ele vendido uma mercadoria por R$ 180,00, sendo 4% a sua comissão, e outra por R$ 119,00, sendo 3% a sua comissão?

Resposta: R$ 10,77.

20) Um objeto vale R$ 190,00. O seguro desse objeto é pago na razão de 5% sobre o seu valor. Que valor se deve atribuir a esse objeto de modo que a pessoa que paga o seguro, em caso de sinistro, receba não só o valor do objeto segurado, mas também a porcentagem ou prêmio do seguro pago à companhia?

Resposta: R$ 200,00.

21) Foram compradas 325 caixas de certa mercadoria a R$ 42,50 por caixa com despesa de compra de 5% a ser paga pelo comprador. Este revendeu a mercadoria a R$ 48,15 a caixa com despesa de 3% a deduzir do preço de venda. Qual é o lucro total da venda? Qual é o lucro por caixa? Qual é o percentual de lucro?

Resposta: R$ 676,17; R$ 2,08; e 4,66%.

1.4 OUTROS CONCEITOS FUNDAMENTAIS

1.4.1 Juros (*J*)

É a remuneração obtida a partir do capital de terceiros. Essa remuneração pode ocorrer a partir de dois pontos de vista:

- **de quem paga:** nesse caso, o juro pode ser chamado de despesa financeira, custo, prejuízo etc.;
- **de quem recebe:** podemos entender como rendimento, receita financeira, ganho etc.

Em outras palavras, o juro é a remuneração pelo empréstimo do dinheiro, ou seja, toda vez que alguém compra a prazo, ou deixa de quitar suas dívidas na data de vencimento, contrai, nesse momento, um empréstimo financeiro de terceiros. Na verdade, o juro existe porque as pessoas nem sempre possuem recursos financeiros disponíveis para consumir ou quitar suas dívidas à vista. O juro caracteriza-se, ainda, em tese, pela reposição financeira das perdas sofridas com a desvalorização da moeda (ou seja, a inflação) durante o período em que esses recursos estão emprestados.

Podemos concluir que os juros só existem se houver um capital empregado, seja esse capital próprio ou de terceiros.

1.4.2 Capital (C) ou Valor Presente (*VP*) ou *Present Value* (*PV*) ou Principal (*P*)

É o recurso financeiro transacionado na data focal zero de determinada operação financeira. Podemos entender como data focal zero a data de início da operação financeira ou simplesmente podemos dizer que é o valor aplicado por meio de alguma operação financeira, também conhecido como: Principal, Valor Atual, Investimento Inicial, Valor Presente ou Valor Aplicado. Em língua inglesa, usa-se *Present Value,* indicado nas calculadoras financeiras (HP – Hewlett-Packard) pela tecla PV.

Como vimos, o capital é recurso financeiro, base para o cálculo dos juros, e toda vez que tomamos dinheiro emprestado, compramos uma mercadoria, efetuamos um investimento ou simplesmente deixamos de cumprir com algum compromisso financeiro, estamos, na verdade, efetuando operações de movimentação de capital que sofrem os efeitos da inflação e do tempo.

1.4.3 Taxa (*i*)

É o coeficiente obtido da relação dos juros (*J*) com o capital (*C*), que pode ser representado em forma percentual ou unitária. A terminologia "i " vem do inglês *interest,* que significa juro.

Os conceitos e tipos de taxas são bastante variados, por exemplo:

- taxa de inflação;
- taxa real de juros;
- taxa acumulada;
- taxa unitária;
- taxa percentual;
- taxa interna de retorno;
- taxa equivalente;
- taxa over;
- taxa nominal, entre outras.

No Capítulo 4, serão abordados os principais conceitos sobre taxas, com exemplos práticos e aplicáveis à nossa realidade.

1.4.4 Prazo ou tempo ou períodos (*n*)

É o tempo que certo capital (*C*), aplicado a uma taxa (*i*), necessita para produzir um montante (*M*). Nesse caso, o período pode ser inteiro ou fracionário. Vejamos um exemplo:

- **período inteiro:** 1 dia, 1 mês comercial (30 dias), 1 ano comercial (360 dias) etc.
- **período fracionário:** 3,5 meses, 15,8 dias, 5 anos e dois meses etc.

Podemos também considerar como um período inteiro os períodos do tipo: um período de 15 dias, um período de 30 dias etc., ou seja, a forma de entendimento dos períodos vai depender de como estão sendo tratados nos problemas.

1.4.5 Montante (*M*) ou Valor Futuro (*VF*) ou *Future Value* (*FV*) ou Soma (S)

É a quantidade monetária acumulada resultante de uma operação comercial ou financeira após determinado período, ou seja, é soma do Capital (*C*) com o juro (*J*).

Assim, temos:

Fórmula nº 1

$$M = C + J$$

11

Uma aplicação obteve um rendimento líquido de R$ 78,25 durante um determinado tempo. Qual foi o valor resgatado, sabendo-se que a importância aplicada foi de R$ 1.568,78?

Dados:

J = R$ 78,25

C = R$ 1.568,78

M = ?

Solução 1: algébrica

M = 1.568,78 + 78,25

M = R$ 1.647,03

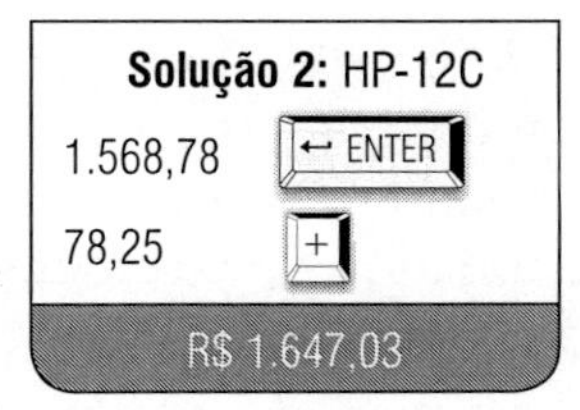

Partindo da **Fórmula 1**, M = C + J, temos que:

Fórmula nº 2

$$J = M - C$$

e

Fórmula nº 3

$$C = M - J$$

EXEMPLO 12

Qual é o valor dos juros resultante de uma operação em que foi investido um capital de R$ 1.250,18 e que gerou um montante de R$ 1.380,75?

Dados:

C = R$ 1.250,18

M = R$ 1.380,75

J = ?

Solução 1: algébrica

J = 1.380,75 – 1.250,18

J = R$ 130,57

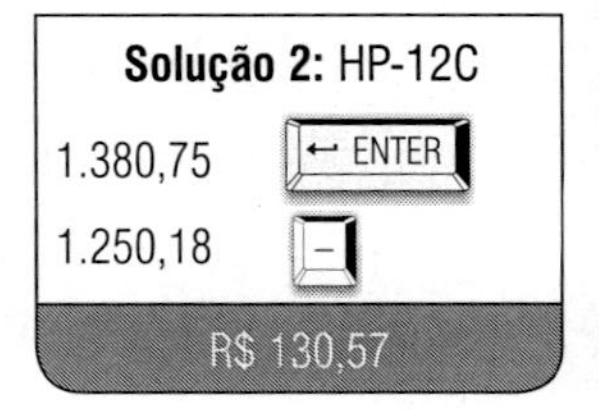

EXEMPLO 13

Qual é o valor do investimento que gerou um resgate de R$ 1.500,00, sabendo-se que o rendimento desse investimento foi de R$ 378,25?

Dados:

M = R$ 1.500,00

J = R$ 378,25?

C = ?

Solução 1: algébrica

C = 1.500,00 – 378,25

C = R$ 1.121,75

Solução 2: HP-12C

1.500,00 ENTER

378,25 –

R$ 1.121,75

1.5 DIAGRAMA DE FLUXO DE CAIXA

Definimos fluxo de caixa como a movimentação de recursos financeiros (entradas e saídas de caixa) ao longo de um período. Na verdade, estamo-nos referindo à entrada e saída de dinheiro. O conceito caixa (financeiro) não pode ser confundido com o conceito de competência (contábil).

O fluxo de caixa serve para demonstrar graficamente as transações financeiras em um período. O tempo é representado por uma linha horizontal dividida pelo número de períodos relevantes para análise. As entradas ou recebimentos são representados por setas verticais apontadas para cima, e as saídas ou pagamentos, por setas verticais apontadas para baixo.

Modelo simplificado

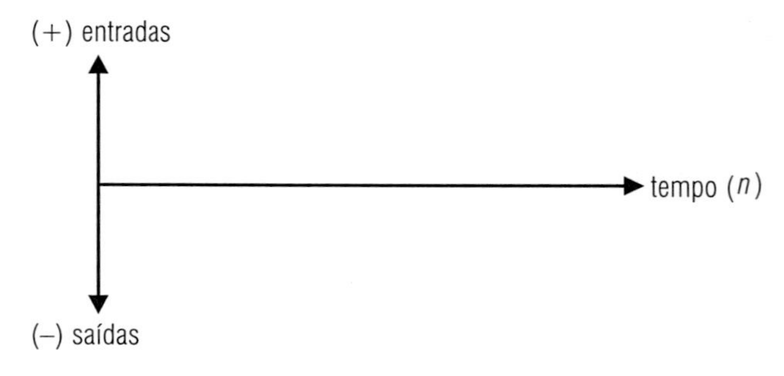

Modelo detalhado

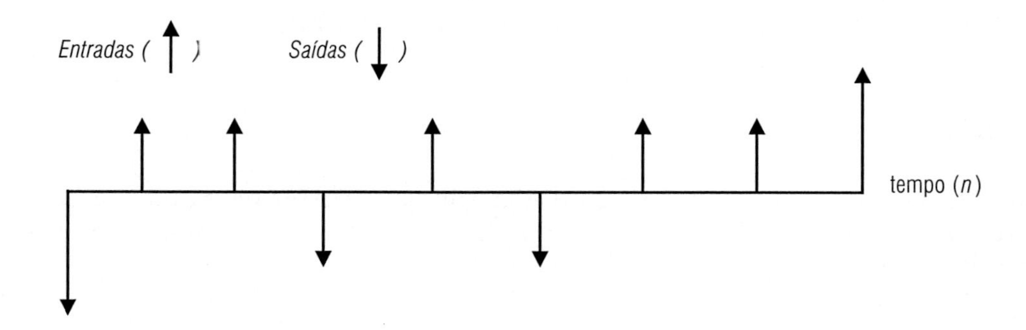

Chamamos VP o valor presente, que significa o valor que eu tenho na data focal zero; VF, valor futuro, que será igual ao valor que terei no fim do fluxo, após os juros, as entradas e as saídas. PMT é a prestação, ou as entradas e as saídas durante o fluxo. Na HP, a diferença entre as entradas e as saídas será simbolizada pelo sinal negativo e positivo, conforme item 1.12.

1.6 APRESENTAÇÃO DAS TAXAS

as taxas podem ser apresentadas de duas formas:

- percentual (%); e
- decimal ou unitária.

Na calculadora HP-12C será usada a forma percentual, enquanto as taxas unitárias serão usadas nas operações algébricas.

Vejamos a tabela:

Taxa percentual	*Taxa decimal ou unitária*
25%	0,25
5%	0,05
1,5%	0,015
0,5%	0,005
2,5%	0,025
2%	0,02
0,18%	0,0018...
1.500%	15

Para transformar uma taxa de forma percentual para forma unitária ou decimal basta dividi-la por 100. Para realizar o processo contrário, ou seja, transformar da forma unitária para a percentual, devemos multiplicar por 100.

1.7 REGIMES DE CAPITALIZAÇÃO

Podemos definir como regime de capitalização os métodos pelo quais os capitais são remunerados. Portanto, os regimes de capitalização podem ser apresentados da seguinte forma:

REGIMES DE CAPITALIZAÇÃO DE JUROS
Simples ou composto
Linear ou exponencial
Método de Gauss ou Tabela Price
Progressões aritméticas ou geométricas

Vejamos um exemplo:

14

Seja um capital de R$ 1.000,00, aplicado a uma taxa de 10% ao mês durante 3 meses. Qual será o valor acumulado no fim de cada período pelos regimes de capitalização simples e composta?

Solução 1: algébrica

REGIME DE CAPITALIZAÇÃO SIMPLES			
n	***Capital aplicado***	***Juros de cada período***	***Valor acumulado ou montante***
1	R$ 1.000,00	R$ 1.000,00 x 10% = R$ 100,00	R$ 1.000,00 + R$ 100,00 = R$ 1.100,00
2	R$ 1.000,00	R$ 1.000,00 x 10% = R$ 100,00	R$ 1.100,00 + R$ 100,00 = R$ 1.200,00
3	R$ 1.000,00	R$ 1.000,00 x 10% = R$ 100,00	R$ 1.200,00 + R$ 100,00 = R$ 1.300,00

Diagrama de Fluxo de Caixa para o Regime de Capitalização Simples

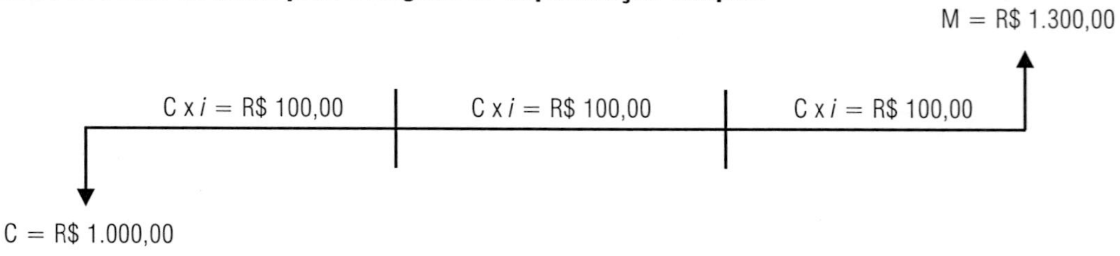

Solução 1: algébrica

REGIME DE CAPITALIZAÇÃO COMPOSTA			
n	***Capital aplicado***	***Juros de cada período***	***Valor acumulado ou montante***
1	R$ 1.000,00	R$ 1.000,00 x 10% = R$ 100,00	R$ 1.000,00 + R$ 100,00 = R$ 1.100,00
2	R$ 1.100,00	R$ 1.100,00 x 10% = R$ 110,00	R$ 1.100,00 + R$ 110,00 = R$ 1.210,00
3	R$ 1.210,00	R$ 1.210,00 x 10% = R$ 121,00	R$ 1.210,00 + R$ 121,00 = R$ 1.331,00

Diagrama de Fluxo de Caixa para o Regime de Capitalização Composta

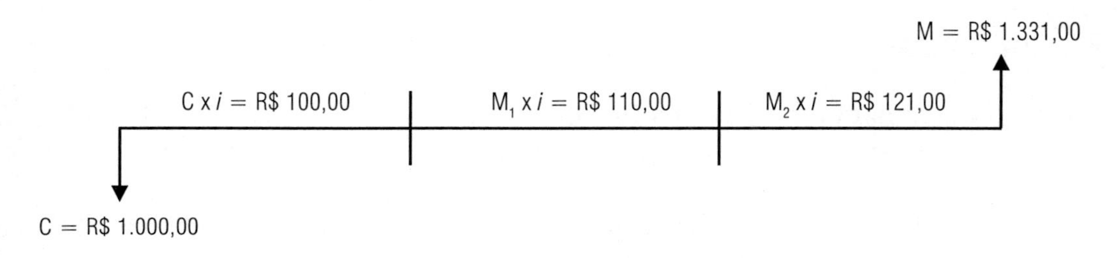

Como já percebemos, o Fluxo de Caixa é um gráfico contendo informações sobre Entradas e Saídas de capital, realizadas em determinados períodos. O fluxo de caixa pode ser apresentado na forma de uma linha horizontal (linha de tempo) com os valores indicados nos respectivos tempos ou na forma de uma tabela com essas mesmas indicações.

A forma de apresentar o fluxo vai depender do ponto de vista do tomador ou do aplicador.

Considerando ainda os dados do Exemplo 14, temos que um investimento de R$ 1.000,00, durante 3 períodos, aplicado a uma taxa de 10%, pode gerar um Valor Acumulado ou Montante (*M*) de R$ 1.331,00 pelo regime de juros compostos, conforme demonstrado anteriormente. Vamos então verificar o diagrama de fluxo de caixa do ponto de vista de quem empresta recursos (emprestador) e do ponto de vista de quem toma empréstimo (tomador).

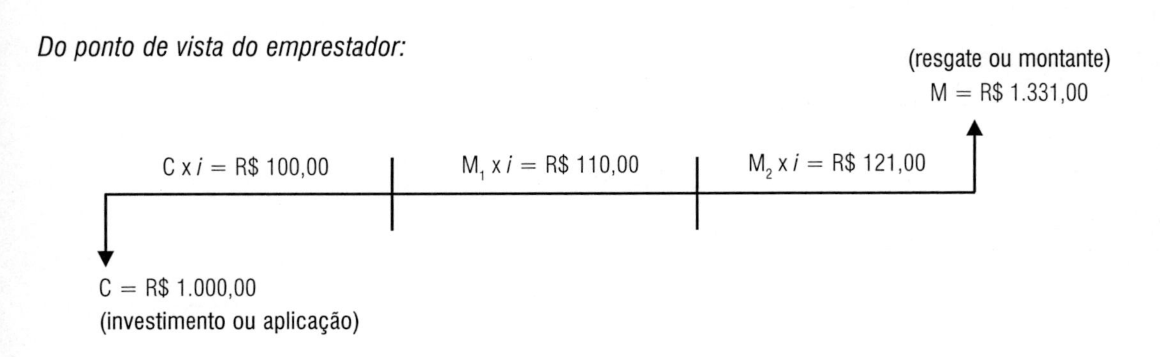

Do ponto de vista do tomador:

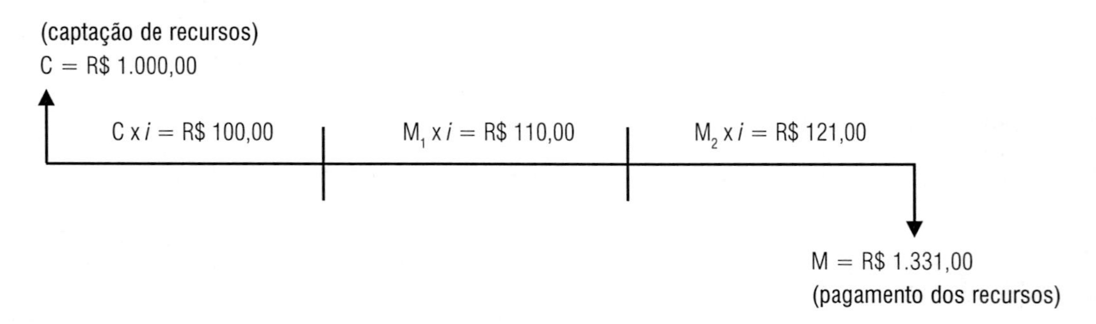

1.8 FUNÇÕES BÁSICAS DA HP-12C

1.8.1 Introdução

O objetivo deste item é mostrar as principais funções da calculadora HP-12C, ou seja, mostrar os conceitos básicos relevantes ao desenvolvimento da matemática financeira.

A Hewlett-Packard tem várias calculadoras lançadas no mercado nacional, mas nenhuma fez tanto sucesso quanto a 12C.

A calculadora HP-12C possui diversas teclas consideradas especiais, por exemplo: PV, FV, PMT etc.

Ao longo deste item, mostraremos essas teclas e funções especiais.

1.8.2 Operações e funções básicas

1.8.2.1 Testes de funcionamento

A calculadora HP-12C tem três testes de verificação quanto ao seu funcionamento, uma espécie de controle de qualidade que permite ao usuário maior confiabilidade do produto.

Teste nº 1 (usando as teclas [ON] e [x])

Procedimentos:

1) mantenha a calculadora desligada;
2) pressione a tecla [ON] e segure;
3) pressione a tecla [x] e segure;
4) solte a tecla [ON];
5) solte a tecla [x].

Ao término do procedimento aparecerá no visor a palavra "**running**" piscando, o que significa que o teste nº 1 está sendo executado. E, em alguns segundos, aparecerá no visor o seguinte:

– 8,8,8,8,8,8,8,8,8,8,
USER f g BEGIN GRAND D.MY C PRGM

Se aparecer a mensagem "ERRO 9", isso significa que a calculadora precisa de reparos, mas se o resultado for exatamente o resultado do teste nº 1, a calculadora estará pronta para o uso.

Teste nº 2 (usando as teclas [ON] *e* [+]*)*

Procedimento:

1) mantenha a calculadora desligada;
2) pressione a tecla [ON] e segure;
3) pressione a tecla [+] e segure;
4) solte a tecla [ON];
5) solte a tecla [+];
6) pressione e solte qualquer tecla, exceto a tecla [ON].

Na verdade, o teste nº 2 é muito semelhante ao teste nº 1, divergindo apenas na duração da execução, que é indeterminada. Para completar o teste, é necessário cumprir o procedimento nº 6. Logo após aparecerá o seguinte:

– 8,8,8,8,8,8,8,8,8,8,
USER f g BEGIN GRAND D.MY C PRGM

Se você pressionar a tecla [ON], o teste será interrompido.

Teste nº 3 (usando as teclas [ON] *e* [÷] *)*

Procedimento:

1) mantenha a calculadora desligada;
2) pressione a tecla [ON] e segure;
3) pressione a tecla [÷] e segure;
4) solte a tecla [ON];
5) solte a tecla [÷] ;
6) pressione todas as teclas da esquerda para a direita, de cima para baixo, ou seja, a 1ª tecla a ser pressionada será a tecla [n] e a última será a tecla [+]. Lembre-se, deve-se pressionar todas as teclas, inclusive a tecla [ON], e a tecla [← ENTER] será pressionada duas vezes, tanto na linha 3 como na linha 4.

Após o procedimento concluído, aparecerá no visor o nº 12; assim como nos testes anteriores, a calculadora estará pronta para o uso. Mas se o procedimento não for realizado corretamente, aparecerá a expressão "ERRO 9". Nesse caso, a calculadora necessita de conserto.

1.8.3 Teclado

O teclado da calculadora HP-12C é multiuso, ou seja, uma mesma tecla poderá ser utilizada de três maneiras.

1.8.3.1 Tecla [ON]

Tem a função de ligar e desligar a calculadora, porém, se a calculadora permanecer ligada sem uso, será desligada automaticamente depois de 7 a 8 minutos, aproximadamente.

1.8.3.2 Tecla [f]

A tecla [f] (em amarelo) tem duas funções básicas:

- **1ª função:** pressionando a tecla ou prefixo [f], poderemos acessar todas as funções em amarelo da calculadora;
- **2ª função:** pressionando a tecla ou prefixo [f] seguidos de um número, será apresentada a quantidade de casas decimais a ser mostrada no visor.

Veja o exemplo:

Digite o número 2,428571435 e siga os procedimentos:

Procedimento (teclas)	Visor
[f] e [9]	2,428571435
[f] e [8]	2,42857144
[f] e [7]	2,4285714
[f] e [6]	2,428571
[f] e [5]	2,42857
[f] e [4]	2,4286
[f] e [3]	2,429
[f] e [2]	2,43
[f] e [1]	2,4
[f] e [0]	2,
[f] e [9]	2,428571435

1.8.3.3 Tecla [g]

Pela tecla ou pelo prefixo [g], é possível acessar todas as funções em azul.

1.8.3.4 Teclado branco

Todas as teclas têm em sua superfície informações em branco; na verdade, tudo o que é mostrado em branco nas teclas não necessita de função auxiliar, como vimos para as funções em amarelo e em azul.

1.8.3.5 Tecla [.]

Essa tecla permite que a calculadora opere em dois padrões de moeda, o brasileiro e o padrão dólar. Vamos considerar o seguinte exemplo:

R$ 1.425,56 (padrão brasileiro)

US$ 1,425.56 (padrão dólar)

Essa conversão será feita da seguinte forma:

1) mantenha a calculadora desligada;
2) pressione a tecla [.] e segure;
3) pressione a tecla [ON] e solte.

Se a calculadora estiver no padrão brasileiro, passará para o padrão do dólar e vice-versa.

1.8.4 Limpeza de registro

Apresentaremos as principais formas de executar a limpeza dos registros ou informações que são armazenados nas memórias da calculadora.

1.8.4.1 Limpeza total (usando as teclas [ON] e [-])

Procedimento:

1) mantenha a calculadora desligada;
2) pressione a tecla [ON] e segure;
3) pressione a tecla [-] e segure;
4) solte a tecla [ON];
5) solte a tecla [-].

Após a execução dessa sequência de procedimentos, deve aparecer a expressão **"PR ERROR"**, indicando que todos os dados armazenados nos registros, inclusive os programas, foram apagados, ou seja, a calculadora ficará zerada. Portanto, devemos tomar muito cuidado ao executar esse procedimento.

1.8.4.2 Limpeza do visor

A utilização dessa função é muito simples: basta pressionar a tecla [CLx] e o visor será limpo.

1.8.4.3 Limpeza dos registros estatísticos ("0" a "6")

Com a sequência de teclas [f] [Σ],processaremos a limpeza dos registros estatísticos, ou seja, limparemos os registros armazenados nas teclas [1], [2], [3], [4], [5] e [6].

1.8.4.4 Limpeza de programa

Procedimento:

1) pressionar [f] [P/R] para entrar no modo de programação;
2) pressionar [f] [PRGM] para limpar o programa;
3) pressionar [f] [P/R] ou [ON] para sair do modo de programação.

Em razão da dificuldade de elaboração de um programa, esse procedimento se faz necessário para evitar que um programa seja destruído inadvertidamente.

1.8.4.5 Limpeza dos registros financeiros

Registros financeiros:

1) [n] prazo;
2) [i] taxa;
3) [PV] *present value* ou valor presente;
4) [PMT] *periodic payment* ou prestação;
5) [FV] *future value* ou valor futuro.

A limpeza dos registros é feita pela sequência de teclas [f] **[FIN]**.

1.8.4.6 Limpeza de todos os registros

Com a sequência de teclas [f] [REG] é possível apagar todos os registros, ou seja, de "0" a "9", ".0" a ".9" e os registros financeiros, ficando apenas os programas.

1.8.5 Introdução de dígitos

1.8.5.1 Tecla [← ENTER]

Introduz no registrador "y" uma cópia do número contido no registrador "x"; é utilizada na separação de números.

1.8.5.2 Tecla CHS ou change signal

Essa tecla serve basicamente para trocar o sinal de um número, ou seja, trocar o sinal *negativo* para o *positivo* e vice-versa.

1.8.5.3 Tecla STO ou store

Essa tecla serve para armazenar dados e informações nas memórias. A HP tem 20 memórias diretas; "0" a "9" = 10 e ".0" a ".9" = 10.

Para introduzir um número na memória, o procedimento é muito simples.

Vamos considerar que o número 145 deva ser guardado na memória, e que decidimos guardar na memória "5". Como fazer?

Procedimento:

1) digite o número 145;
2) pressione STO;
3) pressione 5.

1.8.5.4 Tecla RCL ou recall

Essa tecla serve para recuperar os números guardados nas memórias. Vamos verificar sua aplicação com base nos dados do item 1.7.

Procedimento:

1) pressione RCL;
2) pressione 5.

1.8.6 Funções matemáticas

1.8.6.1 Tecla y^x

Essa tecla pode ser utilizada para efetuarmos operações tanto de potenciação como de radiciação.

1.8.6.1.1 Potenciação

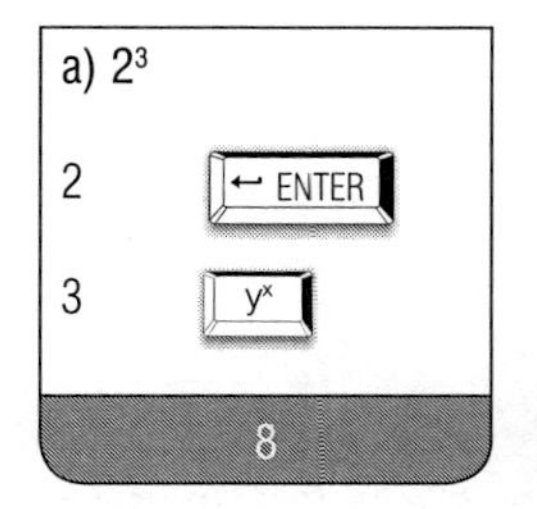

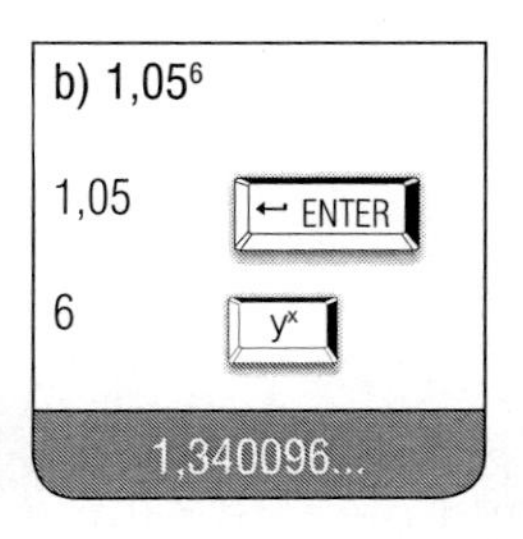

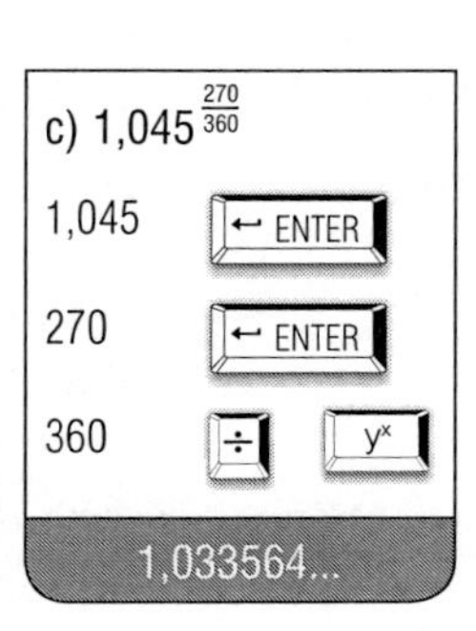

1.8.6.1.2 Radiciação

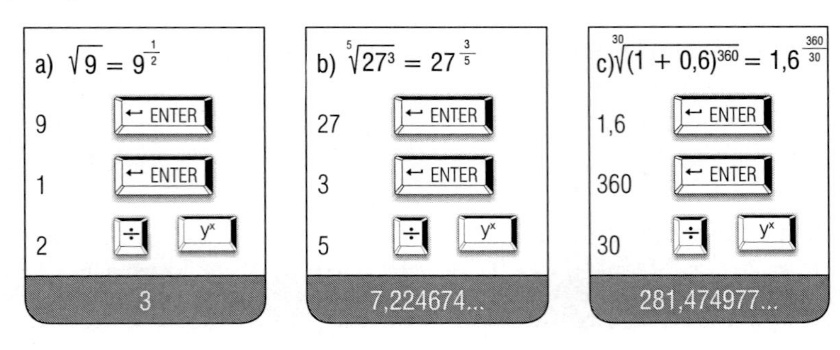

1.8.6.2 *Tecla* 1/x

Essa tecla é normalmente utilizada para demonstrar o inverso de um número.

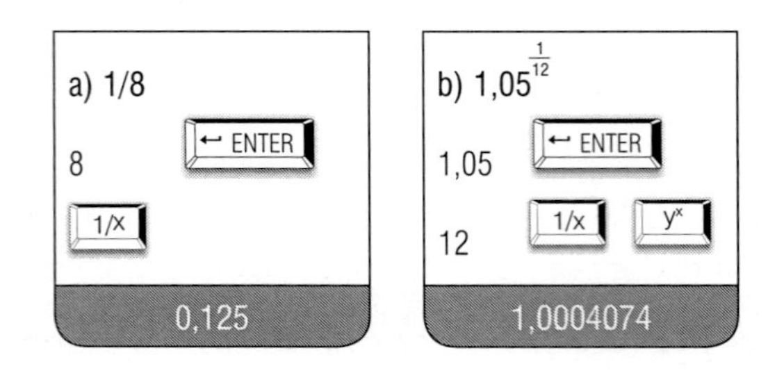

1.8.7 Porcentagem e variação

Esse grupo de teclas permite cálculos rápidos de porcentagem e variação.

1.8.7.1 Teclas %T e X≷Y

A tecla %T é usada para calcular o percentual de um total, e a tecla X≷Y recupera o valor-base de cálculo.

a) Uma pessoa tem os seguintes gastos mensais:

- moradia R$ 450,00
- educação R$ 500,00
- combustível R$ 150,00
- alimentação R$ 200,00
- lazer R$ 250,00

Total R$ 1.550,00

Determinar quanto representa percentualmente cada valor em relação ao total dos gastos.

Solução:

	1.550	ENTER	
X≷Y	450	%T	29,03%
X≷Y	500	%T	32,26%
X≷Y	150	%T	9,68%
X≷Y	200	%T	12,90%
X≷Y	250	%T	16,13%
			100,00%

1.8.7.2 Tecla Δ%

Essa tecla nos ajuda a calcular a diferença percentual entre dois números.

a) Considere que um produto custava R$ 132,75 em jan./2000; em fev./2001, o preço desse produto passou para R$ 155,71. Qual foi o percentual de aumento?

Dados:

Preço jan./2000: R$ 132,75

Preço fev./2001: R$ 155,71

Solução:

132,75 ENTER

155,71 Δ%

17,30%

b) No mês de março/2001, o preço do produto passou para R$ 141,00. Qual foi o percentual de desconto?

Dados:

Preço fev./2001: R$ 155,71

Preço mar./2001: R$ 141,00

Solução:

155,71 ENTER

141,00 Δ%

-9,45%

1.8.7.3 Tecla %

Essa tecla serve exclusivamente para o cálculo de porcentagem.

a) Calcular 5% de R$ 10.450,00

Solução:

10.450 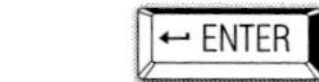

5 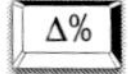

R$ 522,50

1.8.8 CÁLCULO EM CADEIA

1.8.8.1 Soma

25,82 + 1.852,25 + 156,68 = 2.034,75

25,82 ← ENTER 1852,25 + 156,68 + **2.034,75** STO **1**

1.8.8.2 Subtração

250 – 91,82 – 5,81 = 152,37

250 ← ENTER 91,82 – 5,81 – **152,37** STO **2**

1.8.8.3 Multiplicação

21 x 18,41 x 1,0562 = 408,34

21 ← ENTER 18,41 x 1,0562 x **408,34** STO **3**

1.8.8.4 Divisão

1.750,25 ÷ 1,08 = 1.620,60

1750,25 ← ENTER 1,08 ÷ **1.620,60** STO **.5**

1.8.8.5 Adição, Subtração, Multiplicação e Divisão

(memória 1) – (memória 2) x (memória 3) : (memória .5)

 1

 2 

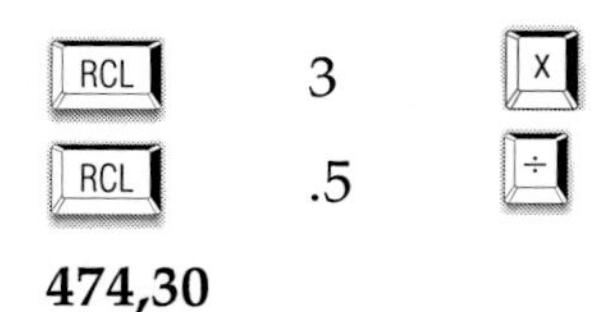

474,30

1.8.9 Funções de calendário

1.8.9.1 Função [D.MY]

Com a sequência de teclas [g] [4] aparecerão no visor da calculadora as letras D.MY; isso significa dizer que a calculadora está pronta para operar no formato de DIA, MÊS, ANO.

Vejamos um exemplo.

Calcular o número de dias entre as datas de 30 de dezembro de 1968 e 30 de dezembro de 2000.

[f] [6] (para ajustar o visor da calculadora para 6 casas após a vírgula)

[TECLAS]	VISOR	EXPLICAÇÃO
[g] [D.MY]	0,000000	Formato data
30 [.] 121968 ENTER	30,121968...	Data inicial
30 [.] 122000	30,122000...	Data final
[g] [ΔDYS]	11.688,000000...	Número de dias
365 [:]	32,021918...	Número de anos
[g] [FRAC] 12 [x] 30 [x]	7,890412...	Número de dias
[x><y]	11.520,000000...	Número de dias com base no ano comercial (360 dias)

Se a expressão D.MY não estiver no visor, a calculadora está pronta para fazer os cálculos de datas no padrão americano (MÊS, DIA, ANO).

Resposta final: 32 anos e 8 dias (por arredondamento).

1.8.9.2 Função [DATE]

Com a função [DATE] é possível encontrar uma data futura ou uma data passada.

Por exemplo:

Considerando a data inicial de 15/3/2001, pergunta-se:

- Qual será a data futura e a passada para um período de 145 dias?

Data futura:

15 [.] 032001 [ENTER]

145 [g] [DATE]

7.08.2001 2 (data futura)

Data passada:

15 [.] 032001 [ENTER]

145 [CHS] [g] [DATE]

21.10.2000 6 (data passada)

Observe que logo após a data aparece um número; esse número representa o dia da semana, conforme a tabela a seguir:

1	segunda-feira
2	terça-feira
3	quarta-feira
4	quinta-feira
5	sexta-feira
6	sábado
7	domingo

capítulo ■ 2

Juros simples

Podemos entender os juros simples, como sendo o sistema de capitalização *linear*. O regime de juros será simples quando o percentual de juros incidir apenas sobre o valor do capital inicial, ou seja, sobre os juros gerados a cada período não incidirão novos juros, conforme foi demonstrado no Capítulo 1 (item 1.11 Regime de Capitalização).

Mas antes de apresentamos as fórmulas e conceitos sobre juros simples, estaremos ao longo do livro apresentando algumas demonstrações matemáticas, que deram origem aos fundamentos da matemática financeira a juros simples, ou seja, os conceitos aplicáveis a matemática financeira, o que popularmente ficou conhecido como *método de Gauss*.

O alemão *Carl Friedrich Gauss*, diferente de *Richard Price*, que foi um ministro presbiteriano, tendo sido muito mais conhecido como filósofo e teólogo do que pelos seus teoremas matemáticos, foi matemático, físico e astrônomo, e suas contribuições estão no campo da *álgebra*, *geometria diferencial*, *teoria das probabilidades* e *teoria dos números*. Para que leitor possa melhor entender, podemos destacar: *o método dos mínimos quadrados (MMQ)*, *distribuição normal ou curva de Gauss*, *progressão aritméticas (PA)*, ou seja, para muitos, estamos falando do maior gênio da história matemática.

Johann Carl Friedrich Gauss

- Nasceu em 30 de abril de 1777, em Braunschweig, na Alemanha.
- Faleceu em 23 de fevereiro de 1855, em Gottingen, na Alemanha.

Matemático, físico e astrônomo. Suas contribuições estão no campo da *álgebra*, *geometria diferencial*, *teoria das probabilidades e teoria dos números*, e para que o leitor possa melhor entender, podemos destacar: *o método dos mínimos quadrados (MMQ)*, *distribuição normal ou curva de Gauss e progressão aritmética (PA)*, ou seja, para muitos estamos falando do maior gênio da história da matemática.

Nicku/Shutterstock

2.1 FÓRMULAS DOS JUROS SIMPLES

Vamos admitir um capital ou Valor Presente (*PV*), aplicado pelo regime de juros simples, a determinada taxa (*i*), durante certo período (*n*), tendo (*n*) como período inteiro.

Teremos, então:

- Juros para o 1º período:
  $J_1 = PV \times i$
- Juros para o 2º período:
  $J_2 = PV \times i + PV \times i$ ou $\boldsymbol{J2 = (PV \times i) \times 2}$
- Juros para o 3º período:
  $J_3 = PV \times i + PV \times i + PV \times i$ ou $\boldsymbol{J3 = (PV \times i) \times 3}$
- Juros para *n* períodos:
  $J_n = PV \times i + PV \times i + ... + PV \times i$ ou $\boldsymbol{Jn = (PV \times i) \times n}$

Sendo assim, teremos a fórmula dos juros simples:

Fórmula nº 4

$$J = PV \times i \times n$$

Colocando o *PV* em evidência, teremos:

Fórmula nº 5

$$PV = \frac{J}{i \times n}$$

Colocando o ***n*** em evidência, teremos:

Fórmula nº 6

$$n = \frac{J}{PV \times i}$$

Colocando o ***i*** em evidência, teremos:

Fórmula nº 7

$$i = \frac{J}{PV \times n}$$

Se considerarmos o Valor Futuro (*FV*) como: **FV = PV + J** e que o juro (*J*) seja **J = PV × *i***, poderemos então deduzir que da relação entre as duas fórmulas teremos:

Fórmula nº 8

$$i = \frac{FV}{PV} - 1$$

Vamos comprovar:

Sendo:

$J = PV \times i$, então $i = \frac{J}{PV} = \frac{FV - PV}{PV} = \frac{FV}{PV} - \frac{PV}{PV} = \frac{FV}{PV} - 1$

EXEMPLO 15

Determine o juro obtido com um capital de R$ 1.250,23 durante 5 meses com a taxa de 5,5% ao mês.

Dados:

PV = R$ 1.250,23

n = 5 meses ou 150 dias

i = 5,5% a.m.

Solução 1: algébrica

J = 1.250,23 x 0,055 x 5

J = R$ 343,81

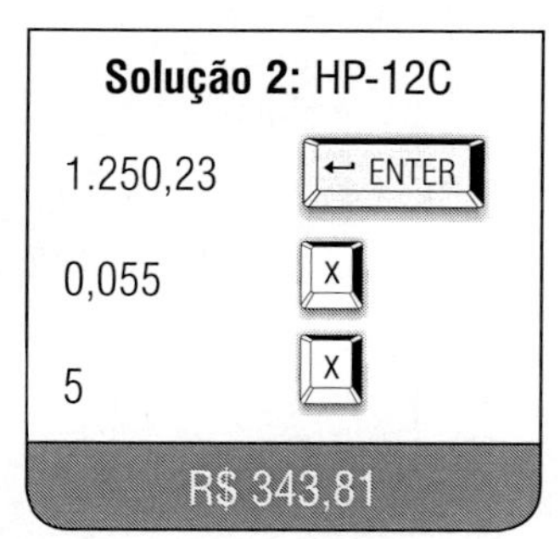

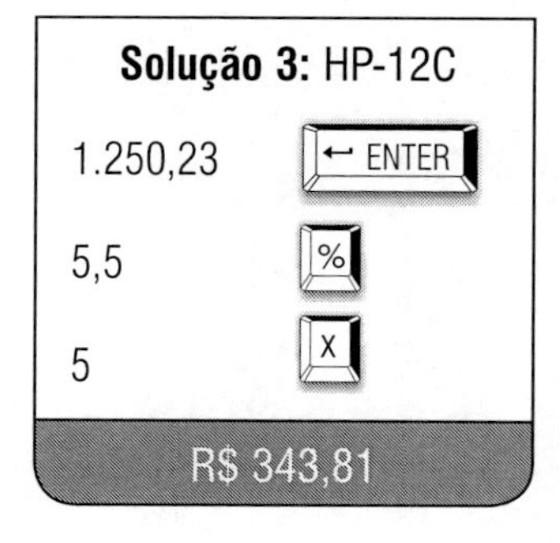

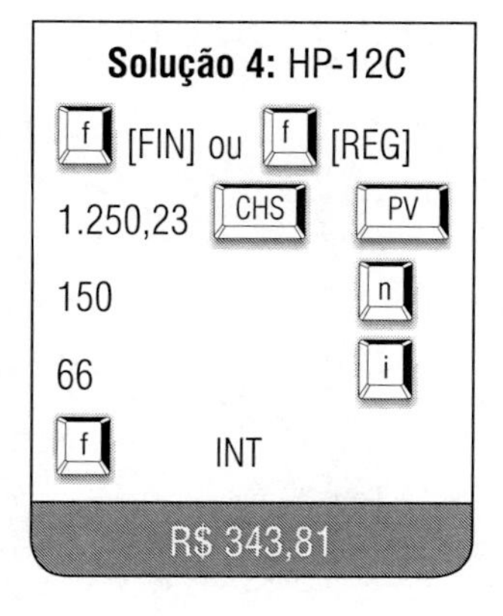

Na **Solução 4**, o prazo será sempre em dias e a taxa sempre ao ano.

Ou seja:

5 x 30 = 150 dias
5,5 x 12 = 66% a.a.

EXEMPLO 16

Qual foi o capital que gerou rendimentos de R$ 342,96 durante 11 meses, a uma taxa de 2,5% ao mês?

Dados:

PV = ?

i = 2,5% a.m.

n = 11 meses

J = R$ 342,96

Solução 1: algébrica

$$PV = \frac{342,96}{0,025 \times 11}$$

$$PV = \frac{342,96}{0,275}$$

PV = R$ 1.247,13

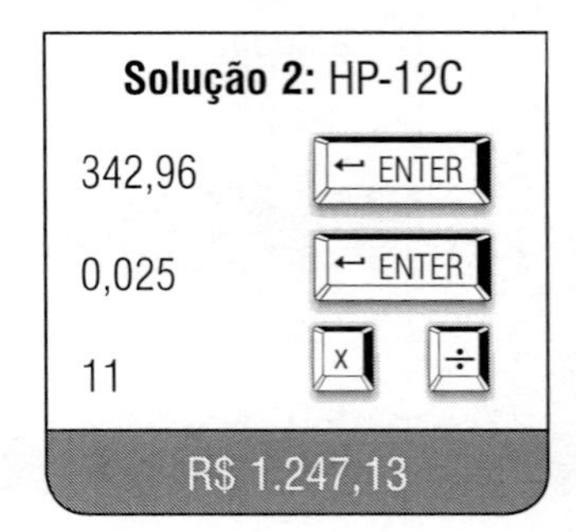
Solução 2: HP-12C

342,96 ENTER

0,025 ENTER

11 x ÷

R$ 1.247,13

EXEMPLO 17

Pedro pagou ao ***Banco da Praça S/A*** a importância de R$ 2,14 de juros por um dia de atraso sobre uma prestação de R$ 537,17. Qual foi a taxa mensal de juros aplicada pelo banco?

Dados:

J = R$ 2,14

n = 1 dia

PV = R$ 537,17

i = ?

Solução 1: algébrica

$$i = \frac{2,14}{537,17 \times 1} = \frac{2,14}{537,17} = 0,003984...$$

$$i = 0,003984... \times 100$$

$$i = 0,3984\% \text{ a.d.}$$

$$i_{mensal} = 0,3984... \times 30$$

$$i_{mensal} = 11,95\% \text{ a.m.}$$

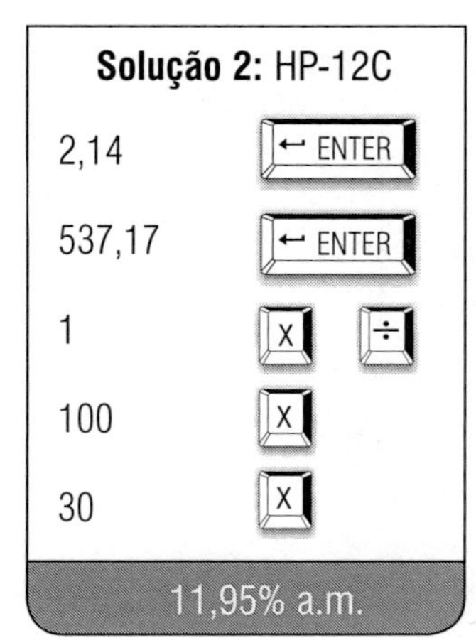

EXEMPLO 18

Durante quanto tempo foi aplicado um capital de R$ 967,74 que gerou rendimentos de R$ 226,45 com uma taxa de 1,5% ao mês?

Dados:

n = ?

PV = R$ 967,74

i = 1,5% a.m.

J = R$ 226,45

Solução 1: algébrica

$$n = \frac{226,45}{967,74 \times 0,015} = \frac{226,45}{14,52}$$

n = 15,6 meses ou 15 meses e 18 dias

Observação:

A parte inteira do número 15,6 – ou seja, 15 – representa os 15 meses.

A parte decimal do número 15,6 – ou seja, 0,6 – representa os 18 dias. Nesse caso, para calcularmos os dias, basta multiplicar a parte decimal por 30 (0,6 x 30 = 18).

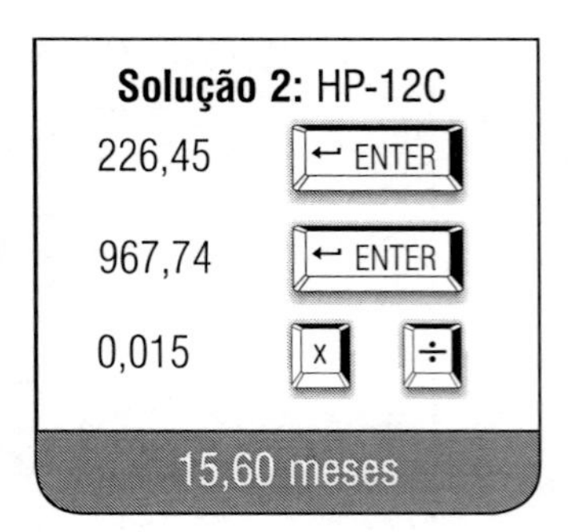

Solução 2: HP-12C

226,45 [ENTER]

967,74 [ENTER]

0,015 [x] [÷]

15,60 meses

EXEMPLO 19

Joaquim emprestou R$ 15,00 de Salim. Após 6 meses, Salim resolveu cobrar sua dívida. Joaquim efetuou um pagamento de R$ 23,75 a Salim. Qual foi a taxa de juros acumulados nessa operação? Qual foi a taxa mensal de juros?

Dados:

PV = R$ 15,00

FV = R$ 23,75

n = 6 meses

$i_{(ac)} = ?$

$i_{mensal} = ?$

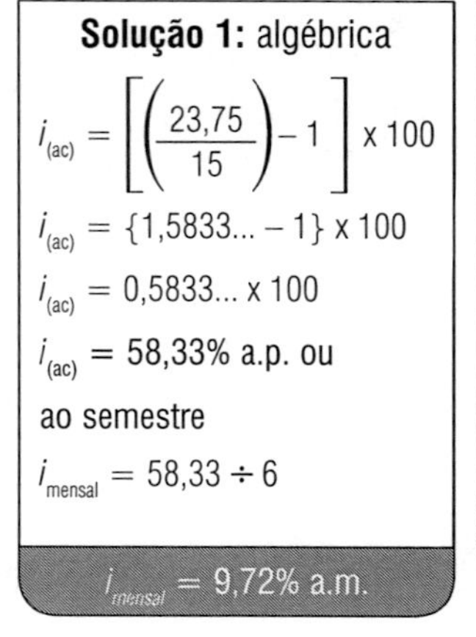

Solução 1: algébrica

$$i_{(ac)} = \left[\left(\frac{23,75}{15}\right) - 1\right] \times 100$$

$i_{(ac)} = \{1,5833... - 1\} \times 100$

$i_{(ac)} = 0,5833... \times 100$

$i_{(ac)} = 58,33\%$ a.p. ou ao semestre

$i_{mensal} = 58,33 \div 6$

$i_{mensal} = 9,72\%$ a.m.

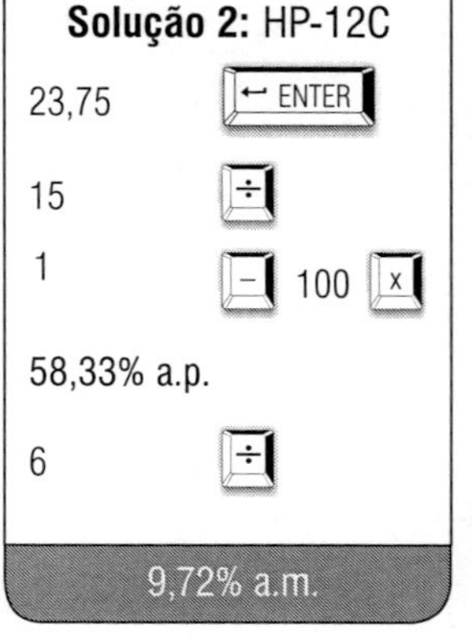

Solução 2: HP-12C

23,75 [ENTER]

15 [÷]

1 [−] 100 [x]

58,33% a.p.

6 [÷]

9,72% a.m.

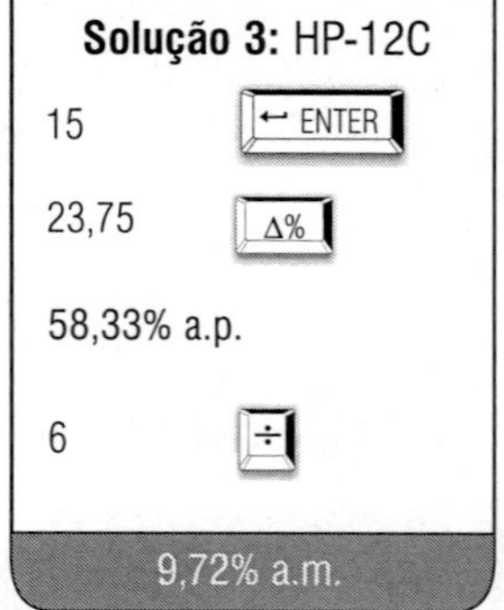

Solução 3: HP-12C

15 [ENTER]

23,75 [Δ%]

58,33% a.p.

6 [÷]

9,72% a.m.

2.2 FÓRMULA DO MONTANTE (*M*) OU VALOR FUTURO (*FV*)

Antes de apresentar a fórmula do montante ou valor futuro, devemos nos lembrar dos conceitos iniciais, nos quais tínhamos que:

$FV = PV + J$ e $J = PV \times i \times n$

Assim, teremos:

$FV = PV + PV \times i \times n$. Colocando o PV em evidência, teremos:

Fórmula nº 9

$$FV = PV\,(1 + i \times n)$$

Antes de apresentarmos o exemplo nº 20, para exemplificar a Fórmula nº 9, vamos entender, com base nas teorias de Gauss, como tudo começou.

2.2.1 Gauss e a propriedade da simetria das Progressões Aritméticas, segundo Meschiatti[1]

Podemos também associar o Sistema de Capitalização Simples (SCS) a uma **Progressão Aritmética** (PA), ou seja, uma **sequência numérica** em que cada termo, a partir do segundo, é igual à **soma** do termo anterior por uma constante. Essa **constante** é chamada *razão da progressão aritmética*.

[1] José Jorge Meschiatti Nogueira, economista e professor universitário, autor do livro *Tabela Price: mitos e paradigmas*, publicado pela Millenium, em 2013.

Segundo vários relatos, entre eles o do professor José Jorge Meschiatti Nogueira em sua brilhante obra *Tabela Price: mitos e paradigmas*[2], Gauss tinha cerca de dez anos e frequentava a aula de aritmética quando seu professor, J.G. Büttner propôs o seguinte difícil problema:

"Escrevam todos os números de 1 a 100 e depois vejam quanto dá a sua soma."

Consta ainda que fosse um hábito, quando a classe tinha uma tarefa desse tipo, adotarem o seguinte procedimento: o primeiro aluno que acabasse a tarefa teria que ir até a secretária do professor com a sua ardósia e colocá-la sobre a mesa. O segundo aluno deveria colocar sua ardósia em cima da do colega e assim sucessivamente, até a pilha de ardósias estar completa.

Talvez o professor Büttner pensasse que lhe seria possível fazer um bom intervalo para um descanso ou para uma boa leitura de jornal. Mas estava totalmente enganado... Em alguns segundos, o menino Gauss colocou a sua ardósia sobre a mesa e, ao mesmo tempo, disse no seu dialeto Braunschweig: *"Ligget se"* (Aqui jaz). Enquanto os outros alunos continuavam a somar, o notável Gauss sentou-se calmo e sereno, impassível aos olhares desdenhosos e suspeitos de Büttner.

Meschiatti relata ainda que no final da aula os resultados foram examinados e a grande maioria dos alunos tinha apresentado resultados errados. Como era comum na época, os alunos foram severamente corrigidos com uma cana-da-índia.

No entanto, na ardósia do genial Gauss, que se encontrava no fim da pilha, estava apenas um número: 5050, ou seja, a resposta certa.

O professor Büttner, espantado, solicitou que Gauss explicasse como teria feito para encontrar o resultado com tanta rapidez. Vamos à explicação de Gauss:

Se 1 + 100 = 101, 2 + 99 = 101, 3 + 98 = 101, e assim por diante, até finalmente 49 + 52 = 101 e 50 + 51 = 101, isso dá um total de 50 pares de números cuja soma dá 101. Portanto, a soma total é 50 x 101 = 5050.

Assim sendo, conforme afirma Meschiatti, Gauss acabava de encontrar a *propriedade da simetria das progressões aritméticas*, ou seja, a base do *Sistema Capitalização Simples (SCS).*

2.2.2 Comprovação da tese de Gauss (propriedade da simetria das Progressões Aritméticas) para problema do professor *Büttner* (50 x 101 = 5.050)

Nº pares	**1º termo**	**+**	**2º termo**		**Soma dos termos**
1º par	1	+	100	=	101
2º par	2	+	99	=	101
3º par	3	+	98	=	101

[2] Ver NOGUEIRA, J.J.M. *Tabela Price: mitos e paradigmas*. 2. ed. Campinas: Millennium, 2008, p. 131.

(Continuação)

Nº pares	*1º termo*	+	*2º termo*		*Soma dos termos*
4º par	4	+	97	=	101
5º par	5	+	96	=	101
6º par	6	+	95	=	101
7º par	7	+	94	=	101
8º par	8	+	93	=	101
9º par	9	+	92	=	101
10º par	10	+	91	=	101
11º par	11	+	90	=	101
12º par	12	+	89	=	101
13º par	13	+	88	=	101
14º par	14	+	87	=	101
15º par	15	+	86	=	101
16º par	16	+	85	=	101
17º par	17	+	84	=	101
18º par	18	+	83	=	101
19º par	19	+	82	=	101
20º par	20	+	81	=	101
21º par	21	+	80	=	101
22º par	22	+	79	=	101
23º par	23	+	78	=	101
24º par	24	+	77	=	101
25º par	25	+	76	=	101
26º par	26	+	75	=	101
27º par	27	+	74	=	101
28º par	28	+	73	=	101
29º par	29	+	72	=	101
30º par	30	+	71	=	101
31º par	31	+	70	=	101
32º par	32	+	69	=	101

(Continuação)

Nº pares	*1º termo*	+	*2º termo*		*Soma dos termos*
33º par	33	+	68	=	101
34º par	34	+	67	=	101
35º par	35	+	66	=	101
36º par	36	+	65	=	101
37º par	37	+	64	=	101
38º par	38	+	63	=	101
39º par	39	+	62	=	101
40º par	40	+	61	=	101
41º par	41	+	60	=	101
42º par	42	+	59	=	101
43º par	43	+	58	=	101
44º par	44	+	57	=	101
45º par	45	+	56	=	101
46º par	46	+	55	=	101
47º par	47	+	54	=	101
48º par	48	+	53	=	101
49º par	49	+	52	=	101
50º par	50	+	51	=	101
TOTAL	1275	+	3775		5.050

Conclusão: Gauss observou que não seria necessário somar os números de 1 a 100, pois a soma dos extremos sempre seria igual a 101, portanto, bastava dividir o número de termos (100 ÷ 2 = 50) e multiplicar pela somas dos extremos (1 + 100 = 101), ou seja, fazer a seguinte operação: 50 x 101 = 5.050.

2.2.3 Solução do problema do professor *Büttner* pelo método de contagem tradicional

Gauss conseguiu resolver o problema de aritmética usando sua mente brilhante. Para que o leitor possa entender a importância do trabalho de Gauss, e como essa descoberta reduziu o tempo para solução de problemas matemáticos, vamos primeiro verificar qual foi a dificuldade que os demais alunos tiveram para encontrar o resultado do problema passado pelo professor Büttner. Vejamos o tamanho da trabalheira para aqueles que conseguiram chegar até o final, ou seja, o *cálculo em sequência*.

Soma de 1 a 25	
Termos	Soma
+1	=1
+2	=3
+3	=6
+4	=10
+5	=15
+6	=21
+7	=28
+8	=36
+9	=45
+10	=55
+11	=66
+12	=78
+13	=91
+14	=105
+15	=120
+16	=136
+17	=153
+18	=171
+19	=190
+20	=210
+21	=231
+22	=253
+23	=276
+24	=300
+25	=325

Soma de 26 a 50	
Termos	Soma
+26	=351
+27	=378
+28	=406
+29	=435
+30	=465
+31	=496
+32	=528
+33	=561
+34	=595
+35	=630
+36	=666
+37	=703
+38	=741
+39	=780
+40	=820
+41	=861
+42	=903
+43	=946
+44	=990
+45	=1035
+46	=1081
+47	=1128
+48	=1176
+49	=1225
+50	=1275

Soma de 51 a 75	
Termos	Soma
+51	=1326
+52	=1378
+53	=1431
+54	=1485
+55	=1540
+56	=1596
+57	=1653
+58	=1711
+59	=1770
+60	=1830
+61	=1891
+62	=1953
+63	=2016
+64	=2080
+65	=2145
+66	=2211
+67	=2278
+68	=2346
+69	=2415
+70	=2485
+71	=2556
+72	=2628
+73	=2701
+74	=2775
+75	=2850

Soma de 76 a 100	
Termos	Soma
+76	=2926
+77	=3003
+78	=3081
+79	=3160
+80	=3240
+81	=3321
+82	=3403
+83	=3486
+84	=3570
+85	=3655
+86	=3741
+87	=3828
+88	=3916
+89	=4005
+90	=4095
+91	=4186
+92	=4278
+93	=4371
+94	=4465
+95	=4560
+96	=4656
+97	=4753
+98	=4851
+99	=4950
+100	=5.050

Conclusão: aqueles que conseguiram chegar até o final sem refazer os cálculos tiveram que fazer 100 operações de adição; enquanto isso, Gauss teve que fazer apenas uma operação de divisão (100 ÷ 2 = 50), talvez uma ou duas operações de adição (1 + 100 = 101; 2 + 99 = 101) e uma operação de multiplicação (50 x 101 = 5.050).

2.2.4 Solução do problema do professor Büttner pelo método da separação em grupos na base 10

Outra forma de comprovação da tese de Gauss e outra solução para o problema do professor Büttner, que talvez os alunos pudessem ter utilizado, seria a formação de grupos de 10 termos em sequência, seguida das somas de cada grupo tanto na vertical como na horizontal. Vamos verificar o procedimento por meio de uma tabela única (vertical/horizontal):

CONTAGEM PELO MÉTODO DE SEPARAÇÃO EM GRUPO NA BASE 10

	G1	G2	G3	G4	G5	G6	G7	G8	G9	G10	
G1	+1	+11	+21	+31	+41	+51	+61	+71	+81	+91	460
G2	+2	+12	+22	+32	+42	+52	+62	+72	+82	+92	470
G3	+3	+13	+23	+33	+43	+53	+63	+73	+83	+93	480
G4	+4	+14	+24	+34	+44	+54	+64	+74	+84	+94	490
G5	+5	+15	+25	+35	+45	+55	+65	+75	+85	+95	500
G6	+6	+16	+26	+36	+46	+56	+66	+76	+86	+96	510
G7	+7	+17	+27	+37	+47	+57	+67	+77	+87	+97	520
G8	+8	+18	+28	+38	+48	+58	+68	+78	+88	+98	530
G9	+9	+19	+29	+39	+49	+59	+69	+79	+89	+99	540
G10	+10	+20	+30	+40	+50	+60	+70	+80	+90	+100	550
	55	155	255	355	455	555	655	755	855	955	5050

Observe que soma dos totais das linhas horizontais aumenta sempre na base 10. Vamos verificar:

$$460 + 10 = 470$$
$$470 + 10 = 480$$
$$480 + 10 = 490$$
$$490 + 10 = 500$$
$$500 + 10 = 510$$
$$510 + 10 = 520$$
$$520 + 10 = 530$$
$$530 + 10 = 540$$
$$540 + 10 = 550$$

$$470 + 480 + 490 + 500 + 510 + 520 + 530 + 540 + 550 = 5.050$$

Ou ainda poderíamos ter somado tudo na vertical; neste caso, o aumento será sempre na base 100. Vamos verificar:

$$55 + 100 = 155$$
$$155 + 100 = 255$$
$$255 + 100 = 355$$
$$355 + 100 = 455$$
$$455 + 100 = 555$$
$$555 + 100 = 655$$

$$655 + 100 = 755$$

$$755 + 100 = 855$$

$$855 + 100 = 955$$

$$155 + 255 + 355 + 455 + 655 + 755 + 855 + 955 = 5.050$$

Conclusão: neste método, temos que somar dois grupos para identificar o valor constante que deverá ser acrescido à soma do segundo grupo (soma do grupo2 – soma do grupo1), e somar os totais de cada grupo (G1+G2+G3+G4+G5+G6+G7+G8+G9+G10), tanto na vertical como na horizontal, para chegarmos ao mesmo resultado.

2.2.5 Solução do problema do professor Büttner com base no conceito da soma dos termos de Progressão Aritmética (PA)

As teorias e os fundamentos desenvolvidos por Gauss nos levam à fórmula da soma dos termos da Progressão Aritmética (PA) finita, que é perfeita para solucionar o problema do professor Büttner. A soma dos primeiros termos de uma Progressão Aritmética finita, a partir do primeiro, é calculada pela seguinte fórmula:

$$S_n \frac{(a_1 + a_n)n}{2}$$

ou

$$S_n = (a_1 + a_n) \times (n \div 2)$$

ou

$$S_n = [(a_1 + a_n)n] \div 2$$

Onde: S_n = soma dos termos; a_1 = primeiro termo; a_n = último termo e n = número de termos.

Em resumo, podemos dizer que a fórmula geral da soma dos termos de uma PA pode ser entendida da seguinte forma:

$$S_n = \frac{[1^{\underline{o}}\, termo(a) + último\, termo(a_n)] \times total\, de\, termos(n)}{2}$$

Vejamos como ficaria a solução do problema do professor Büttner por meio da fórmula geral, onde:

S_n = ?

a_1 = 1 (primeiro termo)

a_n = 100 (último termo)

n = 100 (total de termos)

Solução 1: algébrica

$$S_n = \frac{(a_1 + a_n)n}{2}$$
$$S_n = \frac{(1 + 100) \times 100}{2}$$
$$S_n = \frac{(101) \times 100}{2}$$
$$S_n = \frac{10.100}{2}$$
$$S_n = 5.050$$

Solução 2: algébrica

$$S_n = (a_1 + an) \times (n \div 2)$$
$$S_n = (1 + 100) \times (100 \div 2)$$
$$S_n = (101) \times (50)$$
$$S_n = 5.050$$

Solução 3: algébrica

$$S_n = [(a_1 + an)n] \div 2$$
$$S_n = [(1 + 100)100] \div 2$$
$$S_n = [(101)100] \div 2$$
$$S_n = [10.100] \div 2$$
$$S_n = 5.050$$

Imagine que o professor Büttner tivesse solicitado aos alunos para somar de 1 até 150. Com a fórmula fica fácil, vejamos:

Solução: $S_n \frac{(a_1 + a_n)n}{2} = \frac{(1 + 150)150}{2} = 11.325$

Mas se fosse dada a sequência: 1, 3, 5, 7, 9. Qual a soma dos termos?

Solução: 1 + 3 + 5++7 + 9 = 25, pela fórmula: $\frac{(1 + 9)5}{2} = \frac{50}{2} = 25$

Conclusão: com a fórmula da soma dos termos de uma Progressão Aritmética (PA) finita, é possível somar qualquer sequência numérica.

2.2.6 Os fundamentos de Gauss como base científica para cálculo do valor futuro (FV) a juros simples

Neste tópico, e nos demais que seguirão, mostraremos de que forma os fundamentos de Gauss, principalmente os relacionados aos fundamentos da Progressão Aritmética, contribuíram para a formação da metodologia do *Sistema de Capitalização Simples* (SCS). Na verdade, demonstraremos toda base científica da construção do sistema. Sendo assim, aqueles que fazem oposição ao método terão que rever seus conceitos. Também acreditamos que, para os juízes, promotores, advogados, ou seja, todos os operadores do direito e do sistema judiciário brasileiro, não restará mais dúvida quanto à aplicabilidade do *SCS* em operações bancárias e comerciais do dia a dia.

Recorrendo aos fundamentos de uma Progressão Aritmética (PA), é possível encontrar o termo (n) de uma PA por meio da seguinte fórmula geral:

$$a_n = a_1 + (n - 1)r$$

Onde:

a_n = *n-ésimo termo;*

a_1 = *primeiro termo;*

r = *razão* e

n = *quantidade de termos da PA*

Em uma progressão aritmética, a partir do segundo termo, o termo central é a média aritmética do termo antecessor e do sucessor, ou seja: a_1, a_2, a_3, onde $a_2 = \frac{a_1 + a_3}{2}$, e assim por diante. Vamos admitir a sequência numérica: $5 = a_1$, $8 = a_2$ e $11 = a_3$ para comprovar a propriedade: $a_z = \frac{5+11}{2} = \frac{16}{2} = 8$

Vamos determinar o 12º termo de uma PA, cujo 1º termo (a_1) é igual a 1.100 e a razão (r) é igual a 100.

Dados:

a_n = *n-ésimo termo* (?);

a_1 = *primeiro termo* = 1.100;

r = *razão* = 100 e

n = *quantidade de termos* = 12

a_1 = 1 (*primeiro termo*)

a_n = 100 (*último termo*)

n = 100 (*total de termos*)

Solução 1: algébrica

$\boldsymbol{a_n = a_1 + (n-1)r}$

$a_{12} = 1.100 + (12-1)\ 100$

$a_{12} = 1.100 + (11)\ 100$

$a_{12} = 1.100 + 1.100$

$\boldsymbol{a_{12} = 2.200}$

Em comparação com um financiamento a *Juros Simples*, a *Progressão Aritmética* (PA) poderia ser representada da seguinte forma:

a_0	R$ 1.000,00
a_1	R$ 1.100,00
a_2	R$ 1.200,00
a_3	R$ 1.300,00
a_4	R$ 1.400,00
a_5	R$ 1.500,00
a_6	R$ 1.600,00
a_7	R$ 1.700,00
a_8	R$ 1.800,00
a_9	R$ 1.900,00
a_{10}	R$ 2.000,00
a_{11}	R$ 2.100,00
a_{12}	**R$ 2.200,00**

Portanto, numa PA, o valor de qualquer termo é igual ao anterior mais a constante, e o valor do segundo termo é igual ao primeiro mais a constante.

Vamos entender:

Considere uma PA finita qualquer ($a_1, a_2, a_3, a_4, \ldots, a_n$) de razão igual a r; sabe-se que:

$$a_2 - a_1 = r \text{, logo } a_1 + r = a_2 \text{ ou } \boldsymbol{a_2 = a_1 + r}$$

$a_2 = a_1 + r$ [o valor do segundo termo(a_2) é igual ao primeiro(a_1) mais a constante (r)]

$a_3 = a_2 + r$ [o valor do terceiro termo (a_3) é igual ao segundo (a_2) mais a constante(r)]

Logo, se $a_2 = a_1 + r$, podemos dizer que $a_3 = (a_1 + r) + r$ ou $\boldsymbol{a_3 = a_1 + 2r}$

$a_4 = a_3 + r$ [o valor do quarto termo (a_4) é igual ao terceiro (a_3) mais a constante(r)]

Logo, se $a_3 = a_1 + 2r$, podemos dizer que $a_4 = (a_1 + 2r) + r$ ou $\boldsymbol{a_4 = a_1 + 3r}$

Assim sendo, como o número multiplicado pela constante é sempre a posição do termo (n) menos 1(um), chegamos à fórmula básica: $\boldsymbol{a_n = a_1 + (n - 1)r}$.

2.2.7 Valor Futuro (*FV*) e suas derivações, baseado nos fundamentos de Gauss

A mesma analogia das progressões aritmética pode ser feita com o conceito do Valor Futuro (*FV*); vamos comprovar:

Considere a fórmula $\boldsymbol{FV = PV + J}$ (valor presente + juros), e que os juros possam ser calculados através da Fórmula nº 4: $\boldsymbol{J = PV.i.n}$, ou seja, a relação entre o Valor Presente (*PV*), taxa (*i*) e prazo (*n*); assim sendo, teremos:

Fórmula nº 1: $FV = PV + J$ ou $FV = PV + PV.i.n$

Colocando o ***PV*** em evidência, teremos:

Fórmula nº 4: $FV = PV\ (1 + i.n)$

Onde: FV = Valor Futuro, PV = Valor Presente, i = taxa de juros e n = período ou prazo

Assim sendo, se tomarmos como base um Valor Presente de R$ 1.000,00 aplicado à taxa de 10% ao mês, pelo Sistema de Capitalização Simples (SCS), podemos determinar o Valor Futuro após 12 meses de aplicação da seguinte forma:

Dados:

PV = R$ 1.000,00

i = 10% ao mês ou 0,1

n = 12 meses

FV = ?

Aplicando a fórmula básica do Valor Futuro: ***FV* =*PV* (1+*i.n*)**, teremos:

Solução 1: algébrica

***FV* = PV (1 + i.n)**

FV = 1.000(1+0,1 x 12)

FV = 1.000 (1 + 1,2)

FV = 1.000 (2,2)

***FV* = R$ 2.200,00**

Lembrando que a taxa de juros deve ser transformada de percentual para unitária, ou seja, 10% ÷ 100 = 0,1.

Por analogia, a partir da fórmula do Valor Futuro (*FV*), podemos deduzir outras fórmulas, a saber:

$$FV = PV(1+i.n) = \begin{cases} \textit{Valor presente (PV)} \\ PV = \dfrac{FV}{1+\ i.n} = \dfrac{2.200}{1+0{,}1\ \times 12} = \dfrac{2.200}{2{,}2} = \text{R\$ } 1.000{,}00 \\ \textit{Taxa de juros (i)} \\ i = \dfrac{\dfrac{FV}{PV}-1}{n} = \dfrac{1.000}{12} = \dfrac{2{,}2-1}{12} = \dfrac{1{,}2}{12} = 0{,}1 \text{ ou } 10\% \text{ ao mês} \\ \textit{Prazo ou período (n)} \\ i = \dfrac{\dfrac{FV}{PV}-1}{i} = \dfrac{\dfrac{2.200}{1.000}-1}{0{,}1} = \dfrac{2{,}2-1}{0{,}1} = \dfrac{1{,}2}{0{,}1} = 12 \text{ meses} \\ \textit{Taxa acumulada (iac)} \\ i(ac) = \dfrac{FV}{PV} - 1 = \dfrac{2.200}{1.000} - 1 = 2{,}2 - 1 = 1{,}2 \text{ ou } 120\% \text{ ao ano} \end{cases}$$

Onde: *FV* = Valor Futuro; *PV* = Valor Presente; *i* = taxa de juros; *n* = prazo ou períodos; i(ac) = taxa de juros acumulada.

Agora podemos apresentar o Exemplo nº 20.

EXEMPLO 20

Qual é o valor de resgate de uma aplicação de R$ 84.975,59 colocados em um CDB pós-fixado de 90 dias, a uma taxa de 1,45% ao mês?

Dados:

FV = ?

PV = R$ 84.975,59

i = 1,45% a.m.

n = 90 dias ou (3 meses)

Solução 1: algébrica

FV = 84.975,59 (1 + 0,0145 X 3)

FV = 84.975,59 (1 + 0,0435)

FV = 84.975,59 (1,0435)

FV = R$ 88.672,03

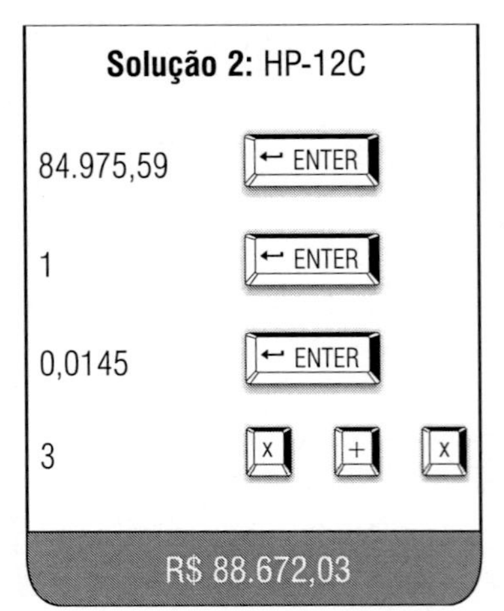

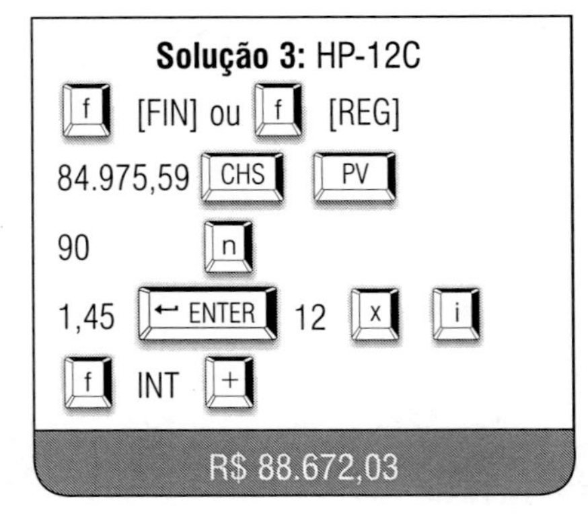

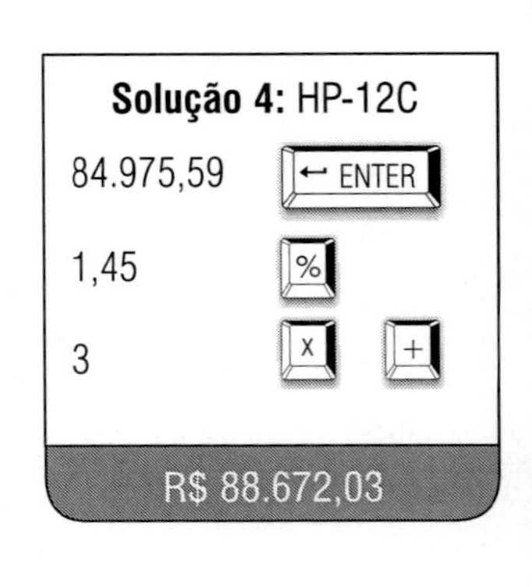

2.3 FÓRMULA DO CAPITAL (*C*) OU VALOR PRESENTE (*PV*)

A fórmula do capital ou valor presente pode ser deduzida a partir da fórmula do montante ou valor futuro (*FV*).

Assim, teremos:

$FV = PV\,(1 + i \times n)$

Colocando ***PV*** em evidência:

Fórmula nº 10

$$PV = \frac{FV}{(1 + i \times n)}$$

EXEMPLO 21

Determine o valor da aplicação cujo resgate bruto foi de R$ 84.248,00 por um período de 3 meses, sabendo-se que a taxa da aplicação foi de 1,77% ao mês.

Dados:

PV = ?

FV = R$ 84.248,00

i = 1,77% a.m.

n = 3 meses

Solução 1: algébrica

$$PV = \frac{84.248}{(1 + 0{,}0177... \times 3)}$$

$$PV = \frac{84.248}{(1 + 0{,}0531...)} = \frac{84.248}{1{,}0531...}$$

PV = R$ 80.000,00

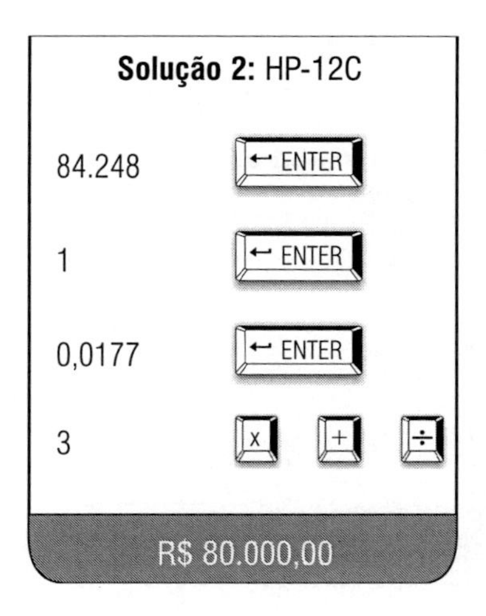

2.4 JURO EXATO E JURO COMERCIAL

Quando falamos em juro exato, estamos, na verdade, nos referindo aos dias do calendário, ou seja, devemos considerar a quantidade de dias existentes em cada mês. Por exemplo: janeiro (31 dias), fevereiro (28 ou 29 dias). Dessa forma, um ano pode ter 365 ou 366 dias.

No caso do juro comercial, devemos considerar sempre um mês de 30 dias, e, sendo assim, um ano comercial vai ter sempre 360 dias.

EXEMPLO 22

Uma prestação no valor de R$ 14.500,00 venceu em 01/02/01 e foi quitada em 15/03/01, com a taxa de 48% ao ano. Determine os juros exato e comercial pagos nessa operação.

Dados:

PV = R$ 14.500,00

i = 48% a.a.

Vencimento da prestação: 01/02/01

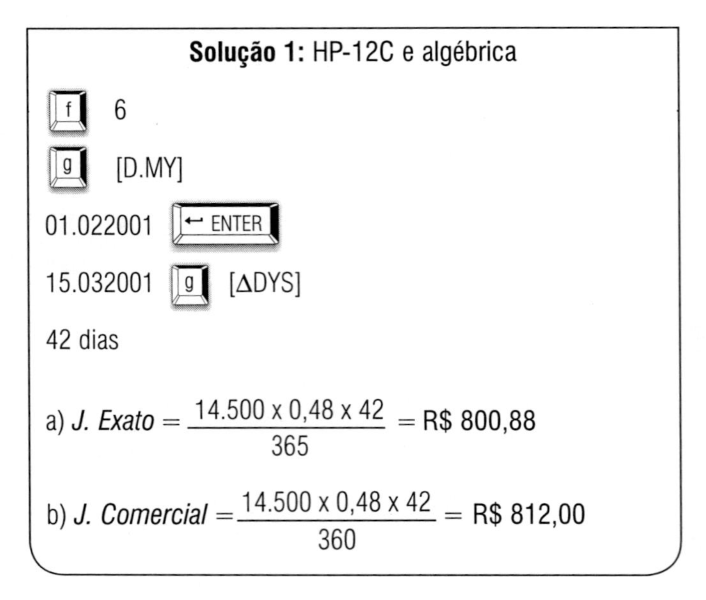

Solução 1: HP-12C e algébrica

[f] 6

[g] [D.MY]

01.022001 [ENTER]

15.032001 [g] [ΔDYS]

42 dias

a) *J. Exato* $= \frac{14.500 \times 0{,}48 \times 42}{365} =$ R$ 800,88

b) *J. Comercial* $= \frac{14.500 \times 0{,}48 \times 42}{360} =$ R$ 812,00

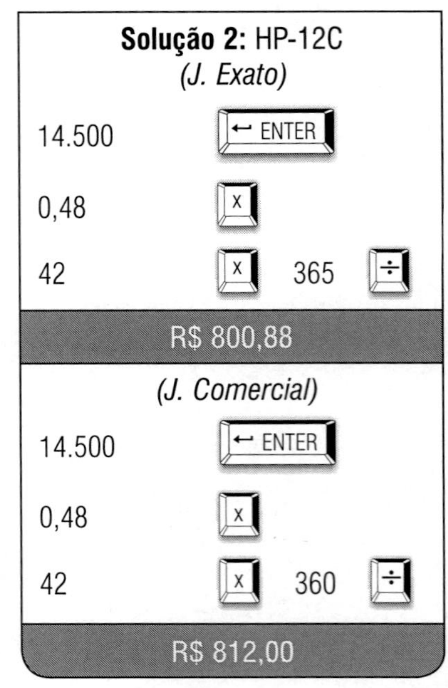

Solução 2: HP-12C

(J. Exato)

14.500 [ENTER]

0,48 [x]

42 [x] 365 [÷]

R$ 800,88

(J. Comercial)

14.500 [ENTER]

0,48 [x]

42 [x] 360 [÷]

R$ 812,00

2.5 EXERCÍCIOS SOBRE JUROS SIMPLES

Considerar o ano comercial (360 dias).

1) Qual é o valor dos juros correspondentes a um empréstimo de R$ 5.000,00, pelo prazo de 5 meses, sabendo-se que a taxa cobrada é de 3,5% ao mês?

   Resposta: R$ 875,00.

2) Um capital de R$ 12.250,25, aplicado durante 9 meses, rende juros de R$ 2.756,31. Determine a taxa correspondente.

   Resposta: 0,025 ou 2,5% ao mês.

3) Uma aplicação de R$ 13.000,00 pelo prazo de 180 dias obteve um rendimento de R$ 1.147,25. Pergunta-se: qual é a taxa anual correspondente a essa aplicação?

   Resposta: 0,049028% ao dia ou 17,65% ao ano.

4) Sabe-se que os juros de R$ 7.800,00 foram obtidos com uma aplicação de R$ 9.750,00, à taxa de 5% ao trimestre. Pede-se que seja calculado o prazo da aplicação.
Resposta: 16 trimestres.

5) Qual o capital que, aplicado à taxa de 2,8% ao mês, rende juros de R$ 950,00 em 360 dias?
Resposta: R$ 2.827,38.

6) Um financiamento de R$ 21.749,41 é liquidado por R$ 27.612,29 no fim de 141 dias. Calcular a taxa mensal de juros.
Resposta: 5,74% ao mês.

7) Calcular o valor dos juros e do valor futuro de uma aplicação de R$ 21.150,00, feita à taxa de 3,64% ao mês, pelo prazo de 32 dias.
Resposta: J = R$ 821,18 e FV = R$ 21.971,18.

8) Determinar o valor futuro da aplicação de um capital de R$ 7.565,01, pelo prazo de 12 meses, à taxa de 2,5% ao mês.
Resposta: R$ 9.834,51.

9) Determinar o valor presente de um título cujo valor de resgate é de R$ 56.737,59, sabendo-se que a taxa de juros é de 2,8% ao mês e que faltam 3 meses para o seu vencimento.
Resposta: R$ 52.340,95.

10) Em quanto tempo um capital aplicado a 3,05% ao mês dobra o seu valor?
Resposta: 32,79 meses ou 32 meses e 24 dias.

11) Qual é o juro obtido por meio da aplicação de capital de R$ 2.500,00 a 7% ao ano durante 3 anos?
Resposta: R$ 525,00.

12) Em que tempo um capital qualquer, aplicado a 15% ao ano, poderá triplicar o valor?
Resposta: 13 anos e 4 meses.

13) A que taxa um capital de R$ 175,00 durante 3 anos, 7 meses e 6 dias produz um montante de R$ 508,25?

Resposta: 0,146936% ao dia; 4,408069% ao mês e 52,896825% ao ano.

14) O valor futuro de uma aplicação financeira é R$ 571,20. Sabendo-se que o período dessa aplicação é de 4 meses e que a taxa é de 5% ao mês, determine o valor dos juros nessa aplicação.

Resposta: R$ 95,20.

15) Um investidor possui certa quantia depositada no Banco "A". Esse investidor efetuou um saque equivalente a um terço dessa importância e aplicou em um investimento empresarial a juros de 6% ao mês durante 8 meses, recebendo ao término desse período o valor acumulado de R$ 1.850,00. Qual foi o valor aplicado no investimento empresarial? Qual era o valor aplicado no Banco "A" antes do saque de um terço?

Resposta: R$ 1.250,00 e R$ 3.750,00.

16) Determinar o montante acumulado no fim de quatro semestres e os juros recebidos a partir de um capital de R$ 15.000,00, com uma taxa de 1% ao mês, pelo regime de capitalização simples.

Resposta: R$ 18.600,00 e R$ 3.600,00.

17) Um consumidor financiou um eletrodoméstico em 24 pagamentos de R$ 28,42 (parcelas fixas), vencendo a primeira parcela de hoje a 30 dias. Logo na primeira prestação, houve um atraso de 11 dias para o pagamento. Sabe-se que o valor pago de juros foi de R$ 1,56. Qual foi a taxa mensal de juros praticada pelo estabelecimento comercial?

Resposta: 14,97% ao mês.

18) Um título foi financiado para pagamento em 60 dias da data de sua emissão com uma taxa de 4,5% ao mês. Sabe-se que esse título foi pago com 4 dias de atraso pelo valor de R$ 1.252,89. Sabe-se ainda que a taxa praticada para cálculo dos juros do atraso é de 60% ao ano. Qual é o valor do título?

Resposta: R$ 1.141,83.

19) A cliente da loja "Tudo Pode Ltda." efetuou um pagamento de uma prestação de R$ 250,00 por R$ 277,08. Sabendo-se que a

continuação

taxa de juros praticada pela loja foi de 5% ao mês, por quantos dias essa prestação ficou em atraso?
Resposta: 65 dias.

20) Quanto tempo é necessário para se triplicar um capital de R$ 15,00, aplicado a uma taxa de 0,5% ao mês?
Resposta: 400 meses.

2.6 CÁLCULO DOS JUROS SIMPLES PARA PERÍODOS NÃO INTEIROS

Em algumas situações, o período de aplicação ou empréstimo não coincide com o período da taxa de juros. Nesses casos, é necessário trabalhar com a taxa equivalente. **Taxas Equivalentes** são aquelas que, quando aplicadas a um mesmo capital, pelo mesmo período, produzem o mesmo juro ou rendimento.

EXEMPLO 23

Um banco oferece uma taxa de 28% ao ano pelo regime de juros simples. Quanto ganharia de rendimento um investidor que aplicasse R$ 15.000,00 durante 92 dias?

Dados:

PV = R$ 15.000,00

i = 28% a.a.

n = 92 dias

J = ?

Solução 1: algébrica

1ª opção: transformando a taxa

$$J = 15.000 \times \frac{0,28}{360} \times 92$$

J = 15.000 x 0,000778... x 92 = **R$ 1.073,33**

2ª opção: transformando o prazo

$$J = 15.000 \times 0,28 \times \frac{92}{360}$$

J = 15.000 x 0,28 x 0,255556... = **R$ 1.073,33**

3ª opção: transformando o produto

$$J = \frac{15.000 \times 0,28 \times 92}{360} = \frac{386.400}{360} = R\$ \ 1.073,33$$

Observe que é possível achar a taxa equivalente diária, prazo anual, ou simplesmente podemos desconsiderar essas transformações e converter o produto final pelo prazo da taxa, sempre em dias, para não haver enganos.

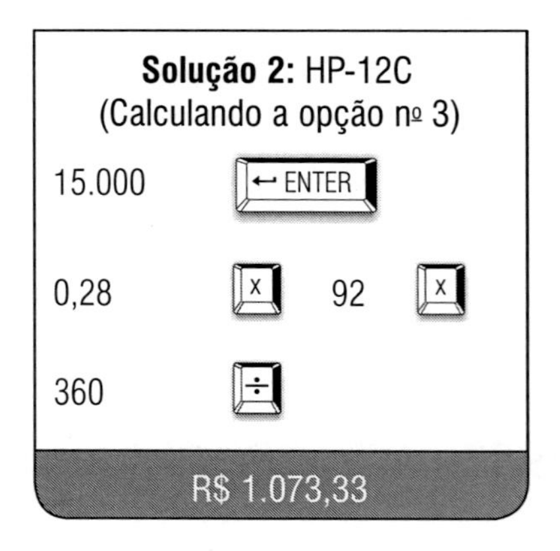

2.7 EXERCÍCIOS SOBRE JUROS SIMPLES DE PERÍODOS NÃO INTEIROS

1) Qual a taxa equivalente a uma taxa de 3,05% ao mês, juros simples, em 22 dias de aplicação?
Resposta: 2,24 % ao período.

2) Qual é o montante de uma aplicação de R$ 550,00 a uma taxa de 12% ao trimestre, juros simples, se já se passou 1 ano e 4 meses?
Resposta: R$ 902,00.

3) Uma aplicação de R$ 18.000,00 foi feita durante 1 ano com 15% ao trimestre. Determine os juros e a taxa mensal.
Resposta: R$ 10.800,00; 5% ao mês.

4) Calcule as taxas equivalentes a 40% ao ano para:

a) 7 dias;
Resposta: 0,78%.

b) 29 dias;
Resposta: 3,22%.

c) 1 mês;
Resposta: 3,33%.

d) 32 dias;
Resposta: 3,56%.

e) 1 trimestre;
Resposta: 10%.

f) 45 dias;
Resposta: 5%.

g) 1 semestre;
Resposta: 20%.

h) 73 dias;
Resposta: 8,11%.

i) 1 ano;
Resposta: 40%.

j) 365 dias.
Resposta: 40,56%.

capítulo 3

Juros compostos

Podemos entender os juros compostos, como sendo o que popularmente chamamos de ***juros sobre juros***, ou ***cálculo exponencial de juros***, ou simplesmente ***Tabela Price***. Mas, na verdade, o correto é afirmar que os juros incidem sobre o montante, conforme está demonstrado no Capítulo 1, no item 1.11 (regimes de capitalização).

O regime de ***juros compostos*** é o mais comum no sistema financeiro e, portanto, o mais útil para cálculos de problemas do dia a dia. Os juros gerados a cada período são incorporados ao principal para o cálculo dos juros do período seguinte. Matematicamente, o cálculo a juros compostos é conhecido por cálculo exponencial de juros.

Observe novamente a demonstração do regime de capitalização composta para uma aplicação financeira de R$ 1.000,00 por um período de 3 meses a uma taxa de 10% ao mês.

REGIME DE CAPITALIZAÇÃO COMPOSTA			
n	Capital aplicado	Juros de cada período	Valor acumulado (montante)
1	R$ 1.000,00	R$ 1.000,00 x 10% = R$ 100,00	R$ 1.000,00 + R$ 100,00 = R$ 1.100,00
2	R$ 1.100,00	R$ 1.100,00 x 10% = R$ 110,00	R$ 1.100,00 + R$ 110,00 = R$ 1.210,00
3	R$ 1.210,00	R$ 1.210,00 x 10% = R$ 121,00	R$ 1.210,00 + R$ 121,00 = R$ 1.331,00

Diagrama de Fluxo de Caixa para o Regime de Capitalização Composta

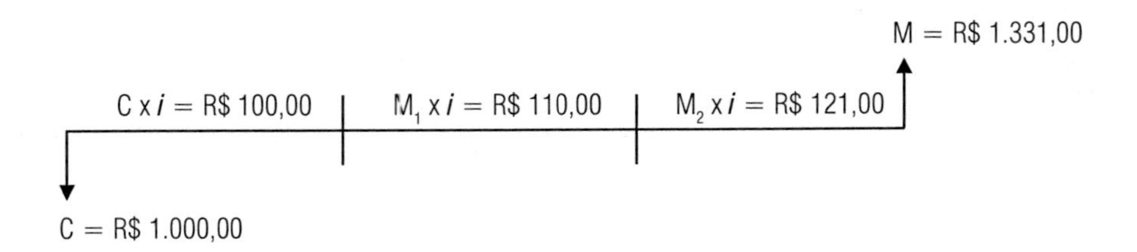

3.1 ALGUNS PONTOS RELEVANTES DA VIDA DE RICHARD PRICE

Richard Price

- Nasceu em 23 de fevereiro de 1723, na Inglaterra.
- Faleceu em 1791, com 68 anos de idade.
  Criador da base do sistema de cálculo financeiro conhecido como Tabela Price.

Fonte: Gravura de T. Holloway a partir de pintura de Benjamin West./Wellcome Library, Londres. Wellcome Images

É importante ressaltar que em relação à biografia do Richad Price, no Brasil, a obra que recomendamos e escolhemos como fonte de nossas pesquisas, para organizar este breve resumo, sem dúvida, é a do professor Meschiatti[1], a quem homenageamos pela iniciativa.

Em resumo, Richard Price foi um Ministro Presbiteriano que atuou no campo da Filosofia (teologia, ética e moral), da Matemática/Estatística (econômico, financeiro, atuarial e demográfico) e também da Política, tendo sido um defensor do pensamento liberal, da Revolução Francesa, da independência das colônias americanas, além de ter sido um questionador da monarquia e da sociedade conservadora inglesa, a saber:

- Em 1723, nasceu na Inglaterra em Tynton, Llangeinor, Glamorgan.
- Em 1740, com 17 anos, mudou-se para Londres, para completar seus estudos na C. *Acadeny*, em Tenter Ailey, Moorfields, onde adquiriu a instrução e influência de John Eames, que era matemático e amigo muito próximo de Issac Newton[2].
- Em 1748, aos 25 anos, tornou-se Ministro Presbiteriano.
- Em 1758, com 35 anos, casou-se com Sarah Blundell. Nesse mesmo ano, publicou ***Review of the Principal Questions in Morals*** (*Revisão das Principais Questões de Moral*).
- Em 1761, morre Thomas Bayes[3], conhecido pelo seu **T**eorema Fundamental na Estatística, e ministro não conformista como *Price*. Consta que após a morte de Bayes, Richard Price, então com 38 anos, encontrou entre os seus papéis um manuscrito de grande importância com o título original de ***Essay towards***

---

[1] NOGUEIRA, José Jorge Meschiatti. *Tabela Price: mitos e paradigmas*. 2ª ed. Campinas: Millennium, 2008. p. 8.

[2] Isaac Newton (Woolsthorpe, 4 de janeiro de 1643 – Londres, 31 de março de 1727) foi um cientista inglês, mais reconhecido como físico e matemático, embora tenha sido também astrônomo, alquimista, filósofo natural e teólogo (fonte: http://pt.wikipedia.org/wiki/Isaac_Newton).

[3] Thomas Bayes (1702? - 17 de abril de 1761) foi um matemático inglês e um pastor *presbiteriano* (pertencente à minoria *calvinista* na Inglaterra), conhecido por ter formulado o caso especial do *teorema de Bayes*. Bayes foi eleito membro da *Royal Society* em 1742.

solving a problem in the Doctrine of Chances (*Ensaio para a Resolução de um Problema na Doutrina das Chances*), que Price publicaria em 1763.

- Em 1763, Price, com 40 anos, enviou para publicação, em *The Philosophical Transactions of the Royal Society*, o trabalho de Bayes. Tal trabalho ficou conhecido como teorema de Bayes, e foi uma importante contribuição no campo da estatística moderna, nos estudos da probabilidade. É importante ressaltar que Richard Price, demonstrou seu caráter neste episódio, tendo em vista que o mesmo poderia ter assumido a autoria do trabalho de Bayes, mas não o fez.
- Em 1766, com 43 anos, publica ***Importance of Christianity*** (*Importância do Cristianismo*), obra na qual rejeita as ideias cristãs católicas tradicionais, como pecado original, castigo eterno e purgatório, entre outras.
- Em 1769, com 46 anos, publica ***Northampton***[4] ***Mortality Tables*** (*Tabelas de Mortalidade de Northampton*), sua mais famosa obra de estatística, voltada para ramos de seguros, cuja finalidade principal era posicionar na forma estatística as probabilidades de vida e de morte. Acredita-se que tal trabalho foi realizado a pedido da ***Equitable Society***, uma seguradora inglesa.
- Em 1771, com 48 anos, publica ***Observations on Reversionary Payments*** (*Observação sobre Devolução de Pagamentos Reversíveis*), na mesma obra, Price, publica suas Tabelas a Juros Compostos, no Brasil, também conhecida como Tabela Price, e ainda explica os esquemas de provisão de anuidades a viúvas e idosos, o método para o cálculo dos valores de seguros de vida, a dívida interna, ensaios sobre aritméticos e diferentes assuntos na doutrina de rendas vitalícias.

  No entanto, viria a se descobrir mais tarde que o livro de Price continha erros graves, relacionados, em parte, a uma base de dados inadequados. Tal falha foi originada principalmente pela estimativa invertida, muito acima da taxa de mortalidade nas pessoas mais jovens e abaixo nas pessoas mais velhas.

  O resultado desse erro foi ainda mais grave já que os prêmios dos seguros de vida foram muito maiores do que necessário.

A Equitable Society floresceu graças a esse erro; o governo Britânico, usando as mesmas Tabelas para determinar os pagamentos de anuidades aos seus pensionistas, amargou prejuízos. (BERSTEIN, 1996, p.130)

- Em 1772, com 49 anos, publica ***An Appeal to the Public, on the Subject of the National Debt*** (*Um Apelo ao Público, sobre o Tema da Dívida Nacional*).
- Em 1777, com 54 anos, publica ***Additional Observations on the Nature and Value of Civil Liberty, and the War with America*** (*Observações Adicionais sobre a Natureza e o Valor da Liberdade Civil, e a Guerra com a América*).
- Em 1780, com 57 anos, publica ***An Essay on the Population of England*** (*Um Ensaio sobre a População da Inglaterra*).
- Em 1784, com 61 anos, publica ***Observations on the Importance of the American Revolution, and the Means of Making it Benefit to the World*** (*Observações sobre a Importância da Revolução Americana, e os meios de torná-la benefício para o mundo*).

[4] Northampton é uma cidade inglesa na região de East Midlands. Tem uma população estimada de 205.200 habitantes.

Neste mesmo ano, conheceu e teve como colaboradora Mary Wollstonecraft, considerada a primeira mulher a produzir uma obra escrita aplicada ao movimento feminista: ***A Vindication of the Rights of Woman*** (*A Reivindicação dos Direitos da Mulher*), publicada em 1790. Mary também era Mary Shelley, autora de *Frankeenstein*, uma das obras de ficção mais lidas de todos os tempos.

- Em 1789, a Revolução Francesa[5] marcaria a personalidade de Price, então com 66 anos, que se tornaria uns dos mais ardorosos defensores do pensamento liberal. Consta que, em seus últimos controvertidos sermões, além de acastelar a Revolução Francesa, chegou a questionar os poderes da monarquia inglesa, sendo, pelo rei George III, da Inglaterra, qualificado como ateu, simplesmente por afirmar que o povo inglês também tinha direito de destronar um rei, se este fosse cruel. Como se não bastasse, Price também desagradava a monarquia e os setores conservadores da sociedade inglesa por demonstrar total apoio à independência das colônias americanas, tendo, inclusive, mantido fortes vínculos de amizade com Benjamin Franklin e Thomas Jefferson, colonos rebeldes.
- Em 1790, com 67 anos, publica ***A Discourse on the Love of our Country*** (*Um Discurso sobre o Amor de nosso País*).
- Em 1791, com 68 anos de idade, morre Richard Price, sendo enterrado em Bunhill, na Inglaterra.
- Em 1812, ano da 7ª e última edição da obra de Price sob o título ***Observations on Reversionary Payments*** (*Observação sobre Devolução de Pagamentos Reversíveis*).

Acreditamos que Price jamais imaginou o tamanho da maldade que sua obra causaria, uma vez que seus estudos foram direcionados para o ramo de seguros, conforme já explicamos. Desse modo, entendemos que as instituições financeiras, em especial os bancos, tiraram proveito do modelo, colocando-o para utilização em financiamentos de imóveis, máquinas ou simplesmente empréstimos de dinheiro, erro que devemos corrigir.

3.2 OS FUNDAMENTOS DAS PROGRESSÕES GEOMÉTRICAS (*PG*) COMO BASE CIENTÍFICA PARA O CÁLCULO DO VALOR FUTURO (*FV*) A JUROS COMPOSTOS

No Capítulo 2, definimos uma Progressão Geométrica (PG) como sendo uma sequência numérica em que cada termo, a partir do segundo, é igual ao produto do termo anterior por uma constante. Essa constante é chamada razão da progressão geométrica.

Vejamos uma *PG* de 12 termos com razão igual a 2:

PG (1, 2, 4, 8, 16, 32, 64, 128, 256, 512, 1024, 2048,...)

[5] Revolução Francesa é o nome dado ao conjunto de acontecimentos que, entre 5 de maio de 1789 e 9 de novembro de 1799, alterou o quadro político e social da França. Em causa, estavam o Antigo Regime (Ancien Régime) e a autoridade do clero e da nobreza. Foi influenciada pelos ideais do Iluminismo e da Independência Americana (1776). Está entre as maiores revoluções da história da humanidade.

QUADRO EVOLUTIVO DE UMA
PROGRESSÃO GEOMÉTRICA (PG)

1	x	2	=	2
2	x	2	=	4
4	x	2	=	8
8	x	2	=	16
16	x	2	=	32
32	x	2	=	64
64	x	2	=	128
128	x	2	=	256
256	x	2	=	512
512	x	2	=	1024
1024	x	2	=	2048

Quando associamos um cálculo *e*xponencial a uma Progressão Geométrica (PG), temos:

$$\mathbf{2^{11} = 2 \times 2 \times 2 \times 2 \times 2 \times 2 \times 2 \times 2 \times 2 \times 2 \times 2 = 2048}$$

Para fazer o mesmo cálculo com base no conceito de uma Progressão Geométrica (PG), devemos encontrar uma expressão para obtermos o termo geral de uma PG conhecendo apenas o primeiro termo (a_1) e a razão(q). A letra q foi escolhida por ser inicial da palavra *quociente*.

Vamos entender:

Seja (a_1, a_2, a_3, ... , a_n) uma **PG** de razão (q), temos:

Se $\frac{a_2}{a_1}$, podemos dizer que: $a_2 = a_1 \cdot q$

Se $\frac{a_3}{a_2}$, podemos dizer que: $a_3 = a_1 \cdot q^2$

Se $\frac{a_4}{a_3}$, podemos dizer que: $a_4 = a_1 \cdot q^3$

Seguindo, chegaremos ao termo a_n, que ocupa a ***n-ésima*** posição da *PG*, podendo ser representada pela seguinte fórmula:

Fórmula Geral do Termo de uma Progressão Geométrica (PG):

$$a_n = a_1 \cdot q^{n-1}$$

Onde: a_n = n-ésimo termo ou termo a ser calculado; a_1 = primeiro termo e q = razão ou quociente.

Vamos exemplificar: Determinar 12º termo de uma PG, cujo 1º termo (a_1) é igual a 1.100 e a razão (q) é igual a (1+10% ou 1,1).

Dados:

a_n = *n-ésimo termo* (?);
a_1 = *primeiro termo* = 1.100;
q = *razão* = 1,1 e
n = *quantidade de termos* = 12

Solução 1: algébrica

$a_n = a_1 \cdot q^{n-1}$
$a_{12} = 1.100 \times 1{,}1^{(12-1)}$
$a_{12} = 1.100 \times 1{,}1^{(11)}$
$a_{12} = 1.100 \times 2{,}853117...$
$a_{12} = 3.138{,}43$

Comparada a um financiamento a juros compostos, a progressão geométrica (PG) poderia ser representada da seguinte forma:

a_0	R$ 1.000,00
a_1	R$ 1.100,00
a_2	R$ 1.210,00
a_3	R$ 1.331,00
a_4	R$ 1.464,10
a_5	R$ 1.610,51
a_6	R$ 1.771,56
a_7	R$ 1.948,72
a_8	R$ 2.143,59
a_9	R$ 2.357,95
a_{10}	R$ 2.593,74
a_{11}	R$ 2.853,12
a_{12}	R$ 3.138,43

Utilizaremos o mesmo princípio nas fórmulas de Juros Compostos ao longo deste capítulo.

3.3 VALOR FUTURO (*FV*) OU MONTANTE (*M*)

Para encontrarmos o valor futuro (*FV*) ou montante (*M*) de uma operação comercial ou financeira, vamos considerar um valor presente (*PV*), uma taxa (*i*) e calcular o valor futuro (*FV*) obtido a juros compostos, após (*n*) períodos.

- Valor futuro após o período 1:
  $FV_1 = PV + PV \times i = PV\ (1 + i)$
- Valor futuro após o período 2:
  $FV_2 = FV_1 + FV_1 \times i = PV\ (1 + i)\ (1 + i) = PV\ (1 + i)^2$
- Valor futuro após o período 3:
  $FV_3 = FV_2 + FV_2 \times i = FV_2(1 + i) = PV\ (1 + i)^2(1 + i) = PV\ (1 + i)^3$
- Valor futuro após o período n:
  Para um período n é possível perceber que: $FV_n = PV\ (1 + i)^n$

Assim, teremos:

Fórmula nº 11

$$FV = PV\ (1 + i)^n$$

EXEMPLO 24

Calcular o montante de um capital de R$ 5.000,00, aplicado à taxa de 4% ao mês, durante 5 meses.

Dados:

FV = ?

PV = R$ 5.000,00

i = 4% a.m.

n = 5 meses

Solução 1: algébrica

$FV = 5.000\ (1 + 0{,}04)^5$

$FV = 5.000\ (1{,}04)^5$

$FV = 5.000\ (1{,}216652...)$

FV = R$ 6.083,26

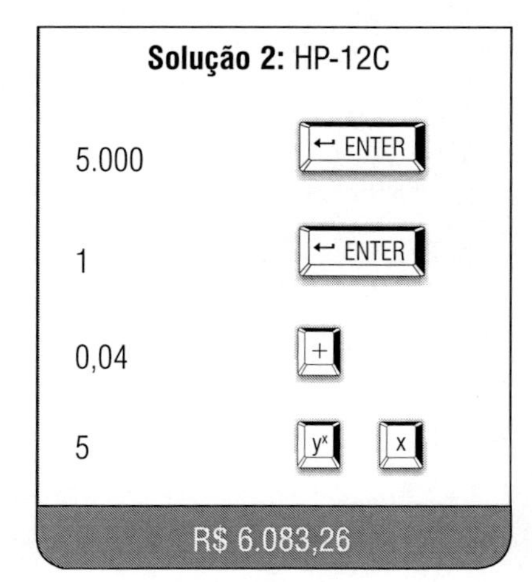

Observação:

Nas calculadoras financeiras, é possível calcular diretamente qualquer uma das variáveis da fórmula $FV = PV\ (1 + i)^n$. Para tanto, é preciso que sejam conhecidas três das variáveis a fim de que seja calculada a quarta variável.

Na calculadora HP-12C, por exemplo, temos as seguintes teclas para cálculo de juros compostos:

[PV] (do inglês *Present Value*) representa o capital

[FV] (do inglês *Future Value*) representa o montante

[i] (do inglês *interest*) representa a taxa

[n] representa o número de períodos

É importante ressaltar que a calculadora HP-12C necessita de ajuda para comparar o fluxo de caixa, ou seja, é preciso informar quando temos uma entrada ou uma saída. Observe os fluxos de caixa a seguir:

Na HP-12C, a tecla [CHS] (do inglês *Change Sign*) serve para introduzir ou tirar um sinal negativo de um número.

Do ponto de vista de quem recebe um empréstimo

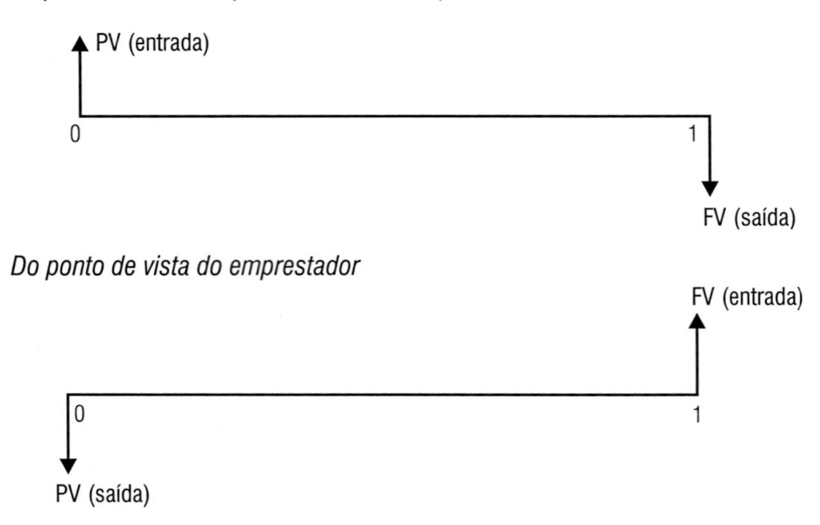

Vejamos a solução pela calculadora financeira modelo HP-12C:

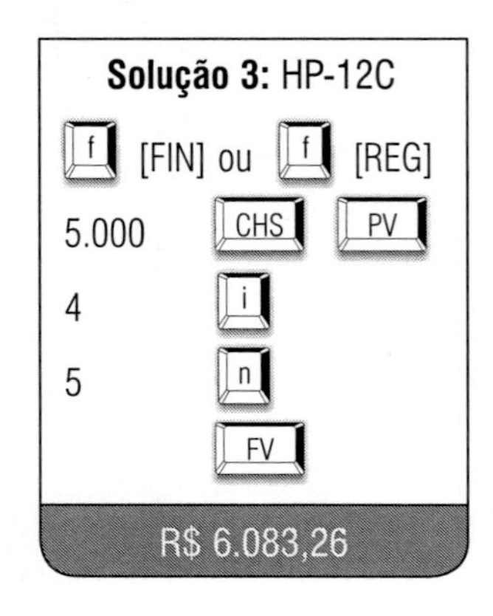

Observação:

Quando utilizamos a função **[f] [FIN]**, apagamos somente os registros das memórias financeiras da HP-12C, enquanto a função **[f] [REG]** apaga todos os registros armazenados nas memórias da calculadora.

Solução 4: Excel®

Microsoft Excel - exemplo 23 01-08 cap.3

Arquivo Editar Exibir Inserir Formatar Ferramentas Dados Janela Ajuda

B4 = =B1*(1+B2)^B3

	A	B	C	D	E	F	G	H
1	VALOR PRESENTE (*PV*)	5.000,00						
2	TAXA (*i*)	4,00%						
3	PRAZO (*n*)	5						
4	VALOR FUTURO (*FV*)	6.083,26						
5								
6								
7								
8								
9								
10								
11								
12								
13								
14								
15								
16								
17								

3.4 DIFERENÇA ENTRE JUROS SIMPLES E JUROS COMPOSTOS

Como já observamos no Capítulo 1, no item 1.11 (Regimes de Capitalização), a metodologia de cálculo pode ser ***linear*** ou ***exponencial***. Vejamos então a demonstração dessas duas metodologias:

Calcular o montante de um capital de R$ 50.000,00, aplicado à taxa de 15% ao mês, para 29 dias, 30 dias e 31 dias, pelos regimes de juros simples e juros compostos.

Dados:

PV = R$ 50.000,00

i = 15% a.m.

n = 29 dias; 30 dias e 31 dias

FV (juros simples) = ?

FV (juros compostos) = ?

Solução 1: algébrica

Juros Simples (linear)

a) $n = 29$ dias; $FV = 50.000\left(1 + \frac{0{,}15 \times 29}{30}\right) =$ R$ 57.250,00

b) $n = 30$ dias; $FV = 50.000\left(1 + \frac{0{,}15 \times 30}{30}\right) =$ R$ 57.500,00

c) $n = 31$ dias; $FV = 50.000\left(1 + \frac{0{,}15 \times 31}{30}\right) =$ R$ 57.750,00

Juros Compostos (exponencial)

a) $n = 29$ dias; $FV = 50.000\,(1{,}15)^{\frac{29}{30}} =$ R$ 57.232,75 (J. Simples > J. Compostos)

b) $n = 30$ dias; $FV = 50.000\,(1{,}15)^{\frac{30}{30}} =$ R$ 57.500,00 (J. Simples = J. Compostos)

c) $n = 31$ dias; $FV = 50.000\,(1{,}15)^{\frac{31}{30}} =$ R$ 57.768,50 (J. Simples < J. Compostos)

Observações:

Algumas observações e conclusões podem ser feitas sobre os Regimes de Capitalização.

1) Quando o período (prazo) for inferior ao tempo da taxa, será mais vantajoso utilizar o regime de capitalização simples.

2) Quando o período (prazo) for superior ao tempo da taxa, será mais vantajoso utilizar o regime de capitalização composto.

3) Quando o período (prazo) for igual ao tempo da taxa, os dois regimes de capitalização apresentarão o mesmo resultado.

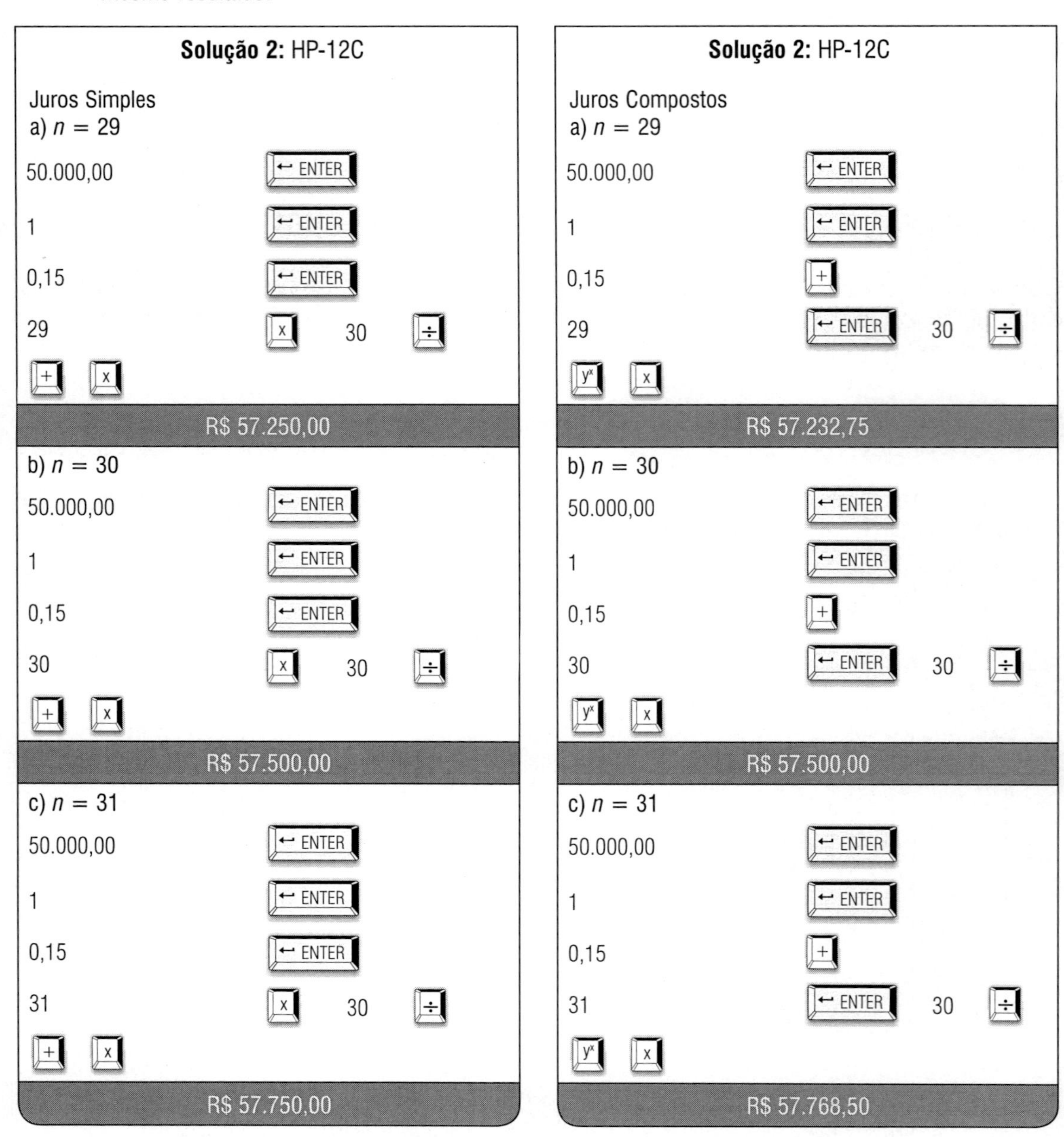

Solução 3: Excel®

Juros Simples

Microsoft Excel - exemplo 24 01-08 cap.3

D7 = =B7*(1+(C7*A7/30))

	A	B	C	D	E	F	G
1	*Regime de Capitalização Simples*						
2							
3	PRAZO (n)	VALOR	TAXA (i)	VALOR			
4		PRESENTE (PV)		PRESENTE (FV)			
5	29	50.000,00	15%	57.250,00			
6	30	50.000,00	15%	57.500,00			
7	31	50.000,00	15%	57.750,00			
8							
9							
10							
11							
12							
13							
14							
15							
16							
17							

Juros Compostos

Microsoft Excel - EXEMPLO 25

D7 = =B7*(1+C7)^(A7/30)

	A	B	C	D	E	F	G
1	*Regime de Capitalização Composta*						
2							
3	PRAZO *(n)*	VALOR	TAXA *(i)*	VALOR			
4		PRESENTE *(PV)*		PRESENTE *(FV)*			
5	29	50.000,00	15%	57.232,75			
6	30	50.000,00	15%	57.500,00			
7	31	50.000,00	15%	57.768,50			
8							
9							
10							
11							
12							
13							
14							
15							
16							
17							

3.5 FUNÇÃO "C" NA HP-12C E AS TECLAS [STO] e [EEX]

Com a sequência de teclas [STO] [EEX] aparecerá no visor da calculadora HP-12C a letra "C". Se a letra "C" não estiver aparecendo no visor, a HP-12C fará os cálculos levando em consideração os dois regimes de capitalização. Na verdade, o objetivo é utilizar o regime de capitalização simples (*convenção linear*) para os períodos inferiores ao tempo da taxa; e para os períodos inteiros iguais ou superiores ao tempo da taxa será utilizado o regime de capitalização composta.

Vamos comprovar:

Calcular o valor futuro de uma aplicação de R$ 1.450.300,00, à taxa de 15% ao ano, durante 3,5 anos.

Dados:

PV = R$ 1.450.300,00

i = 15% a.a.

n = 3,5 anos

Solução 1: algébrica

$FV = 1.450.300\,(1 + 0,15)^{3,5}$

$FV = 1.450.300\,(1,15)^{3,5}$

$FV = 1.450.300\,(1,630956738...)$

FV = R$ 2.365.376,56

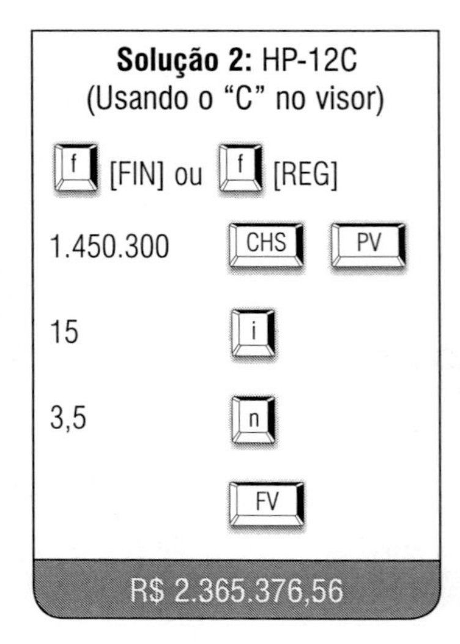

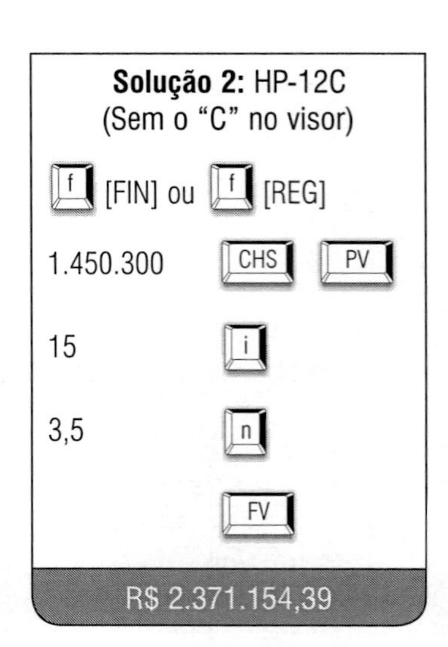

Observe que existe uma diferença de **R$ 5.777,83.** Vejamos por quê:

1º PASSO: Determinar o valor futuro para o período de 3 anos **(período inteiro)** pelo regime de **juros compostos**	FV (3 anos) = 1.450.300 $(1,15)^3$ FV (3 anos) = **R$ 2.205.725,01**
2º PASSO: Determinar o valor dos juros correspondentes a meio ano **(período fracionário)** pelo regime de **juros simples**	J (0,5 ano) = (2.205.725,01 x 0,15 x 0,5) J (0,5 ano) = **R$ 165.429,38**
3º PASSO: Determinar o valor futuro total **(3,5 anos)**	FV (3,5 anos) = R$ 2.205.725,01 + R$ 165.429,38 FV (3,5 anos) = **R$ 2.371.154,39**

3.6 VALOR PRESENTE (*PV*) OU CAPITAL (*C*)

A fórmula do valor presente (*PV*) pode ser facilmente obtida a partir da fórmula do valor futuro (*FV*), basta isolar a variável (*PV*) e dividir o valor futuro (*FV*) pelo coeficiente do (*PV*), ou seja, $(1 + i)^n$.

Sendo assim, teremos:

Fórmula nº 12

$$PV = \frac{FV}{(1 + i)^n}$$

EXEMPLO 27

No fim de 2 anos, o Sr. Misterioso da Silva deverá efetuar um pagamento de R$ 2.000,00, referente ao valor de um empréstimo contratado na data de hoje, mais os juros devidos, correspondentes a uma taxa de 4% ao mês. Pergunta-se: qual é o valor emprestado?

Dados:

FV = R$ 2.000,00

i = 4% a.m.

n = 24 meses

PV = ?

Solução 1: algébrica

$$PV = \frac{2.000}{(1 + 0,04)^{24}}$$

$$PV = \frac{2.000}{(1,04)^{24}}$$

$$PV = \frac{2.000}{(2,563304...)}$$

PV = R$ 780,24

Podemos também encontrar um fator de multiplicação, substituindo o valor futuro (*FV*) por "1".

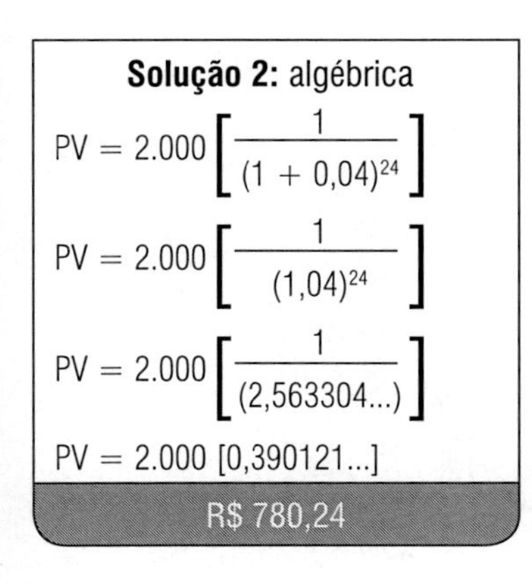

Solução 2: algébrica

$$PV = 2.000\left[\frac{1}{(1 + 0,04)^{24}}\right]$$

$$PV = 2.000\left[\frac{1}{(1,04)^{24}}\right]$$

$$PV = 2.000\left[\frac{1}{(2,563304...)}\right]$$

PV = 2.000 [0,390121...]

R$ 780,24

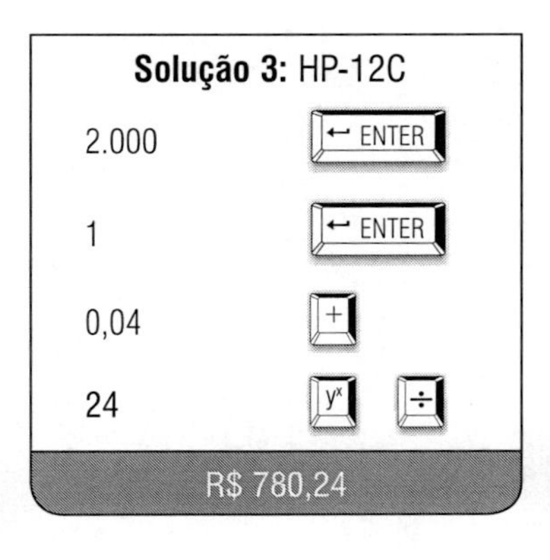

Solução 3: HP-12C

2.000 ENTER

1 ENTER

0,04 +

24 y^x ÷

R$ 780,24

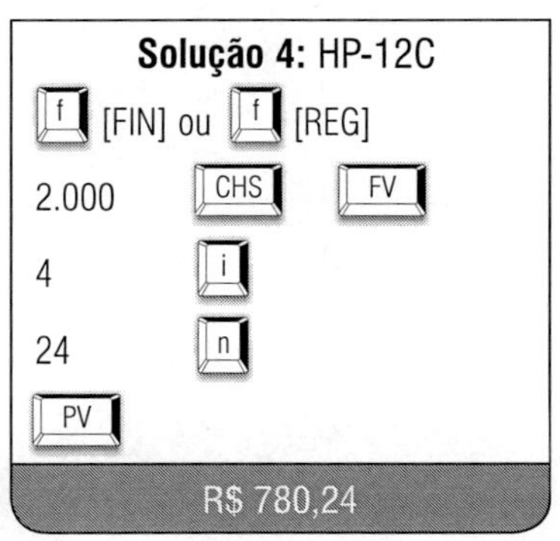

Solução 4: HP-12C

f [FIN] ou f [REG]

2.000 CHS FV

4 i

24 n

PV

R$ 780,24

Solução 5: Excel®

Microsoft Excel - exemplo 26 01-08 cap.3

Arquivo Editar Exibir Inserir Formatar Ferramentas Dados Janela Ajuda

A11 =

	A	B	C	D	E	F	G	H	I	J
1	VALOR PRESENTE (*PV*)	**780,24**								
2	TAXA (*i*)	4,00%								
3	PRAZO (*n*)	24								
4	VALOR FUTURO (*FV*)	2.000,00								
5										
6										
7										
8										
9										
10										
11										
12										
13										
14										
15										
16										
17										
18										
19										
20										
21										
22										
23										
24										
25										

3.7 PRAZO (*N*)

O cálculo do prazo pelo regime de capitalização composta não é possível por meio de uma fórmula simples, como vimos no regime de capitalização simples; nesse caso, é necessário calcular por meio de logaritmo. A calculadora HP-12C possui, em azul, a função (*LN*), que significa logaritmo neperiano.

Para o cálculo do prazo (*n*), apresentaremos duas fórmulas:

Fórmula nº 13

$$n = \frac{LN\,(FV) - LN\,(PV)}{LN\,(1 + i)}$$

ou

Fórmula nº 14

$$n = \frac{LN\left(\frac{FV}{PV}\right)}{LN\,(1 + i)}$$

EXEMPLO 28

Em que prazo um empréstimo de R$ 24.278,43 pode ser liquidado em um único pagamento de R$ 41.524,33, sabendo-se que a taxa contratada é de 3% ao mês?

Dados:

$n = ?$

PV = R$ 24.278,43

FV = R$ 41.524,33

i = 3% a.m.

Solução 1: algébrica (Fórmula nº 13)

$$n = \frac{LN\,(41.524,33) - LN\,(24.278,43)}{LN\,(1,03)}$$

$$n = \frac{10,634035... - 10,097344...}{0,029559...}$$

$$n = \frac{0,536691...}{0,029559...} =$$

n = 18,156731... meses

Solução 2: algébrica (Fórmula nº 14)

$$n = \frac{LN\left(\frac{41.524,33}{24.278,43}\right)}{LN\,(1 + 0,03)}$$

$$n = \frac{LN\,(1,710338...)}{LN\,(1,03)}$$

$$n = \frac{0,536691...}{0,029559...} =$$

n = 18,156731... meses

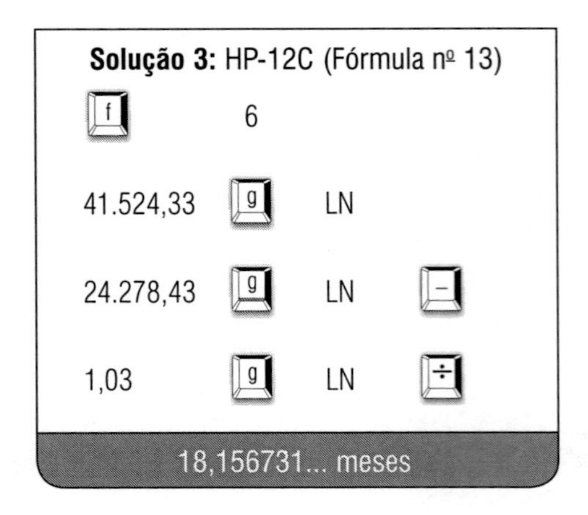

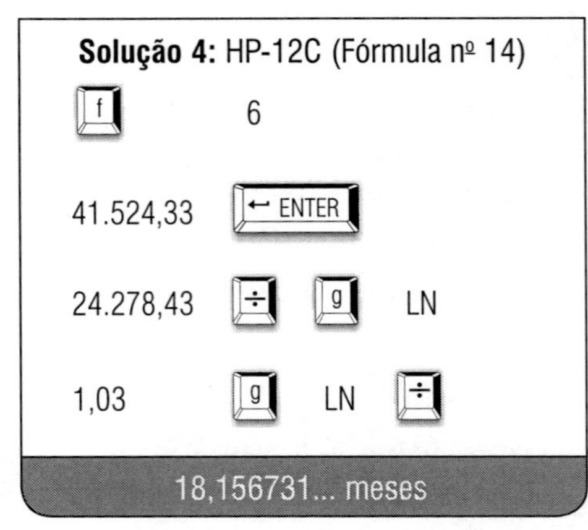

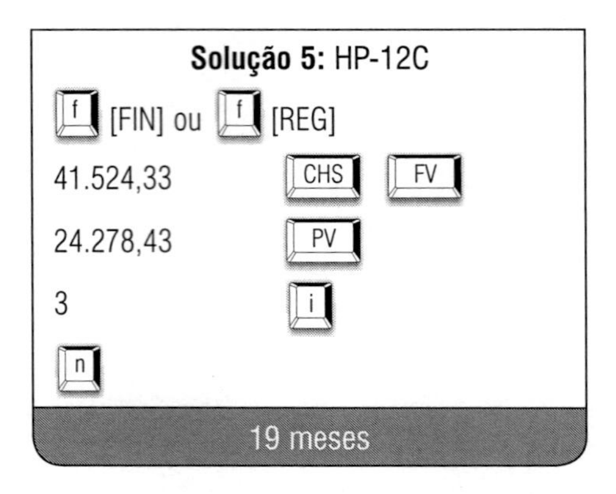

Solução 6: Excel®

Microsoft Excel - exemplo 27 01-08 cap. 3

Arquivo Editar Exibir Inserir Formatar Ferramentas Dados Janela Ajuda

B11 = 18,156731

	A	B	C
1	**(Fórmula 13)**		
2	VALOR PRESENTE (**PV**)	24.278,43	
3	TAXA (**i**)	3,00%	
4	PRAZO (***n***)	**18,156731**	**meses**
5	VALOR FUTURO (**FV**)	41.524,33	
6			
7	**(Fórmula 14)**		
8	VALOR PRESENTE (**PV**)	24.278,43	
9	TAXA (**i**)	3,00%	
10	PRAZO (**n**)	**18,156731**	**meses**
11	VALOR FUTURO (**FV**)	41.524,33	

Observe na ***Solução 5*** que, quando efetuamos o cálculo usando as teclas financeiras, o prazo retorna em períodos inteiros. Na verdade, qualquer prazo efetuado pela HP-12C, utilizando as funções financeiras, será sempre arredondado para maior. Nesse caso, se houver a necessidade de saber o período exato, devemos usar a função **[FRAC]**, conforme será demonstrado no próximo item.

3.8 FUNÇÕES [FRAC] E [INTG]

Por meio da função **[FRAC]**, é possível eliminar a parte inteira de um número e manter a parte fracionária.

Pela função **[INTG]**, é possível eliminar a parte fracionária de um número e manter a parte inteira. Vamos comprovar.

Tomando como base a solução do Exemplo 28, temos que o prazo foi de 18,156731... meses. Note que existe uma parte fracionária que, nesse caso, representa a quantidade de dias. Para calcularmos a quantidade de dias, basta multiplicar a parte fracionária por 30 (mês comercial).

Estando com o número 18,156731... no visor da calculadora HP-12C, observe o procedimento a seguir:

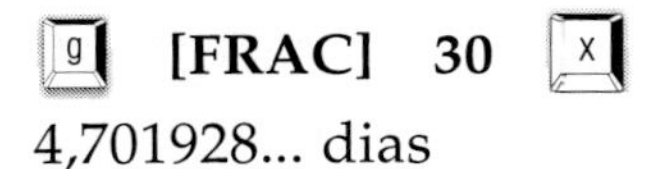

4,701928... dias

No caso de dias, é possível arredondar o número para maior, então poderemos dizer que a resposta exata do Exemplo 28 seja ***18 meses e 5 dias***.

Para o mesmo Exemplo 28, poderemos também testar o uso da função **INTG** da HP-12C e eliminar a parte fracionária. Para tanto, basta digitar a sequência de teclas: g **INTG** – a que a parte fracionária será imediatamente eliminada.

3.9 CÁLCULO DA TAXA (*I*)

Para calcularmos a taxa de juros em uma operação de juros compostos, é necessário conhecer o valor futuro (*FV*), o valor presente (*PV*) e o período da operação financeira.

Porém, para que não haja dúvida no cálculo da taxa, quando o prazo da operação não coincidir com o prazo da taxa solicitada, aconselhamos o leitor a usar sempre o prazo em dias, em todas as situações. Para tanto, apresentamos a fórmula da taxa de juros compostos a seguir:

Fórmula nº 15

$$i = \left[\left(\frac{FV}{PV}\right)^{\frac{QQ}{QT}} - 1\right] \times 100$$

Em que:

QQ = quanto eu quero (o prazo da taxa a ser calculada);

QT = quanto eu tenho (o prazo da operação que foi informado).

EXEMPLO 29

A loja "Arrisca Tudo" financia a venda de uma máquina no valor de R$ 10.210,72, sem entrada, para pagamento em uma única prestação de R$ 14.520,68 no fim de 276 dias. Qual é a taxa mensal cobrada pela loja?

Dados:

i = ?

PV = R$ 10.210,72

FV = R$ 14.520,68

n = 276 dias

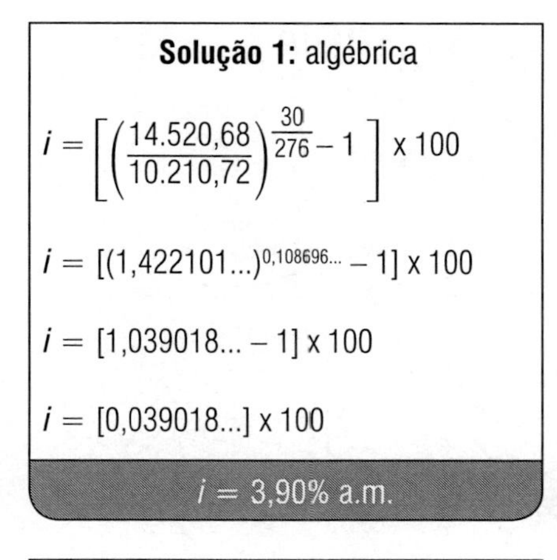

Solução 1: algébrica

$$i = \left[\left(\frac{14.520,68}{10.210,72}\right)^{\frac{30}{276}} - 1\right] \text{x } 100$$

$$i = [(1,422101...)^{0,108696...} - 1] \text{ x } 100$$

$$i = [1,039018... - 1] \text{ x } 100$$

$$i = [0,039018...] \text{ x } 100$$

$i = 3,90\%$ a.m.

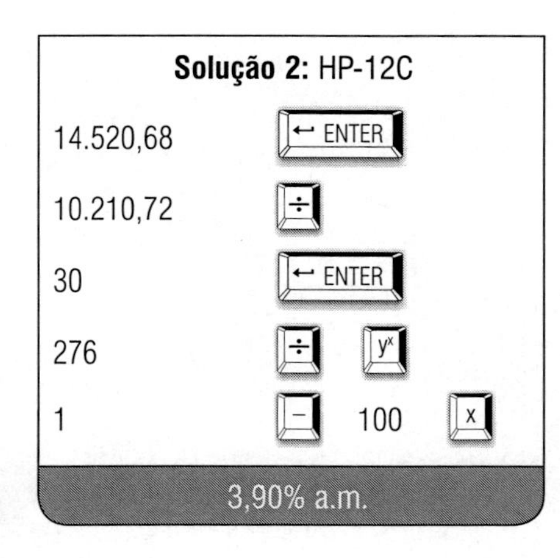

Solução 2: HP-12C

14.520,68 [ENTER]

10.210,72 [÷]

30 [ENTER]

276 [÷] [y^x]

1 [–] 100 [x]

3,90% a.m.

Solução 3: HP-12C

[f] [FIN] ou [f] [REG]

10.210,72 [CHS] [PV]

14.520,68 [FV]

276 [ENTER]

30 [÷] [n]

[i]

3,90% a.m.

Solução 4: Excel®

Microsoft Excel - exemplo 28 01-08 cap.3

Arquivo Editar Exibir Inserir Formatar Ferramentas Dados Janela Ajuda

Arial 12 N I S

B4 = 3,90

	A	B	C	D	E	F	G	H	I
1	VALOR PRESENTE (**PV**)	10.210,72							
2	TAXA (**i**)	3,90%							
3	PRAZO (**n**)	**276**	**dias**						
4	VALOR FUTURO (**FV**)	14.520,68							
5									
6									
7									
8									
9									
10									
11									
12									
13									
14									
15									
16									
17									
18									
19									
20									

Nessa solução, não foi necessário multiplicar a taxa por 100, uma vez que a célula B2 está formatada para porcentagem.

3.10 CÁLCULO DOS JUROS COMPOSTOS

Como já foi demonstrado no Capítulo 1, o juro simples é calculado por meio da fórmula **J = PV × *i* × *n***. Nesse caso, para acharmos os juros de uma aplicação de R$ 1.000,00 para um período de 5 meses com uma taxa de 10% ao mês, basta efetuarmos uma operação simples de multiplicação:

J = 1.000 × 0,10 × 5 = **R$ 500,00**

No caso dos juros compostos, a fórmula é a seguinte:

Fórmula nº 16

$$J = PV\,[(1 + i)^n - 1]$$

EXEMPLO 30

Calcular os juros de um capital de R$ 1.000,00 pelo prazo de 5 meses à taxa de 10% ao mês.

Dados:

PV = R$ 1.000,00

i = 10% a.m.

n = 5 meses

J = ?

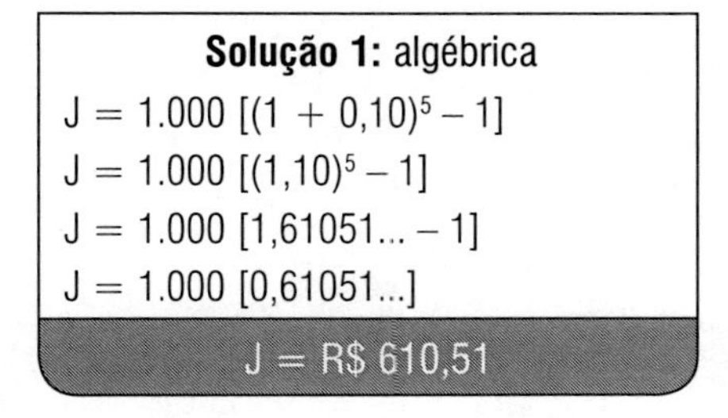

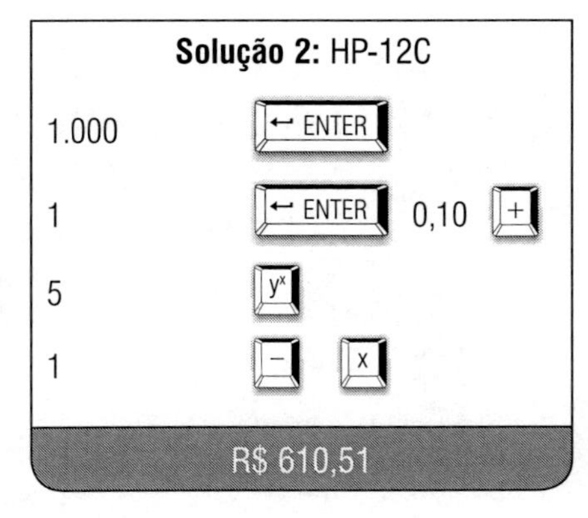

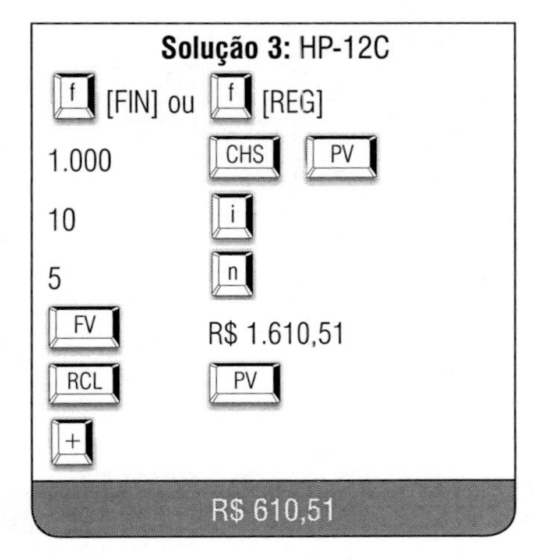

Solução 4: Excel®

Microsoft Excel - exemplo 29 01-08 cap.3

Arquivo Editar Exibir Inserir Formatar Ferramentas Dados Janela Ajuda

B9 = =B1*((1+B2)^B3-1)

	A	B	C	D	E	F	G	H	I	J
1	VALOR PRESENTE (PV)	1.000,00								
2	TAXA (i)	10,00%								
3	PRAZO (n)	5								
4	VALOR FUTURO (FV)	1.610,51								
5	JUROS (J) = (FV - PV)	**610,51**								
6										
7	OU									
8										
9	JUROS (J)	**610,51**								
10										
11										
12										
13										
14										
15										
16										
17										
18										
19										
20										
21										
22										

3.11 JUROS COMPOSTOS PARA PERÍODOS NÃO INTEIROS

As operações de juros compostos para períodos não inteiros podem ser facilitadas se adotarmos a convenção do prazo para dias. Vejamos a seguir:

1 ano exato = 365 ou 366 dias;

1 ano = 360 dias;

1 semestre = 180 dias;

1 trimestre = 90 dias;

1 mês comercial = 30 dias;

1 mês exato = 28, 29, 30 ou 31 dias;

1 quinzena = 15 dias.

Quando depararmos com esse tipo de situação, devemos considerar o prazo

$$n = \frac{\text{QQ (quanto eu quero)}}{\text{QT (quanto eu tenho)}}$$, sempre em dias.

Sendo assim, teremos a seguinte fórmula de valor futuro (*FV*):

$$FV = PV\,(1 + i)^{\frac{QQ}{QT}}$$

EXEMPLO 31

Determinar o montante de uma aplicação de R$ 13.500,00, negociada a uma taxa de 25% ao ano, para um período de 92 dias pelo regime de juros compostos.

Dados:

PV = R$ 13.500,00

i = 25% a.a.

n = 92 dias

FV = ?

Nesse caso, podemos observar que a taxa está ao ano e o prazo está em dias.

As perguntas que se fazem neste momento são as seguintes:

Qual é o prazo que eu quero?

Resposta: Quero o prazo de 92 dias, ou seja, quero achar o montante para 92 dias.

Qual é o prazo que eu tenho?

Resposta: Tenho 360 dias. Tenho uma taxa para um ano.

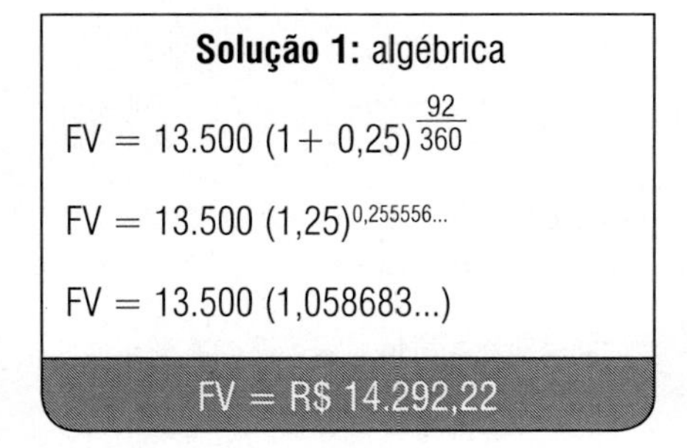
Solução 1: algébrica

$FV = 13.500\,(1 + 0{,}25)^{\frac{92}{360}}$

$FV = 13.500\,(1{,}25)^{0{,}255556...}$

$FV = 13.500\,(1{,}058683...)$

FV = R$ 14.292,22

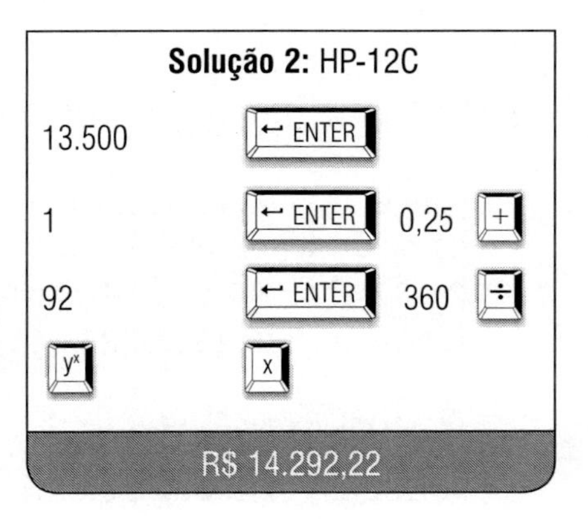
Solução 2: HP-12C

13.500 [ENTER]

1 [ENTER] 0,25 [+]

92 [ENTER] 360 [÷]

[y^x] [x]

R$ 14.292,22

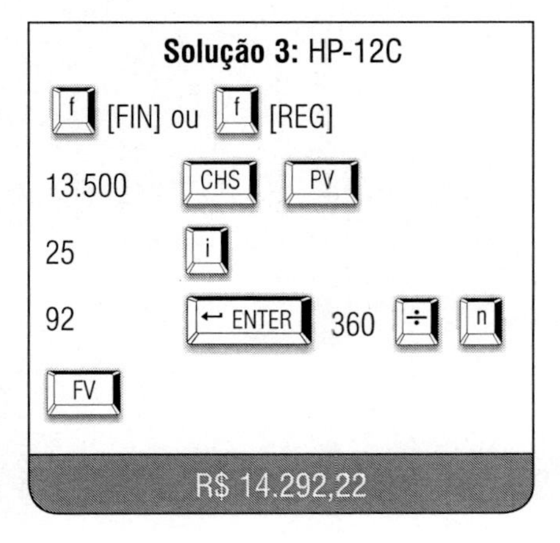
Solução 3: HP-12C

[f] [FIN] ou [f] [REG]

13.500 [CHS] [PV]

25 [i]

92 [ENTER] 360 [÷] [n]

[FV]

R$ 14.292,22

Solução 4: Excel®

Microsoft Excel - exemplo 30 01-08 cap.3

Arquivo Editar Exibir Inserir Formatar Ferramentas Dados Janela Ajuda

B5 = =B1*(1+B2)^(B3/B4)

	A	B	C	D	E	F	G	H	I
1	VALOR PRESENTE (PV)	13.500,00							
2	TAXA (i)	25,00%							
3	QUANTO EU QUERO (QQ)	92							
4	QUANTO EU TENHO (QT)	360							
5	VALOR FUTURO (FV)	14.292,22							
6									
7									
8									
9									
10									
11									
12									
13									
14									
15									
16									
17									
18									
19									
20									
21									
22									

3.12 EXERCÍCIOS SOBRE JUROS COMPOSTOS

1) Calcular o valor futuro ou montante de uma aplicação financeira de R$ 15.000,00, admitindo-se uma taxa de 2,5% ao mês para um período de 17 meses.

   Resposta: R$ 22.824,27.

2) Calcular o valor presente ou capital de uma aplicação de R$ 98.562,25, efetuada pelo prazo de 6 meses a uma taxa de 1,85% ao mês.

   Resposta: R$ 88.296,69.

3) Quanto tempo foi necessário para uma aplicação de R$ 26.564,85 produzir um montante de R$ 45.562,45 com uma taxa de 0,98% ao mês?

   Resposta: 55 meses e 10 dias.

continuação

4) Qual é a taxa mensal de juros necessária para um capital de R$ 2.500,00 produzir um montante de R$ 4.489,64 durante um ano?

Resposta: 5% ao mês.

5) Determinar os juros obtidos por uma aplicação de R$ 580,22 com uma taxa de 4,5% durante 7 meses.

Resposta: R$ 209,38.

6) Um investidor resgatou a importância de R$ 255.000,00 nos bancos Alfa e Beta. Sabe-se que ele resgatou 38,55% no banco Alfa e o restante no banco Beta, com as taxas de 8% e 6%, respectivamente. O prazo de ambas as aplicações foi de 1 mês. Quais foram os valores aplicados nos bancos Alfa e Beta?

Resposta: R$ 91.020,83 e R$ 147.827,83.

7) Determinar o valor de um investimento que foi realizado pelo regime de juros compostos, com uma taxa de 2,8% ao mês, produzindo um montante de R$ 2.500,00 ao fim de 25 meses.

Resposta: R$ 1.253,46.

8) Quanto tempo será necessário para triplicar um capital de R$ 56,28 com a taxa de 3% ao mês?

Resposta: 37 meses e 6 dias.

9) Um investidor possui a importância de R$ 95.532,00 para comprar um imóvel à vista. Esse imóvel também está sendo oferecido com 35% de entrada, R$ 32.300,00 para 90 dias e R$ 38.850,55 para 180 dias. Sabe-se que esse investidor possui uma possibilidade de investir seu capital à taxa de 3% ao mês. Determine a melhor opção para o investidor.

Resposta: Esses capitais são equivalentes.

10) A concessionária ***Topa Tudo S/A*** está oferecendo um automóvel por R$ 14.500,00 à vista ou R$ 4.832,85 de entrada e mais uma parcela de R$ 11.000,00, no fim de 5 meses. Sabendo-se que outra opção seria aplicar esse capital à taxa de 3,5% no mercado financeiro, determinar a melhor opção para um interessado, que possua recursos disponíveis, comprá-lo pelo método do valor presente e pelo método do valor futuro.

Resposta: valor futuro (*FV*): R$ 11.481,54; valor presente (*PV*): R$ 14.094,55.

11) Qual é o valor do investimento que, aplicado à taxa de 12% ao trimestre, durante 218 dias, produziu um resgate de R$ 125.563,25?

Resposta: R$ 95.421,35.

12) Qual é a taxa de juros necessária para dobrar um capital no fim de 15 meses?

Resposta: 4,73% ao mês.

13) Qual é o valor futuro de um investimento de R$ 10.000,00, aplicado a uma taxa de 18,5% ao ano pelo período de 95 dias?

Resposta: R$ 10.458,12.

14) Paulo deseja antecipar uma dívida no valor de R$ 890,28 com o vencimento de hoje a 75 dias com taxa de 9% ao trimestre. Determinar o valor a ser liquidado na data de hoje.

Resposta: R$ 828,59.

15) Qual é a taxa trimestral, mensal e anual de juros de uma aplicação de R$ 5.000,00 que deverá ser resgatada ao término de 2 anos e 62 dias pelo valor de R$ 8.000,00?

Resposta: 5,55% a.t.; 1,82% a.m. e 24,16% a.a.

16) Qual é o montante de uma aplicação de R$ 56.750,25 aplicada em 05/03/01 e resgatada em 28/02/02, com taxa de 14,75% ao trimestre?

Resposta: R$ 98.396,25.

17) Um título está sendo quitado 23 dias antes do seu vencimento. Sabendo-se que o valor de resgate era de R$ 58,26, qual será o valor pago pelo devedor, adotando-se o regime de juros compostos, se a taxa de juros negociada foi 5% ao mês?

Resposta: R$ 56,12.

18) Considere uma operação de capital de giro no valor de R$ 35.000,00 contratada para pagamento em 105 dias da data de liberação dos recursos, negociada a uma taxa de 2,7% ao mês (correção). Qual seria o valor devolvido ao banco se a empresa atrasasse em 15 dias o pagamento da dívida, sabendo que o

banco cobra 5% ao mês em casos de atraso? Qual seria a taxa de juros acumulada em todo o período da operação?

Resposta: R$ 39.369,44; 12,48% ao período de 120 dias.

19) Suponha que uma pessoa acumulou 35,8% de rendimento de determinada aplicação financeira, durante 315 dias. Determinar a taxa mensal e anual dessa operação.

Resposta: 2,96% a.m. e 41,87% a.a.

20) Quantos dias serão necessários para triplicar uma aplicação financeira aplicada a juros compostos de 6% ao ano?

Resposta: 6.788 dias.

capítulo 4

Operações com taxas de juros

No mercado financeiro e nas operações bancárias e comerciais, a palavra taxa é empregada de várias formas, ou seja, diversos conceitos são abordados em diferentes situações. Mostraremos as aplicabilidades das taxas de juros do ponto de vista da matemática financeira.

Conforme o Banco Central do Brasil S.A., as taxas de juros de cada instituição financeira representam médias geométricas ponderadas pelas concessões observadas nos últimos cinco dias úteis, período este apresentado no *ranking* de cada modalidade de operação de crédito.

Como, em geral, as instituições praticam taxas diferentes dentro de uma mesma modalidade de operação de crédito, a taxa média pode diferir daquela cobrada de determinados clientes. Nesses casos, o cliente deve procurar a respectiva instituição financeira para obter mais esclarecimentos.

A taxa de juros total representa o custo da operação para o cliente, sendo obtida pela soma da taxa média e dos encargos fiscais e operacionais.

Na verdade, entendemos que as taxas são maiores ou menores dependendo do tempo e principalmente do ***risco*** em que são negociadas.

Para compreender melhor esses conceitos, vamos observar as seguintes tabelas de taxas e sua relação com o risco:

a) Do ponto de vista de quem possui recursos financeiros:

Taxa (a.m.)	Aplicação	Considerações
0,5%	Poupança	A poupança, por ser um investimento considerado dos mais seguros, tende a oferecer o menor *risco* e, consequentemente, uma menor taxa de remuneração.
4%	Amigo	Emprestar dinheiro a um amigo pode representar um *risco* maior para receber os recursos.
20%	Bolsa de Valores	No caso das bolsas de valores, este *risco* é mais iminente, pois o mercado financeiro constantemente sofre ataques especulativos que podem aumentar ou diminuir a remuneração.
150%	Contravenção	Tudo aquilo que estiver relacionado à ilegalidade tende a remunerar melhor o capital, porém o *risco* é muito alto, ou seja, aquilo que parecia ser um ótimo negócio pode virar um enorme prejuízo em todos os aspectos ("o crime não compensa").

O que, na verdade, queremos mostrar é a relação entre *taxa* e *risco*, ou seja, quanto maior o risco, existirá a tendência de se obter maior taxa de remuneração.

b) Do ponto de vista de quem não possui recursos financeiros:

Taxa (a.m.)	Aplicação	Considerações
20%	Agiota	Uma das opções para a pessoa que não possui recursos financeiros é tomar dinheiro emprestado com um agiota, o que, normalmente, é um péssimo negócio, além de ser uma operação considerada ilegal.
12%	Cartão de Crédito	Quem recorrer ao crédito oferecido pelas empresas administradoras de cartões de crédito normalmente pagará taxas muito altas de juros, tendo em vista que para essas empresas o consumidor oferece um risco elevado.
4%	Amigo	Tomar empréstimo de recursos financeiros de amigo seria uma opção melhor do que recorrer às instituições financeiras. Porém, mais uma vez, é analisado o risco do crédito.
1%	Banco Comercial	Taxas consideradas baixas somente serão oferecidas se o grau de risco for diminuído. Normalmente, essas operações possuem o que o mercado bancário denomina garantias reais.

O que podemos perceber, nesse caso, é que pessoas que não possuem recursos financeiros terão uma taxa de juros menor à medida que os riscos forem efetivamente diminuídos.

Podemos então concluir que o pior negócio **para quem possui** recursos financeiros é aplicar na poupança. E, **para quem não possui** recursos financeiros, o pior negócio é tomar dinheiro emprestado com um agiota.

Na verdade, costuma-se dizer que a melhor aplicação para quem se encontra em situação de devedor será sempre quitar suas dívidas.

4.1 TAXAS EQUIVALENTES A JUROS COMPOSTOS

Duas taxas são consideradas equivalentes, a juros compostos, quando aplicadas a um mesmo capital, por um período equivalente, geram o mesmo rendimento.

Fórmula nº 17

$$i_{(eq)} = [(1 + i_c)^{\frac{QQ}{QT}} - 1] \times 100$$

Em que:

$i(eq)$ = taxa equivalente;
i_c = taxa conhecida;
QQ = quanto eu quero;
QT = quanto eu tenho.

Lembrando que:

QQ ⇒ Relacionado ao prazo (tempo) procurado
QT ⇒ Relacionado ao prazo (tempo) da taxa conhecida (IC)

EXEMPLO 32

Calcular a equivalência entre as taxas.

Taxa conhecida	Taxa equivalente para:
a) 79,5856% ao ano	1 mês
b) 28,59% ao trimestre	1 semestre
c) 2,5% ao mês	105 dias
d) 0,5% ao dia	1 ano
e) 25% (ano comercial)	1 ano exato (base 365 dias)

a) Solução 1: algébrica

$$i_{(eq)} = [(1 + 0{,}795856)^{\frac{30}{360}} - 1] \times 100$$
$$i_{(eq)} = [(1{,}7958...)^{0{,}083333...} - 1] \times 100$$
$$i_{(eq)} = [1{,}05 - 1] \times 100$$
$$i_{(eq)} = [0{,}05] \times 100$$
$$i_{(eq)} = 5\% \text{ a.m.}$$

a) Solução 2: HP-12C

1,795856 [ENTER]
30 [ENTER] 360 [÷] [y^x]
1 [−] 100 [×]

5% a.m.

b) Solução 1: algébrica

$$i_{(eq)} = [(1 + 0{,}2859...)^{\frac{180}{90}} - 1] \times 100$$
$$i_{(eq)} = [(1{,}2859...)^{2} - 1] \times 100$$
$$i_{(eq)} = [1{,}653539... - 1] \times 100$$
$$i_{(eq)} = [0{,}653539...] \times 100$$
$$i_{(eq)} = 65{,}35 \text{ a.s.}$$

b) Solução 2: HP-12C

1,2859 [ENTER]
180 [ENTER] 90 [÷] [y^x]
1 [−] 100 [×]

65,35% a.s.

c) Solução 1: algébrica

$$i_{(eq)} = [(1 + 0{,}025)^{\frac{105}{30}} - 1] \times 100$$
$$i_{(eq)} = [(1{,}025)^{3{,}5} - 1] \times 100$$
$$i_{(eq)} = [1{,}090269... - 1] \times 100$$
$$i_{(eq)} = [0{,}090269...] \times 100$$
$$i_{(eq)} = 9{,}03 \text{ a.p.}$$

c) Solução 2: HP-12C

1,025 [ENTER]
105 [ENTER] 30 [÷] [y^x]
1 [−] 100 [×]

9,03% a.p.

d) Solução 1: algébrica

$$i_{(eq)} = [(1 + 0{,}005)^{\frac{360}{1}} - 1] \times 100$$
$$i_{(eq)} = [(1{,}005)^{360} - 1] \times 100$$
$$i_{(eq)} = [6{,}022575... - 1] \times 100$$
$$i_{(eq)} = [5{,}022575...] \times 100$$
$$i_{(eq)} = 502{,}26 \text{ a.a.}$$

d) Solução 2: HP-12C

1,005 [ENTER]
360 [y^x]
1 [−] 100 [×]

502,26% a.a.

e) Solução 1: algébrica

$$i_{(eq)} = [(1 + 0{,}25)^{\frac{365}{360}} - 1] \times 100$$
$$i_{(eq)} = [(1{,}25)^{1{,}013889...} - 1] \times 100$$
$$i_{(eq)} = [1{,}253880... - 1] \times 100$$
$$i_{(eq)} = [0{,}253880...] \times 100$$
$$i_{(eq)} = 25{,}39\% \text{ a.a. (exato)}$$

e) Solução 2: HP-12C

1,25 [ENTER]
365 [ENTER] 360 [÷] [y^x]
1 [−] 100 [×]

25,39% a.a. (exato)

Solução 3: Excel®

Microsoft Excel - EXEMPLO 32

Arquivo Editar Exibir Inserir Formatar Ferramentas Dados Janela Ajuda

E3 = =(1+B3)^(C3/D3)-1

	A	B	C	D	E	F
1		*Taxa*	QQ	QT	*Taxa*	
2		Conhecida i_c			Equivalente $i_{(eq)}$	
3	a)	79,5856%	30	360	**5,00%**	**ao mês**
4	b)	28,59%	180	90	**65,35%**	**ao semestre**
5	c)	2,50%	105	30	**9,03%**	**ao período**
6	d)	0,50%	360	1	**502,26%**	**ao ano**
7	e)	25,00%	365	360	**25,39%**	**ano (exato)**

A fórmula usada para resolver o exercício "a" deve ser copiada para as demais células.

4.1.1 Programa para cálculo da taxa equivalente pela HP-12C

O professor Carlos Shinoda, em seu livro de *Matemática financeira para usuários do Excel®* (1998, p. 48), apresenta um programa para calcular a taxa equivalente por meio da calculadora HP-12C.

Siga estes procedimentos para introduzir o programa na HP-12C:

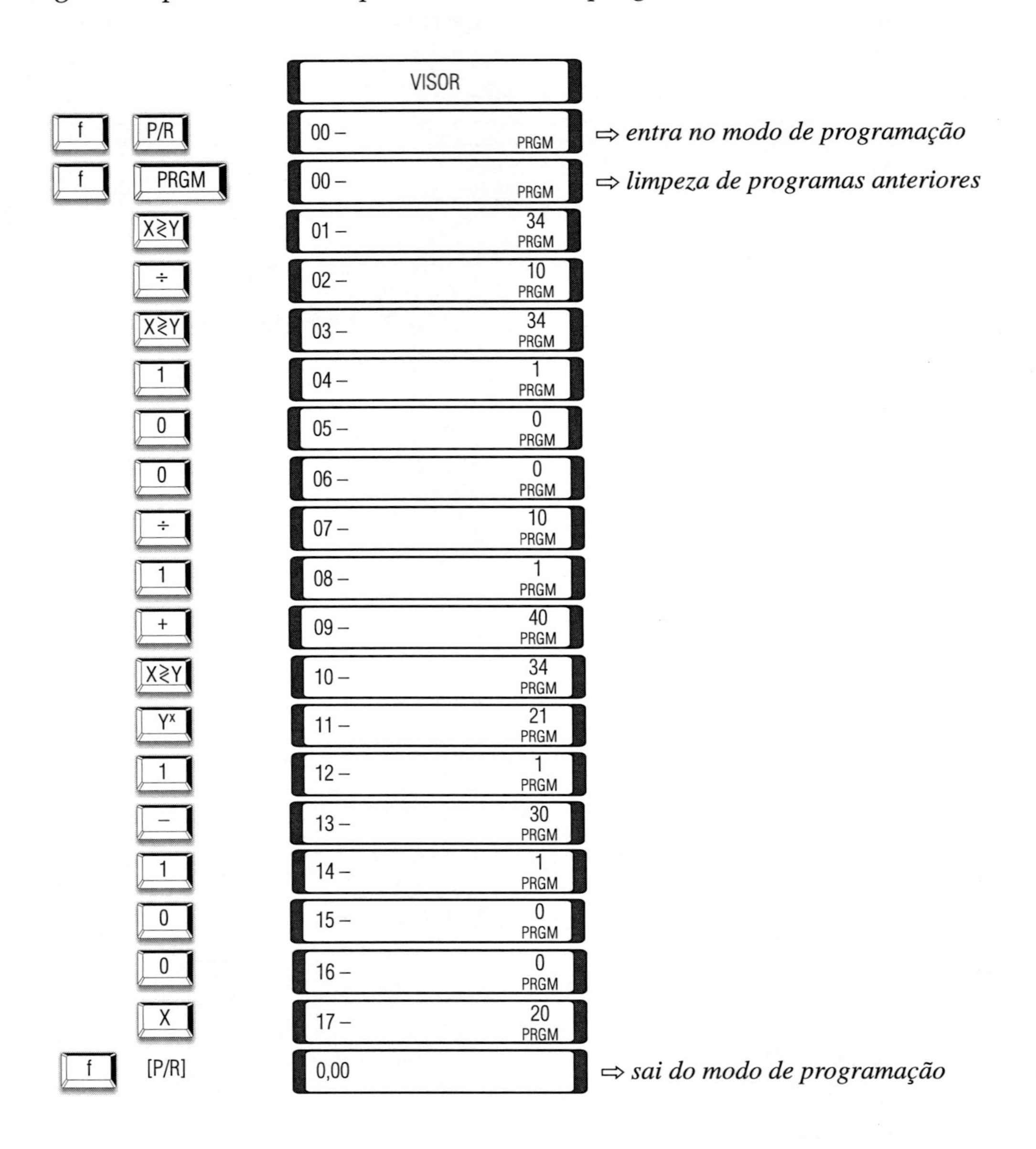

4.1.2 Utilizando o programa

Para comprovar a eficiência do programa, vamos admitir uma taxa de 27% ao ano (360 dias), que deverá ser transformada ao mês (30 dias).

4.2 TAXA OVER EQUIVALENTE

A *taxa over equivalente* é usada pelo mercado financeiro para determinar a rentabilidade por dia útil, normalmente multiplicada por 30 (conversão do mercado financeiro). Nas empresas, em geral, é utilizada para escolher a melhor taxa para investimento.

Essa prática ganhou maior importância principalmente no início dos anos 1990. Várias aplicações são efetuadas tomando como base os dias úteis; entre elas temos as operações de CDIs (Certificados de Depósitos Interbancários).

Fórmula nº 18

$$TOE = \{ [(1 + i_c)^{\frac{QQ}{QT}}]^{\frac{1}{ndu}} - 1\} \times 3.000$$

Em que:

TOE = taxa over equivalente;

ic = taxa de juros conhecida;

QQ = nº de dias efetivos da operação;

QT = nº de dias referente à taxa conhecida (ic);

ndu = nº de dias úteis no período da operação;

3.000 = resultante da multiplicação de 30 dias por 100 (porcentagem).

EXEMPLO 33

O gerente financeiro da empresa ***Investimentos S/A*** cotou taxas de CDB (Certificado de Depósito Bancário) em dois bancos. No Banco A, foi oferecida uma taxa de 28% ao ano para uma aplicação de 63 dias, considerando-se 43 dias úteis, enquanto o Banco B ofereceu uma taxa de 26% ao ano para 32 dias, considerando 19 dias úteis. Qual é a melhor aplicação?

Dados do Banco A:

i_c = 28% a.a.

QQ = 63 dias

QT = 360 dias

ndu = 43 dias

TOE = ?

Solução 1: algébrica

$$TOE = \{ [(1 + 0,28)^{\frac{63}{360}}]^{\frac{1}{43}} - 1 \} \times 3.000$$

$$TOE = \{ [(1,28)^{0,175}]^{0,023256...} - 1 \} \times 3.000$$

$$TOE = \{ [1,044147...]^{0,023256...} - 1 \} \times 3.000$$

$$TOE = \{ 1,001005... - 1 \} \times 3.000$$

$$TOE = 0,001005... \times 3.000$$

$$TOE = 3,02\% \text{ a.m.}$$

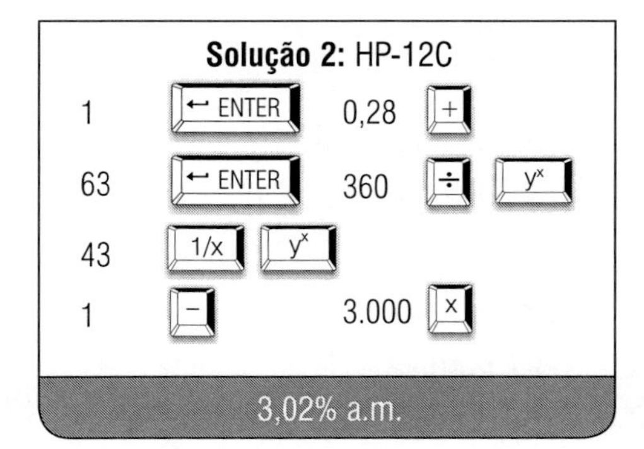

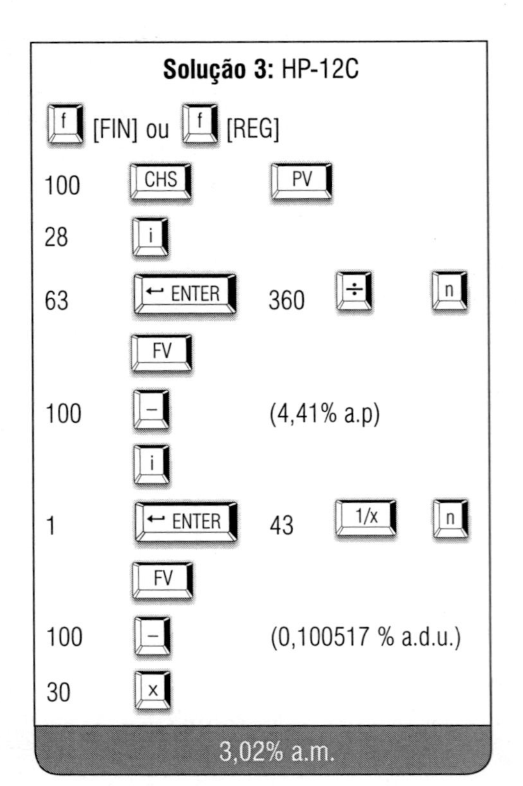

É necessário que a calculadora esteja com o "c" no visor

Solução 4: Excel®

Microsoft Excel - EXEMPLO 33

Arquivo Editar Exibir Inserir Formatar Ferramentas Dados Janela Ajuda

B5 = =((1+B1)^(B2/B3)^(1/B4)-1)*30

	A	B	C	D	E	F	G
1	TAXA CONHECIDA (i_c)	**28,00%**					
2	PRAZO DA OPERAÇÃO (*QQ*)	63					
3	PRAZO DA TAXA (*QT*)	360					
4	NÚMERO DE DIAS ÚTEIS (*ndu*)	43					
5	**TAXA OVER EQUIVALENTE (*TOE*)**	3,02%	**ao mês**				
6							
7							
8							
9							
10							
11							
12							
13							
14							

Dados do Banco B:

i_c = 26% a.a.

QQ = 32 dias

QT = 360 dias

ndu = 19 dias

TOE = ?

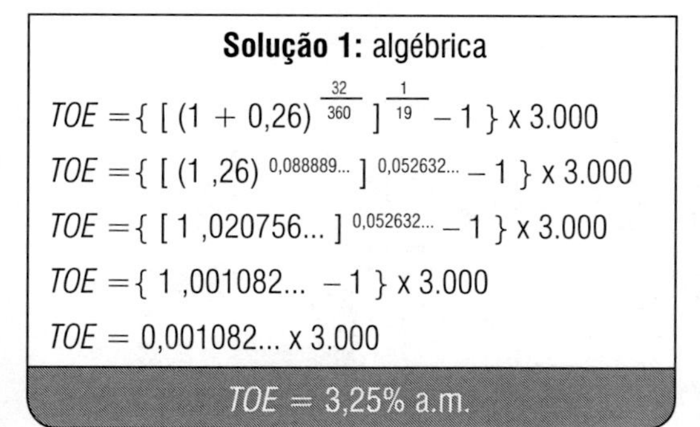

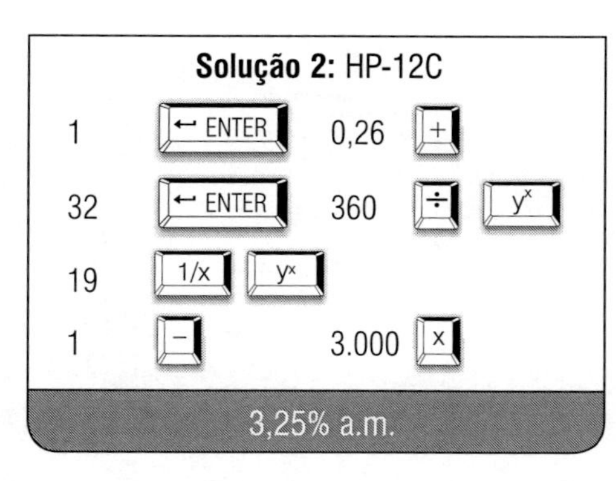

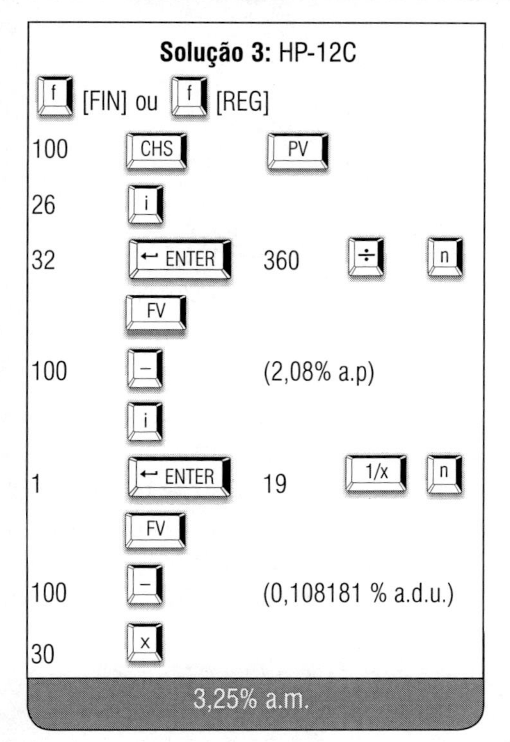

É necessário que a calculadora esteja com o "c" no visor

Solução 4: Excel®

Microsoft Excel - exemplo 32b 02-08 cap. 4

Arquivo Editar Exibir Inserir Formatar Ferramentas Dados Janela Ajuda

B5 = =((1+B1)^(B2/B3)^(1/B4)-1)*30

	A	B	C	D	E	F	G
1	TAXA CONHECIDA (i_c)	**26,00%**					
2	PRAZO DA OPERAÇÃO (*QQ*)	32					
3	PRAZO DA TAXA (*QT*)	360					
4	NÚMERO DE DIAS ÚTEIS (*ndu*)	19					
5	**TAXA OVER EQUIVALENTE (*TOE*)**	**3,25%**	**ao mês**				
6							
7							
8							
9							
10							
11							
12							
13							
14							

Nesse caso, devemos escolher a aplicação do Banco B, pois foi possível verificar e comprovar que a rentabilidade por dia útil é maior que a do Banco A.

A aplicabilidade do conceito da *Taxa Over Equivalente* não deve ser limitada às operações do mercado financeiro e bancário, assim como os demais conceitos da matemática financeira. O conceito da *Taxa Over Equivalente* pode ser usado também em operações comerciais, como no financiamento de uma venda de mercadoria aos seus clientes, por exemplo.

Uma das dificuldades para a utilização do conceito da *Taxa Over Equivalente* é a informação do número de dias úteis (ndu), por causa do grande número de feriados do calendário nacional. A saída é conseguir com a rede bancária um calendário que contenha o número de dias úteis, já contemplando os feriados nacionais. Esse calendário é próprio para calcular a quantidade de dias úteis nas aplicações financeiras. A alternativa tradicional é contar no próprio calendário, mas muitas vezes isso pode causar dificuldade no processo.

O programa de planilhas eletrônicas Excel® apresenta uma opção interessante para facilitar o cálculo da *Taxa Over Equivalente*. Pela função DIATRABALHOTOTAL é possível criar uma planilha com os feriados nacionais e calcular automaticamente o número de dias úteis entre duas datas.

Vamos comprovar:

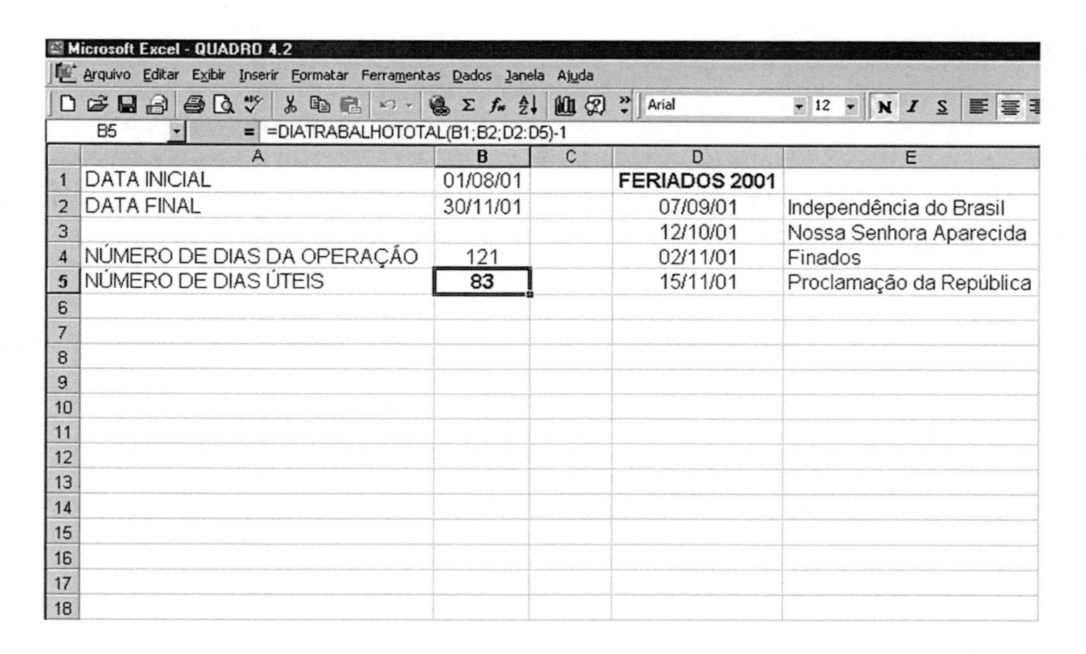

	A	B	C	D	E
1	DATA INICIAL	01/08/01		FERIADOS 2001	
2	DATA FINAL	30/11/01		07/09/01	Independência do Brasil
3				12/10/01	Nossa Senhora Aparecida
4	NÚMERO DE DIAS DA OPERAÇÃO	121		02/11/01	Finados
5	NÚMERO DE DIAS ÚTEIS	83		15/11/01	Proclamação da República

Se a função DIATRABALHOTOTAL não estiver habilitada no Excel®, ela poderá ser incluída por meio do menu *ferramentas* e, na sequência, assinalando o item *Ferramentas de análise*. Para a realização desse procedimento, estamos levando em consideração o Excel® 2000. Nas versões anteriores, a função também existe; nesse caso, deve-se consultar o manual do usuário.

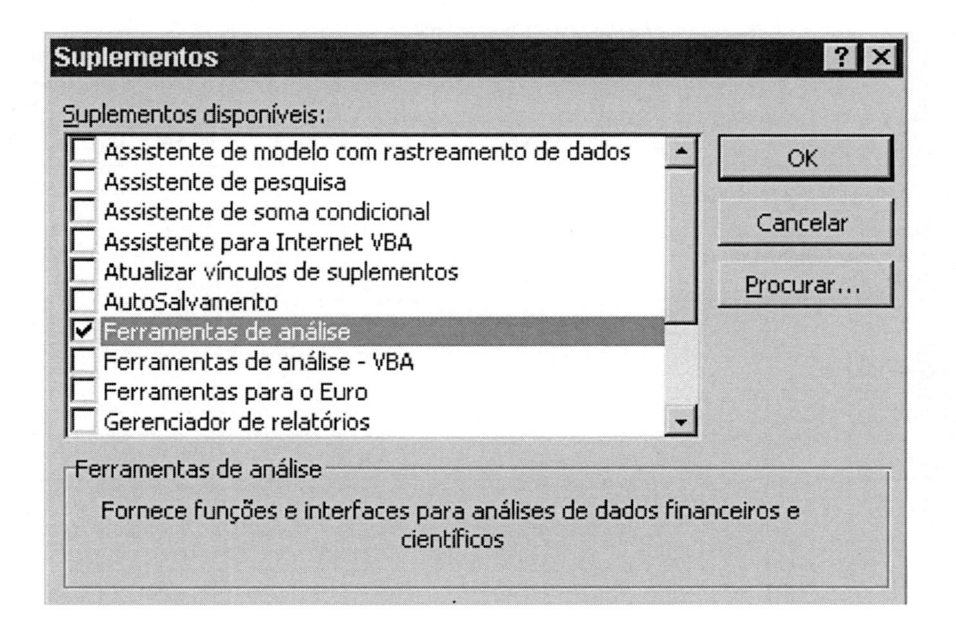

Após o procedimento devidamente concluído, deve-se retornar à planilha principal e executar o cálculo da função DIATRABALHOTOTAL, conforme sugerido no Quadro 4.2.

4.3 TAXA ACUMULADA DE JUROS COM TAXAS VARIÁVEIS

A taxa acumulada de juros com taxas variáveis é normalmente utilizada para corrigir contratos, por exemplo, atualização de aluguéis, saldo devedor da casa própria e outros.

A composição das taxas pode ocorrer de duas formas, com taxas positivas ou com taxas negativas; nesse caso, podemos exemplificar as taxas positivas como do tipo 5%, 2% e 1,5% e as taxas negativas como do tipo –2%, –3,5% e –1,7% etc.

Matematicamente, o fator de acumulação de uma taxa positiva pode ser representado por $(1 + i)$ e a taxa negativa por $(1 + i)$. Assim, teremos a seguinte fórmula genérica:

Fórmula nº 19

$$i_{(ac)} = [(1 + i_1) \times (1 + i_2) \times (1 + i_3) \times ... \times (1 + i_n) - 1] \times 100$$

EXEMPLO 34

Com base na tabela a seguir, calcular a variação do IGP-M (FGV) acumulada durante os meses de jan./2001 a maio/2001.

ÚLTIMAS VARIAÇÕES DOS ÍNDICES DE INFLAÇÃO

	IGP-M – FGV	INPC – IBGE	IGPDI – FGV	IPC – FIPE	IPCA – IBGE
Maio/2000	–	–0,05	0,67	–	0,01
Junho/2000	0,85	0,30	0,93	0,18	0,23
Julho/2000	1,57	1,39	2,26	1,40	1,61
Agosto/2000	2,39	1,21	1,82	1,55	1,31
Setembro/2000	1,16	0,43	0,69	0,27	0,23
Outubro/2000	0,38	0,16	0,37	0,01	0,14
Novembro/2000	0,29	0,29	0,39	– 0,05	0,32
Dezembro/2000	0,63	0,55	0,76	0,26	0,59
Janeiro/2001	0,62	0,77	0,49	0,38	0,57
Fevereiro/2001	0,23	0,49	0,34	0,11	0,46
Março/2001	0,56	0,48	0,80	0,51	0,38
Abril/2001	1,00	0,84	1,13	0,61	0,58
Maio/2001	0,86	–	–	0,17	–
Acumulado no ano	3,31	2,60	2,79	1,79	2,00
Acumulado 12 meses	11,04	7,07	11,16	5,52	6,61

Dados:

IGP-M/FGV: (jan./2001) = 0,62%

IGP-M/FGV: (fev./2001) = 0,23%

IGP-M/FGV: (mar./2001) = 0,56%

IGP-M/FGV: (abr./2001) = 1,00%

IGP-M/FGV: (maio/2001) = 0,86%

Solução 1: algébrica

$i_{(ac)}$ = [(1 + 0,0062...) x (1 + 0,0023...) x (1 + 0,0056...) x (1 + 0,01) x (1+ 0,0086...) – 1] x 100

$i_{(ac)}$ = [(1,0062...) x (1,0023...) x (1,0056...) x (1,01) x (1,0086...) – 1] x 100

$i_{(ac)}$ = [1,033113... – 1] x 100

$i_{(ac)}$ = [0,033113...] x 100

$i_{(ac)}$ = 3,31% a.p.

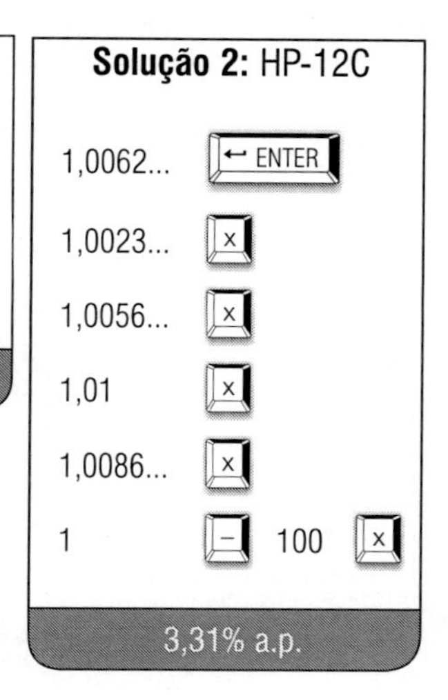

Solução 3: Excel®

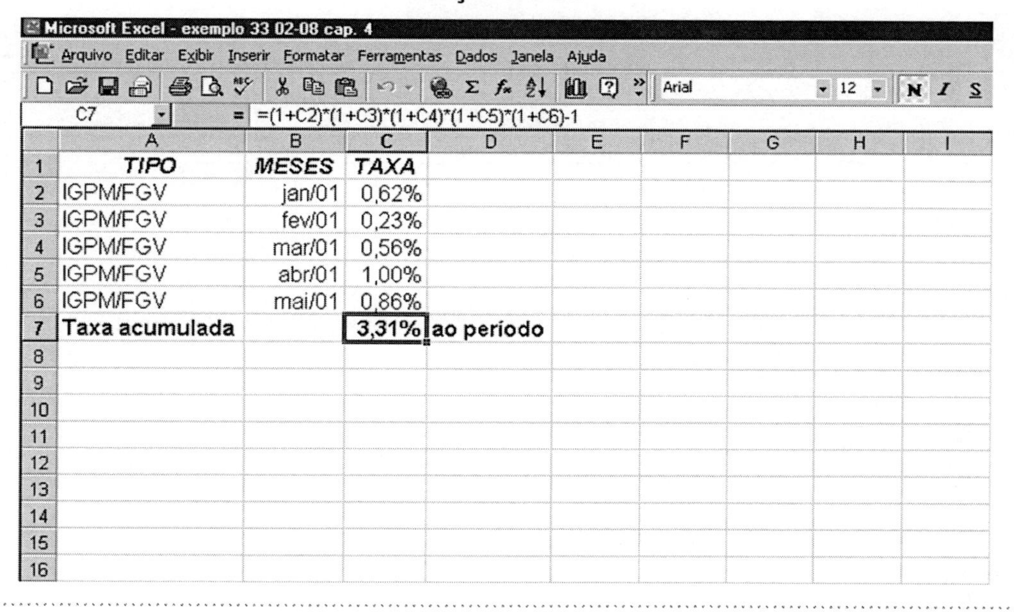

	A	B	C	D
1	*TIPO*	*MESES*	*TAXA*	
2	IGPM/FGV	jan/01	0,62%	
3	IGPM/FGV	fev/01	0,23%	
4	IGPM/FGV	mar/01	0,56%	
5	IGPM/FGV	abr/01	1,00%	
6	IGPM/FGV	mai/01	0,86%	
7	**Taxa acumulada**		**3,31%**	**ao período**

EXEMPLO 35

Calcular a taxa acumulada de juros à seguinte sequência de taxas: 5%, 3%, –1,5%, –2% e 6,5%.

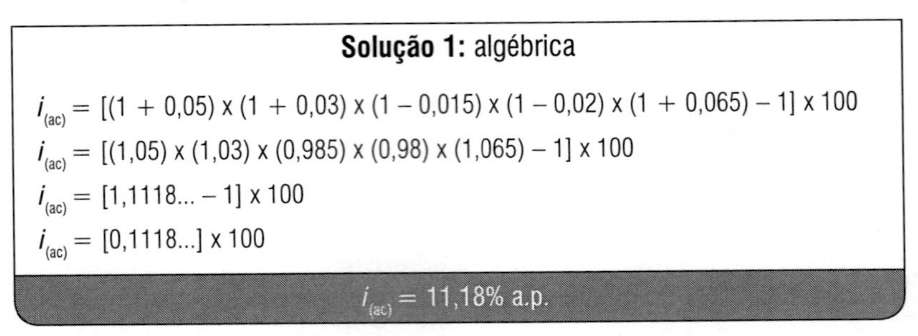

Solução 1: algébrica

$i_{(ac)} = [(1 + 0{,}05) \times (1 + 0{,}03) \times (1 - 0{,}015) \times (1 - 0{,}02) \times (1 + 0{,}065) - 1] \times 100$

$i_{(ac)} = [(1{,}05) \times (1{,}03) \times (0{,}985) \times (0{,}98) \times (1{,}065) - 1] \times 100$

$i_{(ac)} = [1{,}1118... - 1] \times 100$

$i_{(ac)} = [0{,}1118...] \times 100$

$i_{(ac)} = 11{,}18\%$ a.p.

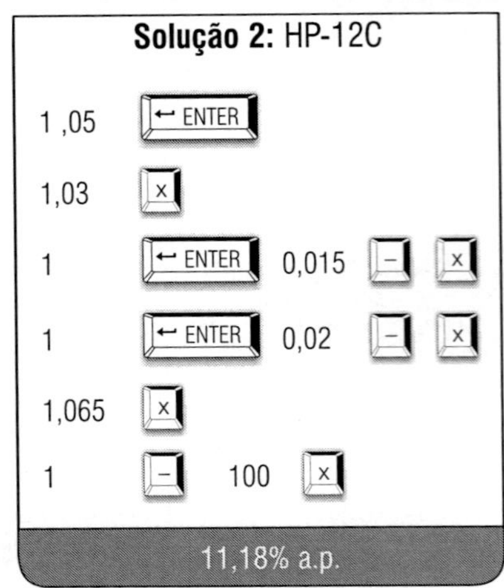

Solução 2: HP-12C

1,05 [ENTER]
1,03 [x]
1 [ENTER] 0,015 [–] [x]
1 [ENTER] 0,02 [–] [x]
1,065 [x]
1 [–] 100 [x]

11,18% a.p.

Solução 3: Excel®

Microsoft Excel - exemplo 34 02-08 cap. 4

B7 = =(1+B2)*(1+B3)*(1+B4)*(1+B5)*(1+B6)-1

	A	B	C
1	ORDEM	TAXA	
2	1	5,00%	
3	2	3,00%	
4	3	-1,50%	
5	4	-2,00%	
6	5	6,50%	
7	i (ac)	11,18%	ao período

4.4 TAXA MÉDIA DE JUROS

A taxa média de juros tem como base teórica o conceito estatístico da média geométrica.

Do ponto de vista da matemática financeira, podemos calcular a taxa média de um conjunto de taxas extraindo a raiz n-ésima, tomando-se como base o número de termos do próprio conjunto de taxas.

Imagine o conjunto de taxas (5%, 7% e 2%); nesse exemplo, o 3 é a quantidade de termos desse conjunto de taxas.

A definição da fórmula da taxa média segue basicamente o conceito da taxa acumulada de juros com taxas variáveis. Na verdade, devemos, em primeiro lugar, calcular a taxa acumulada e, na sequência, a taxa média. Observe o exemplo a seguir:

Fórmula nº 20

$$i_{(média)} = [(1 + i_1) \times (1 + i_2) \times (1 + i_3) \ldots (1 + i_n)]^{\frac{1}{n}} - 1 \times 100$$

Em que n = número de taxas analisadas.

EXEMPLO 36

Com base nos dados do Exemplo 34, calcular a taxa média.

Dados:

IGP-M/FGV (jan./2001) = 0,62%

IGP-M/FGV (fev./2001) = 0,23%

IGP-M/FGV (mar./2001) = 0,56%

IGP-M/FGV (abr./2001) = 1,00%

IGP-M/FGV (maio/2001) = 0,86%

Solução 1: algébrica

$$i_{(média)} = [(1 + 0{,}0062) \times (1 + 0{,}0023) \times (1 + 0{,}0056) \times (1 + 0{,}01) \times (1{,}0086)]^{\frac{1}{5}} - 1 \times 100$$

$$i_{(média)} = [(1{,}0062) \times (1{,}0023) \times (1{,}0056) \times (1{,}01) \times (1{,}0086)]^{\frac{1}{5}} - 1 \times 100$$

$$i_{(média)} = [1{,}033113\ldots]^{0{,}2} - 1 \times 100$$

$$i_{(média)} = 0{,}0065\ldots \times 100$$

$i_{(média)}$ = 0,65% a.m.

Solução 2: HP-12C

1,0062... ENTER

1,0023... x

1,0056... x

1,01 x

1,0086... x

5 1/x yˣ

1 − 100 x

0,65% a.m.

Solução 3: Excel®

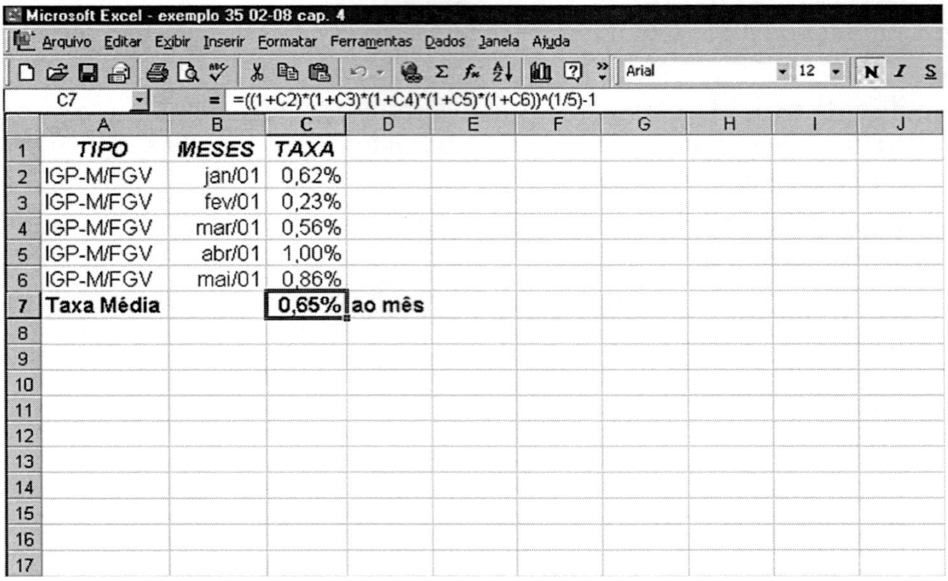

Microsoft Excel - exemplo 35 02-08 cap. 4

Arquivo Editar Exibir Inserir Formatar Ferramentas Dados Janela Ajuda

C7 = =((1+C2)*(1+C3)*(1+C4)*(1+C5)*(1+C6))^(1/5)-1

	A	B	C	D	E	F	G	H	I	J
1	*TIPO*	*MESES*	*TAXA*							
2	IGP-M/FGV	jan/01	0,62%							
3	IGP-M/FGV	fev/01	0,23%							
4	IGP-M/FGV	mar/01	0,56%							
5	IGP-M/FGV	abr/01	1,00%							
6	IGP-M/FGV	mai/01	0,86%							
7	**Taxa Média**		**0,65%**	**ao mês**						
8										
9										
10										
11										
12										
13										
14										
15										
16										
17										

4.5 TAXA REAL DE JUROS

A taxa real de juros nada mais é que a apuração de ganho ou perda em relação a uma taxa de *inflação* ou de um *custo de oportunidade*. Na verdade, significa dizer que taxa real de juros é o verdadeiro ganho financeiro.

Se considerarmos que determinada aplicação financeira rendeu 10% em um dado período, e que no mesmo período ocorreu uma inflação de 8%, é correto afirmar que o ganho real dessa aplicação não foram os 10%, tendo em vista que o rendimento correspondente sofreu uma desvalorização de 8% no mesmo período; dessa forma, temos de encontrar qual é o verdadeiro ganho em relação à inflação, ou seja, temos de encontrar a **Taxa Real de Juros**.

Fórmula nº 21

$$i_r = \left[\frac{(1+i)}{(1+i_{inf})}\right] - 1 \times 100$$

Em que:

i = a taxa de juros;

i_{inf} = a taxa de inflação ou custo de oportunidade;

i_r = taxa real de juros.

EXEMPLO 37

Uma aplicação durante o ano de 2001 rendeu 9,5% ao ano. Sabendo-se que a taxa de inflação do período foi de 5,8% ao ano, determine a taxa real de juros.

Dados:

$i_r = ?$

$i = 9,5\%$ a.a.

$i_{inf} = 5,8\%$ a.a.

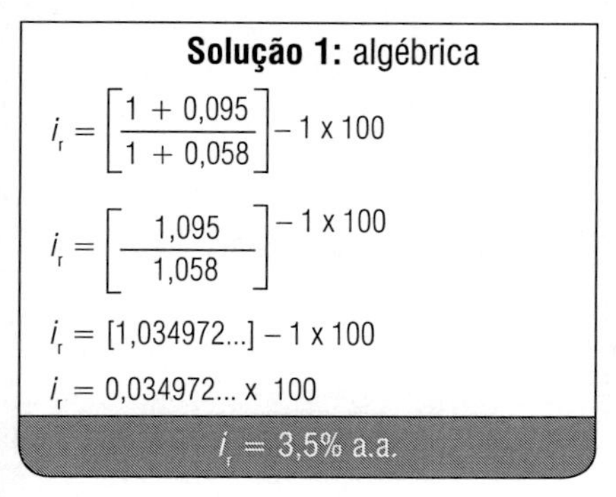

Solução 1: algébrica

$$i_r = \left[\frac{1 + 0,095}{1 + 0,058}\right] - 1 \times 100$$

$$i_r = \left[\frac{1,095}{1,058}\right] - 1 \times 100$$

$$i_r = [1,034972...] - 1 \times 100$$

$$i_r = 0,034972... \times 100$$

$i_r = 3,5\%$ a.a.

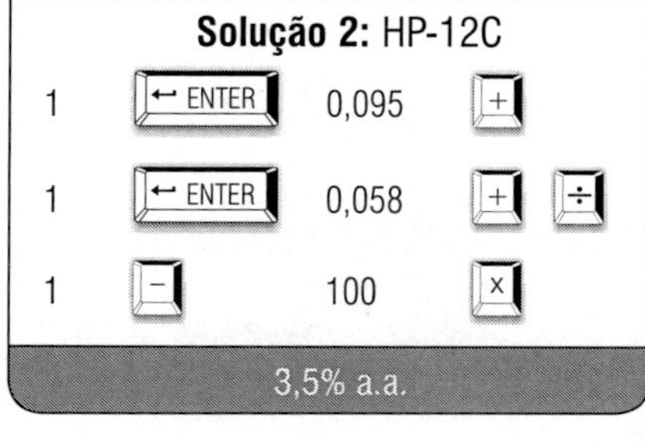

Solução 2: HP-12C

1 [ENTER] 0,095 [+]

1 [ENTER] 0,058 [+] [÷]

1 [−] 100 [x]

3,5% a.a.

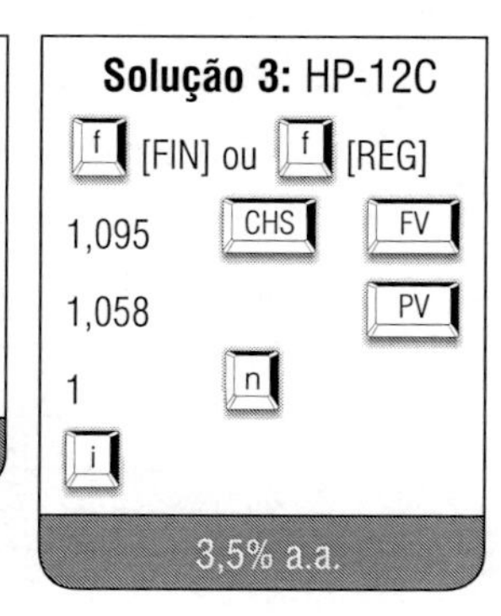

Solução 3: HP-12C

[f] [FIN] ou [f] [REG]

1,095 [CHS] [FV]

1,058 [PV]

1 [n]

[i]

3,5% a.a.

Solução 4: Excel®

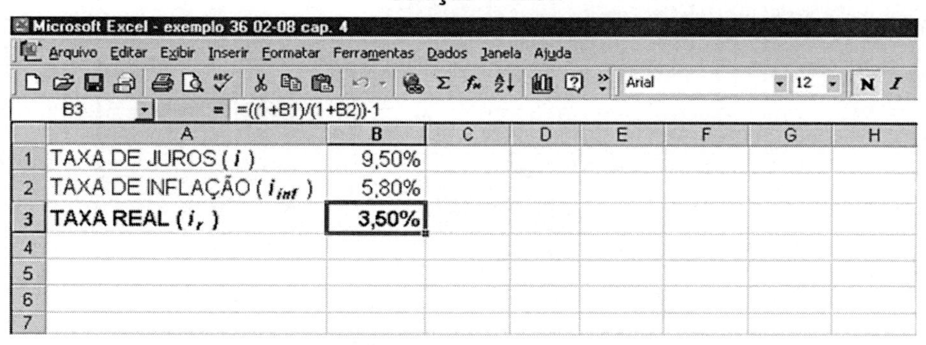

Microsoft Excel - exemplo 36 02-08 cap. 4

B3 = =((1+B1)/(1+B2))-1

	A	B	C	D	E	F	G	H
1	TAXA DE JUROS (i)	9,50%						
2	TAXA DE INFLAÇÃO (i_{inf})	5,80%						
3	**TAXA REAL (i_r)**	**3,50%**						
4								
5								
6								
7								

4.6 COMPARAÇÃO DAS TAXAS DE JUROS SIMPLES COM AS TAXAS DE JUROS COMPOSTOS

Foi possível constatar, no Capítulo 3, item 3.2, que a capitalização simples apresenta vantagens para o investidor quando o período da aplicação é inferior ao relativo à taxa negociada. Verificamos ainda que, quando o período da aplicação coincide exatamente com o período da taxa, não há diferença entre os regimes de capitalização. E, assim sendo, se o número de períodos for maior que o período da taxa, haverá uma vantagem para o regime de juros compostos.

Para esclarecer essa situação, vamos observar uma tabela de taxas calculadas com base nos regimes de capitalização simples e composto para os mesmos períodos com a mesma taxa.

Vamos admitir uma taxa de 10% ao mês e períodos de 1 a 45 dias.

Microsoft Excel - QUADRO 4.6

I18 = =(1+C1)^(G18/30)-1

TAXA MENSAL		10,00%						
DIAS	(*i*) JUROS SIMPLES	(*i*) JUROS COMPOSTOS	DIAS	(*i*) JUROS SIMPLES	(*i*) JUROS COMPOSTOS	DIAS	(*i*) JUROS SIMPLES	(*i*) JUROS COMPOSTOS
1	0,3333333%	0,318206%	16	5,3333333%	5,214622%	31	10,3333333%	10,350026%
2	0,6666667%	0,637424%	17	5,6666667%	5,549421%	32	10,6666667%	10,701167%
3	1,0000000%	0,957658%	18	6,0000000%	5,885285%	33	11,0000000%	11,053424%
4	1,3333333%	1,278911%	19	6,3333333%	6,222218%	34	11,3333333%	11,406803%
5	1,6666667%	1,601187%	20	6,6666667%	6,560224%	35	11,6666667%	11,761305%
6	2,0000000%	1,924488%	21	7,0000000%	6,899304%	36	12,0000000%	12,116936%
7	2,3333333%	2,248817%	22	7,3333333%	7,239464%	37	12,3333333%	12,473699%
8	2,6666667%	2,574179%	23	7,6666667%	7,580706%	38	12,6666667%	12,831597%
9	3,0000000%	2,900576%	24	8,0000000%	7,923035%	39	13,0000000%	13,190634%
10	3,3333333%	3,228012%	25	8,3333333%	8,266452%	40	13,3333333%	13,550813%
11	3,6666667%	3,556489%	26	8,6666667%	8,610962%	41	13,6666667%	13,912138%
12	4,0000000%	3,886012%	27	9,0000000%	8,956568%	42	14,0000000%	14,274613%
13	4,3333333%	4,216583%	28	9,3333333%	9,303275%	43	14,3333333%	14,638241%
14	4,6666667%	4,548206%	29	9,6666667%	9,651084%	44	14,6666667%	15,003027%
15	5,0000000%	4,880885%	30	10,0000000%	10,000000%	45	15,0000000%	15,368973%

Observando a tabela, é possível perceber, para o período de 15 dias, por exemplo, a taxa calculada pelo método linear, ou seja, o regime de juros simples é de 5%, enquanto a mesma taxa, se calculada pelo regime de juros compostos, ou seja, pelo método exponencial, será de 4,880885%. Mas se tomarmos para comparar o período de 45 dias, veremos que a taxa calculada a juros simples será de 15% e a mesma taxa a juros compostos será de 15,3689735%.

4.7 TAXA EFETIVA E TAXA LÍQUIDA

O conceito da taxa efetiva de juros pode ser entendido como o ganho real para uma aplicação, para determinado período, sem considerarmos a taxa de inflação. Na verdade, a taxa efetiva tem um conceito muito semelhante ao da taxa equivalente.

O que realmente difere os dois conceitos são os objetivos do cálculo, ou seja, na taxa equivalente objetiva-se comparar duas taxas que, aplicadas a um mesmo capital por período considerado equivalente, produzem o mesmo rendimento, ao passo que a taxa efetiva tem seu foco direcionado para medir o ganho efetivo de uma dada aplicação.

A taxa líquida é assim chamada quando reduzida de possíveis custos financeiros, o que não deve ser confundido com a taxa real de juros, que compara determinada taxa em um período com a inflação ou custo de oportunidade do mesmo período.

Vejamos um exemplo prático:

EXEMPLO 38

Uma aplicação paga 25% ao ano para um período de 30 dias; sabendo-se que a inflação do mesmo período é de 18% ao ano e que o governo tributa o rendimento das aplicações em 15%, calcular a taxa efetiva, líquida, a taxa real de juros e o rendimento para uma aplicação de R$ 20.000,00.

Dados:

Taxa da aplicação *(i)* : 25% a.a.

Prazo da aplicação *(n)* : 30 dias

Taxa de inflação (i_{inf}) : 18% a.a.

Imposto de renda: 15%

Valor presente *(PV)*: R$ 20.000,00

Taxa efetiva: ?

Taxa líquida: ?

Taxa real: ?

Rendimento: ?

Taxa efetiva (Te) para 30 dias = ?

$Te = \{ (1 + 0,25)^{\frac{30}{360}} - 1\} \times 100$

$Te = \{ (1,25)^{0,083333...} - 1\} \times 100$

$Te = \{ 1,018769... - 1\} \times 100$

$Te = \{ 0,018769...\} \times 100$

Te = 1,8769% a.m.

Taxa efetiva da inflação (Tei) para 30 dias = ?

$Tei = \{ (1 + 0,18)^{\frac{30}{360}} - 1\} \times 100$

$Tei = \{ (1,18)^{0,083333..} . - 1\} \times 100$

$Tei = \{ 1,013888... - 1\} \times 100$

$Tei = \{ 0,013888...\} \times 100$

Tei = 1,3888% ***a.m.***

Taxa real (ir) = ?

$$i_r = \left[\frac{(1{,}018769...)}{(1{,}013888...)}\right] - 1 \times 100$$

i_r = [1,004814...] – 1 x 100

i_r = [0,004814...] x 100

i_r = [0,004814...] x 100

i_r = 0,4814% *a.m.*

Rendimento (R) = ?

Rendimento = Juros

J = FV – PV

FV = PV (1+ Taxa efetiva)

FV = 20.000 (1 + 0,018769...)

FV = 20.000 (1,018769...)

FV = R$ 20.375,39

J = 20.375,39 – 20.000,00

J = R$ 375,39 (rendimento para 30 dias efetivos)

Rendimento líquido (RL) = ?

RL = R x (1 – Taxa de impostos)

RL = 375,39 x (1 – 0,15)

RL = 375,79 x 0,85

RL = R$ 319,08

Taxa Líquida (TL) = ?

$$TL = \frac{\text{Rendimento líquido } (RL)}{\text{Valor presente } (PV)}$$

$$TL = \frac{319{,}08}{20.000{,}00}$$

TL* = 1,5954% *a.m.

4.8 EXERCÍCIOS SOBRE TAXAS DE JUROS

1) Determinar a taxa anual equivalente a 2% ao mês.
Resposta: 26,82% ao ano.

2) Determinar a taxa mensal equivalente a 60,103% ao ano.
Resposta: 4% ao mês.

3) Determinar a taxa anual equivalente a 0,1612% ao dia.
Resposta: 78,58% ao ano.

4) Determinar a taxa trimestral equivalente a 39,46% em dois anos.
Resposta: 4,25% ao trimestre.

5) Determinada revista de informações financeiras apresentou as seguintes taxas de CDIs: Fev. = 2,11%; Mar. = 2,18%; Abr. = 1,69%; Maio = 1,63%; Jun. = 1,60% e Jul. = 1,69% para o ano de 1998. Pergunta-se:

   a) Qual é a taxa média no período? **(Resposta: 1,82% ao mês)**

   b) Qual é a taxa acumulada no período? **(Resposta: 11,41% ao período)**

6) Suponhamos que uma empresa contrate um financiamento de capital de giro no valor de R$ 125.519,92, por 3 meses, tendo de pagar no fim R$ 148.020,26. Qual é a taxa média dessa aplicação?
Resposta: 5,65% ao mês.

7) O senhor "Dúvida" pretende investir R$ 16.500.000,00 em uma aplicação no ***Banco dos Palmeirenses S/A***, que paga 45,5% ao ano por 30 dias corridos e correspondentes a 21 dias úteis. Suponha que o ***Banco dos Corinthianos S/A*** pague 45% ao ano por 33 dias corridos e correspondentes a 22 dias úteis. Você foi contratado como gerente financeiro(a) e encontra-se em período de experiência. Em sua opinião, qual dos dois seria o melhor para o aplicador?
Resposta: A melhor taxa é a do Banco dos Corinthianos, de 4,65% a.m., contra 4,47% a.m. do Banco dos Palmeirenses.

8) Se o preço de um produto de dezembro de 2000 foi de R$ 1.580,00 e em janeiro de 2001 foi de R$ 1.780,00, o índice de preço correspondente foi de:

   Resposta: 12,66% ao período.

9) Suponha que no mês-base o preço médio de uma cesta básica seja de R$ 33,50 e nos 3 meses subsequentes seja de R$ 42,85, R$ 65,00 e R$ 72,25, respectivamente. Obtenha a inflação acumulada.

   Resposta: 115,67% ao período.

10) Um capital foi aplicado por 1 ano, à taxa de juros de 11% ao ano, e no mesmo período a inflação foi de 9% ao ano. Qual é a taxa real de juros?

    Resposta: 1,83% ao ano.

11) Calcular a taxa mensal de juros pelo regime de capitalização simples para uma taxa de 60% ao ano e para o regime de juros compostos por uma taxa de 79,59% ao ano.

    Resposta: 5% ao mês.

12) Uma indústria deseja ampliar a capacidade produtiva de sua fábrica. Por meio de cálculo, descobriu-se que a taxa de retorno desse investimento é de 15% ao ano. Sabe-se que essa fábrica possui uma rentabilidade real de seus projetos de 5% ao ano. Qual será a rentabilidade real desse projeto se a taxa de inflação do período for de 12,5% ao ano? Considerando-se a política de rentabilidade da empresa, esse projeto deve ser aceito?

    Resposta: 2,22% ao ano. O projeto não deve ser aceito.

13) Calcule a taxa acumulada e a média das taxas de 5%, 2%, 1%, –3,5% e 4%.

    Resposta: Taxa acumulada: 8,56% ao período; Taxa média: 1,66% ao mês.

14) Qual é a melhor taxa para aplicação: 0,1% ao dia ou 40% ao ano?

    Resposta: 0,1% ao dia.

15) Considere uma aplicação em CDB de 19,5% ao ano para um período de 33 dias. Observe ainda que a taxa de inflação para o mesmo período foi de 15% ao ano. Sabendo que o rendimento dessa aplicação pagará imposto de 15%, pergunta-se: qual é a taxa efetiva dessa aplicação? Qual é a taxa real de juros?

Resposta: Taxa efetiva: 1,65% ao período; Taxa líquida: 1,40% ao período; e Taxa real de juros: 0,1087% ao período.

Descontos

A operação desconto pode ser descrita como o custo financeiro do dinheiro pago em função da antecipação de recurso, em outras palavras, podemos dizer que **desconto é o abatimento feito** no valor nominal de uma dívida, quando ela é negociada antes do seu vencimento.

Podemos classificar os tipos de desconto como simples (método linear) e composto (método exponencial).

Vamos resumir a operação de desconto por meio do seguinte esquema:

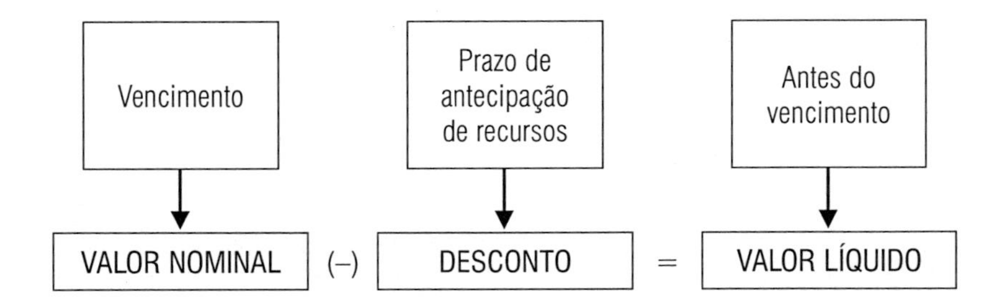

5.1 DESCONTO RACIONAL SIMPLES OU "POR DENTRO"

No Brasil, o desconto racional simples não é muito praticado, porque essa modalidade é desfavorável para aquele que possui os recursos financeiros e terá de conceder um desconto em função de uma negociação.

Essa modalidade será sempre mais interessante para quem solicita o desconto, mas como na maioria dos casos quem tem a posse dos recursos financeiros normalmente determina a metodologia de cálculo da operação, ela se torna uma prática pouco usual.

Porém, é importante conhecer essa metodologia para poder compará-la às demais. Para entendê-la melhor, vamos aplicar as seguintes fórmulas:

Fórmula nº 22

$$DRS = VN - VL$$

Em que:

DRS = desconto racional simples

valor nominal (*VN*): também chamado *valor de face*, é o valor do título apontado na data do vencimento.

valor líquido (*VL*): é o valor que foi negociado antes do vencimento ou simplesmente o valor recebido após a operação de desconto.

O valor líquido (*VL*) também pode ser encontrado por meio da seguinte fórmula:

Fórmula nº 23

$$VL = \frac{VN}{(1 + id \times nd)}$$

Em que:

id = taxa de desconto;

nd = prazo de desconto.

O desconto racional (DR) pode também ser encontrado diretamente pela seguinte fórmula:

Fórmula nº 24

$$DRS = \frac{VN \times id \times nd}{(1 + id \times nd)}$$

EXEMPLO 39

Um título de valor nominal de R$ 25.000,00 é descontado 2 meses antes do seu vencimento, à taxa de juros simples de 2,5% ao mês. Qual é o desconto racional e o valor líquido?

Dados:

VN = R$ 25.000,00

nd = 2 meses

id = 2,5% a.m.

DRS = ?

VL = ?

Solução 1: algébrica

$$DRS = \frac{25.000 \times 0,025 \times 2}{(1 + 0,025 \times 2)}$$

$$DRS = \frac{1.250}{1,05}$$

DRS = R$ 1.190,48

VL = 25.000 – 1.190,48

VL = R$ 23.809,52

Solução 3: Excel®

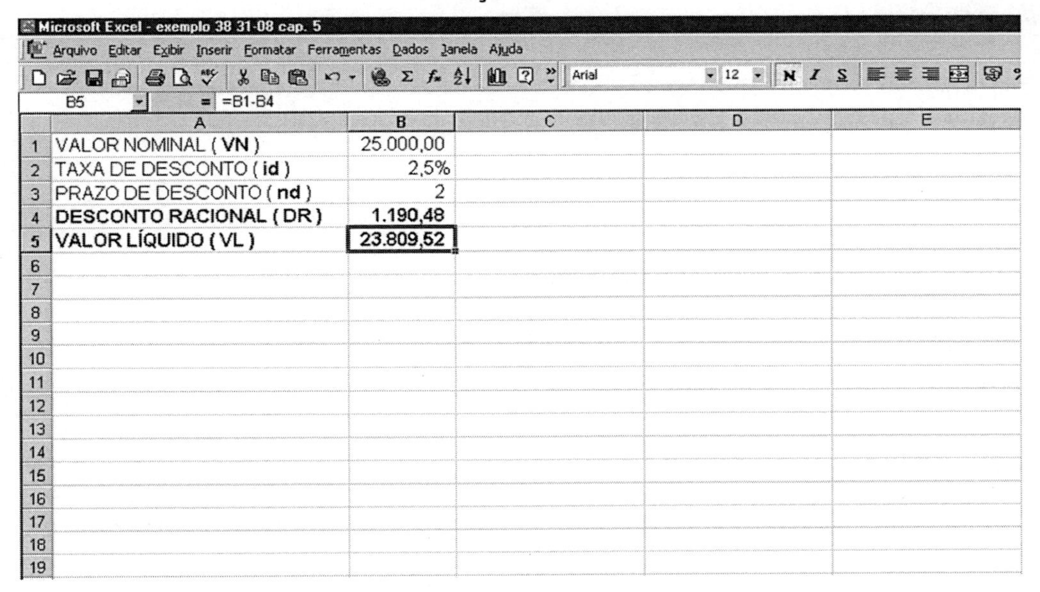

Microsoft Excel - exemplo 38 31-08 cap. 5

B5 = =B1-B4

	A	B	C	D	E
1	VALOR NOMINAL (**VN**)	25.000,00			
2	TAXA DE DESCONTO (**id**)	2,5%			
3	PRAZO DE DESCONTO (**nd**)	2			
4	**DESCONTO RACIONAL (DR)**	**1.190,48**			
5	**VALOR LÍQUIDO (VL)**	23.809,52			

5.2 DESCONTO BANCÁRIO OU COMERCIAL OU "POR FORA"

Podemos definir o desconto bancário (DBS) ou desconto comercial (DCS) ou simplesmente desconto "por fora" como o valor obtido pelo cálculo do juro simples sobre o valor nominal de determinado compromisso antes do seu vencimento.

Essa modalidade de desconto é muito usada nas operações comerciais e principalmente nas operações bancárias, tendo em vista que, para as instituições financeiras, esse tipo de operação é muito mais interessante do ponto de vista financeiro que a operação de desconto racional simples.

Vamos expressar essa situação por meio da seguinte fórmula:

Fórmula nº 25

DBS = VN x *id* x *nd* **e** VL = VN – DBS

Em que:

DBS = desconto bancário simples;

VN = valor nominal;

id = taxa de desconto;

nd = prazo de desconto;

VL = valor líquido.

EXEMPLO 40

Um título com valor nominal de R$ 25.000,00 foi descontado 2 meses antes do seu vencimento, à taxa de juros simples de 2,5% ao mês. Qual foi o desconto bancário e o valor líquido?

Dados:

VN = R$ 25.000,00

n = 2 meses

i = 2,5% a.m.

DRS = ?

VL = ?

Solução 1: algébrica

DBS = 25.000 x 0,025 x 2

DBS = R$ 1.250,00

VL = 25.000 – 1.250

VL = R$ 23.750,00

Na verdade, a Fórmula 25, **DBS = VN x *id* x *nd***, tem sua origem na fórmula do juro simples, J = PV *i* x *n*. Comprove.

DBS = J

VN = PV

i = *id*

n = *nd*

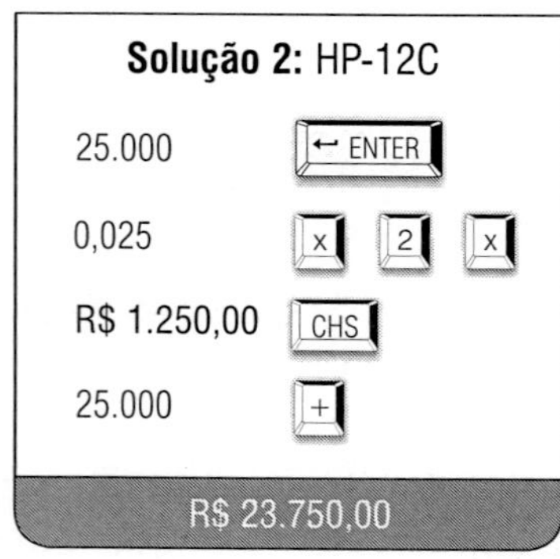

Solução 3: Excel®

Microsoft Excel - exemplo 39 31-08 cap. 5

B5 = =B1-B4

	A	B	C	D	E
1	VALOR NOMINAL (**VN**)	25.000,00			
2	TAXA DE DESCONTO (**id**)	2,5%			
3	PRAZO DE DESCONTO (**nd**)	2			
4	**DESCONTO BANCÁRIO (DB)**	**1.250,00**			
5	VALOR LÍQUIDO (VL)	23.750,00			
6					
7					
8					
9					
10					
11					
12					
13					
14					
15					
16					
17					

EXEMPLO 41

Uma duplicata no valor de R$ 25.000,00 foi descontada em um banco 2 meses antes do seu vencimento, à taxa de desconto de 2,5% ao mês. Sabendo-se que o banco cobra 1% a título de despesas administrativas e que o IOF é 0,0041% ao dia sobre o valor do título, obtenha o valor recebido pelo portador do título. Outra saída seria tomar um empréstimo com a taxa líquida de 2,8% ao mês. Qual seria a melhor opção?

Dados:

VN = R$ 25.000,00

nd = 2 meses

id = 2,5% a.m.

i_{ADM} = 1%

i_{IOF} = 0,0041% a.d.

i = 2,8% a.m. (empréstimo)

VL = ?

DBS = ?

D_{IOF} = ?

D_{ADM} = ?

Em que:

D = Despesas;

D_{IOF} = Despesas com IOF;

D_{ADM} = Despesas Administrativas.

Nota sobre o cálculo do IOF:

A Secretaria da Receita Federal publicou o Decreto nº 4.494, de 3 de novembro de 2002, que diz, no Capítulo III – DA BASE DE CÁLCULO E DA ALÍQUOTA, artigo 7º, inciso II, o seguinte: "na ***operação de desconto****, inclusive na de alienação a empresas de* factoring *de direitos creditórios resultantes de vendas a prazo,* ***a base de cálculo é o valor líquido obtido****". No mesmo decreto é fixada a alíquota de* ***0,0041% ao dia****.*

Encontrando a Base de Cálculo do IOF:

Base de cálculo do IOF = VN – DBS – D_{ADM}; assim sendo, teremos:

Base de cálculo do IOF = 25.000 – 1.250 – 250 = **R$ 23.500,00**

Solução 1: algébrica

$VL = VN - DBS - D_{IOF} - D_{ADM}$

a) DBS = 25.000 x ,025 x 2 = R$ 1.250,00

b) D_{ADM} = 25.000 x 0,01 = R$ 250,00

c) D_{IOF} = 25.000 x 0,000041... x 60 = R$ 61,50

VL = 25.000 – 1.250 – 250 – 61,50

VL = R$ 23.438,50

Solução 2: Excel®

Microsoft Excel - EXEMPLO 41

E8 = =B3-E6

	A	B	C	D	E
1–2		Base de Cálculo	Taxa da Operação	Prazo da Operação	Valor Final
3	*DESCONTO BANCÁRIO (DB)*	25.000,00	2,5%	2	**1.250,00**
4	*DESPESAS ADMINISTRATIVAS (D_{ADM})*	25.000,00	1,0%	1	**250,00**
5	DESPESAS COM IOF (D_{IOF})	25.000,00	0,0041%	60	**61,50**
6	*Total das Despesas*				**1.561,50**
7					
8		VALOR LÍQUIDO (VL)			**23.438,50**

a) Para o cálculo do Desconto Bancário (DB) deve-se fazer o seguinte: B3*C3*D3, a mesma metodologia deve ser utilizada para calcular as Despesas Administrativas (D_{ADM}) e as Despesas com IOF.

b) Valor Líquido será igual a célula B3 - célula E6

Se considerarmos que o PV seja R$ 23.438,50 e o FV = 25.000,00, teremos que a taxa dessa operação será:

$$i = \frac{25.000 - 23.438,50}{25.000 \times 2} = \frac{1.561,50}{50.000} = 3,12\% \text{ a.m.}$$

Observação:

A operação de empréstimo com a taxa de 2,8% ao mês, nesse caso, será a melhor opção.

5.3 OPERAÇÕES COM UM CONJUNTO DE TÍTULOS

Estudamos nos itens anteriores a metodologia para efetuar cálculos de um único título. Na possibilidade de depararmos com um borderô de títulos, o melhor seria aplicar uma metodologia que facilitasse esses cálculos.

Estudaremos nos próximos itens as situações em que haja mais de um título ou borderô de títulos ou duplicatas.

42

Uma empresa apresenta o borderô de duplicatas, mostradas a seguir, para serem descontadas em um banco à taxa de desconto bancário de 3% ao mês. Qual é o valor líquido recebido pela empresa?

BORDERÔ DE COBRANÇA

Duplicata	Valor (R$)	Prazo (vencimento)
A	2.500,00	25 dias
B	3.500,00	57 dias
C	6.500,00	72 dias

Nesse exemplo, vamos aplicar inicialmente a metodologia de cálculo para um único título.

Solução 1: algébrica

a) Duplicata A:

$$DBS = \frac{2.500 \times 0{,}03 \times 25}{30} = R\$\ 62{,}50$$

b) Duplicata B:

$$DBS = \frac{3.500 \times 0{,}03 \times 57}{30} = R\$\ 199{,}50$$

c) Duplicata C:

$$DBS = \frac{6.500 \times 0{,}03 \times 72}{30} = R\$\ 468{,}00$$

Valor Líquido = R$ 12.500 – R$ 62,50 – R$ 199,50 – R$ 468,00 = R$ 11.770,00

5.3.1 Prazo médio de um conjunto de títulos

No item anterior, foi possível perceber que, para acharmos o valor líquido de um conjunto de títulos, teremos de calcular inicialmente o valor do desconto de cada duplicata. No Exemplo 42, não tivemos muitas dificuldades, pois se tratava de apenas 3 duplicatas (títulos). No entanto, se tivéssemos uma quantidade de 1.000 títulos para calcular, esse método seria muito lento; teríamos, então, de aplicar o conceito do prazo médio.

Podemos definir o prazo médio de um conjunto de títulos como o prazo em que devemos descontar o valor total do conjunto, ou seja, o total do borderô. Para tanto, devem-se considerar uma taxa de desconto (*id*) e o conceito do desconto bancário simples (DBS).

Sejam:

$VN_1, VN_2, VN_3...VN_n$ os valores nominais dos títulos ou duplicatas e $n_1, n_2, n_3 ... n_n$ os prazos dos respectivos valores nominais; considere ainda uma taxa de desconto bancário (*id*). Teremos a seguinte fórmula para o prazo médio (*PM*):

Fórmula nº 26

$$PM = \frac{VN_1 \times n_1 + VN_2 \times n_2 + VN_3 \times n_3 + ... + VN_n \times n_n}{VN_1 + VN_2 + VN_3 + ... + VN_n}$$

EXEMPLO 43

Com base nos dados do Exemplo 42, e utilizando-se do conceito de prazo médio, ache o valor líquido.

Dados:

BORDERÔ DE COBRANÇAS

Duplicata	Valor (R$)	Prazo (vencimento)
A	2.500,00	25 dias
B	3.500,00	57 dias
C	6.500,00	72 dias

i_d = 3% a.m.

DBS = ?

VL = ?

Solução 1: algébrica

$$PM = \frac{(2.500 \times 25) + (3.500 \times 57) + (6.500 \times 72)}{2.500 + 3.500 + 6.500}$$

$$PM = \frac{62.500 + 199.500 + 468.000}{2.500 + 3.500 + 6.500}$$

$$PM = \frac{730.000}{12.500}$$

PM = 58,4 dias

Assim, temos:

$$DBS = \frac{(12.500 \times 0,03 \times 58,4)}{30}$$

$$DBS = \frac{21.900}{30}$$

DBS = R$ 730,00

VL = 12.500 – 730,00 = R$ 11.770,00

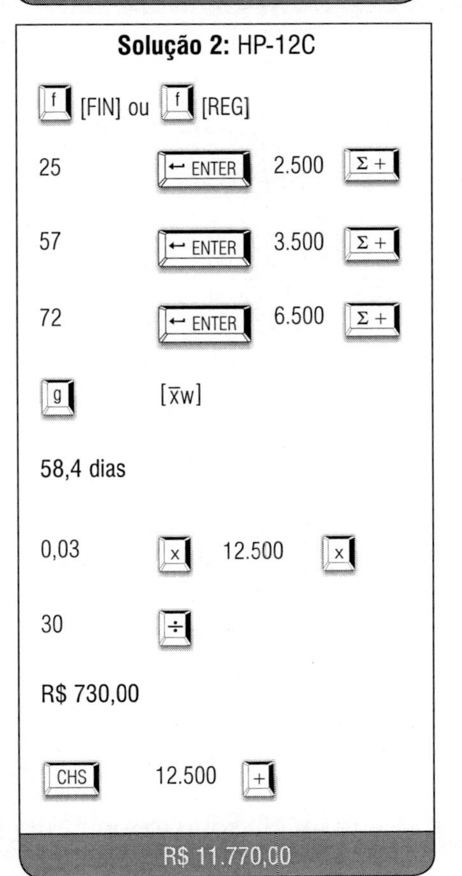

Solução 3: Excel®

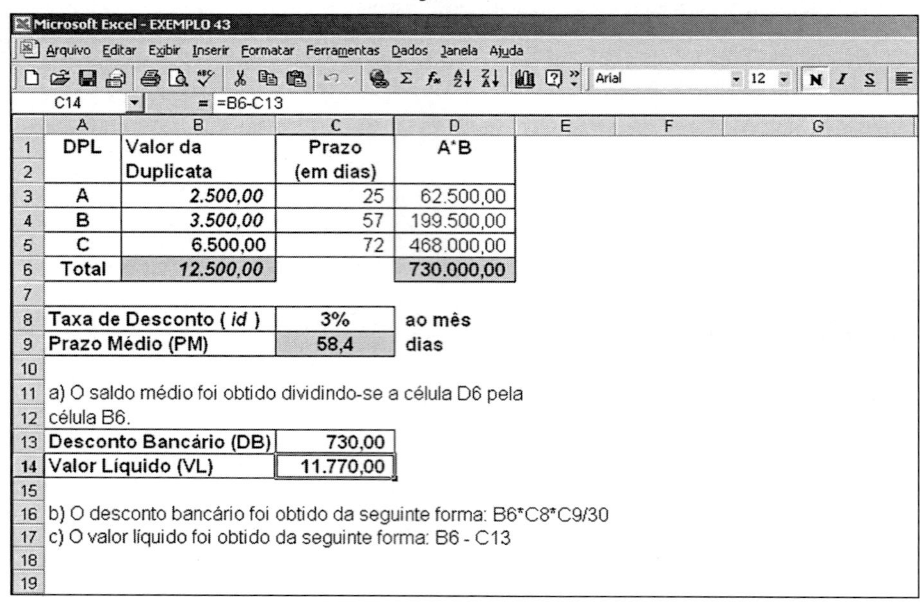

Microsoft Excel - EXEMPLO 43

C14 = =B6-C13

	A	B	C	D
1	DPL	Valor da	Prazo	A*B
2		Duplicata	(em dias)	
3	A	2.500,00	25	62.500,00
4	B	3.500,00	57	199.500,00
5	C	6.500,00	72	468.000,00
6	Total	12.500,00		730.000,00
7				
8	Taxa de Desconto (*id*)		3%	ao mês
9	Prazo Médio (PM)		58,4	dias
10				
11	a) O saldo médio foi obtido dividindo-se a célula D6 pela			
12	célula B6.			
13	Desconto Bancário (DB)		730,00	
14	Valor Líquido (VL)		11.770,00	
15				
16	b) O desconto bancário foi obtido da seguinte forma: B6*C8*C9/30			
17	c) O valor líquido foi obtido da seguinte forma: B6 - C13			

Solução 4: Excel®

Microsoft Excel - EXEMPLO 43.1

F4 = =B4-E4

	A	B	C	D	E	F
2	DPL	Valor da	Prazo	Taxa de	Valor do	Valor
3		Duplicata	*(em dias)*	Desconto	Desconto	Líquido
4	A	**2.500,00**	***25***	3%	62,50	2.437,50
5	B	**3.500,00**	***57***	3%	199,50	3.300,50
6	C	**6.500,00**	***72***	3%	468,00	6.032,00
7		12.500,00			**730,00**	**11.770,00**

5.4 DESCONTO RACIONAL COMPOSTO

O desconto composto é aquele em que a taxa de desconto incide sobre o montante (M), valor futuro (VF) ou valor nominal (VN).

Considere um título de valor nominal (*VN*), com vencimento em um período (*n*), e um valor líquido (*VL*) que produz um valor futuro (*VF*) igual a *VN* quando aplicado por (*n*) períodos a uma taxa de desconto composto (*id*) por período.

Vamos verificar.

Vimos nos itens anteriores que, conceitualmente, o Desconto (*D*) é igual ao valor nominal (*VN*) menos o valor líquido (*VL*), ou seja, D = VN – VL. Esse mesmo conceito também será aplicado a todas as metodologias de cálculos do desconto composto.

Fórmula nº 27

$$DRC = VN - VL$$

Em que: DRC = desconto racional composto

Fórmula nº 28

$$VL = \frac{VN}{(1 + id)^{nd}}$$

EXEMPLO 44

Determinar o desconto racional composto e o valor líquido de um título de valor nominal de R$ 5.000,00, considerando-se uma taxa de juros compostos de 3,5% ao mês, sendo descontados 3 meses antes do seu vencimento.

Dados:

VN = R$ 5.000,00

id = 3,5% a.m.

n = 3 meses

DRC = ?

VL = ?

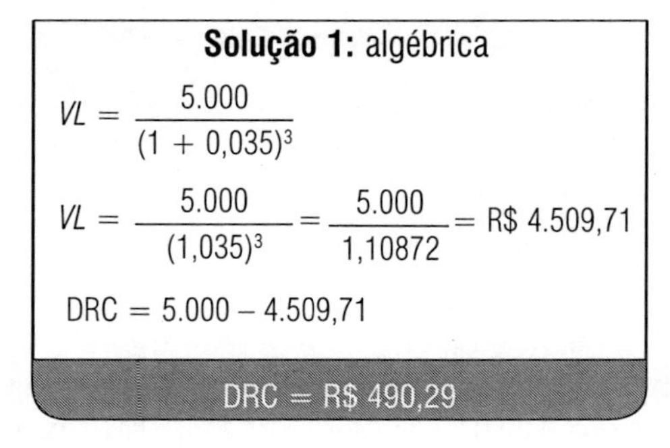

Solução 1: algébrica

$$VL = \frac{5.000}{(1 + 0,035)^3}$$

$$VL = \frac{5.000}{(1,035)^3} = \frac{5.000}{1,10872} = R\$ \ 4.509,71$$

DRC = 5.000 – 4.509,71

DRC = R$ 490,29

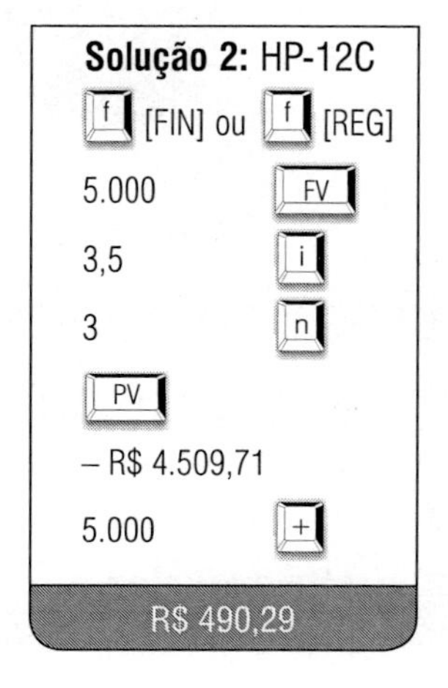

Solução 2: HP-12C

[f] [FIN] ou [f] [REG]

5.000 [FV]

3,5 [i]

3 [n]

[PV]

– R$ 4.509,71

5.000 [+]

R$ 490,29

Solução 3: Excel®

Microsoft Excel - EXEMPLO 44

Arquivo Editar Exibir Inserir Formatar Ferramentas Dados Janela Ajuda

B5 = =B1-B4

	A	B	C	D	E
1	VALOR NOMINAL **(VN)**	5.000,00			
2	TAXA DE DESCONTO **(id)**	3,5%			
3	PRAZO DE DESCONTO **(nd)**	3			
4	VALOR LÍQUIDO **(VL)**	**4.509,71**			
5	DESCONTO RACIONAL COMPOSTO **(DRC)**	**490,29**			
6					
7	a) O DRC foi obtido da seguinte forma: B1 - B4				
8					
9					
10					
11					
12					
13					
14					
15					
16					
17					
18					

5.5 DESCONTO COMERCIAL OU BANCÁRIO (COMPOSTO)

Considere um título de valor nominal (*VN*), com vencimento em um período (*n*), e um valor líquido (*VL*), que produz um valor futuro (*VF*) igual a VN, quando aplicado por (*n*) períodos a uma taxa composta de desconto (*id*) por período. Vamos verificar.

A partir do valor nominal, poderemos determinar o valor líquido, com base no conceito do cálculo por fora. Vejamos a aplicação dessa metodologia de cálculo:

Fórmula nº 29

$$DBC = VN - VL$$

Em que: DBC = desconto bancário composto.

Fórmula nº 30

$$VL = VN\,(1 - id)^{nd}$$

EXEMPLO 45

Uma duplicata no valor de R$ 25.000,00, com vencimento em 60 dias, é descontada a uma taxa de 2,5% ao mês, de acordo com o conceito de desconto composto. Vamos calcular o valor líquido creditado na conta e o valor do desconto concedido.

Dados:

VN= R$ 25.000,00

nd = 60 dias (2 meses)

id = 2,5% a.m.

VL = ?

DBC = ?

Solução 1: algébrica

PV = 25.000 $(1 - 0{,}025)^2$
PV = 25.000 $(0{,}975)^2$
PV = 25.000 x 0,950625...
PV = R$ 23.765,63

DC = 25.000 - 23.765,63

DC = R$ 1.234,38

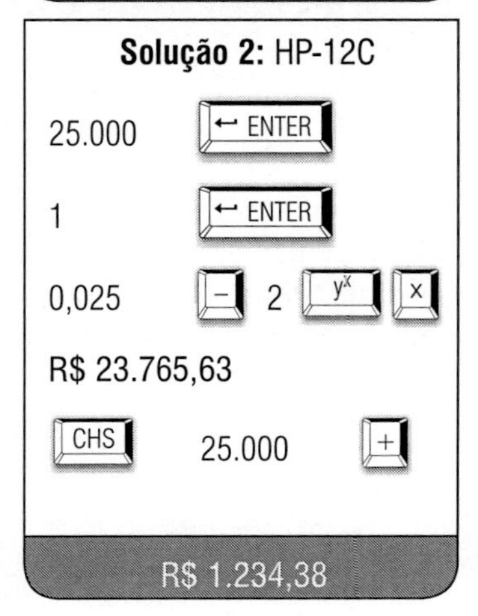

Solução 3: Excel®

Microsoft Excel - EXEMPLO 45

B5 = =B1-B4

	A	B	C	D	E
1	VALOR NOMINAL **(VN)**	25.000,00			
2	TAXA DE DESCONTO ***(id)***	2,5%			
3	PRAZO DE DESCONTO (***nd***)	2			
4	*VALOR LÍQUIDO* ***(VL)***	**23.765,63**			
5	*DESCONTO RACIONAL COMPOSTO* ***(DBC)***	**1.234,38**			
6					
7	a) O DBC foi obtido da seguinte forma: B1 - B4				
8					
9					
10					
11					
12					
13					
14					
15					
16					
17					

5.6 COMPARAÇÃO DOS SISTEMAS DE DESCONTOS

Vamos admitir que um valor nominal (*VN*) de R$ 25.000,00, com uma taxa de desconto (*id*) de 2,5%, foi descontado 2 meses antes do seu vencimento. Determinaremos, para efeito de comparação, o desconto e o valor líquido por todos os sistemas estudados.

Assim, temos:

VN = R$ 25.000,00

id = 2,5% a.m.

nd = 2 meses

Sistema de desconto	Valor do desconto	Valor líquido
Desconto Racional Simples (DRS)	R$ 1.190,48	R$ 23.809,52
Desconto Bancário Simples (DBS)	R$ 1.250,00	R$ 23.750,00
Desconto Racional Composto (DRC)	R$ 1.204,64	R$ 23.795,36
Desconto Bancário Composto (DBC)	R$ 1.234,38	R$ 23.765,62

Analisando a tabela anterior, é possível perceber que, para quem vai liberar os recursos financeiros, por exemplo, uma instituição financeira, a melhor opção será aplicar a metodologia de cálculo do desconto bancário simples (DBS). Porém, se você fosse receber a liberação de recursos financeiros por meio de uma operação de desconto, a melhor opção seria aplicar a metodologia de cálculo do desconto racional simples (DRS).

Na verdade, essa relação de descontos será sempre uma questão de negociação – o que quase sempre favorece as instituições financeiras ou de crédito, por terem a posse do capital ou recursos financeiros. Por isso, quanto maior for o domínio das técnicas e metodologia de cálculos nas operações de desconto, melhor serão suas chances nessas negociações.

5.7 RELAÇÃO DA TAXA COM O DESCONTO E O VALOR LÍQUIDO

Vamos admitir uma duplicata de R$ 100,00 que pode ser descontada por vários períodos (*nd*), a uma taxa de desconto (*id*) de 5% ao mês, pelo método do desconto bancário simples (DBS). Vejamos, então, quanto será a taxa real dessa operação calculada pelos regimes de juros simples e composto.

Para responder a essa questão, vamos aplicar as seguintes fórmulas:

Fórmula nº 31

$$TRS = \left[\frac{\text{Desconto}}{\text{Valor líquido} \times \left(\frac{QQ}{QT} \right)} \right] \times 100$$

Em que:

TRS = taxa real simples;

QT = quanto eu tenho;

QQ = quanto eu quero.

Com essa fórmula será possível calcular a taxa efetiva da operação de desconto pelo regime de juros simples. Vejamos um exemplo:

EXEMPLO 46

Calcular a taxa real para uma duplicata de R$ 100,00 descontada 2 meses antes do seu vencimento, com taxa de desconto de 5% ao mês, pelo método do desconto bancário simples (DBS).

Dados:

VN = R$ 100,00

id = 5% a.m.

nd = 2 meses

DBS = 100 x 0,05 x 2 = **R$ 10,00**

VL = 100 – 10 = **R$ 90,00**

TRS = ?

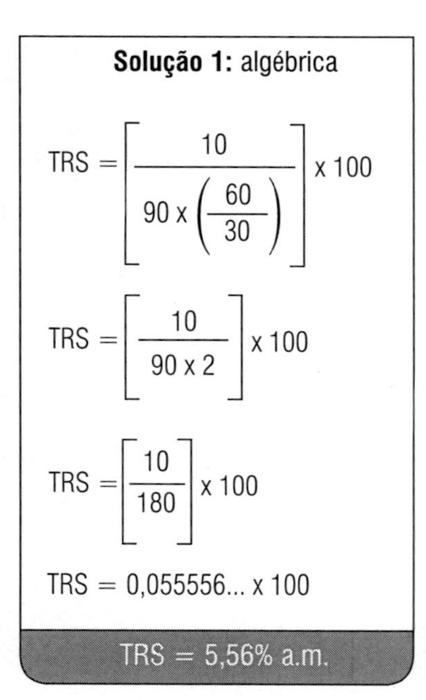

Solução 1: algébrica

$$TRS = \left[\frac{10}{90 \times \left(\frac{60}{30}\right)}\right] \times 100$$

$$TRS = \left[\frac{10}{90 \times 2}\right] \times 100$$

$$TRS = \left[\frac{10}{180}\right] \times 100$$

TRS = 0,055556... x 100

TRS = 5,56% a.m.

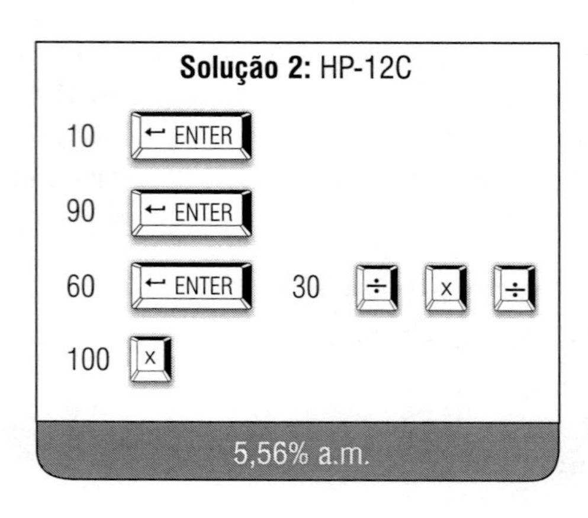

Solução 2: HP-12C

10 ENTER

90 ENTER

60 ENTER 30 ÷ x ÷

100 x

5,56% a.m.

Para verificarmos a taxa real pelo regime de juros compostos, devemos aplicar a seguinte fórmula:

Fórmula nº 32

$$TRC = \left[\left(1 + \frac{\text{Desconto}}{\text{Valor líquido}}\right)^{\frac{QQ}{QT}} - 1\right] \times 100$$

Em que:

TRC = taxa real composta

EXEMPLO 47

Calcular a taxa real composta para uma duplicata de R$ 100,00, descontada 2 meses antes do seu vencimento, com taxa de desconto de 5% ao mês, pelo método do desconto bancário simples (DBS).

Dados:

VN = R$ 100,00

id = 5% a.m.

nd = 2 meses

DBS = 100 x 0,05 x 2 = **R$ 10,00**

VL = 100 – 10 = **R$ 90,00**

TRC = ?

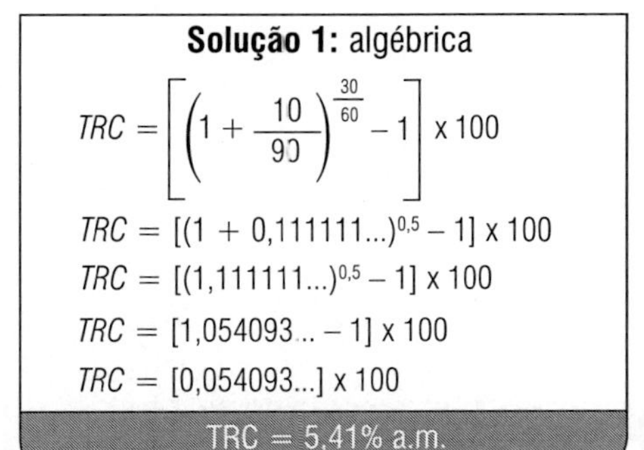

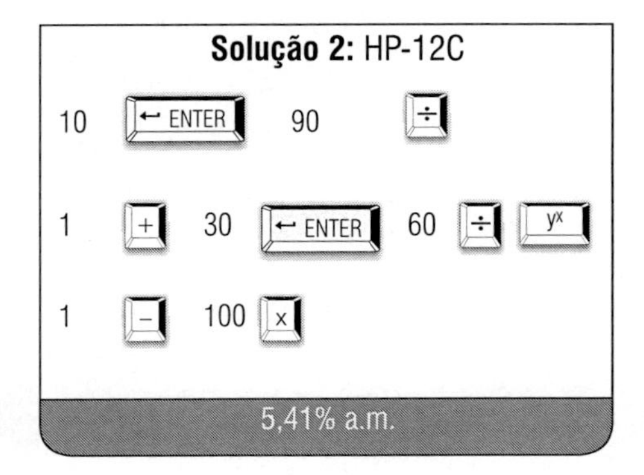

Como vimos, a taxa real da operação é maior pelo regime de juros simples do que pelo regime de juros compostos.

Se tomarmos como exemplo um prazo de 20 meses, com taxa de 5% ao mês, observaremos que o valor do desconto bancário simples (DBS) será igual ao valor nominal (*VN*), ou seja, nesse caso, não haverá valor líquido (*VL*).

Observe a tabela a seguir e perceba que a taxa de desconto simples é muito mais interessante que a taxa de desconto composto, principalmente para longos períodos.

Com taxa composta, para o mesmo período de 19 meses, a taxa real será de 17,1%, contra 100% da taxa simples.

	Prazo em dias					Prazo em meses				
Sistema	30	60	90	120	180	10	12	15	19	20
Desconto	5	10	15	20	30	50	60	75	95	100
Valor Líquido	95	90	85	80	70	50	40	25	5	0
Taxa Real Mensal Simples	5,26	5,56	5,88	6,25	7,14	10,0	12,5	20,0	100,0	0
Taxa Real Mensal Composta	5,26	5,41	5,57	5,74	6,12	7,18	7,93	9,68	17,1	0

5.8 EXERCÍCIOS SOBRE DESCONTO

1) Qual é o valor do desconto comercial simples de um título de R$ 3.000,00, com vencimento para 90 dias, à taxa de 2,5% ao mês?

   Resposta: R$ 225,00.

2) Qual é a taxa mensal simples de desconto utilizada em uma operação a 120 dias cujo valor nominal é de R$ 1.000,00 e o valor líquido é de R$ 880,00?

   Resposta: 3% ao mês.

3) Calcular o valor líquido de um conjunto de duplicatas descontadas a 2,4% ao mês, conforme o borderô a seguir:

   A) R$ 6.000 15 dias

   B) R$ 3.500 25 dias

   C) R$ 2.500 45 dias

   Resposta: R$ 11.768,00.

4) Uma duplicata de R$ 32.000,00, com 90 dias a decorrer até o seu vencimento, foi descontada por um banco à taxa de 2,70% ao mês. Calcular o valor líquido entregue ou creditado ao cliente.

   Resposta: R$ 29.408,00.

5) Determinar quantos dias faltam para o vencimento de uma duplicata no valor de R$ 9.800,00 que sofreu um desconto de R$ 448,50, à taxa de 18% ao ano.

   Resposta: 92 dias.

6) Calcular o valor do desconto composto concedido em um Certificado de Depósito Bancário, de valor de resgate igual a R$ 128.496,72, sabendo-se que faltam 90 dias para o seu vencimento e que a taxa de desconto é de 2,8% ao mês.

   Resposta: R$ 10.494,32.

7) (TCDF/94) Um título com valor nominal de R$ 110.000,00 foi resgatado 2 meses antes do seu vencimento, sendo-lhe por isso concedido um desconto racional simples à taxa de 60% ao mês. Nesse caso, qual foi o valor pago pelo título?

   Resposta: R$ 50.000,00.

continuação

8) (CEB/94) Um título com valor nominal de R$ 3.836,00 foi resgatado 4 meses antes do seu vencimento, tendo sido concedido um desconto racional simples à taxa de 10% ao mês. Qual foi o valor pago pelo título?

Resposta: R$ 2.740,00.

9) (Metrô/94) Um título com valor nominal de R$ 7.420,00 foi resgatado 2 meses antes do seu vencimento, sendo-lhe por isso concedido um desconto racional simples à taxa de 20% ao mês. Nesse caso, qual foi o valor pago pelo título?

Resposta: R$ 5.300,00.

10) (Metrô/94) Uma pessoa pretende saldar uma dívida, cujo valor nominal é de US$ 2,040.00, 4 meses antes de seu vencimento. Qual é o valor, em dólar, que deverá pagar pelo título, se a taxa racional simples usada no mercado é de 5% ao mês?

Resposta: US$ 1,700.00.

11) (TTN/94) Admita-se que uma duplicata tenha sido submetida a 2 tipos de descontos. No primeiro caso, a juros simples, a uma taxa de 10% ao ano, vencível em 180 dias, com desconto comercial (por fora). No segundo caso, com desconto racional (por dentro), mantendo as demais condições. Sabendo-se que a soma dos descontos, por fora e por dentro, foi de R$ 635,50, qual é o valor do título?

Resposta: R$ 6.510,00.

12) (ISS/SP-98) Um título com vencimento em 18/02/98 foi descontado em 20/11/97. Se o desconto comercial simples foi de R$ 300,00 e a taxa mensal foi de 4%, qual era o valor nominal desse título?

Resposta: R$ 2.500,00.

13) (AFTN/96) Você possui uma duplicata cujo valor de face é de R$ 150,00. Essa duplicata vence em 3 meses. O banco com o qual você normalmente opera, além da taxa normal de desconto mensal (simples por fora), também fará uma retenção de 15% do valor de face da duplicata a título de saldo médio, permanecendo bloqueado em sua conta esse valor desde a data do desconto até a data do vencimento da duplicata. Caso desconte a duplicata no banco, você receberá líquidos, hoje, R$ 105,00.

A taxa de desconto que mais se aproxima da taxa praticada por esse banco é de:

Resposta: 5% ao mês.

14) (ISS/SP-98) Em uma operação de resgate de um título, a vencer em 4 meses, a taxa anual empregada deve ser de 18%. Se o desconto comercial simples excede o racional simples em R$ 18,00, o valor nominal do título é de:

    Resposta: R$ 5.300,00.

15) (AFTN/85) João deve a um banco R$ 190.000,00 em título que vence daqui a 30 dias. Por não dispor de numerário suficiente, propõe a prorrogação da dívida por mais 90 dias. Admitindo-se a data focal atual (zero) e que o banco adote a taxa de desconto comercial simples de 72% ao ano, o valor do novo título será de:

    Resposta: R$ 235.000,00.

16) (AFTN/96) Uma pessoa possui um financiamento (taxa de juros simples de 10% ao mês). O valor total dos pagamentos a serem efetuados, juro mais principal, é de R$ 1.400,00. As condições contratuais preveem que o pagamento desse financiamento será efetuado em duas parcelas. A primeira parcela, no valor de 70% do total dos pagamentos, será paga no fim do quarto mês, e a segunda parcela, no valor de 30% do total dos pagamentos, será paga ao final do décimo primeiro mês. O valor financiado é de:

    Resposta: R$ 900,00.

17) (AFTN/98) O desconto comercial simples de um título 4 meses antes do seu vencimento é de R$ 600,00. Considerando uma taxa de 5% ao mês, obtenha o valor correspondente no caso de um desconto racional simples.

    Resposta: R$ 500,00.

18) (AFTN/85) Uma empresa descontou uma duplicata em um banco que adota uma taxa de 84% ao ano e o desconto comercial simples. O valor do desconto foi de R$ 10.164,00. Se na operação fosse adotado o desconto racional simples, o valor do desconto seria reduzido em R$ 1.764,00. Nessas condições, o valor nominal da duplicata é de:

    Resposta: R$ 48.400,00.

continuação

19) (AFTN/91) Um *comercial papper* com valor de face de US$ 1.000.000,00 e vencimento daqui a 3 anos deve ser resgatado hoje a uma taxa de juros compostos de 10% ao ano. Considerando o desconto racional, obtenha o valor do resgate.

Resposta: US$ 751.314,80.

20) (TCDF) Uma empresa estabelece um contrato de *leasing* para o arrendamento de um equipamento e recebe como pagamento uma promissória no valor nominal de US$ 1.166.400,00, descontada 2 meses antes de seu vencimento, à taxa de 8% ao mês. Admitindo-se que fora utilizado o sistema de capitalização composta, o valor do desconto racional será de:

Resposta: US$ 116.640,00.

21) (Cespe/UnB-TCDF/AFCE/95) Uma duplicata, no valor de R$ 2.000,00, é resgatada 2 meses antes do vencimento, obedecendo ao critério de desconto comercial composto. Sabendo-se que a taxa de desconto é de 10% ao mês, o valor descontado e os valores do desconto são, respectivamente:

Resposta: R$ 1.620,00 e R$ 380,00.

22) (ISS/SP-98) Um título de valor nominal de R$ 59.895,00 foi pago 3 meses antes do vencimento. Se a taxa mensal de desconto composto era de 10%, o valor líquido desse título seria de:

Resposta: R$ 45.000,00.

capítulo 6

Séries de pagamentos

Vimos, em capítulos anteriores, que os fluxos de caixa apresentados tinham sempre dois pagamentos, normalmente o valor presente *(PV)* e o valor futuro *(FV)*.

Demonstramos também que eles podem ser representados graficamente da seguinte forma:

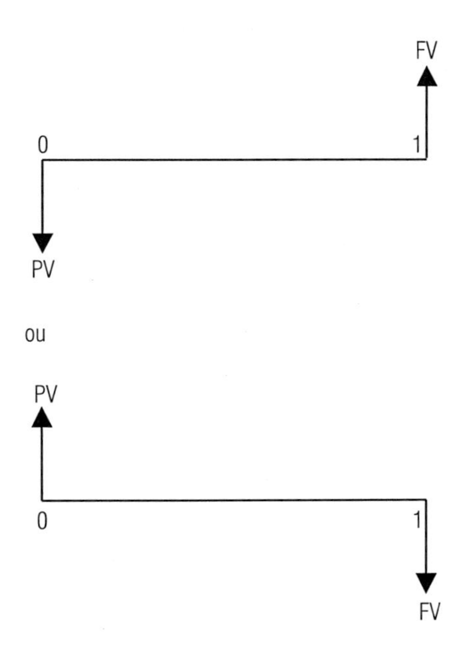

Agora, estudaremos as situações em que teremos mais de um pagamento, ou seja, estudaremos as operações envolvendo pagamentos ou recebimentos periódicos e não periódicos, tanto pelo regime de juros simples como pelo regime de juros compostos.

6.1 CLASSIFICAÇÃO DAS SÉRIES DE PAGAMENTOS

a) Quanto ao tempo

- ***Temporária*** – quando tem um número limitado de pagamentos;
- ***Infinita*** – quando tem um número infinito de pagamentos.

b) Quanto à constância ou periodicidade

- ***Periódicas*** – quando os pagamentos ocorrem em intervalos de tempo iguais;
- ***Não periódicas*** – quando os pagamentos ocorrem em intervalos de tempo variáveis.

c) Quanto ao valor dos pagamentos

- ***Fixos ou Uniformes*** – quando todos os pagamentos são iguais;
- ***Variáveis*** – quando os valores dos pagamentos variam.

d) Quanto ao vencimento do primeiro pagamento

- ***Imediata*** – quando o primeiro pagamento ocorre exatamente no primeiro período da série;
- ***Diferida*** – quando o primeiro pagamento não ocorre no primeiro período da série, ou seja, ocorrerá em períodos subsequentes.

e) Quanto ao momento dos pagamentos

- ***Antecipadas*** – quando o primeiro pagamento ocorre no momento "0" (zero) da série de pagamentos;
- ***Postecipadas*** – quando os pagamentos ocorrem no fim dos períodos.

6.2 SÉRIES UNIFORMES DE PAGAMENTOS

As Séries Uniformes de Pagamentos são aquelas em que os pagamentos ou recebimentos são constantes e ocorrem em intervalos iguais. Para esclarecer esses conceitos, vamos interpretar as palavras.

- ***Série*** – número de coisas ou eventos, semelhantes ou relacionados, dispostos ou que ocorrem em sucessão espacial ou temporal.
- ***Uniforme*** – que tem uma só forma; que tem a mesma forma; igual, idêntico; muito semelhante;
- ***Pagamento*** – cumprimento efetivo da obrigação exigível.

Podemos representar graficamente as séries uniformes de pagamentos da seguinte forma:

a) Do ponto de vista de quem vai receber os pagamentos

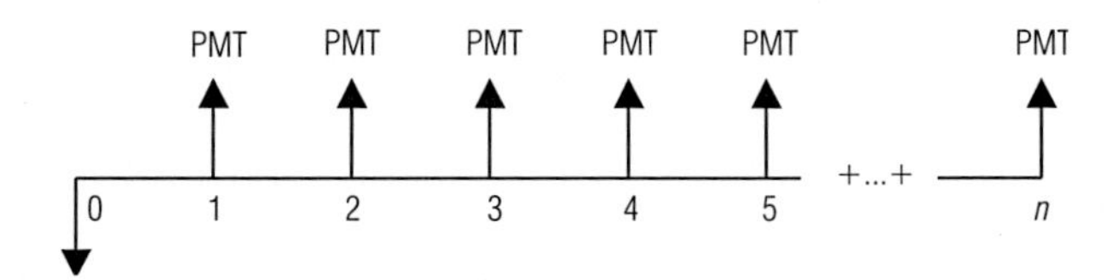

Em que: PMT = pagamentos ou prestação ou recebimentos.

b) Do ponto de vista de quem vai fazer os pagamentos

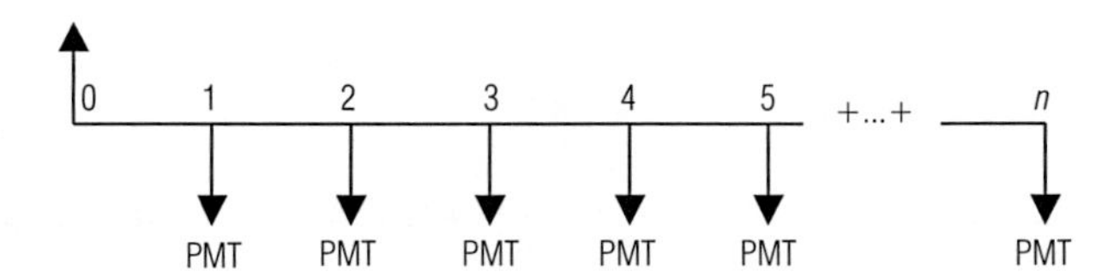

Em que: PMT = pagamentos ou prestação.

- **Teclas e Funções Financeiras na calculadora HP-12C que utilizaremos nos próximos exemplos:**

  Ressalta-se que através da HP-12C, até então, não é possível fazer o cálculo da prestação pelo regime de juros simples, somente pelo composto; o mesmo ocorre quando utilizamos as funções financeiras do Excel.

- [n] (calcula o prazo);
- [i] (calcula a taxa);
- [PV] (calcula o valor presente);
- [PMT] (calcula a prestação);
- [FV] (calcula o valor futuro);
- [CHS] (troca um sinal de um número de positivo para negativo ou o contrário, ou seja, de negativo para positivo);
- [g] [END] (para cálculos de séries uniformes de pagamentos postecipadas);
- [g] [BEG] (para cálculos de séries de pagamentos antecipadas);
- [f] [FIN] (limpa as funções financeiras);
- [f] [REG] (limpa todas as funções).

Você encontra mais informações sobre as teclas e funções da calculadora HP-12C no Capítulo 1.

- **Funções Financeiras do Excel® que utilizaremos nos próximos exemplos:**
  - Taxa (é taxa de juros por período);
  - Nper (é o pagamento efetuado a cada período em uma série uniforme de pagamentos);
  - VP (é o valor presente);
  - VF (é o valor futuro);
  - PGTO (é o pagamento efetuado a cada período);
  - Tipo (é um valor lógico, que serve para indicar quando estamos operando em séries uniformes de pagamentos postecipadas ou antecipadas, ou seja, quando o valor não for especificado ou for igual a "0" (zero), estaremos operando em séries postecipadas; quando for informado "1", estaremos operando em séries antecipadas.

6.2.1 Séries uniformes de pagamentos postecipadas

As séries uniformes de pagamentos postecipadas são aquelas em que o primeiro pagamento ocorre no momento 1; esse sistema é também denominado sistema de pagamento ou recebimento sem entrada $(0 + n)$. Os pagamentos ou recebimentos podem ser chamados prestação, representada pela sigla "PMT" que vem do inglês "Payment" e significa pagamento ou recebimento.

6.2.1.1 Dada a prestação (*PMT*), achar o valor presente (*PV*)

Vejamos o diagrama de fluxo de caixa que representa o cálculo do valor presente *(PV)* com base na prestação *(PMT)*:

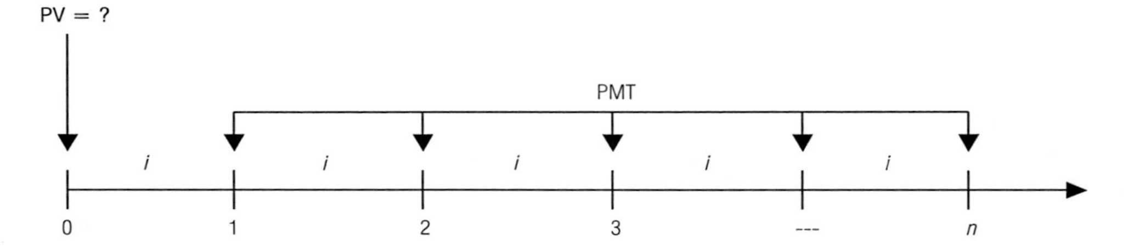

A demonstração do conceito de valor presente *(PV)*, em uma série de pagamento uniforme postecipada, consiste em trazer cada um dos termos para a data focal "zero" e, na sequência, somá-los, obtendo-se o valor presente *(PV)* da série uniforme de pagamento. Podemos entender esse conceito por meio das seguintes fórmulas:

Fórmula nº 33

$$PV = \sum \frac{PMT}{(1+i)^1} + \frac{PMT}{(1+1)^2} + \ldots + \frac{PMT}{(1+i)^n}$$

Fórmula nº 34

$$PV = PMT\left[\sum \frac{1}{(1+i)^1} + \frac{1}{(1+i)^2} + \ldots + \frac{1}{(1+i)^n}\right]$$

Se observarmos com mais atenção a segunda expressão, será possível verificar a semelhança com uma Progressão Geométrica (PG), na qual a razão poderia ser representada como: $\frac{1}{(1+i)}$; e se recordarmos a fórmula da soma dos termos de uma PG, que é $S_{pg} = \frac{a_1 \times (1 - q^n)}{1 - q}$, poderemos deduzir a fórmula básica para o cálculo do valor presente *(PV)* em uma série uniforme de pagamento postecipada.

Sendo informados uma taxa *(i)*, um prazo *(n)* e o valor de um pagamento ou a prestação *(PMT)*, será possível calcular o valor presente *(PV)* de uma série de pagamento postecipada por meio da seguinte fórmula:

$$PV = PMT\left[\frac{\left(\frac{1}{1+i}\right) \times \left(1 - \frac{1}{(1+i)^n}\right)}{1 - \frac{1}{1+i}}\right]$$

$$PV = PMT\left[\frac{\left(\frac{1}{1+i}\right) \times \left(\frac{(1+i)^n - 1}{(1+i)^n}\right)}{\frac{1}{1+i}}\right]$$

Fórmula nº 35

$$PV = PMT\left[\frac{(1+i)^n - 1}{(1+i)^n \times i}\right]$$

Em que:

PMT = prestação ou pagamento.

EXEMPLO 48

Calcular o valor de um financiamento a ser quitado mediante seis pagamentos mensais de R$ 1.500,00, com o vencimento da primeira parcela a 30 dias da liberação dos recursos, sendo de 3,5% ao mês a taxa de juros negociada na operação.

Dados:

PV = ?

n = 6 meses

i = 3,5% a.m.

PMT = R$ 1.500,00

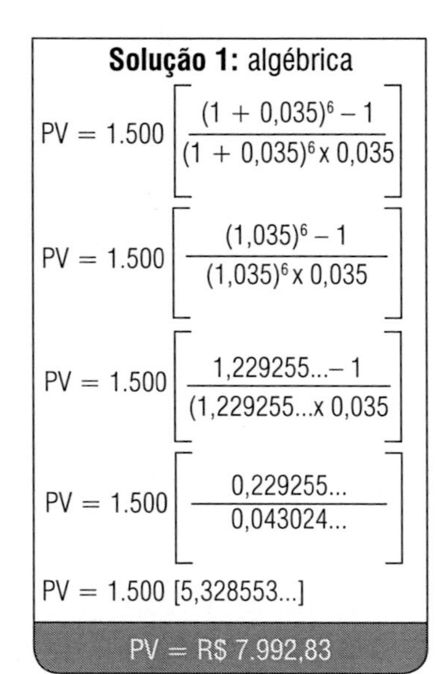

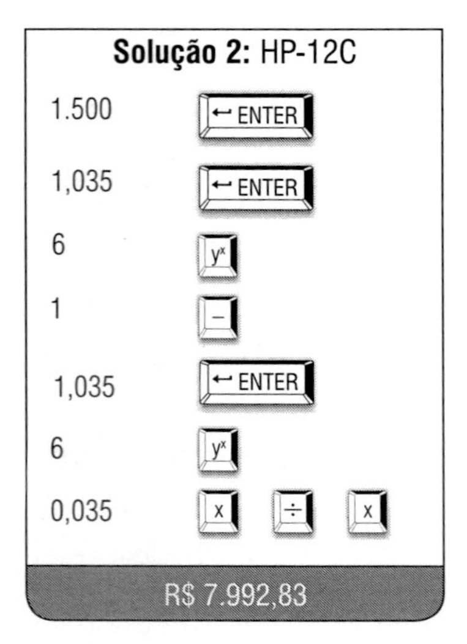

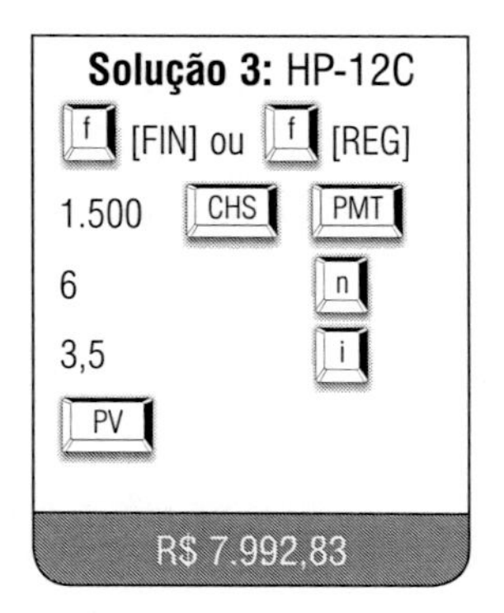

Solução 4: Excel®

Microsoft Excel - EXEMPLO 48

Arquivo Editar Exibir Inserir Formatar Ferramentas Dados Janela Ajuda

B1 = =B5*((1+B2)^B3-1)/((1+B2)^B3*B2)

	A	B	C	D	E	F
1	**VALOR PRESENTE (*PV*)**	**7.992,83**				
2	TAXA (***i***)	3,50%				
3	PRAZO (***n***)	**6**				
4	VALOR FUTURO (***FV***)	-				
5	VALOR DA PRESTAÇÃO (***PMT***)	1.500,00				
6						
7						
8						
9						
10						
11						
12						
13						
14						
15						
16						

No Excel®, podemos também utilizar a função valor presente (*VP*) no assistente de funções (*fx*); nesse caso, a expressão que representa essa situação é a seguinte:

=VP(taxa;nper;pgto;vf;tipo) (veja também o anexo 2)

Solução 5: Excel®

Microsoft Excel - EXEMPLO 48.1

Arquivo Editar Exibir Inserir Formatar Ferramentas Dados Janela Ajuda

B1 = =VP(B2;B3;-B6;0;0)

	A	B	C	D	E	F
1	**VALOR PRESENTE (*PV*)**	**R$ 7.992,83**				
2	TAXA (*i*)	3,50%				
3	PRAZO (*n*)	**6**				
4	VALOR FUTURO (*FV*)	-				
5	TIPO:	0				
6	VALOR DA PRESTAÇÃO (*PMT*)	1.500,00				
7						
8						
9						
10						
11						
12						
13						
14						
15						
16						

Esse exemplo ainda pode ser respondido com base no conceito de valor presente. Vamos comprovar.

Considere que efetuar o cálculo do valor presente de uma série uniforme de pagamento postecipada seja trazer do valor futuro todos os pagamentos para a data focal zero. Esse modelo, conforme demonstrado anteriormente, pode ser traduzido por meio da seguinte fórmula:

Aplicando a Fórmula nº 33

$$PV = \sum \frac{PMT}{(1+i)^1} + \frac{PMT}{(1+i)^2} + \ldots + \frac{PMT}{(1+i)^n}$$

Solução 1: algébrica

$$PV = \frac{1.500}{(1{,}035)^1} + \frac{1.500}{(1{,}035)^2} + \frac{1.500}{(1{,}035)^3} + \frac{1.500}{(1{,}035)^4} + \frac{1.500}{(1{,}035)^5} + \frac{1.500}{(1{,}035)^6}$$

$$PV = \frac{1.500}{1{,}035} + \frac{1.500}{1{,}071225\ldots} + \frac{1.500}{1{,}108718\ldots} + \frac{1.500}{1{,}147523\ldots} + \frac{1.500}{1{,}187686\ldots} + \frac{1.500}{1{,}229255\ldots}$$

$$PV = 1.449{,}28 + 1.400{,}27 + 1.352{,}91 + 1.307{,}16 + 1.262{,}96 + 1.220{,}25$$

$$PV = R\$\ 7.992{,}83$$

Solução 2: Excel®

Microsoft Excel - EXEMPLO 48.2

D11 = =SOMA(D5:D10)

	B	C	D
1	**Fórmula nº 35**		
2		TAXA (*i*)	3,50%
4	n	**Pagamentos (PMT)**	**Valor Presente (PV)**
5	1	1.500,00	1.449,28
6	2	1.500,00	1.400,27
7	3	1.500,00	1.352,91
8	4	1.500,00	1.307,16
9	5	1.500,00	1.262,96
10	6	1.500,00	1.220,25
11		*Total*	**7.992,83**

Lembrando: a célula D2 deve ser fixa (D2).

A solução pode ser apresentada de outra forma, pela inversão dos índices, o que é possível por meio da seguinte fórmula:

Aplicando a Fórmula nº 34

$$PV = PMT\left[\sum \frac{1}{(1+i)^1} + \frac{1}{(1+i)^2} + \ldots + \frac{1}{(1+i)^n}\right]$$

Solução 1: algébrica

$$PV = 1.500\left[\frac{1}{1{,}035} + \frac{1}{1{,}071225\ldots} + \frac{1}{1{,}108718\ldots} + \frac{1}{1{,}147523\ldots} + \frac{1}{1{,}187686\ldots} + \frac{1}{1{,}229255\ldots}\right]$$

$$PV = 1.500\,[0{,}966184\ldots + 0{,}933511\ldots + 0{,}901943\ldots + 0{,}871442\ldots + 0{,}841973\ldots + 0{,}813501\ldots]$$

$$PV = 1.500\,[5{,}328554\ldots]$$

$$PV = R\$\ 7.992{,}83$$

Para melhor entender esse conceito vamos observar a representação gráfica do Exemplo 48:

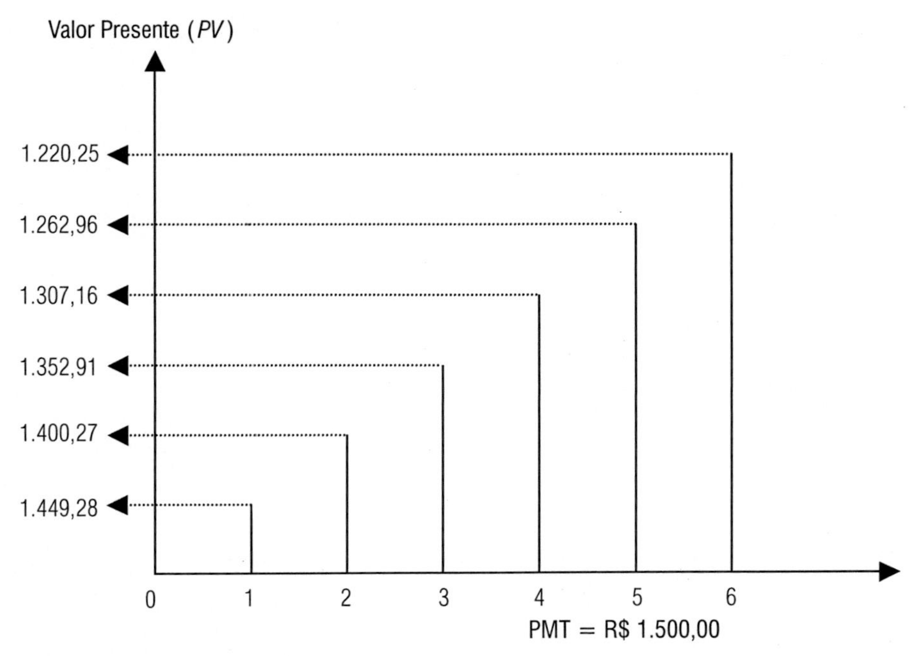

Ainda será possível calcular o valor presente *(PV)* com os dados do Exemplo 48, usando a seguinte fórmula:

Fórmula nº 36

$$PV = PMT\left[\frac{1-(1+i)^{-n}}{i}\right]$$

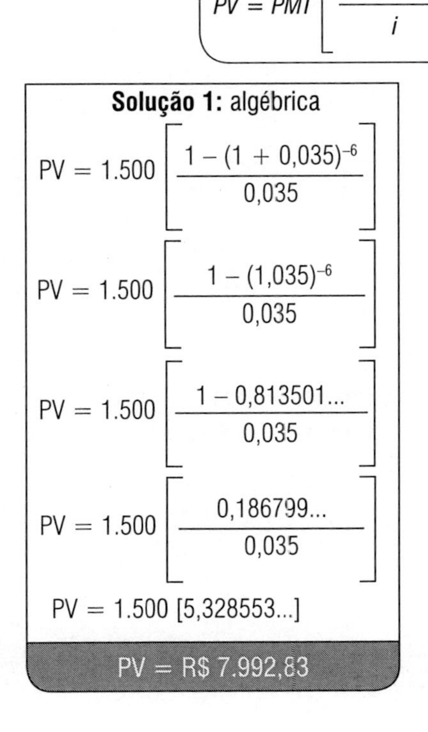

Solução 1: algébrica

$$PV = 1.500\left[\frac{1-(1+0{,}035)^{-6}}{0{,}035}\right]$$

$$PV = 1.500\left[\frac{1-(1{,}035)^{-6}}{0{,}035}\right]$$

$$PV = 1.500\left[\frac{1-0{,}813501...}{0{,}035}\right]$$

$$PV = 1.500\left[\frac{0{,}186799...}{0{,}035}\right]$$

$$PV = 1.500\,[5{,}328553...]$$

PV = R$ 7.992,83

RESUMO DAS FÓRMULAS PARA O CÁLCULO DO VALOR PRESENTE *(PV)* EM UMA SÉRIE DE PAGAMENTOS POSTECIPADA:

Fórmula nº 33 $$PV = \sum \frac{PMT}{(1+i)^1} + \frac{PMT}{(1+i)^2} + \ldots + \frac{PMT}{(1+i)^n}$$

Fórmula nº 34 $$PV = PMT\left[\sum \frac{1}{(1+i)^1} + \frac{1}{(1+i)^2} + \ldots + \frac{1}{(1+i)^n}\right]$$

Fórmula nº 35 $$PV = PMT\left[\frac{(1+i)^n - 1}{(1+i)^n \times i}\right]$$

Fórmula nº 36 $$PV = PMT\left[\frac{1-(1+i)^{-n}}{i}\right]$$

6.2.1.2 Dado o valor presente (*PV*), achar a prestação (*PMT*)

Vejamos o diagrama de fluxo de caixa que representa o cálculo da prestação *(PMT)* com base no valor presente *(PV)*:

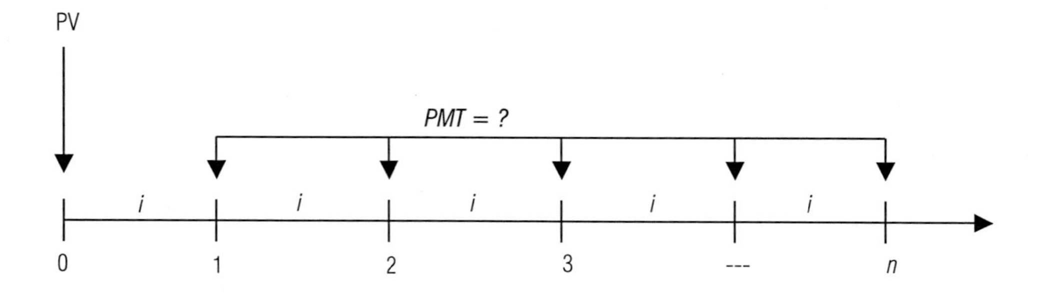

Sendo informados uma taxa *(i)*, um prazo *(n)* e o valor presente *(PV)* de uma série uniforme de pagamentos postecipada, será possível calcular o valor das prestações *(PMT)* por meio da seguinte fórmula:

Fórmula nº 37 $$PMT = PV\left[\frac{(1+i)^n \times i}{(1+i)^n - 1}\right]$$

EXEMPLO 49

Um produto é comercializado à vista por R$ 500,00. Qual deve ser o valor da prestação se o comprador resolver financiar o valor em cinco prestações mensais iguais e sem entrada, considerando que a taxa de juros cobrada pelo comerciante seja de 5% ao mês?

Dados:

PV = R$ 500,00

i = 5% a.m.

n = 5 meses

PMT = ?

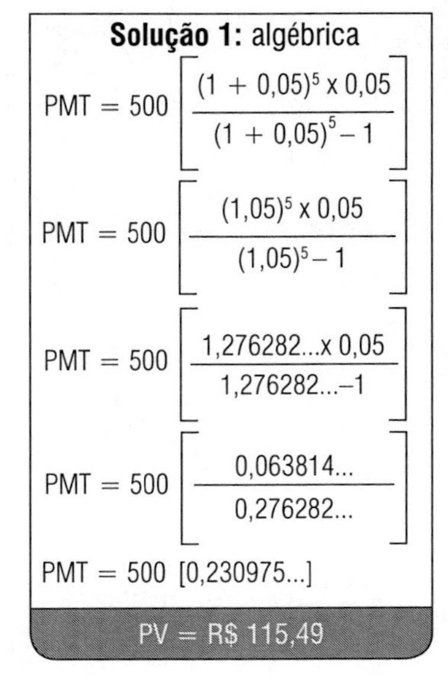

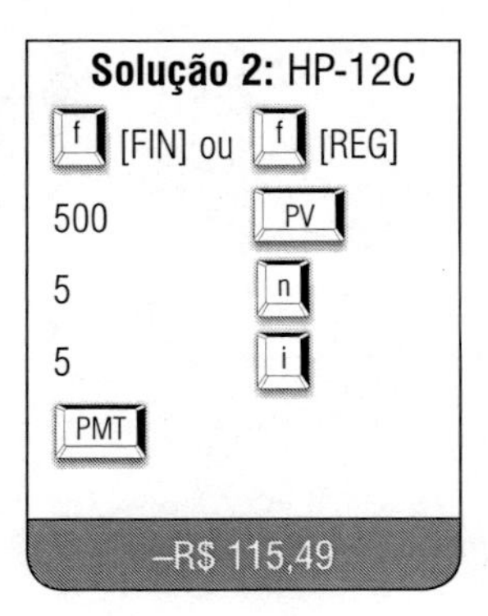

Solução 3: Excel®

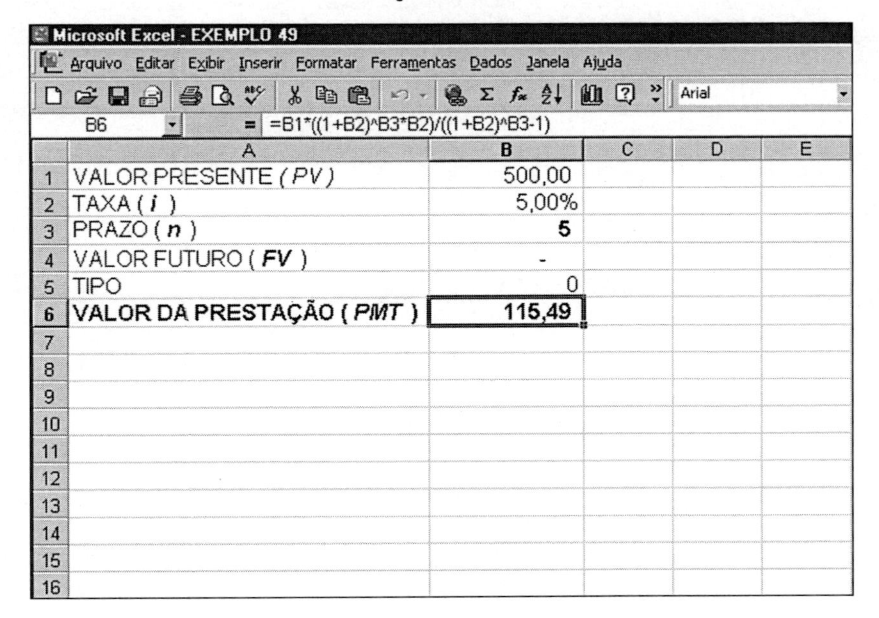

Microsoft Excel - EXEMPLO 49

B6 = =B1*((1+B2)^B3*B2)/((1+B2)^B3-1)

	A	B	C	D	E
1	VALOR PRESENTE (*PV*)	500,00			
2	TAXA (*i*)	5,00%			
3	PRAZO (*n*)	**5**			
4	VALOR FUTURO (*FV*)	-			
5	TIPO	0			
6	**VALOR DA PRESTAÇÃO (*PMT*)**	**115,49**			
7					
8					
9					
10					
11					
12					
13					
14					
15					
16					

Usando as funções financeiras

=PGTO(taxa;nper;vp;vf;tipo)

Solução 4: Excel®

Microsoft Excel - EXEMPLO 49.1

Arquivo Editar Exibir Inserir Formatar Ferramentas Dados Janela Ajuda

Arial 12

B6 = =PGTO(B2;B3;-B1;;B5)

	A	B	C	D	E	F
1	VALOR PRESENTE (*PV*)	500,00				
2	TAXA (*i*)	5,00%				
3	PRAZO (*n*)	**5**				
4	VALOR FUTURO (*FV*)	-				
5	TIPO	0				
6	**VALOR DA PRESTAÇÃO (*PMT*)**	**R$ 115,49**				
7						
8						
9						
10						
11						
12						
13						
14						
15						

Observe que, na Solução 2, com ajuda da HP-12C, o resultado é apresentado como –R$ 115,49, ou seja, o valor é apresentado com sinal negativo. Isso ocorreu por causa de o fluxo inicial (valor presente), no valor de R$ 500,00, ter sido introduzido na tecla PV com sinal positivo.

Vamos observar essa situação no diagrama de fluxo de caixa:

a) Considerando o valor presente *(PV)* positivo

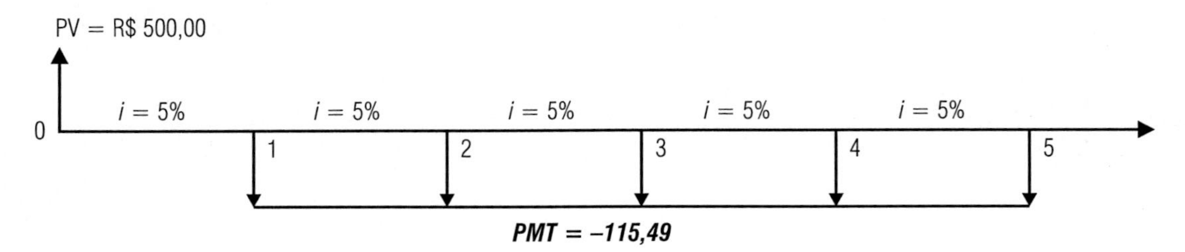

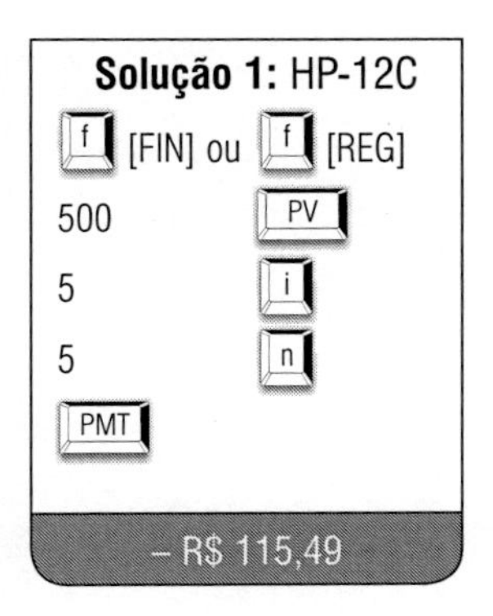

b) Considerando o valor presente *(PV)* negativo

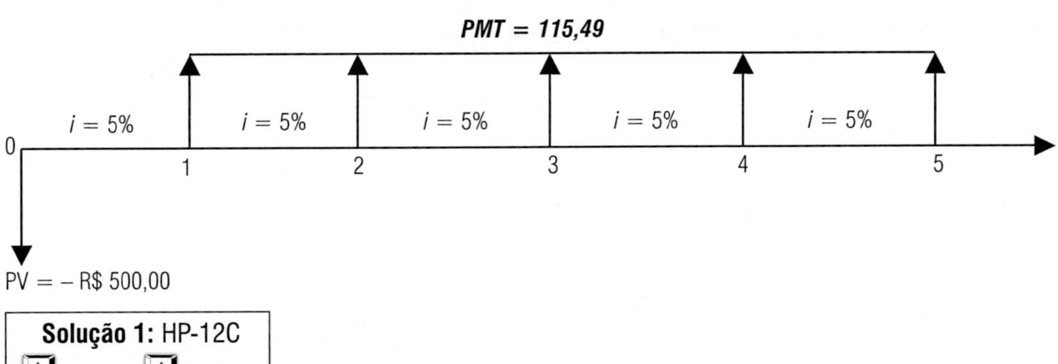

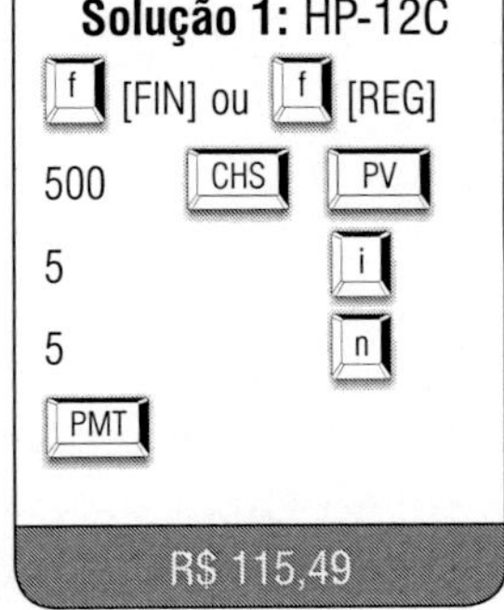

Na verdade, a calculadora HP-12C não está programada para decifrar os fluxos de caixa, ou seja, ela apenas calcula aquilo que é informado, cabendo ao usuário informar o fluxo com sinal negativo ou positivo.

É importante dizer que, para o cálculo da prestação (*PMT*), em uma série uniforme de pagamentos postecipada, na calculadora HP-12C, não pode constar na parte inferior do visor a palavra "BEGIN"; caso esteja visível, o usuário deverá pressionar a sequência de teclas [g] [END].

Lembrando sempre que o nosso objetivo é mostrar as várias alternativas de solução para um mesmo exemplo, apresentaremos a seguir outra fórmula. Observe:

Fórmula nº 38

$$PMT = \frac{PV \times i}{1 - (1 + i)^{-n}}$$

Solução 1: algébrica

$$PMT = \frac{500 \times 0{,}05}{1 - (1 + 0{,}05)^{-5}}$$

$$PMT = \frac{25}{1 - (1{,}05)^{-5}}$$

$$PMT = \frac{25}{1 - 0{,}783526...}$$

$$PMT = \frac{25}{0{,}216474...}$$

PV = R$ 115,49

6.2.1.3 Dado o valor futuro (*FV*), achar a prestação (*PMT*)

Vejamos o diagrama de fluxo de caixa que representa o cálculo da prestação *(PMT)* com base no valor futuro *(FV)*:

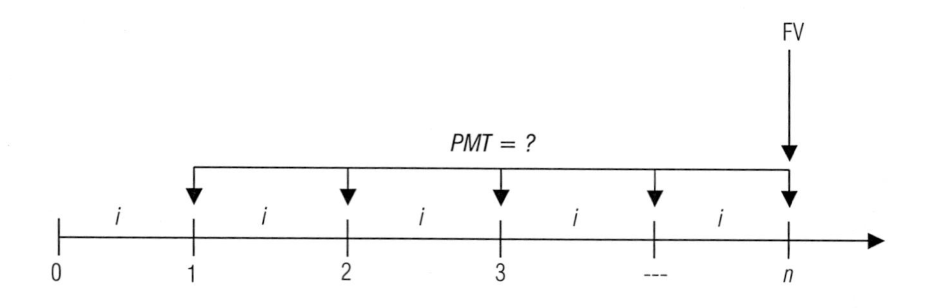

Sendo informados uma taxa *(i)*, um prazo *(n)* e o valor futuro *(FV)* de uma série uniforme de pagamentos postecipada, será possível calcular o valor das prestações *(PMT)* por meio da seguinte fórmula:

Fórmula nº 39

$$PMT = FV \left[\frac{i}{(1+i)^n - 1} \right]$$

EXEMPLO 50

Determinar o valor dos depósitos mensais que, aplicado a uma taxa de 4% ao mês durante 7 meses, produz um montante de R$ 5.000,00, pelo regime de juros compostos.

Dados:

FV = R$ 5.000,00

i = 4% a.m.

n = 7 meses

PMT = ?

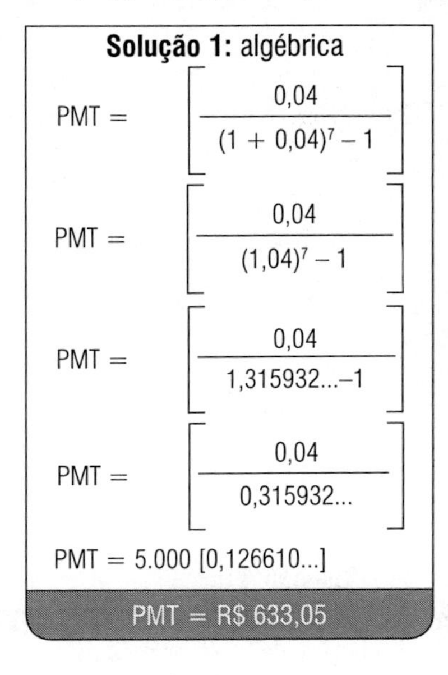

Solução 1: algébrica

$$PMT = \left[\frac{0{,}04}{(1 + 0{,}04)^7 - 1} \right]$$

$$PMT = \left[\frac{0{,}04}{(1{,}04)^7 - 1} \right]$$

$$PMT = \left[\frac{0{,}04}{1{,}315932... - 1} \right]$$

$$PMT = \left[\frac{0{,}04}{0{,}315932...} \right]$$

PMT = 5.000 [0,126610...]

PMT = R$ 633,05

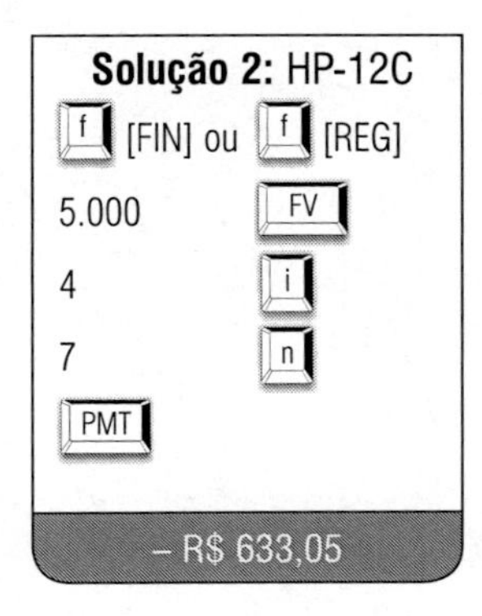

Solução 2: HP-12C

Solução 3: Excel®

Microsoft Excel - EXEMPLO 50

Arquivo Editar Exibir Inserir Formatar Ferramentas Dados Janela Ajuda

B5 = =B4*(B2/((1+B2)^B3-1))

	A	B	C	D	E	F	G
1	VALOR PRESENTE (*PV*)	-					
2	TAXA (*i*)	4,00%					
3	PRAZO (*n*)	7					
4	VALOR FUTURO (*FV*)	5.000,00					
5	**VALOR DA PRESTAÇÃO (*PMT*)**	**633,05**					
6							
7							
8							
9							
10							
11							
12							
13							
14							
15							
16							
17							
18							

Usando as funções financeiras

=PGTO(taxa;nper;vp;vf;tipo)

Solução 4: Excel®

Microsoft Excel - EXEMPLO 50.1

Arquivo Editar Exibir Inserir Formatar Ferramentas Dados Janela Ajuda

B6 = =B4*(B2/((1+B2)^B3-1))

	A	B	C	D	E	F	G
1	VALOR PRESENTE (*PV*)	-					
2	TAXA (*i*)	4,00%					
3	PRAZO (*n*)	7					
4	VALOR FUTURO (*FV*)	5.000,00					
5	TIPO	0					
6	**VALOR DA PRESTAÇÃO (*PMT*)**	**633,05**					
7							
8							
9							
10							
11							
12							
13							
14							
15							
16							
17							
18							

Outra fórmula para resolver o Exemplo 50:

Fórmula nº 40

$$PMT = \frac{FV \times i}{(1 + i)^n - 1}$$

Solução 1: algébrica

$$PMT = \frac{5.000 \times 0{,}04}{(1 + 0{,}04)^7 - 1}$$

$$PMT = \frac{200}{(1{,}04)^7 - 1}$$

$$PMT = \frac{200}{1{,}315932... - 1}$$

$$PMT = \frac{200}{0{,}315932...}$$

PMT = R$ 633,05

6.2.1.4 Dado o valor presente (*PV*), calcular o prazo (*n*)

Como vimos no capítulo dos juros compostos, o cálculo do prazo deve ser efetuado com base no conceito de cálculo do logaritmo neperiano.

Sendo informados uma taxa *(i)*, um valor presente *(PV)* e um pagamento ou prestação *(PMT)* em uma série uniforme de pagamentos postecipada, será possível calcular o número de pagamentos ou prazo *(n)*, por meio da seguinte fórmula:

Fórmula nº 41

$$n = -\left\{ \frac{LN\left[1 - \left(\frac{PV}{PMT}\right) \times i\right]}{LN\,(1 + i)} \right\}$$

EXEMPLO 51

Um produto é comercializado à vista por R$ 1.750,00. Outra saída seria financiar esse produto a uma taxa de 3% ao mês, gerando uma prestação de R$ 175,81; considerando-se que o comprador escolha a segunda alternativa, determinar a quantidade de prestações desse financiamento.

Dados:

PV = R$ 1.750,00

PMT = R$ 175,81

i = 3% a.m.

n = ?

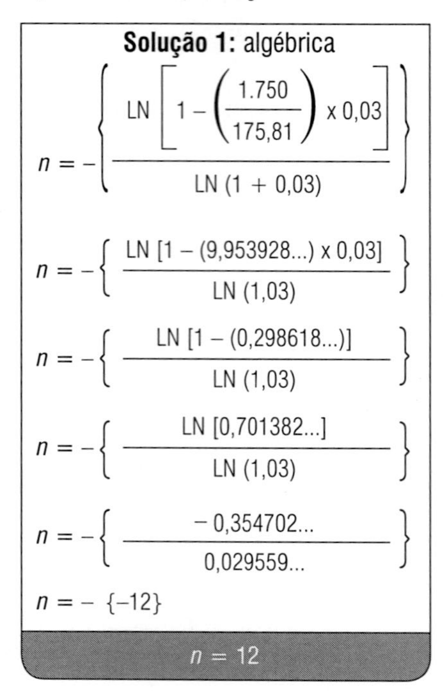

Solução 1: algébrica

$$n = -\left\{\frac{LN\left[1-\left(\frac{1.750}{175,81}\right) \times 0,03\right]}{LN\,(1+0,03)}\right\}$$

$$n = -\left\{\frac{LN\,[1-(9,953928...) \times 0,03]}{LN\,(1,03)}\right\}$$

$$n = -\left\{\frac{LN\,[1-(0,298618...)]}{LN\,(1,03)}\right\}$$

$$n = -\left\{\frac{LN\,[0,701382...]}{LN\,(1,03)}\right\}$$

$$n = -\left\{\frac{-0,354702...}{0,029559...}\right\}$$

$$n = -\{-12\}$$

$n = 12$

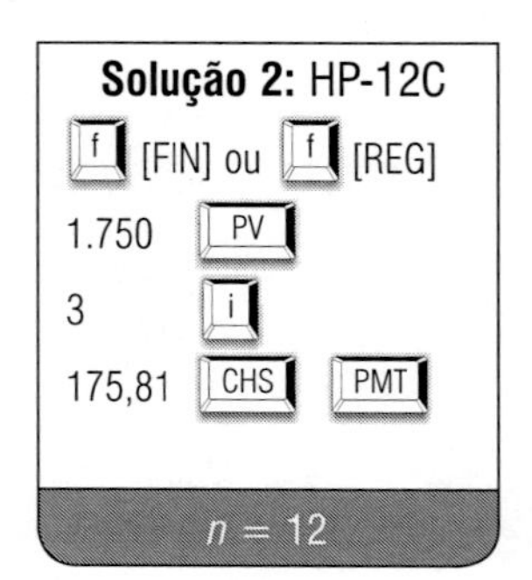

Solução 2: HP-12C

f [FIN] ou f [REG]

1.750 PV

3 i

175,81 CHS PMT

$n = 12$

Solução 3: Excel®

Microsoft Excel - EXEMPLO 51

Arquivo Editar Exibir Inserir Formatar Ferramentas Dados Janela Ajuda

B3 = =-LN(1-(B1/B5*B2))/LN(1+B2)

	A	B	C	D	E	F	G
1	VALOR PRESENTE (*PV*)	1.750,00					
2	TAXA (***i***)	3,00%					
3	PRAZO (***n***)	12	meses				
4	VALOR FUTURO (***FV***)	-					
5	**VALOR DA PRESTAÇÃO (*PMT*)**	**175,81**					
6							
7							
8							
9							
10							
11							
12							
13							
14							
15							
16							
17							
18							

Usando as funções financeiras

=NPER(taxa;pgto;vp;vf;tipo)

Solução 4: Excel®

Arquivo Editar Exibir Inserir Formatar Ferramentas Dados Janela Ajuda

B3 = =NPER(B2;B5;-B1)

	A	B	C	D	E	F	G
1	VALOR PRESENTE (*PV*)	1.750,00					
2	TAXA (***i***)	3,00%					
3	PRAZO (***n***)	**12**	**meses**				
4	VALOR FUTURO (*FV*)	-					
5	**VALOR DA PRESTAÇÃO (*PMT*)**	**175,81**					
6							
7							
8							
9							
10							
11							
12							
13							
14							
15							
16							
17							
18							

Outra fórmula para resolver o Exemplo 51:

Fórmula nº 42

$$n = -\left[\frac{LN\left(1 - \dfrac{PV \times i}{PMT}\right)}{LN\,(1+i)}\right]$$

Solução 1: algébrica

$$n = -\left[\frac{LN\left(1 - \dfrac{1.750 \times 0{,}03}{175{,}81}\right)}{LN\,(1+0{,}03)}\right]$$

$$n = -\left[\frac{LN\left(1 - \dfrac{52{,}50}{175{,}81}\right)}{LN\,(1{,}03)}\right]$$

$$n = -\left[\frac{LN\,[1 - 0{,}298618...]}{LN\,(1{,}03)}\right]$$

$$n = -\left[\frac{LN\,[0{,}701382...]}{LN\,(1{,}03)}\right]$$

$$n = -\left[\frac{-0{,}354702...}{0{,}029559...}\right]$$

$$n = -\,[-11{,}999889...]$$

n = 12 meses

6.2.1.5 Dado o valor futuro (*FV*), calcular o prazo (*n*)

Sendo informados uma taxa *(i)*, um valor futuro *(FV)* e a prestação *(PMT)* em uma série uniforme de pagamentos postecipada, será possível calcular o número de pagamentos ou prazo *(n)*, por meio da seguinte fórmula:

Fórmula nº 43

$$n = \frac{LN\left(\dfrac{FV \times i}{PMT} + 1\right)}{LN\,(1+i)}$$

EXEMPLO 52

Um poupador deposita R$ 150,00 por mês em uma caderneta de poupança. Após um determinado tempo, ele observou que o saldo da conta era de R$ 30.032,62. Considerando uma taxa média de poupança de 0,8% ao mês, determine a quantidade de depósitos efetuados por esse poupador.

Dados:

PMT = R$ 150,00

FV = R$ 30.032,62

i = 0,8% a.m.

n = ?

Solução 1: algébrica

$$n = \frac{LN\left(\frac{30.032,62 \times 0,008}{150} + 1\right)}{LN\,(1 + 0,008)}$$

$$n = \frac{LN\left(\frac{30.032,62 \times 0,008}{150} + 1\right)}{LN\,(1 + 0,008)}$$

$$n = \frac{LN\left(\frac{240,26}{150} + 1\right)}{LN\,(1 + 0,008)}$$

$$n = \frac{LN\,[1,601740... + 1]}{LN\,(1,008)}$$

$$n = \frac{LN\,[2,1601740...]}{LN\,(1,008)}$$

$$n = \frac{0,956180...}{0,007968...}$$

n = 120

n = 120 meses

Na Solução 2, com a HP-12C, vamos repetir o processo algébrico.

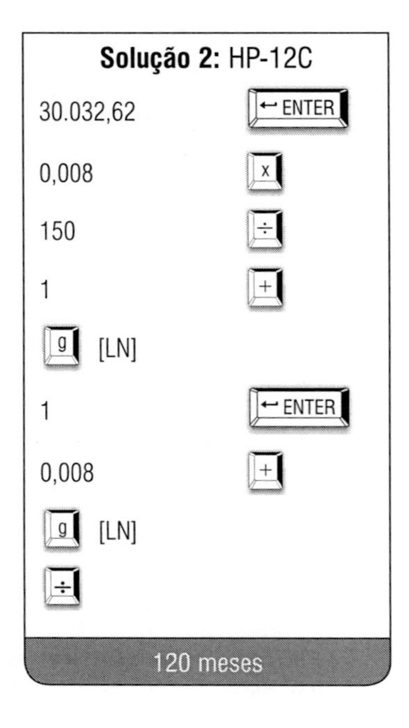

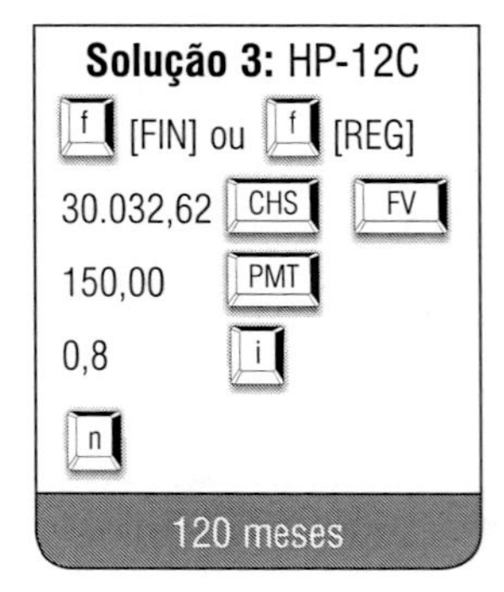

6.2.1.6 Cálculo da taxa (*i*)

O cálculo da taxa de juros em uma série uniforme de pagamento postecipada ou antecipada não poderá ser encontrado por meio de uma fórmula resolutiva básica, isto é, utilizando-se uma solução pelo método algébrico. Já pela calculadora HP-12C e pela planilha eletrônica do Excel®, não teremos maiores problemas.

Na verdade, por mais que se tente chegar à solução pelo método algébrico, apenas conseguiremos uma taxa estimada, que servirá de base para iniciarmos um processo de tentativa e erro. Como nosso objetivo é aplicar conceitos práticos, aplicaremos a solução pela HP-12C e pelo Excel®, mas também vamos demonstrar o processo de solução algébrico para que o leitor escolha o método de seu interesse.

Para tentar explicar o método algébrico, vamos novamente estudar os conceitos de progressão geométrica (*PG*).

Fórmula da soma dos termos de uma PG:

$$S_n = \frac{a_1 - a_n q}{1 - q}$$

Em que:

S_n = soma dos termos de uma PG;
a_1 = 1º termo da PG;
a_n = o *n-ésimo* termo da PG;
q = razão da PG (termo constante).

Se observarmos a Fórmula 34, já apresentada, será possível perceber que o termo constante ou a razão da PG é:

$$\frac{1}{1+i} = a_1$$

Fórmula nº 34

$$PV = PMT\left[\sum \frac{1}{(1+i)^1} + \frac{1}{(1+i)^2} + ... + \frac{1}{(1+i)^n}\right]$$

Assim, teremos que:

$$a_1 = \frac{1}{1+i} = (1+i)^{-1}$$

$$a_n = \frac{1}{1+n} = (1+i)^{-n}$$

$$q = \frac{1}{1+i} = (1+i)^{-1}$$

Substituindo na equação que representa a soma dos termos de uma PG, teremos:

$$S_n = \frac{2_1 - a_n q}{1 - q}$$

Considere ainda $Sn = in$

$$i_n = \frac{(1+i)^{-1} - (1+i)^{-n}(1+i)^{-1}}{1-(1+i)^{-1}}$$

$$i_n = \frac{(1+i)^{-1} - [1-(1+i)^{-n}]}{1-(1+i)^{-1}}$$

Para se chegar a uma fórmula reduzida, devemos multiplicar o numerador e o denominador por $(1 + i)$.

$$i_n = \frac{(1+i)(1+i)^{-1}[1-(1+i)^{-n}]}{(1+i)-(1+i)(1+i)^{-1}}$$

$$i_n = \frac{(1+i)^0[1-(1+i)^{-n}]}{(1+i)-(1+i)^0}$$

Considerando que $(1 + i)^0 = 1$, teremos:

$$i_n = \frac{1-(1+i)^{-n}}{(1+i)-1} = \frac{1-(1+i)^{-n}}{\cancel{1}+i-\cancel{1}} = \frac{1-(1+i)^{-n}}{i}$$

Fórmula nº 44

$$i_n = \frac{1-(1+i)^{-n}}{i}$$

Porém, se multiplicarmos novamente toda equação por $(1 + i)^n$, encontraremos um fator de multiplicação para acharmos o valor presente *(PV)* tomando como base o valor da prestação *(PMT)*. Vamos verificar:

$$i_n = \frac{[1 - (1 + i)^{-n}]\,(1 + i)^n}{i\,(1 + i)^n}$$

$$i_n = \frac{(1 + i)^n - (1 + i)^{n-n}}{i\,(1 + i)^n}$$

$$i_n = \frac{(1 + i)^n - (1 + i)^0}{i\,(1 + i)^n}$$

Fórmula nº 45

$$i_n = \frac{(1 + i)^n - 1}{(1 + i)^n \times i}$$

Se considerarmos a Fórmula 35, $PV = PMT\left[\frac{(1 + i)^n - 1}{(1 + i)^n \times i}\right]$, poderemos deduzir que $\frac{PV}{PM} = \left[\frac{(1 + i)^n - 1}{(1 + i)^n \times i}\right]$, ou seja, devemos encontrar uma taxa estimada (i_e) que torne os membros da equação iguais.

Para acharmos a taxa estimada (i_e) poderemos utilizar a seguinte fórmula:

Fórmula nº 46

$$(i_e) = \frac{PMT}{PV} - \frac{PV}{PMT \times n^2}$$

EXEMPLO 53

Um automóvel é comercializado por R$ 17.800,00 à vista; sabendo-se que pode ser financiado em 36 parcelas mensais de R$ 1.075,73, determinar a taxa de juros da operação.

Dados:

PV = R$ 17.800,00

PMT = R$ 1.075,73

n = 36 meses

i = ?

Solução 1: algébrica

a) Achando a taxa estimada (i_e)

$$(i_e) = \frac{1.075,73}{17.800} - \frac{17.800}{1.075,73 \times 36^2}$$

$$(i_e) = 0,060434... - \frac{17.800}{1.075,73 \times 1.296}$$

$$(i_e) = 0,060434... - \frac{17.800}{1.394.146,08}$$

$$(i_e) = 0,060434... - 0,012768...$$

$$(i_e) = 0,0476667 \text{ ou } 4,77\% \text{ a.m.}$$

b) Calculando a taxa estimada (i_e)

$$\frac{PV}{PMT} = \left[\frac{(1+i)^n - 1}{(1+i)^n \times i}\right]$$

$$\frac{17.800}{1.075,73} = \left[\frac{(1+0,0476667...)^{36} - 1}{(1+0,0476667...)^{36} \times 0,0476667...}\right]$$

$$\frac{17.800}{1.075,73} = \left[\frac{(1,0476667...)^{36} - 1}{(1,0476667...)^{36} \times 0,0476667...}\right]$$

$$\frac{17.800}{1.075,73} = \left[\frac{5,346050... - 1}{5,346050... \times 0,0476667...}\right]$$

$$\frac{17.800}{1.075,73} = \left[\frac{4,346050...}{0,254829...}\right]$$

$$16,546852... = 17,054798...$$

1º membro 2º membro

Observe que o 1º membro da equação produz um fator de valor atual igual a 16,546852... e o 2º membro da equação um fator de valor atual igual a 17,054798...; tomando como base uma taxa estimada (i_e) de 4,77%, pelo processo de tentativa e erro, deve-se encontrar uma taxa estimada que faça que o fator de valor atual do 2º membro seja exatamente igual ao fator de valor atual do 1º membro da equação, ou seja, 16,546852...

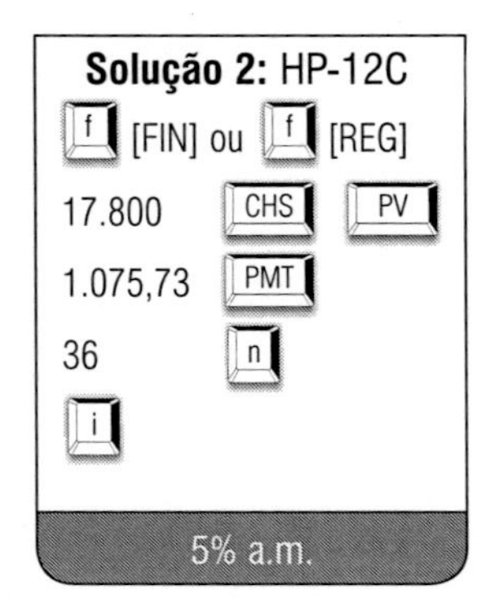

Solução 3: Excel®

Microsoft Excel - EXEMPLO 53

Arquivo Editar Exibir Inserir Formatar Ferramentas Dados Janela Ajuda

Arial 12 N I S

B2 = =TAXA(B3;-B5;B1;0)

	A	B	C	D	E	F	G
1	VALOR PRESENTE (*PV*)	17.800,00					
2	**TAXA (*i*)**	**5,00%**					
3	PRAZO (*n*)	36					
4	VALOR FUTURO (*FV*)	-					
5	VALOR DA PRESTAÇÃO (*PMT*)	1.075,73					
6							
7							
8							
9							
10							
11							
12							
13							
14							
15							
16							
17							

6.2.1.7 Dada a prestação (*PMT*), calcular o valor futuro (*FV*)

Vejamos o diagrama de fluxo de caixa que representa o cálculo do valor futuro *(FV)* com base na prestação *(PMT)*:

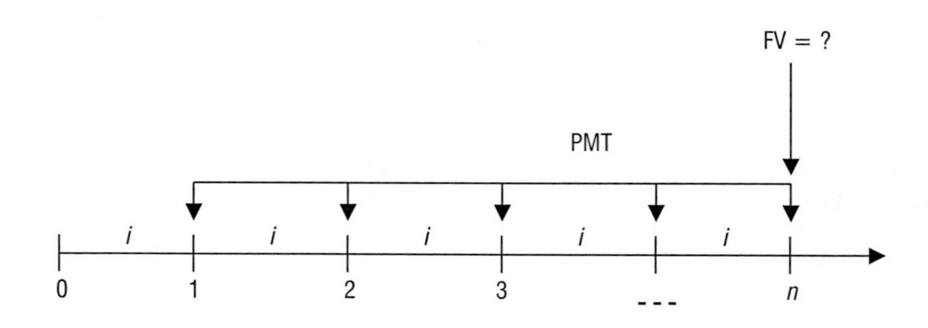

- considere que o $(1 + i)$ seja um fator constante de atualização de capital, e "n" a quantidade de vezes que o capital será atualizado; considere ainda que esse capital pode ser representado por uma prestação ou pagamento *(PMT)*;
- considere que a 1ª prestação capitaliza juros durante um período $(n - 1)$, de tal forma que seu valor futuro para o mesmo período $(n - 1)$ será igual a $\mathbf{PMT(1 + i)^{n-1}}$;
- considere que a 2ª prestação capitaliza juros durante um período $(n - 2)$, de tal forma que seu valor futuro para o mesmo período $(n - 1)$ será igual a $\mathbf{PMT(1 + i)^{n-1}}$;
- considere que a penúltima prestação capitaliza juros para um período "n", de tal forma que o seu valor futuro para o mesmo período (n) será igual a $\mathbf{PMT(1 + i)}$;
- considere, então, que para a última prestação não serão capitalizados juros, pois não haverá mais prestações seguintes, de tal forma que o seu valor futuro será igual a *PMT*.

Assim sendo, podemos constatar que o valor futuro *(FV)* de uma série de pagamento postecipada pode ser representado da seguinte forma:

$$FV = PMT\,[(1 + i)^{n-1} + (1 + i)^{n-2} + \ldots + (1 + i) + 1]$$

Se aplicarmos o conceito da soma dos termos de uma progressão geométrica (*PG*), teremos a fórmula para cálculo do valor futuro da série de pagamento postecipada.

Sendo informados uma taxa *(i)*, um prazo *(n)* e o valor do pagamento ou prestação *(PMT)* de uma série uniforme de pagamento postecipada, será possível calcular o valor futuro *(FV)* por meio da seguinte fórmula:

Fórmula nº 47

$$FV = PMT\left[\frac{(1 + i)^n - 1}{i}\right]$$

EXEMPLO 54

Uma pessoa realiza depósitos mensais no valor de R$ 100,00 em uma caderneta de poupança; considerando uma taxa de 0,8% ao mês, e um prazo de 30 anos, qual será o valor acumulado após esse período?

Dados:

PMT = R$ 100,00

i = 0,8% a.m.

n = 30 anos ou 360 meses

FV = ?

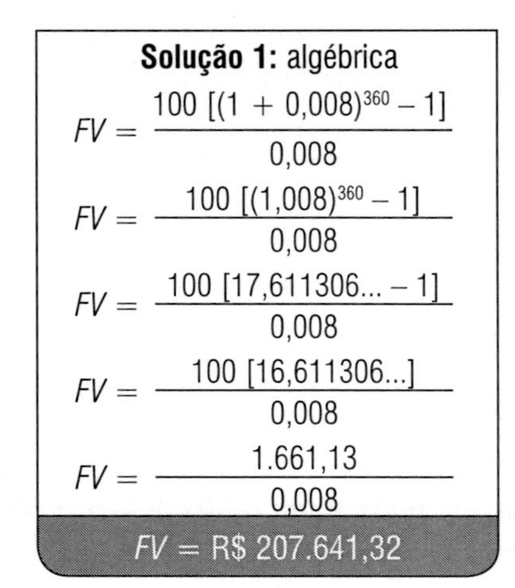

Solução 1: algébrica

$$FV = \frac{100\ [(1 + 0{,}008)^{360} - 1]}{0{,}008}$$

$$FV = \frac{100\ [(1{,}008)^{360} - 1]}{0{,}008}$$

$$FV = \frac{100\ [17{,}611306... - 1]}{0{,}008}$$

$$FV = \frac{100\ [16{,}611306...]}{0{,}008}$$

$$FV = \frac{1.661{,}13}{0{,}008}$$

FV = R$ 207.641,32

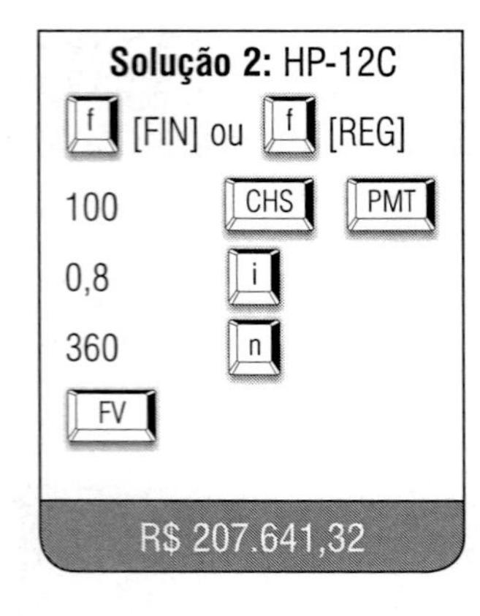

Solução 3: Excel®

Microsoft Excel - EXEMPLO 54

Arquivo Editar Exibir Inserir Formatar Ferramentas Dados Janela Ajuda

B4 = =B5*((1+B2)^B3-1)/B2

	A	B	C	D	E	F	G	H
1	VALOR PRESENTE (*PV*)	-						
2	TAXA (*i*)	0,80%						
3	PRAZO (*n*)	360	meses					
4	**VALOR FUTURO (*FV*)**	**207.641,32**						
5	VALOR DA PRESTAÇÃO (*PMT*)	100,00						
6								
7								
8								
9								
10								
11								
12								
13								
14								
15								
16								

Usando as funções financeiras do Excel®

Solução 4: Excel®

Microsoft Excel - EXEMPLO 54.1

Arquivo Editar Exibir Inserir Formatar Ferramentas Dados Janela Ajuda

B4 = =VF(B2;B3;-B5;;0)

	A	B	C	D	E	F	G	H
1	VALOR PRESENTE (*PV*)	-						
2	TAXA (*i*)	0,80%						
3	PRAZO (*n*)	360	meses					
4	**VALOR FUTURO (*FV*)**	**R$ 207.641,32**						
5	VALOR DA PRESTAÇÃO (*PMT*)	100,00						
6								
7								
8								
9								
10								
11								
12								
13								
14								
15								
16								
17								

6.2.2 Séries uniformes de pagamentos antecipadas

As séries uniformes de pagamentos antecipadas são aquelas em que o primeiro pagamento ocorre na data focal 0 (zero). Esse tipo de sistema de pagamento é também chamado sistema de pagamento com entrada (1 + *n*).

Podemos representar graficamente as séries uniformes de pagamentos antecipadas da seguinte forma:

a) Do ponto de vista de quem vai receber os pagamentos

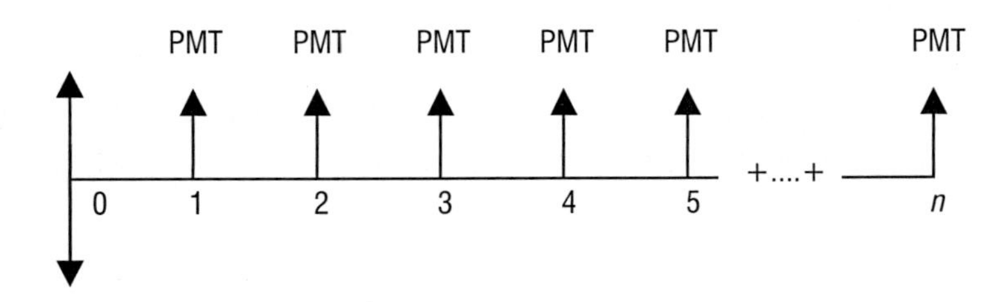

Em que: PMT = pagamentos ou prestação.

b) Do ponto de vista de quem vai fazer os pagamentos

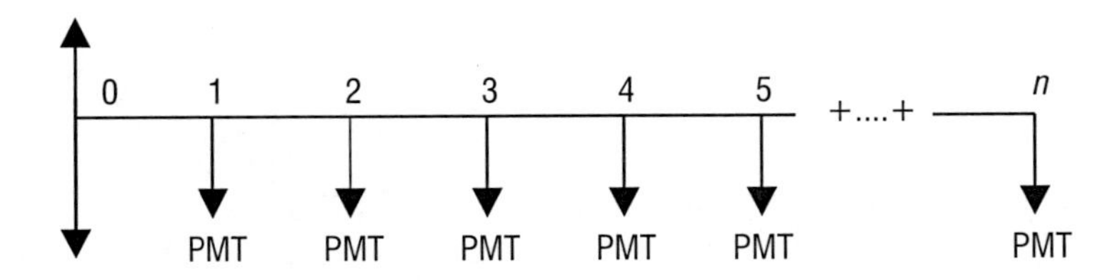

Em que: PMT = pagamentos ou prestação.

6.2.2.1 Dada a prestação (*PMT*), calcular o valor presente (*PV*)

Vejamos o diagrama de fluxo de caixa que representa o cálculo do valor presente *(PV)* com base na prestação *(PMT)* em uma série antecipada:

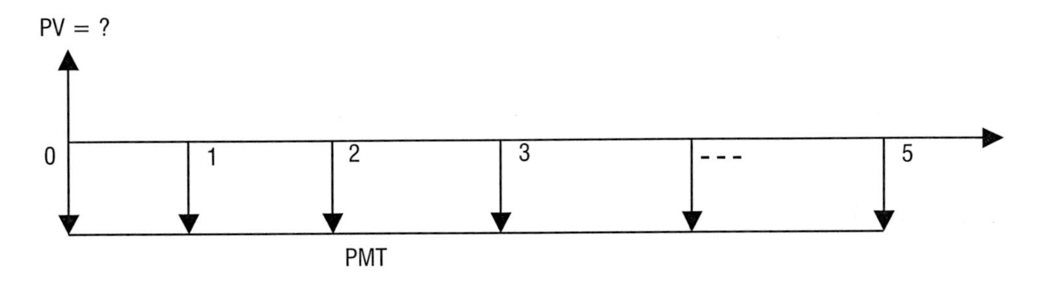

Sendo informados uma taxa *(i)*, um prazo *(n)* e o valor da prestação *(PMT)*, será possível calcular o valor presente *(PV)* de uma série de pagamento antecipada por meio da seguinte fórmula:

Fórmula nº 48

$$PV = PMT \left[\frac{1 - (1 + i)^{-n}}{i} \right] (1 + i)$$

EXEMPLO 55

Uma mercadoria é comercializada em 4 pagamentos iguais de R$ 185,00; sabendo-se que a taxa de financiamento é de 5% ao mês, e que um dos pagamentos foi considerado como entrada, determine o preço à vista dessa mercadoria.

Dados:

PV = ?

i = 5% a.m.

PMT = R$ 185,00

n = 4 meses

Solução 1: algébrica

$$PV = 185 \left[\frac{1 - (1 + 0{,}05)^{-4}}{0{,}05} \right] (1 + 0{,}05)$$

$$PV = 185 \left[\frac{1 - (1{,}05)^{-4}}{0{,}05} \right] (1{,}05)$$

$$PV = 185 \left[\frac{1 - 0{,}0822702...}{0{,}05} \right] (1 + 0{,}05)$$

$$PV = 185 \left[\frac{0{,}177298...}{0{,}05} \right] (1{,}05)$$

$$PV = 185\ [3{,}545951...]\ (1{,}05)$$

$$PV = 656\ (1{,}05)$$

$$PV = R\$\ 688{,}80$$

Outra fórmula para calcular o valor presente *(PV)* com base na prestação *(PMT)* em uma série uniforme de pagamento antecipada é:

Fórmula nº 49

$$PV = PMT \left[\frac{(1 + i)^n - 1}{(1 + i)^{n-1} \times i} \right]$$

Solução 2: algébrica

$$PV = 185 \left[\frac{(1 + 0{,}05)^4 - 1}{(1 + 0{,}05)^{4-1} \times 0{,}05} \right]$$

$$PV = 185 \left[\frac{(1{,}05)^4 - 1}{(1{,}05)^3 \times 0{,}05} \right]$$

$$PV = 185 \left[\frac{1{,}215506... - 1}{1{,}157625... \times 0{,}05} \right]$$

$$PV = 185 \left[\frac{0{,}215506...}{0{,}057881...} \right]$$

$PV = 185\ [3{,}723248...]$

$PV = R\$\ 688{,}80$

Vamos considerar os mesmos dados do Exemplo 55.

Como já vimos, uma série uniforme de pagamento pode ser postecipada (0 + n) ou antecipada (1 + n). Na verdade, se tomarmos como base os dados do Exemplo 55, verificaremos que uma série de pagamento uniforme postecipada poderá ser transformada em uma série antecipada. Nesse caso, vamos colocar o problema em forma de diagrama de fluxo de caixa.

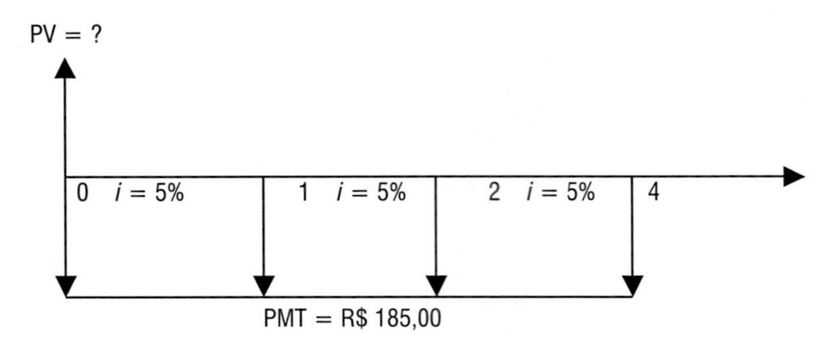

Veja a aplicação numérica por meio da seguinte fórmula:

Fórmula nº 50

$$PV = PMT\left[\frac{1-(1+i)^{-(n-1)}}{i}\right]$$

Dados:

PMT = R$ 185,00

$n = 4$

$i = 5\%$ a.m.

PV = ?

Solução 3: algébrica

$$PV = 185\left[\frac{1-(1+0{,}05)^{-(4-1)}}{0{,}05}\right]$$

$$PV = 185\left[\frac{1-(1{,}05)^{-3}}{0{,}05}\right]$$

$$PV = 185\left[\frac{1-0{,}863838...}{0{,}05}\right]$$

$$PV = 185\left[\frac{0{,}136162...}{0{,}05}\right]$$

$PV = 185\ [2{,}7233248...]$

$PV =$ R$ 503,80

Se adicionarmos a prestação prevista para data focal "0" (zero) ao valor obtido por meio da Fórmula 50, encontraremos o valor à vista.

PV = R$ 185,00 + 503,80

PV = R$ 688,80

6.2.2.2 Nota sobre as funções [BEG] e [END] na HP-12C

Para efetuarmos os cálculos na calculadora HP-12C de uma série uniforme de pagamento antecipada, será necessário introduzir no visor da calculadora a função "BEGIN", que é facilmente obtida pela sequência de teclas g [BEG], ou seja, BEGIN = pagamento no início do período.

Porém, havendo a necessidade da realização de cálculos de uma série uniforme de pagamento postecipada, basta pressionar a sequência de teclas g [END].

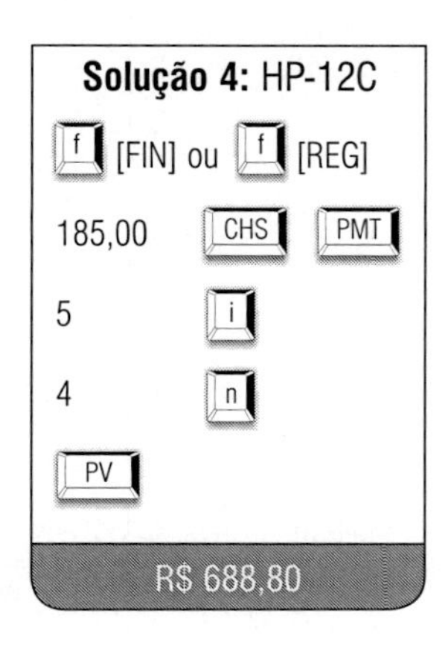

Solução 5: Excel®

Microsoft Excel - EXEMPLO 55

Arquivo Editar Exibir Inserir Formatar Ferramentas Dados Janela Ajuda

B2 = =B6*((1+B3)^B4-1)/((1+B3)^(B4-1)*B3)

	A	B	C	D	E	F	G
1	**Fórmula nº 50**						
2	VALOR PRESENTE (*PV*)	**688,80**					
3	TAXA (***i***)	5,00%					
4	PRAZO (***n***)	4	meses				
5	VALOR FUTURO (*FV*)	-					
6	VALOR DA PRESTAÇÃO (*PMT*)	185,00					
7							
8							
9							
10							
11							
12							
13							
14							
15							
16							
17							
18							
19							

Usando a função financeira (*VP*) do Excel®

=VP(taxa,nper;pgto;0,1)

Solução 6: Excel®

Microsoft Excel - EXEMPLO 55.1

Arquivo Editar Exibir Inserir Formatar Ferramentas Dados Janela Ajuda

B2 = =VP(B3;B4;-B6;0;1)

	A	B	C	D	E	F	G
1	**Fórmula nº 50**						
2	VALOR PRESENTE (*PV*)	**R$ 688,80**					
3	TAXA (*i*)	5,00%					
4	PRAZO (*n*)	4	meses				
5	VALOR FUTURO (*FV*)	0					
6	VALOR DA PRESTAÇÃO (*PMT*)	185,00					
7							
8							
9							
10							
11							
12							
13							
14							
15							
16							
17							
18							
19							

6.2.2.3 Dado o valor presente (*PV*), calcular a prestação (*PMT*)

Vejamos o diagrama de fluxo de caixa que representa o cálculo do valor presente *(PV)* com base na prestação *(PMT)* em uma série antecipada:

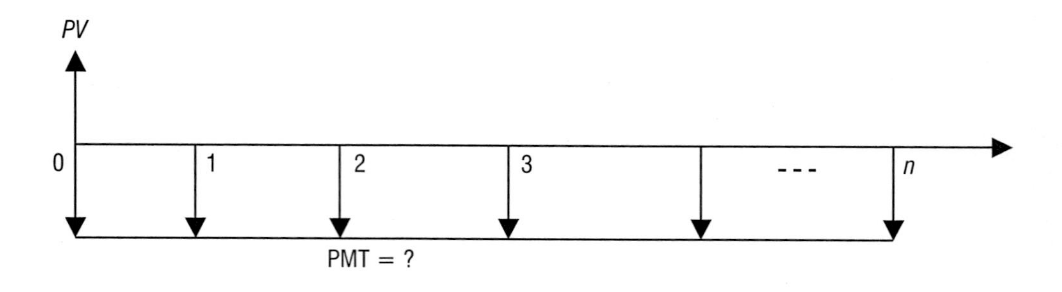

Sendo informados uma taxa *(i)*, um prazo *(n)* e o valor presente *(PV)*, será possível calcular o valor dos pagamentos ou recebimentos *(PMT)* de uma série uniforme de pagamento antecipada por meio da seguinte fórmula:

Fórmula nº 51

$$PMT = \left[\frac{PV \times i}{[1 - (1 + i)^{-n}] \times (1 + i)}\right]$$

EXEMPLO 56

Um automóvel que custa à vista R$ 17.800,00 pode ser financiado em 36 pagamentos iguais; sabendo-se que a taxa de financiamento é de 1,99% ao mês, calcule o valor da prestação mensal desse financiamento.

Dados:

PV = R$ 17.800,00

n = 36 meses

i = 1,99% a.m.

PMT = ?

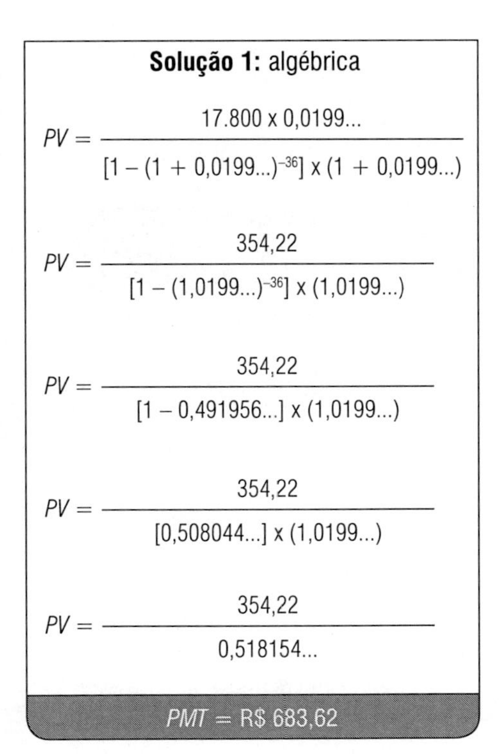

Solução 1: algébrica

$$PV = \frac{17.800 \times 0{,}0199...}{[1 - (1 + 0{,}0199...)^{-36}] \times (1 + 0{,}0199...)}$$

$$PV = \frac{354{,}22}{[1 - (1{,}0199...)^{-36}] \times (1{,}0199...)}$$

$$PV = \frac{354{,}22}{[1 - 0{,}491956...] \times (1{,}0199...)}$$

$$PV = \frac{354{,}22}{[0{,}508044...] \times (1{,}0199...)}$$

$$PV = \frac{354{,}22}{0{,}518154...}$$

PMT = R$ 683,62

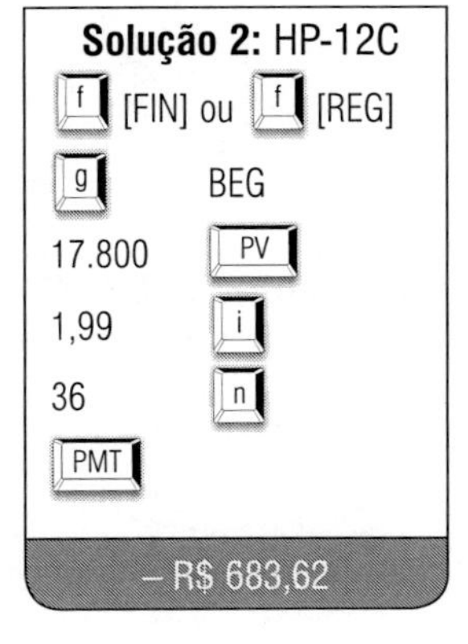

Solução 2: HP-12C

f [FIN] ou f [REG]

g BEG

17.800 PV

1,99 i

36 n

PMT

– R$ 683,62

Usando as funções financeiras do Excel®

Solução 3: Excel®

Microsoft Excel - EXEMPLO 56

Arquivo Editar Exibir Inserir Formatar Ferramentas Dados Janela Ajuda

Arial 12 N I S

B5 = =B1*B2/((1-(1+B2)^-B3)*(1+B2))

	A	B	C	D	E	F	G
1	VALOR PRESENTE (*PV*)	17.800,00					
2	TAXA (*i*)	1,99%					
3	PRAZO (*n*)	36	meses				
4	VALOR FUTURO (*FV*)	-					
5	**VALOR DA PRESTAÇÃO (*PMT*)**	**683,62**					
6							
7							
8							
9							
10							
11							
12							
13							
14							
15							
16							
17							
18							

= PGTO(taxa,nper;vp;0;1)

Solução 4: Excel®

Microsoft Excel - EXEMPLO 56.1

Arquivo Editar Exibir Inserir Formatar Ferramentas Dados Janela Ajuda

Arial 12 N I S

B5 = =PGTO(B2;B3;B1;0;1)

	A	B	C	D	E	F	G
1	VALOR PRESENTE (*PV*)	17.800,00					
2	TAXA (*i*)	1,99%					
3	PRAZO (*n*)	36	meses				
4	VALOR FUTURO (*FV*)	-					
5	**VALOR DA PRESTAÇÃO (*PMT*)**	(R$ 683,62)					
6							
7							
8							
9							
10							
11							
12							
13							
14							
15							
16							
17							
18							

A resposta do Exemplo 56 também poderá ser calculada por meio da seguinte fórmula:

Fórmula nº 52

$$PMT = PV \left[\frac{(1 + i)^{n-1} \times i}{(1 + i)^{n} - 1} \right]$$

Solução 1: algébrica

$$PMT = 17.800 \left[\frac{(1 + 0{,}0199)^{36-1} \times 0{,}0199}{(1 + 0{,}0199)^{36} - 1} \right]$$

$$PMT = 17.800 \left[\frac{(1{,}0199)^{35} \times 0{,}0199}{(1{,}0199)^{36} - 1} \right]$$

$$PMT = 17.800 \left[\frac{1{,}993039... \times 0{,}0199}{(2{,}032700... - 1)} \right]$$

$$PMT = 17.800 \left[\frac{0{,}039661...}{1{,}032700...} \right]$$

$$PMT = 17.800 \, [0{,}038405...]$$

PMT = R$ 683,62

Uma série uniforme de pagamento antecipada também poderá ser resolvida transformando parte do problema em série uniforme de pagamento postecipada. Vejamos o exemplo a seguir:

EXEMPLO 57

Um eletrodoméstico é vendido à vista por R$ 1.250,00 e poderá ser financiado em até 12 meses com a taxa de 1% ao mês; para tanto, o comprador deverá dar uma entrada de 35% do valor total da compra. Sabe-se ainda que o lojista cobra R$ 20,00 a título de tarifa para consultar o cadastro. Pergunta-se: Qual será o valor da prestação, se o comprador optar pelo prazo máximo de financiamento?

Dados:

VP = R$ 1.250,00

i = 1% a.m.

n = 12 meses

PMT_0 = 35% do valor total (entrada)

PMT_n = ?

Diagrama de fluxo de caixa do problema:

PV = R$ 1.250,00

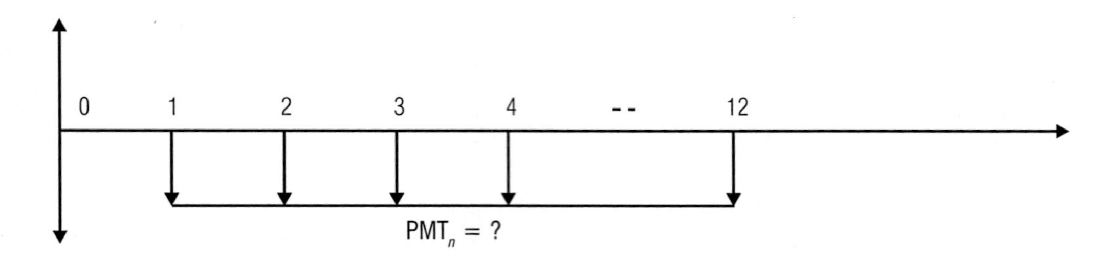

PMT_0 = (1.250 x 0,35 = R$ 437,50)

Observe que esse financiamento possui na verdade 13 pagamentos, ou seja, uma entrada de 35% (PMT_0) + 12 pagamentos (PMT_n).

Vejamos o fluxo de caixa ajustado.

PV = R$ 1.250,00 – 437,50

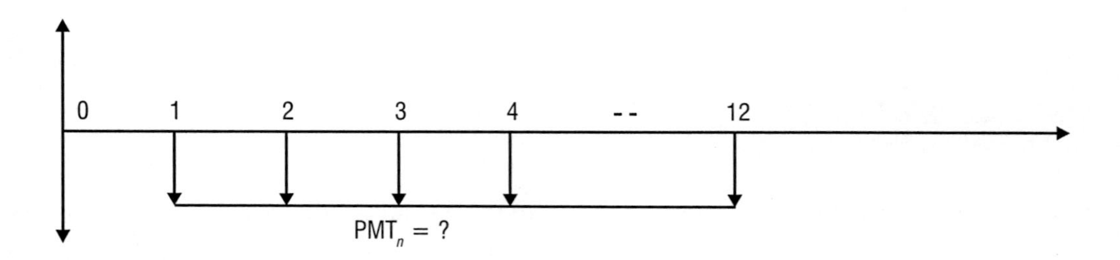

PMT_0 = (1.250 x 0,35 = R$ 437,50)

Assim, teremos:

PV = R$ 812,50

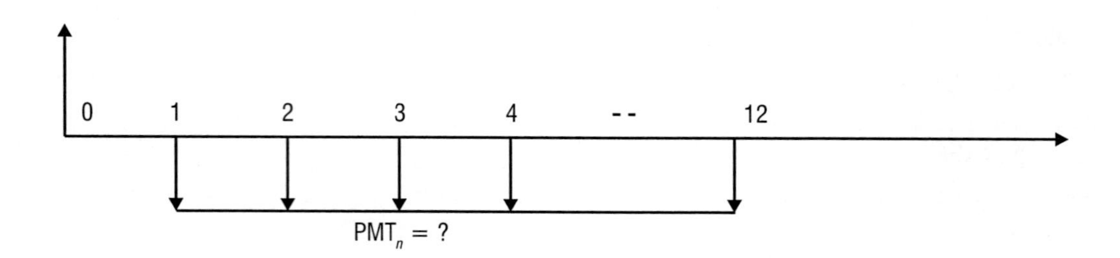

Dados:

PV = R$ 812,50

i = 1% a.m.

n = 12 meses

PMT = ?

Para resolver esse problema, vamos aplicar a Fórmula nº 37:

$$PMT = PV\left[\frac{(1+i)^n \times i}{(1+i)^n - 1}\right]$$

(Fórmula para o cálculo da prestação, em uma série de pagamento postecipada.)

Solução 1: algébrica

$$PMT = 812{,}50\left[\frac{(1+0{,}01)^{12} \times 0{,}01}{(1+0{,}01)^{12} - 1}\right]$$

$$PMT = 812{,}50\left[\frac{(1{,}01)^{12} \times 0{,}01}{(1{,}01)^{12} - 1}\right]$$

$$PMT = 812{,}50\left[\frac{(1{,}126825...) \times 0{,}01}{(1{,}126825...) - 1}\right]$$

$$PMT = 812{,}50\left[\frac{0{,}011268...}{0{,}126825...}\right]$$

$$PMT = R\$\ 812{,}50\ [0{,}088849...]$$

$$PMT = R\$\ 72{,}19$$

6.2.2.4 Dado o valor presente (*PV*), calcular o prazo (*n*)

Sendo informados uma taxa *(i)*, a prestação *(PMT)* e o valor presente *(PV)*, será possível calcular o prazo *(n)* em uma série uniforme de pagamento antecipada por meio da seguinte fórmula:

Fórmula nº 53

$$n = -\left\{\frac{LN\left[1 - \frac{PV \times i}{PMT \times (1+i)}\right]}{LN(1+i)}\right\}$$

EXEMPLO 58

Um produto custa, à vista, R$ 1.500,00, e foi adquirido a prazo, com uma prestação mensal de R$ 170,72, devendo a primeira ser paga no ato da compra. Sabendo-se que a taxa de juros contratada foi de 3% ao mês, qual é a quantidade de prestações desse financiamento?

Dados:

PV = R$ 1.500,00
i = 3% a.m.
PMT = R$ 170,72
n = ?

Solução 1: algébrica

$$n = -\left\{\frac{LN\left[1 - \frac{1.500 \times 0{,}03}{170{,}72 \times (1 + 0{,}03)}\right]}{LN\,(1 + 0{,}03)}\right\}$$

$$n = -\left\{\frac{LN\left[1 - \frac{45}{170{,}72 \times (1{,}03)}\right]}{LN\,(1{,}03)}\right\}$$

$$n = -\left\{\frac{LN\left[1 - \frac{45}{175{,}84}\right]}{LN\,(1{,}03)}\right\}$$

$$n = -\left\{\frac{LN\,[1 - 0{,}255972...]}{LN\,(1{,}03)}\right\}$$

$$n = -\left\{\frac{LN\,[0{,}744028...]}{LN\,(1{,}03)}\right\}$$

$$n = -\left\{\frac{-\,0{,}295596...}{0{,}029559...}\right\}$$

$$n = -\{-\,10{,}000275...\}$$

n = 10 meses

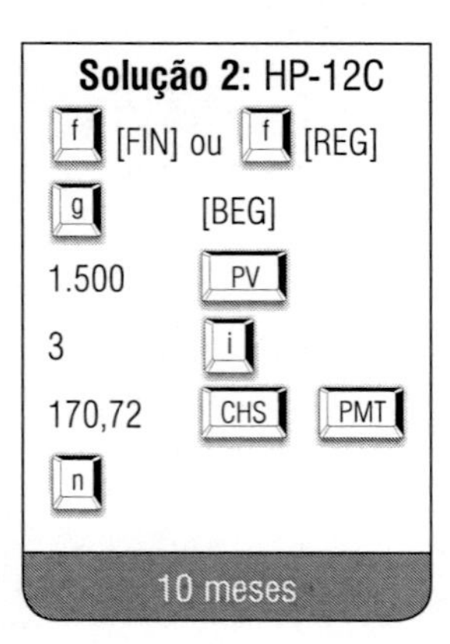
Solução 2: HP-12C

f [FIN] ou f [REG]
g [BEG]
1.500 PV
3 i
170,72 CHS PMT
n

10 meses

Solução 3: Excel®

Microsoft Excel - EXEMPLO56

Arquivo Editar Exibir Inserir Formatar Ferramentas Dados Janela Ajuda

B3 = – (LN(1-(1500*B2)/(B5*(1+B2)))/LN(1+B2))

	A	B	C	D	E	F	G
1	VALOR PRESENTE (*PV*)	1.500,00					
2	TAXA (*i*)	3,00%					
3	**PRAZO (*n*)**	**10**	**meses**				
4	VALOR FUTURO (*FV*)	-					
5	VALOR DA PRESTAÇÃO (*PMT*)	170,72					
6							
7							
8							
9							
10							
11							
12							
13							
14							
15							
16							
17							
18							
19							

Usando as funções do Excel®

= NPER(taxa;-pgto;vp;0;1)

Solução 4: Excel®

Microsoft Excel - EXEMPLO56

Arquivo Editar Exibir Inserir Formatar Ferramentas Dados Janela Ajuda

B3 = NPER(B2;–B5;B1;0;1)

	A	B	C	D	E	F	G
1	VALOR PRESENTE (*PV*)	1.500,00					
2	TAXA (*i*)	3,00%					
3	**PRAZO (*n*)**	**10**	**meses**				
4	VALOR FUTURO (*FV*)	-					
5	VALOR DA PRESTAÇÃO (*PMT*)	170,72					
6							
7							
8							
9							
10							
11							
12							
13							
14							
15							
16							
17							
18							
19							

6.2.2.5 Dada a prestação (*PMT*), calcular o valor futuro (*FV*)

Vejamos o diagrama de fluxo de caixa:

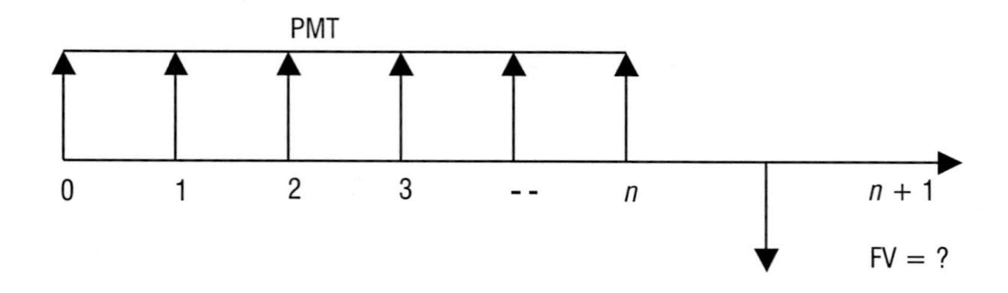

Sendo informados uma taxa *(i)*, a prestação *(PMT)* e o prazo *(n)*, será possível calcular o valor futuro *(FV)* em uma série uniforme de pagamento antecipada por meio da seguinte fórmula:

Fórmula nº 54

$$FV = PMT\left[\frac{(1+i)^n - 1}{i}\right] \times (1+i)$$

EXEMPLO 59

Um poupador necessita acumular nos próximos 5 anos a importância de R$ 37.500,00, e acredita que, se na data de hoje abrir uma caderneta de poupança no Banco Popular S/A, com depósitos mensais de R$ 500,00, ele terá o valor de que precisa. Considerando que a poupança paga, em média, uma taxa de 0,8% ao mês, pergunta-se: o nosso amigo poupador vai conseguir acumular o valor de que precisa?

Dados:

PMT = R$ 500,00

i = 0,8% a.m.

n = 5 anos (60 meses)

FV = ?

Solução 1: algébrica

$$FV = 500 \left[\frac{(1 + 0{,}008)^{60} - 1}{0{,}008}\right] \text{x } (1 + 0{,}008)$$

$$FV = 500 \left[\frac{(1{,}008)^{60} - 1}{0{,}008}\right] \text{x } (1{,}008)$$

$$FV = 500 \left[\frac{1{,}612991... - 1}{0{,}008}\right] \text{x } (1{,}008)$$

$$FV = 500 \left[\frac{0{,}612991...}{0{,}008}\right] \text{x } (1{,}008)$$

$$FV = 500\ [76{,}623867...] \text{ x } (1{,}008)$$

$$FV = 38.311{,}93 \text{ x } (1{,}008)$$

$$FV = \text{R\$ } 38.618{,}43$$

Parabéns ao nosso amigo poupador, pois não só conseguirá acumular os seus R$ 37.500,00 como ainda sobrará o valor de R$ 1.118,43.

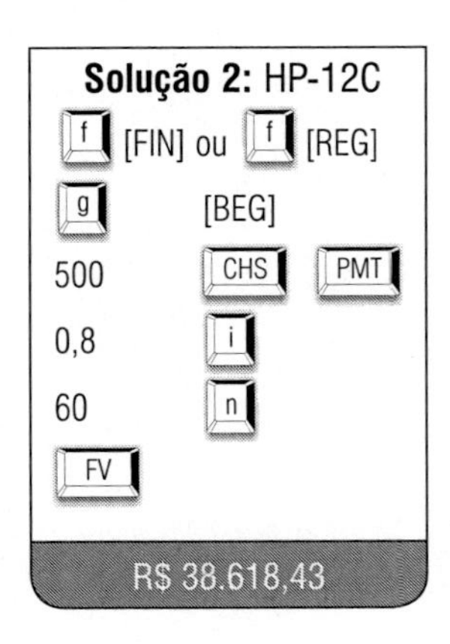

Solução 3: Excel®

Microsoft Excel - EXEMPLO 59

B4 = =B5*(((1+B2)^B3-1)/B2)*(1+B2)

	A	B	C	D	E	F	G
1	VALOR PRESENTE (*PV*)	-					
2	TAXA (*i*)	0,80%					
3	PRAZO (*n*)	60	meses				
4	**VALOR FUTURO (*FV*)**	**38.618,43**					
5	VALOR DA PRESTAÇÃO (*PMT*)	500,00					
6							
7							
8							
9							
10							
11							
12							
13							

Usando as funções financeiras do Excel®

=VF(taxa;nper;-pgto;0;1)

Solução 4: Excel®

Microsoft Excel - EXEMPLO 59.1

Arquivo Editar Exibir Inserir Formatar Ferramentas Dados Janela Ajuda

B4 = =VF(B2;B3;-B5;0;1)

	A	B	C	D	E	F	G
1	VALOR PRESENTE (*PV*)						
2	TAXA (*i*)	0,80%					
3	PRAZO (*n*)	60	meses				
4	**VALOR FUTURO (*FV*)**	**R$ 38.618,43**					
5	VALOR DA PRESTAÇÃO (*PMT*)	500,00					
6							
7							
8							
9							
10							
11							
12							
13							
14							
15							
16							
17							
18							

6.2.2.6 Dado o valor futuro (*FV*), calcular a prestação (*PMT*)

Vejamos o diagrama de fluxo de caixa:

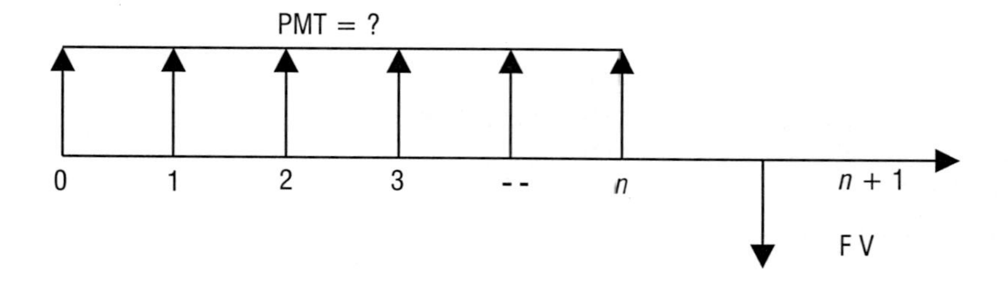

Sendo informados uma taxa *(i)*, o valor futuro *(FV)* e o prazo *(n)*, será possível calcular o valor da prestação *(PMT)* em uma série uniforme de pagamento antecipada por meio da seguinte fórmula:

Fórmula nº 55

$$PMT = VF \times \left[\frac{i}{(1+i)^n - 1}\right] \times \left[\frac{1}{(1+i)}\right]$$

EXEMPLO 60

Considere o nosso poupador do Exemplo 59 (depositando R$ 500,00 na data de hoje, resgatará, ao final de 5 anos, mais de R$ 37.500,00). Levando-se em conta a mesma taxa, ou seja, 0,8% ao mês, qual deverá ser o valor de cada depósito para que o nosso poupador consiga acumular exatamente o valor de R$ 37.500,00?

Dados:

VF = R$ 37.500,00

i = 0,8% a.m.

n = 5 anos (60 meses)

PMT = ?

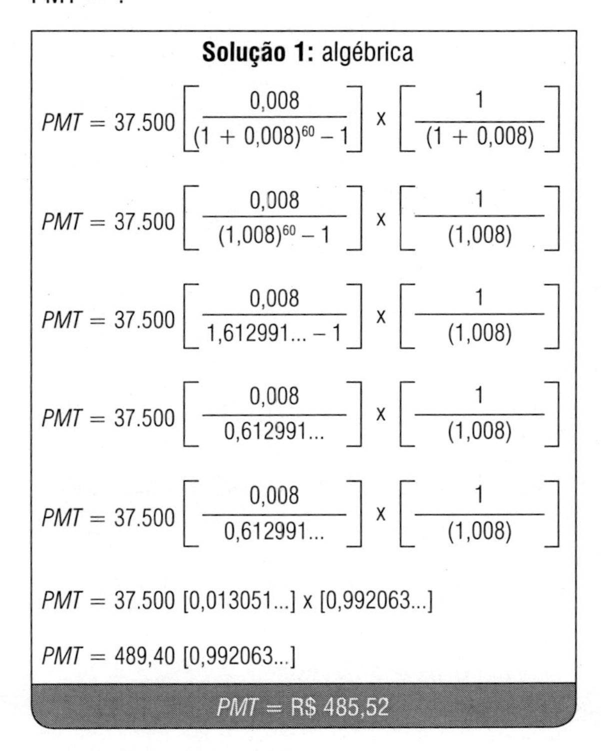

Solução 1: algébrica

$$PMT = 37.500 \left[\frac{0,008}{(1+0,008)^{60}-1}\right] \times \left[\frac{1}{(1+0,008)}\right]$$

$$PMT = 37.500 \left[\frac{0,008}{(1,008)^{60}-1}\right] \times \left[\frac{1}{(1,008)}\right]$$

$$PMT = 37.500 \left[\frac{0,008}{1,612991...-1}\right] \times \left[\frac{1}{(1,008)}\right]$$

$$PMT = 37.500 \left[\frac{0,008}{0,612991...}\right] \times \left[\frac{1}{(1,008)}\right]$$

$$PMT = 37.500 \left[\frac{0,008}{0,612991...}\right] \times \left[\frac{1}{(1,008)}\right]$$

PMT = 37.500 [0,013051...] x [0,992063...]

PMT = 489,40 [0,992063...]

PMT = R$ 485,52

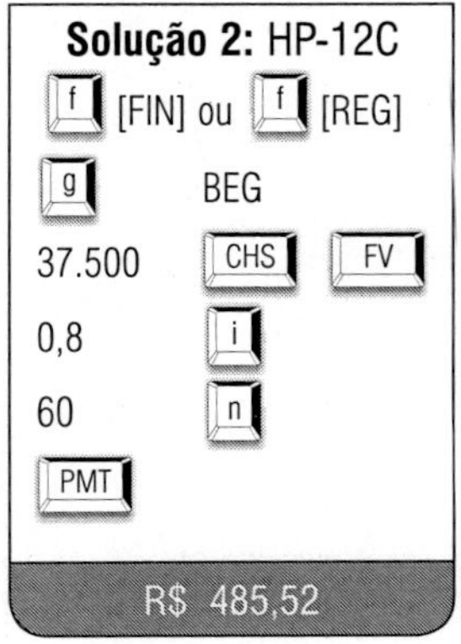

Solução 2: HP-12C

f [FIN] ou f [REG]

g BEG

37.500 CHS FV

0,8 i

60 n

PMT

R$ 485,52

Solução 3: Excel®

Microsoft Excel - EXEMPLO 60

Arquivo Editar Exibir Inserir Formatar Ferramentas Dados Janela Ajuda

Arial 12 N I S

B5 = =B4*B2/((1+B2)^B3-1)*(1/(1+B2))

	A	B	C	D	E	F	G
1	VALOR PRESENTE (*PV*)	-					
2	TAXA (*i*)	0,80%					
3	PRAZO (*n*)	60	meses				
4	VALOR FUTURO (*FV*)	37.500,00					
5	**VALOR DA PRESTAÇÃO (*PMT*)**	**485,52**					
6							
7							
8							
9							
10							
11							
12							
13							
14							
15							
16							
17							
18							

Usando as funções financeiras do Excel®

=PGTO(taxa;nper;0;–fv;1)

Solução 4: Excel®

Microsoft Excel - EXEMPLO 60.1

Arquivo Editar Exibir Inserir Formatar Ferramentas Dados Janela Ajuda

Arial 12 N I S

B5 = =PGTO(0,8%;60;0;-37500;1)

	A	B	C	D	E	F	G
1	VALOR PRESENTE (*PV*)	-					
2	TAXA (*i*)	0,80%					
3	PRAZO (*n*)	60	meses				
4	VALOR FUTURO (*FV*)	37.500,00					
5	**VALOR DA PRESTAÇÃO (*PMT*)**	**R$ 485,52**					
6							
7							
8							
9							
10							
11							
12							
13							
14							
15							
16							
17							
18							

O valor da prestação *(PMT)*, com base no valor futuro *(FV)*, poderá ainda ser respondido por meio da seguinte fórmula:

Fórmula nº 56

$$PMT = \frac{FV \times i}{[(1 + i)^n - 1] \times (1 + i)}$$

Utilizando os dados do Exemplo 60:

Solução 1: algébrica

$$PMT = \frac{37.500 \times 0{,}008}{[(1 + 0{,}008)^{60} - 1] \times (1 + 0{,}008)}$$

$$PMT = \frac{300}{[(1{,}008)^{60} - 1] \times (1{,}008)}$$

$$PMT = \frac{300}{[1{,}612991... - 1] \times (1{,}008)}$$

$$PMT = \frac{300}{[0{,}612991...] \times (1{,}008)}$$

$$PMT = \frac{300}{0{,}617895...}$$

$$PMT = R\$\ 485{,}52$$

6.2.2.7 Cálculo da taxa *(i)*

Para o cálculo da taxa *(i)*, em uma série de pagamento antecipada, devemos proceder da mesma forma que demonstramos para o cálculo da série postecipada, ou seja, devemos partir para tentativa e erro, até que a taxa seja efetivamente encontrada.

Porém, apresentaremos uma fórmula inicial para o cálculo da taxa.

Fórmula nº 57

$$\frac{FV}{PMT} = \left[\frac{(1 + i)^n - 1}{i}\right] \times (1 + i)$$

EXEMPLO 61

Uma pessoa deposita mensalmente em conta poupança a importância de R$ 250,00. Após 5 meses, verificou-se que o saldo da conta poupança era de R$ 1.288,00. Qual é a taxa média dessa caderneta de poupança?

Dados:

FV= R$ 1.288,00

PMT = R$ 250,00

n = 5 meses

i = ?

Solução 1: algébrica

$$\frac{1.288}{250} = \left[\frac{(1+i)^5 - 1}{i}\right] \times (1+i)$$

$$5{,}152 = \left[\frac{(1+i)^5 - 1}{i}\right] \times (1+i)$$

Vamos iniciar o processo de tentativa e erro.

Para uma taxa igual a 0,5%:

$$5{,}152 = \left[\frac{(1+0{,}005)^5 - 1}{0{,}005}\right] \times (1+0{,}005)$$

$$5{,}152 = \left[\frac{(1{,}005)^5 - 1}{0{,}005}\right] \times (1{,}005)$$

$$5{,}152 = \left[\frac{1{,}025251... - 1}{0{,}005}\right] \times (1{,}005)$$

$$5{,}152 = \left[\frac{0{,}025251...}{0{,}005}\right] \times (1{,}005)$$

$$5{,}152 = [5{,}050251...] \times (1{,}005)$$

$$5{,}152 > 5{,}075502...$$

Ou seja, a taxa de 0,5% ao mês não satisfaz a igualdade.

Vamos tentar uma taxa igual a 1,5%:

$$5{,}152 = \left[\frac{(1 + 0{,}015)^5 - 1}{0{,}015}\right] \text{x } (1 + 0{,}015)$$

$$5{,}152 = \left[\frac{(1{,}015)^5 - 1}{0{,}015}\right] \text{x } (1{,}015)$$

$$5{,}152 = \left[\frac{1{,}0777284... - 1}{0{,}015}\right] \text{x } (1{,}015)$$

$$5{,}152 = \left[\frac{0{,}0777284...}{0{,}015}\right] \text{x } (1{,}015)$$

$$5{,}152 = [5{,}152267...] \text{ x } (1{,}015)$$

$$5{,}152 < 5{,}229551...$$

Ou seja, 1,5% não é a taxa que procuramos.

Vamos então fazer uma última tentativa, considerando uma taxa igual a 1%:

$$5{,}152 = \left[\frac{(1 + 0{,}01)^5 - 1}{0{,}01}\right] \text{x } (1 + 0{,}01)$$

$$5{,}152 = \left[\frac{(1{,}01)^5 - 1}{0{,}01}\right] \text{x } (1{,}01)$$

$$5{,}152 = \left[\frac{1{,}051010... - 1}{0{,}01}\right] \text{x } (1{,}01)$$

$$5{,}152 = [5{,}101005...] \text{ x } (1{,}01)$$

$$5{,}152 = 5{,}152015...$$

Até que enfim achamos a taxa que procurávamos, ou seja, 1%.

Como podemos perceber, o processo de tentativa e erro não é muito prático.

Vamos partir então para a solução na HP-12C.

Dados:

FV= R$ 1.288,00

PMT = R$ 250,00

n = 5 meses

i = ?

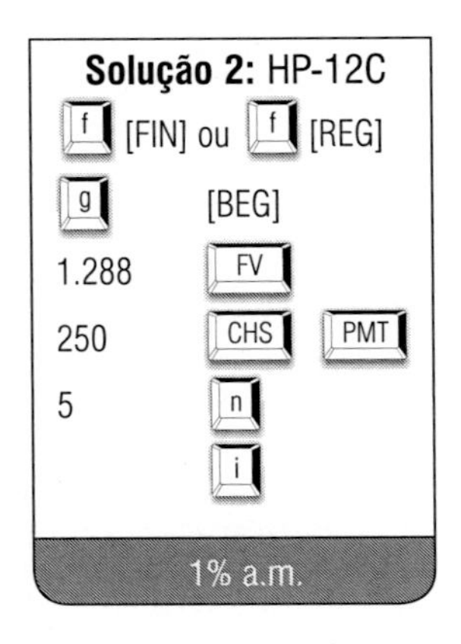

Usando as funções financeiras do Excel®

=TAXA(nper;-pgto;0;vf;1)

Solução 3: Excel®

Microsoft Excel - EXEMPLO 61

Arquivo Editar Exibir Inserir Formatar Ferramentas Dados Janela Ajuda

B2 = =TAXA(B3;-B5;0;B4;1)

	A	B	C	D	E	F	G
1	VALOR PRESENTE (*PV*)	-					
2	**TAXA (*i*)**	**1,00%**					
3	PRAZO (*n*)	5	meses				
4	VALOR FUTURO (*FV*)	1.288,00					
5	VALOR DA PRESTAÇÃO (*PMT*)	250,00					
6							
7							
8							
9							
10							
11							
12							
13							
14							
15							
16							
17							
18							

6.2.3 Série uniforme de pagamento diferida

Como já estudamos no início deste capítulo, as séries uniformes de pagamentos diferidas são aquelas em que os períodos ou intervalos de tempo entre as prestações *(PMT)* ocorrem pelo menos a partir do 2º período, ou seja, se considerarmos um período qualquer como *(n)*, o período seguinte será *(n + 1)*, o próximo será *(n + 2)*, e assim sucessivamente.

Vamos observar o diagrama de fluxo de caixa.

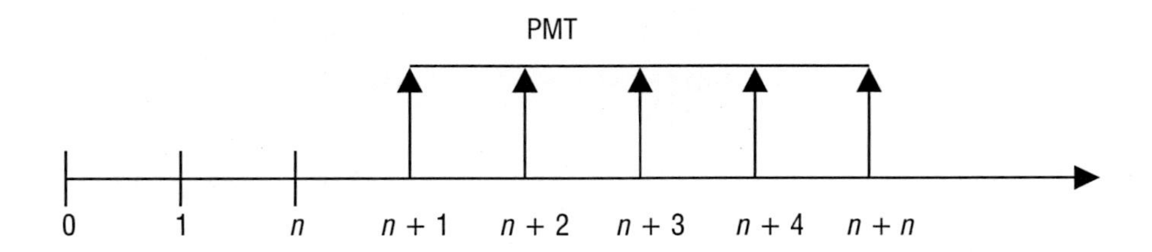

6.2.3.1 Cálculo do valor presente (*PV*)

Sendo informados uma taxa *(i)*, uma prestação *(PMT)*, um prazo *(n)* e um período de carência *(c)*, será possível calcular o valor presente *(PV)* em uma série uniforme de pagamento diferida por meio da seguinte fórmula:

Fórmula nº 58

$$PV = \frac{PMT \times \left[\frac{-(1+i)^{-n}}{i}\right]}{(1+i)^{c-1}}$$

Considerando-se que "c" seja a carência, uma carência postecipada será c-1.

EXEMPLO 62

Uma mercadoria encontra-se em promoção e é comercializada em 5 prestações iguais de R$ 150,00; a loja está oferecendo ainda uma carência de 5 meses para o primeiro pagamento. Determine o valor à vista dessa mercadoria, sabendo-se que a taxa de juros praticada pela loja é de 3% ao mês.

Dados:

PMT = R$ 150,00

n = 5 meses

c = 5 meses

i = 3% a.m.

PV = ?

Vamos apresentar este exemplo em diagrama de fluxo de caixa.

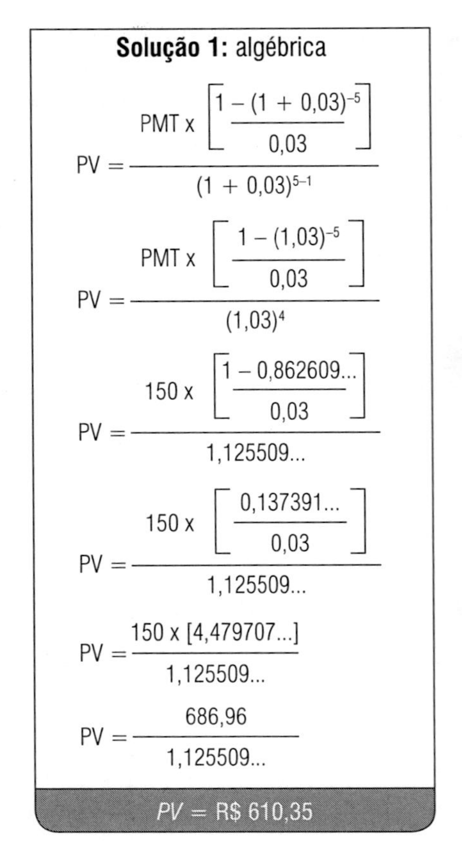

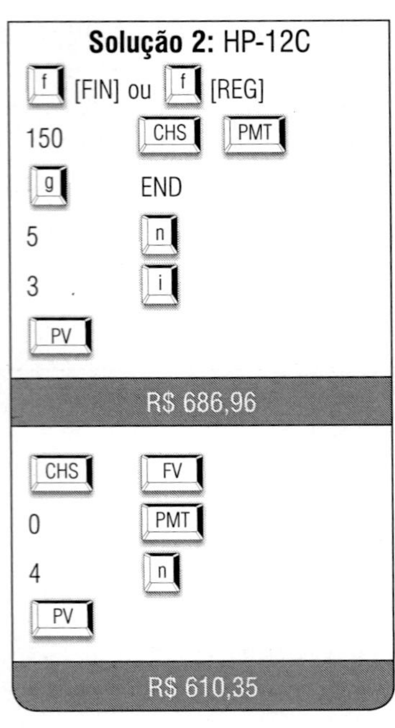

Solução 3: Excel®

Microsoft Excel - EXEMPLO 62

Arquivo Editar Exibir Inserir Formatar Ferramentas Dados Janela Ajuda

B1 = =B6*((1-(1+B2)^-B3)/B2)/(1+B2)^B4

	A	B	C	D	E	F	G
1	**VALOR PRESENTE (*PV*)**	**610,35**					
2	TAXA (*i*)	3,00%					
3	PRAZO (*n*)	5	meses				
4	CARÊNCIA (*c*)	4	meses				
5	VALOR FUTURO (*FV*)	-					
6	VALOR DA PRESTAÇÃO (*PMT*)	150,00					
7							
8							
9							
10							
11							
12							
13							
14							
15							
16							
17							
18							

É possível também resolver esse exemplo por meio de uma composição de fórmula. Vejamos como:

Usando a Fórmula nº 35:

Solução 1: algébrica

$$PV = PMT\left[\frac{(1+i)^n - 1}{(1+i)^n \times i}\right]$$

$$PV = 150\left[\frac{(1+0{,}03)^5 - 1}{(1+0{,}03)^5 \times 0{,}03}\right]$$

$$PV = 150\left[\frac{(1{,}03)^5 - 1}{(1{,}03)^5 \times 0{,}03}\right]$$

$$PV = 150\left[\frac{1{,}159274... - 1}{1{,}159274... \times 0{,}03}\right]$$

$$PV = 150\left[\frac{0{,}159274...}{0{,}0344778...}\right]$$

$$PV = 150\,[4{,}579707...]$$

$$PV = 686{,}96$$

Trabalhando com o conceito da Fórmula 12, valor presente *(PV)*:

Usando a Fórmula nº 12:

$$PV = \frac{FV}{(1+i)^n}$$

Considere $PV = FV$, então teremos FV = R$ 686,96.

Solução 1: algébrica

$$PV = \frac{686{,}96}{(1+0{,}03)^4}$$

$$PV = \frac{686{,}96}{(1{,}03)^4}$$

$$PV = \frac{686{,}96}{1{,}125509...}$$

$$PV = R\$\ 610{,}36$$

6.2.3.2 Cálculo da prestação (*PMT)*

Sendo informados uma taxa *(i)*, um valor presente *(PV)*, um prazo *(n)* e o período de carência *(c)*, será possível calcular o valor da prestação *(PMT)* em uma série uniforme de pagamento diferida por meio da seguinte fórmula:

Fórmula nº 59

$$PMT = \frac{PV \times (1 + i)^{c-1} \times i}{1 - (1 + i)^{-n}}$$

EXEMPLO 63

A loja Barrabás vende determinado produto, que à vista custa R$ 850,00, em 24 parcelas mensais, devendo a primeira prestação ser paga somente após 4 meses do fechamento da compra. Considerando-se uma taxa de 4% ao mês, determinar o valor de cada prestação.

Dados:

PV = R$ 850,00

n = 24 meses

c = 4 meses de carência (postecipada)

i = 4% a.m.

PMT = ?

Solução 1: algébrica

$$PMT = \frac{850\ (1 + 0{,}04)^{4-1} \times 0{,}04}{1 - (1 + 0{,}04)^{-24}}$$

$$PMT = \frac{850\ (1{,}04)^{3} \times 0{,}04}{1 - (1{,}04)^{-24}}$$

$$PMT = \frac{850 \times 1{,}124864... \times 0{,}04}{1 - 0{,}390121...}$$

$$PMT = \frac{38{,}25}{0{,}609879...}$$

PMT = R$ 62,71

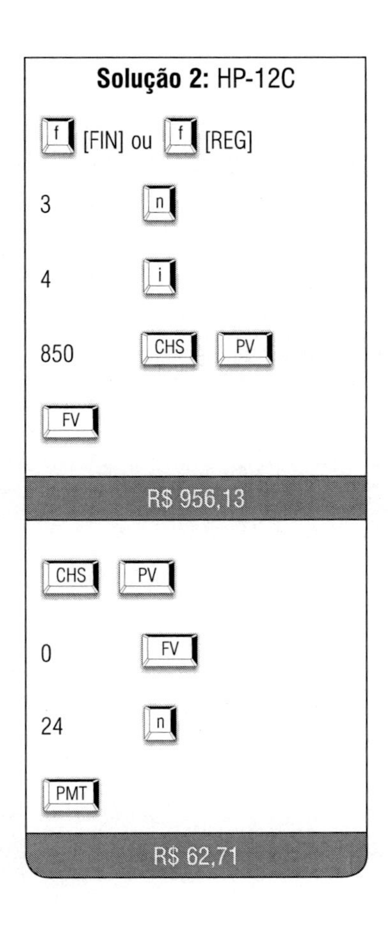

Solução 3: Excel®

Microsoft Excel - EXEMPLO 63

Arquivo Editar Exibir Inserir Formatar Ferramentas Dados Janela Ajuda

B6 = =B1*(1+B2)^(B4-1)*B2/(1-((1+B2)^-B3))

	A	B	C	D	E	F	G
1	VALOR PRESENTE (*PV*)	850,00					
2	TAXA (*i*)	4,00%					
3	PRAZO (*n*)	24	meses				
4	CARÊNCIA (*c*)	4	meses				
5	VALOR FUTURO (*FV*)	-					
6	**VALOR DA PRESTAÇÃO (*PMT*)**	**62,71**					
7							
8							
9							
10							
11							
12							
13							
14							
15							
16							
17							
18							

Tabela para cálculos de prestação com carência

Solução 3: Excel®

Microsoft Excel - EXEMPLO 63

Arquivo Editar Exibir Inserir Formatar Ferramentas Dados Janela Ajuda

F8 = =PGTO(C8;D8;-(VF(C8;E8;;-B8)))

VALOR DO FINANCIAMENTO	TAXA DE JUROS (% a.m)	NÚMERO DE PRESTAÇÕES MENSAIS	CARÊNCIA (EM MESES)	VALOR DA PRESTAÇÃO (PMT)
R$ 850,00	4%	24	0	R$ 55,75
R$ 850,00	4%	24	1	R$ 57,98
R$ 850,00	4%	24	2	R$ 60,30
R$ 850,00	**4%**	**24**	**3**	**R$ 62,71**
R$ 850,00	4%	24	4	R$ 65,22

6.2.3.3 Cálculo do prazo (n)

Sendo informados uma taxa *(i)*, um valor presente *(PV)*, uma prestação *(PMT)*, será possível calcular o prazo *(n)* em uma série uniforme de pagamento diferida por meio da seguinte fórmula:

Fórmula nº 60

$$n = -\left\{ \frac{LN\left[1 - \dfrac{PV \times i \times (1+i)^{c-1}}{PMT}\right]}{LN\,(1+i)} \right\}$$

EXEMPLO 64

Um empréstimo de R$ 50.000,00 é concedido a uma empresa e será pago em prestações mensais e iguais de R$ 2.805,36. Sabendo-se que a taxa de financiamento contratada foi de 2% ao mês e foi concedido um prazo de carência de 4 meses para o primeiro pagamento, pergunta-se: qual a quantidade de prestações do financiamento?

Dados:

PV = R$ 50.000,00

PMT = R$ 2.805,36

i = 2% a.m.

c = 4 meses

n = ?

Solução 1: algébrica

$$n = -\left\{ \frac{LN\left[1 - \dfrac{50.000 \times 0{,}02\,(1+0{,}02)^{4-1}}{2.805{,}36}\right]}{LN\,(1+0{,}02)} \right\}$$

$$n = -\left\{ \frac{LN\left[1 - \dfrac{50.000 \times 0{,}02 \times 1{,}061208...}{2.805{,}36}\right]}{0{,}019803...} \right\}$$

$$n = -\left\{ \frac{LN\left[1 - \dfrac{1.061{,}2080}{2.805{,}36}\right]}{0{,}019803...} \right\}$$

$$n = -\left\{ \frac{LN\,[1 - 0{,}378279...]}{0{,}019803...} \right\}$$

$$n = -\left\{ \frac{LN\,[0{,}621721...]}{0{,}019803...} \right\}$$

$$n = -\left\{ \frac{-\,0{,}475263}{0{,}019803...} \right\}$$

$$n = -\{-\,24{,}000017...\}$$

$n = 24$ meses

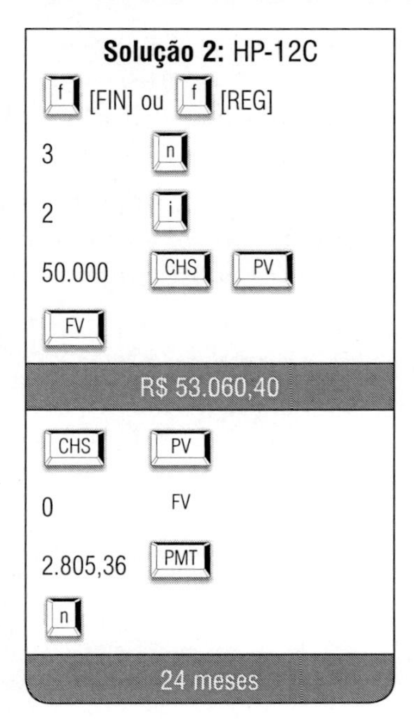

Solução 3: Excel®

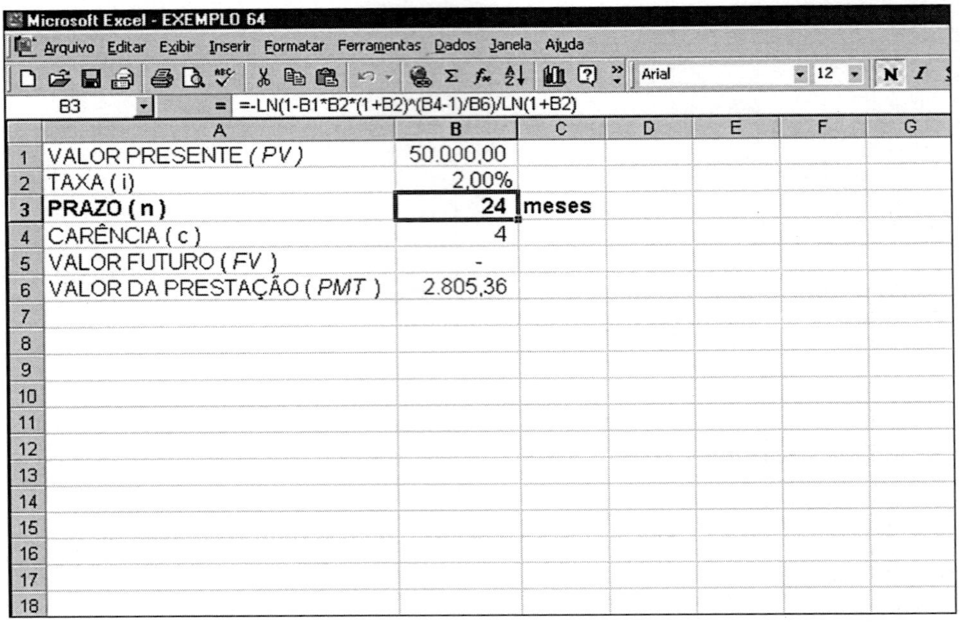

Microsoft Excel - EXEMPLO 64

Arquivo Editar Exibir Inserir Formatar Ferramentas Dados Janela Ajuda

B3 = =-LN(1-B1*B2*(1+B2)^(B4-1)/B6)/LN(1+B2)

	A	B	C	D	E	F	G
1	VALOR PRESENTE (*PV*)	50.000,00					
2	TAXA (i)	2,00%					
3	**PRAZO (n)**	**24**	**meses**				
4	CARÊNCIA (c)	4					
5	VALOR FUTURO (*FV*)	-					
6	VALOR DA PRESTAÇÃO (*PMT*)	2.805,36					
7							
8							
9							
10							
11							
12							
13							
14							
15							
16							
17							
18							

6.2.3.4 Cálculo da carência (*c*)

Como vimos, a carência é o prazo inicial dado até o momento do 1º pagamento. Esse prazo é fundamental para o cálculo do valor-base de um financiamento em uma série uniforme de pagamento diferida.

Para calcularmos a carência (*c*), são necessárias algumas informações, como o valor presente (*PV*), o valor da prestação (*PMT*), o prazo do financiamento (*n*), o valor futuro (*FV*) e a taxa (*i*), e, como nenhuma fórmula contempla de uma única vez todas as variáveis, necessitaremos fazer uma composição de duas fórmulas já estudadas.

Portanto, sendo informados uma taxa (*i*), um valor presente (*PV*), uma prestação (*PMT*), um valor futuro (*FV*) e um prazo (*n*), será possível calcular a carência (*c*) em uma série uniforme de pagamento diferida por meio das seguintes fórmulas:

Fórmula nº 36:

$$PV = PMT\left[\frac{1-(1+i)^{-n}}{i}\right]$$

Fórmula nº 14:

$$n = \frac{LN\left(\dfrac{FV}{PV}\right)}{LN\,(1+i)}$$

EXEMPLO 65

Tomando como base os dados do Exemplo 64, bem como sua solução, vamos encontrar o prazo de carência *(c)*.

Dados:

PV = R$ 50.000,00

PMT = R$ 2.805,36

i = 2% a.m.

n = 24 meses

c = ?

a) Encontrando o valor presente *(PV)*

Solução 1: algébrica

$$FV = 2.805,36 \left[\frac{1 - (1 + 0,02)^{-24}}{0,02} \right]$$

$$FV = 2.805,36 \left[\frac{1 - (1,02)^{-24}}{0,02} \right]$$

$$FV = 2.805,36 \left[\frac{1 - 0,6221721...}{0,02} \right]$$

$$FV = 2.805,36 \left[\frac{0,378279...}{0,02} \right]$$

$$FV = 2.805,36\ [18,913926...]$$

$$FV = 2.805,36\ [18,913926...]$$

FV = R$ 53.060,37

Na verdade, o valor presente *(PV)* das 24 prestações *(PMT)* de R$ 2.805,36 cada será agora valor futuro *(FV)* em relação ao valor presente *(PV)*, na data focal "0" (zero), que é R$ 50.000,00, valor do financiamento.

Vamos entender o fluxo de caixa desta operação:

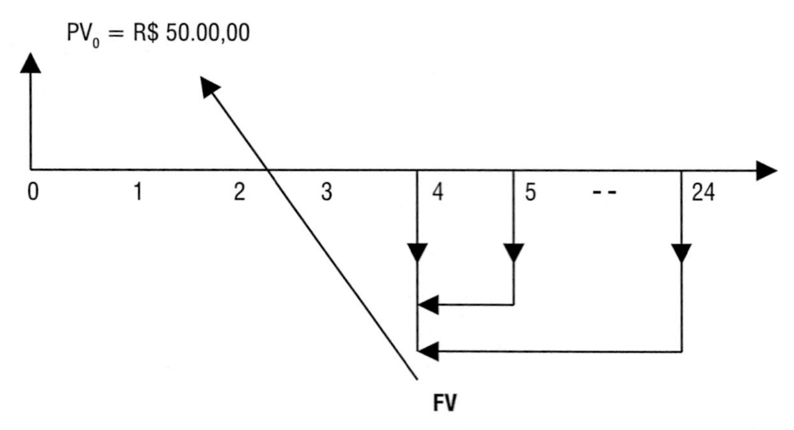

b) Encontrando a carência (*c*)

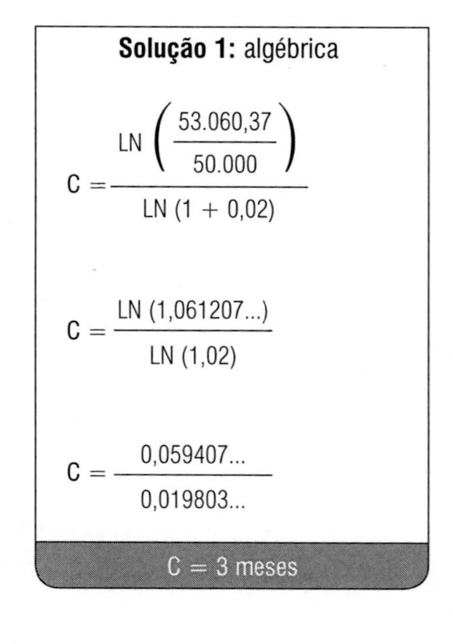

$$C = \frac{LN\left(\frac{53.060,37}{50.000}\right)}{LN\,(1 + 0,02)}$$

$$C = \frac{LN\,(1,061207...)}{LN\,(1,02)}$$

$$C = \frac{0,059407...}{0,019803...}$$

C = 3 meses

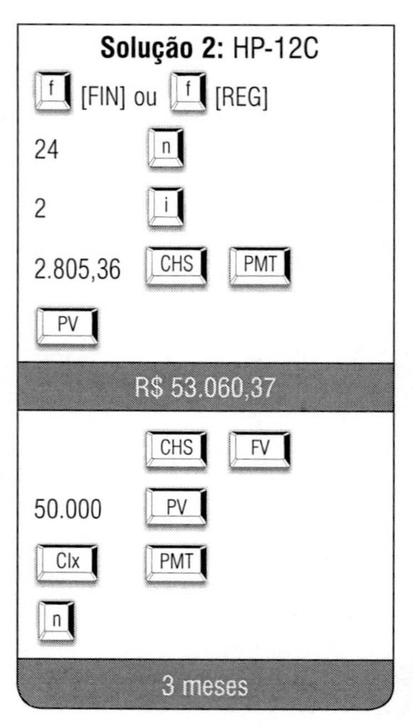

6.2.3.5 Cálculo da taxa (*i*)

Como já vimos nos itens anteriores, o cálculo da taxa somente poderá ser obtido por meio do processo de tentativa e erro; portanto, apresentaremos apenas as soluções na HP-12C e no Excel®.

Para realizarmos os cálculos, na HP-12C, de problemas de série uniforme de pagamento diferida postecipada, é necessário conhecer algumas funções para trabalhar com fluxos de caixa.

- **FUNÇÕES DE FLUXO DE CAIXA NA HP-12C:**
  - CFo – Fluxo de caixa no momento 0 (zero);
  - CFj – Fluxo de caixa dos períodos seguintes;
  - Nj – Quantidade de períodos a serem repetidos;
  - IRR – *Internal Rate Return* (Taxa Interna de Retorno).

EXEMPLO 66

Um empréstimo de R$ 50.000,00 é concedido a uma empresa para ser pago em 24 prestações mensais e iguais de R$ 2.805,36. Sabendo-se que o empréstimo foi concedido com um prazo de carência de 4 meses, calcular a taxa de financiamento.

Dados:

PV = R$ 50.000,00

n = 24 meses

PMT = R$ 2.805,36

c = 4 meses

i = ?

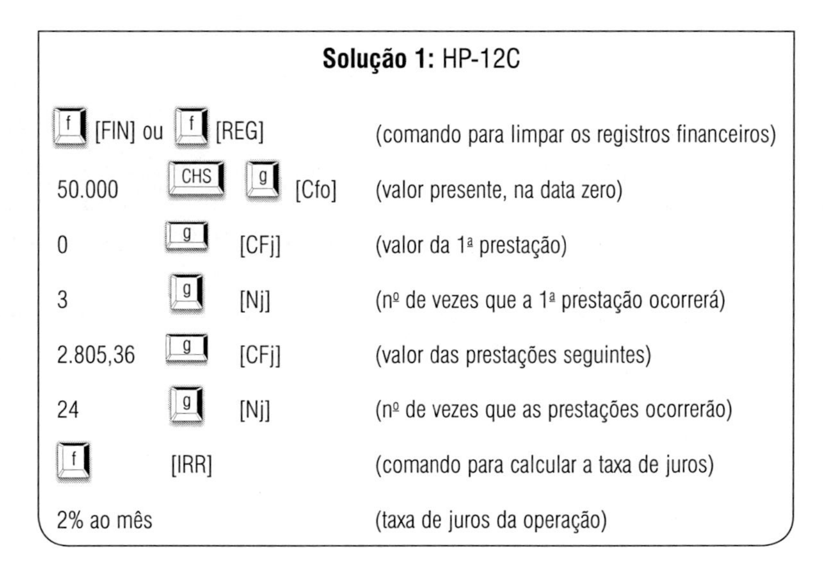

Solução 1: HP-12C

f [FIN] ou f [REG]		(comando para limpar os registros financeiros)
50.000	CHS g [Cfo]	(valor presente, na data zero)
0	g [CFj]	(valor da 1ª prestação)
3	g [Nj]	(nº de vezes que a 1ª prestação ocorrerá)
2.805,36	g [CFj]	(valor das prestações seguintes)
24	g [Nj]	(nº de vezes que as prestações ocorrerão)
f	[IRR]	(comando para calcular a taxa de juros)
2% ao mês		(taxa de juros da operação)

Usando as funções financeiras do Excel®

Solução 2: Excel®

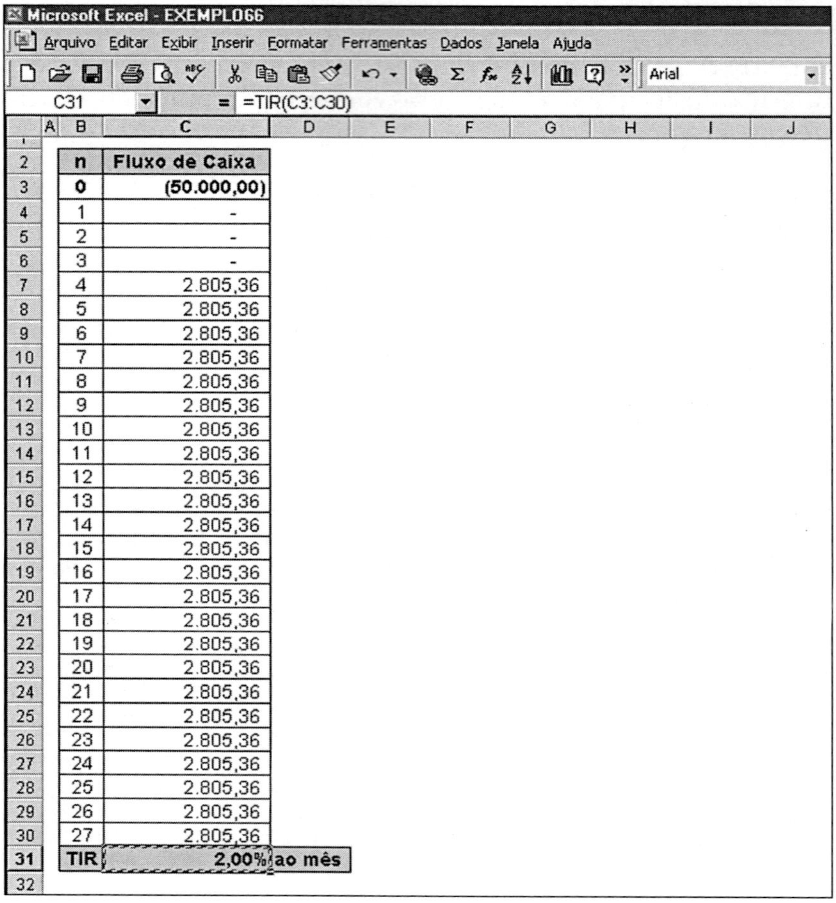

Microsoft Excel - EXEMPLO66

Arquivo Editar Exibir Inserir Formatar Ferramentas Dados Janela Ajuda

C31 = =TIR(C3:C30)

n	Fluxo de Caixa	
0	(50.000,00)	
1	-	
2	-	
3	-	
4	2.805,36	
5	2.805,36	
6	2.805,36	
7	2.805,36	
8	2.805,36	
9	2.805,36	
10	2.805,36	
11	2.805,36	
12	2.805,36	
13	2.805,36	
14	2.805,36	
15	2.805,36	
16	2.805,36	
17	2.805,36	
18	2.805,36	
19	2.805,36	
20	2.805,36	
21	2.805,36	
22	2.805,36	
23	2.805,36	
24	2.805,36	
25	2.805,36	
26	2.805,36	
27	2.805,36	
TIR	2,00%	ao mês

6.2.3.6 Cálculo do valor futuro (*FV*)

Para efetuarmos o cálculo do valor futuro *(FV)* em uma série uniforme de pagamento diferida, será necessário realizar dois cálculos independentes; primeiro, acharemos o valor futuro da série uniforme de pagamento diferida e, depois, poderemos calcular o novo valor futuro.

Sendo informados uma taxa *(i)*, uma prestação *(PMT)* e um prazo *(n)*, será possível calcular o valor futuro *(FV)* em uma série uniforme de pagamento diferida por meio da seguinte fórmula:

Fórmula nº 61

$$FV = PMT \left[\frac{(1+i)^{n1} - 1}{i} \right] \times (1+i)^{n2}$$

EXEMPLO 67

Um poupador efetuava regularmente depósitos de R$ 200,00 em uma conta poupança. Após 12 meses, esse poupador teve de interromper os depósitos, mas não efetuou nenhum saque, e gostaria de saber quanto terá após 6 (seis) meses. Considerando-se que a taxa média de juros para os primeiros 12 meses era de 1% e que para os próximos 6 meses estimou-se uma taxa de 0,8% ao mês, pergunta-se: quanto o nosso amigo poupador terá após todo o período?

Dados:

PMT = R$ 200,00

i = 1% a.m. (primeiros 12 meses)

i = 0,8% a.m. (próximos 6 meses)

n_1 = 12 meses

n_2 = 6 meses

FV = ?

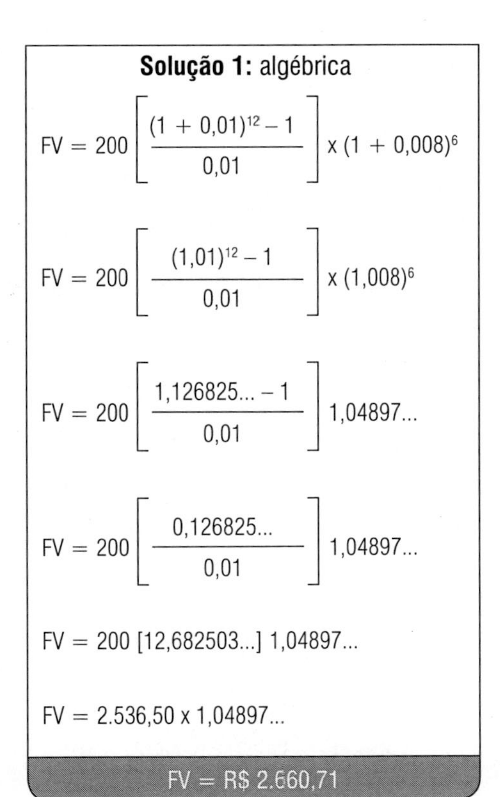

Solução 1: algébrica

$$FV = 200 \left[\frac{(1 + 0{,}01)^{12} - 1}{0{,}01} \right] x\ (1 + 0{,}008)^{6}$$

$$FV = 200 \left[\frac{(1{,}01)^{12} - 1}{0{,}01} \right] x\ (1{,}008)^{6}$$

$$FV = 200 \left[\frac{1{,}126825... - 1}{0{,}01} \right] 1{,}04897...$$

$$FV = 200 \left[\frac{0{,}126825...}{0{,}01} \right] 1{,}04897...$$

$$FV = 200\ [12{,}682503...]\ 1{,}04897...$$

$$FV = 2.536{,}50\ x\ 1{,}04897...$$

FV = R$ 2.660,71

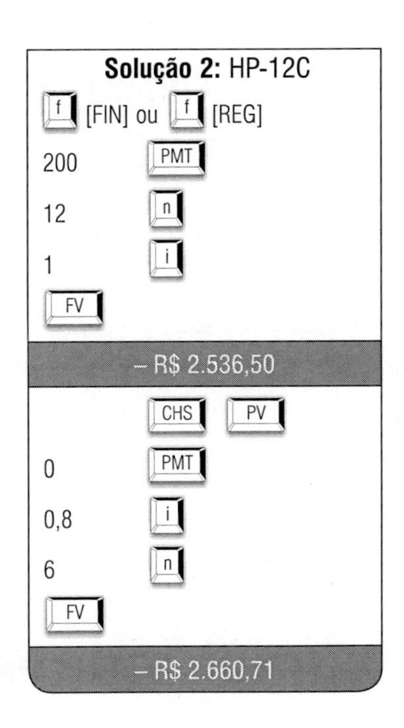

Solução 2: HP-12C

[f] [FIN] ou [f] [REG]

200 [PMT]

12 [n]

1 [i]

[FV]

– R$ 2.536,50

[CHS] [PV]

0 [PMT]

0,8 [i]

6 [n]

[FV]

– R$ 2.660,71

Solução 3: Excel®

Microsoft Excel - EXEMPLO 67

Arquivo Editar Exibir Inserir Formatar Ferramentas Dados Janela Ajuda

B6 = =B7*((1+B2)^B4-1)/B2*(1+B3)^B5

	A	B	C	D	E	F	G
1	VALOR PRESENTE (*PV*)	-					
2	TAXA (i_1)	1,00%					
3	TAXA (i_2)	0,80%					
4	PRAZO (n_1)	12	meses				
5	PRAZO (n_2)	6	meses				
6	**VALOR FUTURO (*FV*)**	**2.660,71**					
7	VALOR DA PRESTAÇÃO (*PMT*)	200,00					
8							
9							
10							
11							
12							
13							
14							
15							
16							
17							
18							

6.3 CÁLCULO DA PRESTAÇÃO OU PARCELA A JUROS SIMPLES (PMT_{JS})

Neste tópico, demonstraremos como é possível calcular a prestação (PMT_{JS}) em uma **série uniforme de pagamentos postecipada** a juros simples. Faremos os cálculos a partir do valor futuro (*FV*) e do valor presente (*PV*), vejamos:

Opção 1: Cálculo da prestação (PMT_{JS}) com base no valor futuro (FV)

Fórmula nº 62

$$PMT_{JS} = \frac{FV}{\left[1 + \frac{i\,(n-1)}{2}\right] n} \quad \therefore \quad PMT_{JS} = \frac{PV\,(1 + i \times n)}{\left[1 + \frac{i\,(n-1)}{2}\right] n}$$

Em que:

PMT_{JS} = prestação ou parcela;

PV = valor presente;

i = taxa de juros;

n = prazo ou períodos.

EXEMPLO 68

Calcular a prestação ou parcela sobre um valor presente de R$ 1.000,00, que deverá ser pago em 12 parcelas mensais iguais com a taxa de 10% ao mês.

Dados:

PV = R$ 1.000,00

i = 10% a.m.

n = 12 meses

$PMT_{JS} = ?$

Solução 1: algébrica

$$PMT_{JS} = \frac{PV(1 + i \times n)}{\left[1 + \frac{i(n-1)}{2}\right] n}$$

$$PMT_{JS} = \frac{1000(1 + 0{,}1 \times 12)}{\left[1 + \frac{0{,}1(12-1)}{2}\right] 12}$$

$$PMT_{JS} = \frac{1000(1 + 1{,}2)}{\left[1 + \frac{0{,}1(11)}{2}\right] 12}$$

$$PMT_{JS} = \frac{1000(2{,}2)}{\left[1 + \frac{1{,}1}{2}\right] 12}$$

$$PMT_{JS} = \frac{2.200}{\left[1 + 0{,}55\right] 12}$$

$$PMT_{JS} = \frac{2.200}{\left[1{,}55\right] 12}$$

$$PMT_{JS} = \frac{2.200}{18{,}6}$$

PMT_{JS} = R$ 118,28

Opção 2: Cálculo da prestação (PMT_{JS}) com base no valor presente (PV)

Fórmula nº 63

$$PMT_{JS} = PV \left\{ \frac{1 + i \times n}{\left[1 + \frac{i(n-1)}{2}\right] n} \right\}$$

Em que:

PMT_{JS} = prestação ou parcela;

PV = valor presente;

i = taxa de juros;

n = períodos.

Solução 1: algébrica

$$PMT_{JS} = PV \left\{ \frac{1 + i \times n}{\left[1 + \frac{i(n-1)}{2}\right] n} \right\}$$

$$PMT_{JS} = 1.000 \left\{ \frac{1 + 0{,}1 \times 12}{\left[1 + \frac{0{,}1(12-1)}{2}\right] 12} \right\}$$

$$PMT_{JS} = 1.000 \left\{ \frac{1 + 1{,}2}{\left[1 + \frac{0{,}1(11)}{2}\right] 12} \right\}$$

$$PMT_{JS} = 1.000 \left\{ \frac{2{,}2}{\left[1 + \frac{1{,}1}{2}\right] 12} \right\}$$

$$PMT_{JS} = 1.000 \left\{ \frac{2{,}2}{\left[1 + 0{,}55\right] 12} \right\}$$

$$PMT_{JS} = 1.000 \left\{ \frac{2{,}2}{\left[1{,}55\right] 12} \right\}$$

$$PMT_{JS} = 1.000 \left\{ \frac{2{,}2}{18{,}6} \right\}$$

$$PMT_{JS} = 1.000 \{0{,}118280...\}$$

$$PMT_{JS} = \text{R\$ } 118{,}28$$

6.3.1 Comprovação científica do cálculo da prestação (PMT_{JS}) a juros simples pelo método do valor futuro (FV)

Para que não fique nenhuma dúvida quanto ao conceito fórmula do cálculo da prestação a juros simples, vamos demonstrar, cientificamente, que tal fórmula é perfeita.

Na opção 1 de solução, demonstramos que, a partir do valor futuro (*FV*), é possível chegar ao valor da prestação (PMT_{JS}). Assim sendo, o modelo estará cientificamente comprovado na medida em que o resultado do valor futuro (*FV*), pela Fórmula nº 9: $FV = PV\ (1 + i \times n)$ seja exatamente igual às somas dos valores futuros (*FV*) de cada prestação (PMT_{JS}).

$$FV_n = PV\,(1 + i \times n_{n)} = \Sigma\,[\,FV_1 = PMT_{JS1}\,(1 + i \times n_{1)} + FV_2 = PMT_{JS2}\,(1 + i \times n_{2)} + ... + FV_n = PMT_{JSn}\,(1 + i \times n_{n)}\,]$$

Admitindo que $FV = 1.000\ (1 + 0{,}1 \times 12) =$ **R$ 2.200,00**, nossa prova científica estará baseada na confirmação da seguinte equação:

$$2.200 = \Sigma\,[\,FV_1 = PMT_{JS1}\,(1 + i \times n_{1)} + FV_2 = PMT_{JS2}\,(1 + i \times n_{2)} + ... + FV_n = PMT_{JSn}\,(1 + i \times n_{n)}\,]$$

Vamos à comprovação:

n	Prestação (PMT_{JS})	Prazo (*n*) de atualização	Fator de atualização	Valor futuro (FV) (PMT_{JS}) x (FA)
1	R$ 118,28	12-1 = 11 meses	1 + 0,1 x 11 = 2,1	R$ 248,39
2	R$ 118,28	12-2 = 10 meses	1 + 0,1 x 10 = 2,0	R$ 236,56
3	R$ 118,28	12-3 = 9 meses	1 + 0,1 x 9 = 1,9	R$ 224,73
4	R$ 118,28	12-4 = 8 meses	1 + 0,1 x 8 = 1,8	R$ 212,90
5	R$ 118,28	12-5 = 7 meses	1 + 0,1 x 7 = 1,7	R$ 201,08
6	R$ 118,28	12-6 = 6 meses	1 + 0,1 x 6 = 1,6	R$ 189,25
7	R$ 118,28	12-7 = 5 meses	1 + 0,1 x 5 = 1,5	R$ 177,42
8	R$ 118,28	12-8 = 4 meses	1 + 0,1 x 4 = 1,4	R$ 165,59
9	R$ 118,28	12-7 = 3 meses	1 + 0,1 x 3 = 1,3	R$ 153,75
10	R$ 118,28	12-10 = 2 meses	1 + 0,1 x 2 = 1,2	R$ 141,94
11	R$ 118,28	12-11 = 1 mês	1 + 0,1 x 1 = 1,1	R$ 130,11
12	R$ 118,28	12-12 = 0 mês	1 + 0,1 x 0 = 1,0	R$ 118,28
TOTAL	R$ 1.419,36	————	18,6	R$ 2.200,00

Conclusão: Quando atualizamos cada prestação (PMT_{JS}) de R$ 118,28 pelo seu respectivo **fator de atualização (*FA*)**, temos o valor futuro (*FV*) total de R$ 2.200,00, tal qual encontramos pela Fórmula nº 9: $FV = PV\ (1 + i\ x\ n)$, fórmula esta deduzida a partir das teorias de Gauss,[1] fundamentada pelos conceitos das progressões aritméticas (*PA*). Portanto, ficam comprovadas cientificamente as fórmulas:

opção 1:

Fórmula nº 62:

$$PMTjs = \frac{FV}{\left[1 + \frac{i\,(n-1)}{2}\right] n}$$

e a **opção 2:**

Fórmula nº 63:

$$PMTjs = PV \left\{ \frac{1 + i x n}{\left[1 + \frac{i\,(n-1)}{2}\right] n} \right\}$$

para fins de cálculo da prestação (PMT_{JS}) periódica a juros simples.

6.3.2 Cálculo do valor futuro (FV) a partir de uma série uniforme de prestações (PMT_{JS}) a juros simples

Neste tópico, verificaremos como é possível encontrar o valor futuro (*FV*) a partir de uma única prestação (PMT_{JS}), pertencente a uma série uniforme de pagamentos. Para tanto, devemos aplicar a seguinte fórmula:

Fórmula nº 64

$$FV = PMTjs \left\{ \left[1 + \frac{i\,(n-1)}{2}\right] n \right\}$$

Em que:

PMT_{JS} = prestação ou parcela;

i = taxa de juro;

n = número de termos;

FV = valor futuro.

[1] Ver página 29.

EXEMPLO 69

Com base nos dados: PMT_{JS} = R\$ 118,28, i = 10% ao mês, n = 12 meses, calcular o valor futuro (FV).

Dados:

PMT_{JS} = R\$ 118,28

i = 10% a.m.

n = 12 meses

FV = ?

Solução 1: algébrica

$$FV = PMT_{JS} \left\{ \left[1 + \frac{i\,(n-1)}{2} \right] n \right\}$$

$$FV = 118{,}28 \left\{ \left[1 + \frac{0{,}1\,(12-1)}{2} \right] 12 \right\}$$

$$FV = 118{,}28 \left\{ \left[1 + \frac{0{,}1\,(11)}{2} \right] 12 \right\}$$

$$FV = 118{,}28 \left\{ \left[1 + \frac{1{,}1}{2} \right] 12 \right\}$$

$$FV = 118{,}28\ \{[\,1 + 0{,}55\,]\ 12\}$$

$$FV = 118{,}28\ \{[1{,}55]\ 12\}$$

$$FV = 118{,}28\ \{18{,}6\}$$

$$FV = R\$\ 2.200{,}00$$

6.3.3 Cálculo do valor presente (PV) a partir de uma série uniforme de pagamentos (PMT_{JS}) a juros simples

Com a **Fórmula nº 63:** $PMT_{JS} = PV \left\{ \dfrac{1 + i \times n}{\left[1 + \dfrac{i\,(n-1)}{2} \right] n} \right\}$, demonstramos como é possível calcular o valor da prestação (PMT_{JS}) a juros simples (***método linear*** ou ***de Gauss***). Para calcular o valor presente (PV) de uma série uniforme de prestações (PMT_{JS}), basta colocar o PV em evidência, vejamos:

Fórmula nº 65

$$PV = PMT_{JS}\left\{\frac{\left[1+\frac{i\,(n-1)}{2}\right]n}{1+i\,x\,n}\right\}$$

EXEMPLO 70

Calcular o valor presente (*PV*) com base na taxa de juros; i = 10% ao mês, n = 12 meses e PMT_{JS} = R$ 118,28.

Dados:

PMT_{JS} = R$ 118,28

i = 10% a.m.

n = 12 meses

PV = ?

Solução 1: algébrica

$$PV = PMT_{JS}\left\{\frac{\left[1+\frac{i\,(n-1)}{2}\right]n}{1+i\,x\,n}\right\}$$

$$PV = 118.28\left\{\frac{\left[1+\frac{0{,}1\,(12-1)}{2}\right]12}{1+0{,}1\,x\,12}\right\}$$

$$PV = 118.28\left\{\frac{\left[1+\frac{0{,}1\,(11)}{2}\right]12}{1+1{,}2}\right\}$$

$$PV = 118.28\left\{\frac{\left[1+\frac{1{,}1}{2}\right]12}{2{,}2}\right\}$$

$$PV = 118.28\left\{\frac{\left[1+0{,}55\right]12}{2{,}2}\right\}$$

$$PV = 118.28\left\{\frac{\left[1{,}55\right]12}{2{,}2}\right\}$$

$$PV = 118.28\left\{\frac{18{,}6}{2{,}2}\right\}$$

$$PV = 118.28\,\{8{,}454545...\}$$

PV = R$ 1.000,00

6.3.4 Cálculo do valor presente (PV) de prestação (PMT_{JS}) por prestação (PMT_{JS}) a juros simples

Na **Fórmula nº 65:** $PV = PMT_{JS}\left\{\dfrac{\left[1+\dfrac{i\,(n-1)}{2}\right]n}{1+i\times n}\right\}$ verificamos como é possível, a partir de uma única prestação (PMT_{JS}) fixa, encontrar o valor presente (PV) total de uma série uniforme de pagamentos.

Neste tópico, abordaremos novamente o cálculo do valor presente (PV), só que, nesse caso, o cálculo será feito PMT_{JS} por PMT_{JS}, ou seja, prestação por prestação. Com esse cálculo será possível determinar o saldo devedor *(SD)* de cada prestação (PMT_{JS}) em determinado momento do financiamento (cálculos de antecipação de pagamentos), em que o devedor/consumidor, de acordo com o CDC,[2] tem direito a 100% de desconto dos juros futuros.

Mas esse cálculo merece uma contextualização especial.

Em 6 de agosto de 2009, participei de uma reunião na sede do **MPSP**[3] com a doutora **Adriana Borghi Fernandes Monteiro**, promotora de justiça e coordenadora da área do consumidor do C.A.O. Cível e de Tutela Coletiva do Ministério Público do Estado de São Paulo. Também estava presente a senhora **Neide Ayoub**, do Observatório Social das Relações de Consumo, da Fundação Procon/SP. Na oportunidade, discutiu-se sobre a capitalização de juros compostos no **PMCMV**[4] (Lei nº 11.977/09) do Governo Federal e suas consequências sociais. Após o término de nossa reunião, a convite da senhora Neide Ayoub, fomos ao encontro do professor José Dutra Vieira Sobrinho, e, não por acaso, nossa reunião não programada se deu no Pátio do Colégio,[5] marco zero da cidade de São Paulo. Travamos uma rica e proveitosa discussão sobre a aplicabilidade do Sistema de Amortização a Juros Simples (método de Gauss), quando o professor Dutra disse: "O método de Gauss não pode ser aplicado, simplesmente porque não fecha". Saí daquele encontro com essa dúvida, mas depois constatei que o professor Dutra tinha sua razão, porque, quando fiz a contraprova do método pelo cálculo do valor presente *(PV)*, verifiquei que este não fechava.

Daí em diante, concentrei meus estudos e pesquisas no sentido de preencher tal lacuna, que ora apresento neste tópico.

Aqueles que até agora tinham essa situação, **como argumento válido para não adotar o Sistema de Amortização a Juros Simples (método de Gauss)** em financiamentos, terão necessariamente de rever seus conceitos, ou seja, os bancos não terão mais desculpas para ignorar o método de Gauss, tendo em vista que o método fecha de A a Z.

---

[2] Código de Defesa e Proteção do Consumidor (CDC) – Lei nº 8.078, de 11 de setembro de 1990.

[3] MPSP – Ministério Público do Estado de São Paulo.

[4] PMCMV – Programa Minha Casa, Minha Vida (Lei nº 11.977/09).

[5] O Pateo do Collegio foi o local onde São Paulo nasceu, a partir da construção de uma pequena cabana de pau a pique onde se reuniam 13 jesuítas, entre eles José de Anchieta e o padre Manoel da Nóbrega, empenhados em catequizar os nativos. Na época, localizado no alto de uma colina e cercado dos rios Tamanduateí e Anhangabaú, o lugar, chamado de Vila São Paulo de Piratininga, era uma opção estratégica de segurança. (Fonte: http://www.cidadedesaopaulo.com/sp/o-que-visitar/pontos-turisticos/215-pateo-do-collegio. Acesso em: 4 mar. 2015.)

Dentre os vários professores de matemática financeira que conheço, o professor Dutra talvez seja o maior defensor dos juros compostos e, por ironia do destino, sem saber, foi meu marco zero para solucionar essa questão a favor dos juros simples, ou seja, a viabilização do método de Gauss em financiamentos.

Foto do encontro histórico no Pátio do Colégio em São Paulo/SP. A senhora Neide Ayoub – Procon/SP (à esquerda), o professor Dutra (no centro) e o professor Castelo Branco (à direita).

Deus realmente escreve certo por linhas tortas.

Na verdade, os professores terão de se posicionar ao lado daqueles que defendem os bancos que tanto massacram a população brasileira ou daqueles que procuram um sistema mais justo para a sociedade.

Os autores de livros de matemática financeira, por sua vez, terão de atualizar suas obras, uma vez que a maioria dos livros brasileiros que tratam do tema é incompleta no que diz respeito aos conceitos dos juros simples e às teorias de Gauss. Tenho observado que os autores se limitam a calcular o valor futuro *(FV)*, valor presente *(PV)*, taxa de juros *(i)* e prazo *(n)*, não fazendo nenhuma referência ao modelo de financiamento em prestações fixas ou sistema de amortização. Em resumo, podemos dizer que os professores e os autores terão de se posicionar a favor dos bancos ou da justiça brasileira.

Em nossas pesquisas, a única referência sobre o cálculo que ora apresentaremos foi vista no livro do professor Meschiatti,[6] em que ele faz uma demonstração em forma de planilha, que agora estamos transformando em fórmula, a saber:

Fórmula nº 66

$$PV = PMT_{js} \left[\frac{1 + i\,(n_n - 1)}{1 + i \times n} \right]$$

[6] NOGUEIRA, José Jorge Meschiatti. *Tabela Price*: mitos e paradigmas. 2. ed. Campinas: Millennium, 2008, p. 149.

Em que:

PV = valor presente;

PMT_{JS} = prestação ou parcelas;

i = taxa de juros;

n_n = período procurado;

n = número de parcela do financiamento.

EXEMPLO 71

Calcular o valor presente (PV) de cada prestação, com base na taxa de juros; i = 10% ao mês, n = 12 meses e PMT_{JS} = R$ 118,28.

Dados:

PMT_{JS} = R$ 118,28

i = 10% a.m.

n = 12 meses

PV = ?

Solução 1: algébrica

$$PV1 = 118{,}28\left[\frac{1 + 0{,}1\,(1-1)}{1 + 0{,}1 \times 12}\right] = 118{,}28\left[\frac{1 + 0{,}1\,(0)}{1 + 1{,}2}\right] = 118{,}28\left[\frac{1 + 0}{2{,}2}\right] = 118{,}28\left[\frac{1}{2{,}2}\right] = 118{,}28 \times 0{,}454545... = R\$\ 53{,}76$$

$$PV2 = 118{,}28\left[\frac{1 + 0{,}1\,(2-1)}{1 + 0{,}1 \times 12}\right] = 118{,}28\left[\frac{1 + 0{,}1\,(1)}{1 + 1{,}2}\right] = 118{,}28\left[\frac{1 + 0{,}1}{2{,}2}\right] = 118{,}28\left[\frac{1{,}1}{2{,}2}\right] = 118{,}28 \times 0{,}500000... = R\$\ 59{,}14$$

$$PV3 = 118{,}28\left[\frac{1 + 0{,}1\,(3-1)}{1 + 0{,}1 \times 12}\right] = 118{,}28\left[\frac{1 + 0{,}1\,(2)}{1 + 1{,}2}\right] = 118{,}28\left[\frac{1 + 0{,}2}{2{,}2}\right] = 118{,}28\left[\frac{1{,}2}{2{,}2}\right] = 118{,}28 \times 0{,}545455... = R\$\ 64{,}52$$

$$PV4 = 118{,}28\left[\frac{1 + 0{,}1\,(4-1)}{1 + 0{,}1 \times 12}\right] = 118{,}28\left[\frac{1 + 0{,}1\,(3)}{1 + 1{,}2}\right] = 118{,}28\left[\frac{1 + 0{,}3}{2{,}2}\right] = 118{,}28\left[\frac{1{,}3}{2{,}2}\right] = 118{,}28 \times 0{,}590909... = R\$\ 69{,}89$$

$$PV5 = 118{,}28\left[\frac{1 + 0{,}1\,(5-1)}{1 + 0{,}1 \times 12}\right] = 118{,}28\left[\frac{1 + 0{,}1\,(4)}{1 + 1{,}2}\right] = 118{,}28\left[\frac{1 + 0{,}4}{2{,}2}\right] = 118{,}28\left[\frac{1{,}4}{2{,}2}\right] = 118{,}28 \times 0{,}636364... = R\$\ 75{,}27$$

$$PV6 = 118{,}28\left[\frac{1 + 0{,}1\,(6-1)}{1 + 0{,}1 \times 12}\right] = 118{,}28\left[\frac{1 + 0{,}1\,(5)}{1 + 1{,}2}\right] = 118{,}28\left[\frac{1 + 0{,}5}{2{,}2}\right] = 118{,}28\left[\frac{1{,}5}{2{,}2}\right] = 118{,}28 \times 0{,}681818... = R\$\ 80{,}65$$

$$PV7 = 118{,}28\left[\frac{1 + 0{,}1\,(7-1)}{1 + 0{,}1 \times 12}\right] = 118{,}28\left[\frac{1 + 0{,}1\,(6)}{1 + 1{,}2}\right] = 118{,}28\left[\frac{1 + 0{,}6}{2{,}2}\right] = 118{,}28\left[\frac{1{,}6}{2{,}2}\right] = 118{,}28 \times 0{,}727273... = R\$\ 86{,}02$$

$$PV8 = 118{,}28\left[\frac{1 + 0{,}1\,(8-1)}{1 + 0{,}1 \times 12}\right] = 118{,}28\left[\frac{1 + 0{,}1\,(7)}{1 + 1{,}2}\right] = 118{,}28\left[\frac{1 + 0{,}7}{2{,}2}\right] = 118{,}28\left[\frac{1{,}7}{2{,}2}\right] = 118{,}28 \times 0{,}772727... = R\$\ 91{,}40$$

$$PV9 = 118{,}28\left[\frac{1 + 0{,}1\,(9-1)}{1 + 0{,}1 \times 12}\right] = 118{,}28\left[\frac{1 + 0{,}1\,(8)}{1 + 1{,}2}\right] = 118{,}28\left[\frac{1 + 0{,}8}{2{,}2}\right] = 118{,}28\left[\frac{1{,}8}{2{,}2}\right] = 118{,}28 \times 0{,}818182... = R\$\ 96{,}77$$

$$PV10 = 118{,}28\left[\frac{1 + 0{,}1\,(10-1)}{1 + 0{,}1 \times 12}\right] = 118{,}28\left[\frac{1 + 0{,}1\,(9)}{1 + 1{,}2}\right] = 118{,}28\left[\frac{1 + 0{,}9}{2{,}2}\right] = 118{,}28\left[\frac{1{,}9}{2{,}2}\right] = 118{,}28 \times 0{,}863636... = R\$\ 102{,}15$$

$$PV11 = 118{,}28\left[\frac{1 + 0{,}1\,(11-1)}{1 + 0{,}1 \times 12}\right] = 118{,}28\left[\frac{1 + 0{,}1\,(10)}{1 + 1{,}2}\right] = 118{,}28\left[\frac{1 + 1{,}0}{2{,}2}\right] = 118{,}28\left[\frac{2{,}0}{2{,}2}\right] = 118{,}28 \times 0{,}909091... = R\$\ 107{,}53$$

$$PV12 = 118{,}28\left[\frac{1 + 0{,}1\,(12-1)}{1 + 0{,}1 \times 12}\right] = 118{,}28\left[\frac{1 + 0{,}1\,(11)}{1 + 1{,}2}\right] = 118{,}28\left[\frac{1 + 1{,}10}{2{,}2}\right] = 118{,}28\left[\frac{2{,}10}{2{,}2}\right] = 118{,}28 \times 0{,}954545... = R\$\ 112{,}90$$

PV1 + PV2 + PV3 + PV4 + PV5 + PV6 + PV7 + PV8 + PV9 + PN10 + PV11 + PV12 = R$ 1.000,00

Solução 2: Excel® (por meio do fator de valor presente)

	Taxa =>	10,00%	ao mês
n	*PMT-JS*	*Fator de PV*	*PV*
1	118,28	0,454545...	53,76
2	118,28	0,500000...	59,14
3	118,28	0,545455...	64,52
4	118,28	0,590909...	69,89
5	118,28	0,636364...	75,27
6	118,28	0,681818...	80,65
7	118,28	0,727273...	86,02
8	118,28	0,772727...	91,40
9	118,28	0,818182...	96,77
10	118,28	0,863636...	102,15
11	118,28	0,909091...	107,53
12	118,28	0,954545...	112,90
	1.419,36	8,554545...	1.000,00

6.4 EXERCÍCIOS SOBRE SÉRIES UNIFORMES DE PAGAMENTOS POSTECIPADAS E ANTECIPADAS PELO REGIME DE JUROS COMPOSTOS E SIMPLES

1) Determinar o valor futuro de um investimento mensal de R$ 1.000,00, durante 5 meses, à taxa de 5% ao mês (série postecipada).
Resposta: R$ 5.525,63.

2) Determinar o valor do investimento necessário para garantir um recebimento anual de R$ 10.000,00, no fim de cada um dos próximos 8 anos, sabendo-se que esse investimento é remunerado com uma taxa de 10% ao ano, no regime de juros compostos.
Resposta: R$ 53.349,26.

continuação

3) Determinar o valor das prestações mensais de um financiamento realizado com a taxa efetiva de 2,5% ao mês, sabendo-se que o valor presente é de R$ 1.000,00 e que o prazo é de 4 meses.

Resposta: R$ 265,82.

4) Um automóvel custa, à vista, R$ 14.480,00, e pode ser financiado em 48 parcelas mensais e iguais, com a taxa de 1,8% ao mês. Determinar o valor das prestações.

Resposta: R$ 453,07.

5) Paulo deseja presentear seu filho Marcos com um carro que hoje custa aproximadamente R$ 13.000,00, desde que Marcos consiga a aprovação no vestibular. Sabemos que Marcos hoje tem 12 anos e, se tudo correr bem, com 18 anos ingressará na faculdade. Quanto Paulo deverá economizar por mês, considerando-se uma previsão de inflação de 7% ao ano?

Resposta: R$ 220,30.

6) No exercício 4, considere uma entrada de 20% e uma taxa de 1,5% ao mês para recalcular o valor da prestação.

Resposta: R$ 340,28.

7) Uma loja "A" oferece uma televisão por R$ 630,00 em 3 vezes iguais (1 + 2) ou com 5% de desconto para pagamento à vista. Na loja "B", considerando o mesmo preço à vista, a mesma televisão é comercializada em 24 pagamentos iguais de R$ 47,69, sem entrada. Determinar a taxa de juros praticada pelas lojas "A" e "B".

Resposta: Loja A = 5,36% ao mês; Loja B = 6% ao mês.

8) Marcelo paga uma prestação de R$ 375,25 mensais por conta do financiamento de seu apartamento. Sabendo-se que a taxa do financiamento é de 6,1678% ao ano e que o valor do imóvel foi estimado pelo agente financeiro em R$ 50.000,00, pergunta-se: em quantos meses foi financiado o apartamento de Marcelo?

Resposta: 220 meses.

9) (ACE-TCU/98) Um indivíduo deseja obter R$ 100.000,00 para comprar um apartamento ao fim de um ano e, para isso, faz um contrato com um banco em que se compromete a depositar mensalmente, durante um ano, a quantia de R$ 3.523,10, com rendimento acertado de 3% ao mês, iniciando o primeiro

depósito ao fim do primeiro mês. Transcorrido um ano, o banco se compromete a financiar o saldo restante dos R$ 100.000,00, à taxa de 4% ao mês, em 12 parcelas mensais iguais, vencendo a primeira ao fim de 30 dias. Calcular a prestação mensal desse financiamento.

Resposta: R$ 5.327,61.

10) (AFTN/98) Uma compra no valor de R$ 10.000,00 deve ser paga com uma entrada de 20% e o saldo devedor financiado em 12 prestações mensais iguais, vencendo a primeira prestação ao fim de um mês, a uma taxa de 4% ao mês. Levando-se em conta que esse sistema de amortização corresponde a uma anuidade ou rendas certas, em que o valor da anuidade corresponde ao saldo devedor, e que os termos da anuidade correspondem às prestações, calcular a prestação mensal.

Resposta: R$ 852,42.

11) (Analista de Orçamento/98) Uma pessoa depositou mensalmente a quantia de R$ 100,00 em uma caderneta de poupança, à taxa de 3% ao mês. Os depósitos foram feitos no último dia útil de cada mês e o juro foi pago no primeiro dia útil de cada mês, incidindo sobre o montante do início do mês anterior. O primeiro depósito foi feito em 31 de janeiro e não foram feitas retiradas de capital. O montante em 1º de outubro deve ser:

Resposta: R$ 1.015,91.

12) (FTE-RS/91) Calcular o preço à vista de uma mercadoria que é vendida a prazo em 10 prestações mensais, pagáveis no dia 1º de cada mês, de R$ 10.000,00 cada uma, considerando-se os juros compostos capitalizados mensalmente à taxa de 9% ao mês e sabendo-se que a primeira prestação será paga 3 meses após a compra. Desprezar os centavos na resposta.

Resposta: R$ 54.016.

13) (Analista de Orçamento/98) Uma dívida, no valor de R$ 9.159,40, vai ser paga em 5 prestações mensais iguais e consecutivas, a primeira delas vencendo ao completar 3 meses da data do contrato. Os juros são compostos, à taxa de 3% ao mês. O valor de cada uma das prestações deve ser:

Resposta: R$ 9.159,40.

continuação

14) (AFTN/96) Uma pessoa paga uma entrada no valor de R$ 23,60 na compra de um equipamento e paga mais 4 prestações mensais, iguais e sucessivas no valor de R$ 14,64 cada uma. A instituição financiadora cobra uma taxa de juros de 120% ao ano, capitalizados mensalmente (juros compostos). Com base nessas informações, podemos afirmar que o valor que mais se aproxima do valor à vista do equipamento adquirido é:

Resposta: R$ 70,00.

15) (AFTN/96) Um empréstimo de R$ 20.900,00 foi realizado com uma taxa de juros de 36% ao ano, capitalizados trimestralmente, e deverá ser liquidado mediante o pagamento de 2 prestações trimestrais, iguais e consecutivas (a primeira com vencimento ao término do primeiro trimestre, e a segunda com vencimento ao término do segundo trimestre). Qual é o valor de cada prestação?

Resposta: R$ 11.881,00.

16) (AFTN/85) Uma máquina tem o preço de R$ 2.000.000,00, podendo ser financiada com 10% de entrada e o restante em prestações trimestrais, iguais e sucessivas. Sabendo-se que a financiadora cobra juros compostos de 28% ao ano, capitalizados trimestralmente, e que o comprador está pagando R$ 205.821,00 por trimestre, a última prestação vencerá em:

Resposta: 3 anos e 6 meses.

17) Uma cliente tinha uma dívida no cartão de crédito das lojas C&A Modas que venceu em 26/4/2001 no valor de R$ 278,20. Em 9/9/2001, verificou-se que a dívida já estava acumulada em R$ 346,91; nessa mesma data, essa cliente resolveu financiar sua dívida e a proposta da loja foi a seguinte: uma entrada de R$ 120,00 e 2 pagamentos iguais de R$ 122,11. Pergunta-se: Qual é a taxa de juros aplicada pela loja na atualização e no financiamento da dívida?

Resposta: 4,99% ao mês, a taxa de atualização, e 5,04% ao mês, a taxa do financiamento.

18) Um automóvel foi financiado em 36 parcelas iguais de R$ 537,14 pelo Banco da Praça S/A, devendo a primeira prestação ser paga 30 dias após a data de contratação do financiamento; considerando-se uma taxa de 2% ao mês, calcular o valor do financiamento.

Resposta: R$ 13.691,08.

19) Um imóvel no valor de R$ 150.000,00 é financiado em 300 meses com a taxa de 1,5% ao mês. Determinar o valor da prestação mensal pelo método da Tabela Price e pelo método de Gauss.

Resposta: R$ 2.276,14 (Tabela Price)
R$ 848,11 (método de Gauss)

capítulo ■ 7

Sistemas de amortização de empréstimos e financiamentos

Estudamos, no Capítulo 6, as várias formas de cálculo de prestações para uma série uniforme de pagamento, tanto postecipada quanto antecipada. Agora, estudaremos as metodologias de vários sistemas de amortização de empréstimos e financiamentos, e, ainda, a metodologia para calcular as prestações não uniformes, ou seja, aquelas que mudam a cada período do empréstimo ou financiamento.

- **Empréstimo** – Recurso financeiro que, em tese, não necessita ser justificado quanto à sua finalidade; por exemplo: cheque especial e CDC (Crédito Direto ao Consumidor), entre outros.
- **Financiamento** – Recurso financeiro que tem a necessidade de ser justificado quanto à sua finalidade; por exemplo: compra de um automóvel, imóvel, crediário, entre outros.

No financiamento, sempre existirá um bem ou serviço vinculado à liberação dos recursos financeiros, enquanto no empréstimo exige-se apenas uma garantia de devolução dos recursos financeiros emprestados.

Considere as seguintes nomenclaturas que usaremos para desenvolver as tabelas ou planilhas de amortização:

- **Saldo devedor** – é o valor nominal do empréstimo ou financiamento, ou simplesmente o valor presente (PV) na data focal "0" (zero), que é diminuído da parcela de amortização a cada período (n);
- **Amortização** – parcela que é deduzida do saldo devedor a cada pagamento;
- **Juros compensatórios** – é o valor calculado a partir do saldo devedor e posteriormente somado à parcela de amortização;

- **Prestação** – popularmente entende-se a prestação como o pagamento a cada período (n), composto pela parcela de amortização mais juros compensatórios (J), ou seja, é o valor que pagamos no caixa do banco, das lojas etc.

 Porém, gostaria de propor aos leitores outra forma de pensar a respeito do conceito de prestação. Vamos admitir um valor de R$ 18.000,00 que deve ser pago em 36 parcelas mensais iguais, sem juros, encargos e outras despesas. Assim sendo, para calcularmos o valor da prestação, basta dividir o valor principal pela quantidade de períodos **(R$ 18.000,00 ÷ 36 = R$ 500,00)**.

 Logo, é possível afirmar que, não havendo juros, encargos e outras despesas, o valor da prestação seria de **R$ 500,00**. Entretanto, se calcularmos a prestação pelo método tradicional, supondo uma taxa de juros de 1% ao mês, nossa prestação será de **R$ 597,86**.

 Nesse caso, teremos:

 Valor principal da dívida .... R$ 500,00

 Juros.. R$ 97,86

 Total da parcela para pagamento .... R$ 597,86

 Vamos admitir, ainda, que a parcela será paga com 10 dias de atraso e, portanto, será acrescida de juros e multa. Neste momento, vamos fazer uma pergunta para reflexão:

Qual deverá ser o valor para base de cálculo dos juros e multa?

Partindo desse novo conceito, entendemos que o valor correto seria de R$ 500,00, tendo em vista que os juros não fazem parte da prestação e sim da parcela final para pagamento. Se aplicarmos juros e multa sobre o valor de R$ 597,86, estaremos praticando os **JUROS SOBRE JUROS**, o que vem sendo questionado por vários segmentos da sociedade.

NOVO CONCEITO DE PRESTAÇÃO

- **Prestação** – é o valor principal dividido pela quantidade de períodos (n) contratados.
- **Parcela** – é o valor final (prestação + juros, encargos e outras despesas) para pagamento.

7.1 SISTEMA FRANCÊS DE AMORTIZAÇÃO (SFA)

Esse sistema consiste no pagamento de empréstimos ou financiamentos com prestações iguais e periodicidade constante. É considerado o sistema de amortização mais utilizado pelas instituições financeiras e pelo comércio em geral.

O Sistema Francês de Amortização é assim chamado por ter sido inventado na França, por volta do século XVIII, pelo matemático inglês Richard Price, daí, portanto, a origem da denominação Sistema Price, também comumente chamado Tabela Price. Na verdade, a Tabela Price é um caso particular derivado do Sistema Francês de Amortização.

Nesse sistema, o financiamento (*PV*) é pago em parcelas (*PMT*) iguais, constituídas pela amortização do principal da dívida + juros compensatórios (*J*), que variam inversamente ao longo do tempo, ou seja, à medida que aumenta o valor da parcela de amortização há uma queda dos juros compensatórios, em função da redução do saldo devedor.

7.1.1 Principais características

As principais características do Sistema Francês de Amortização são:

- A prestação é constante durante todo o período do financiamento;
- A parcela de amortização aumenta a cada período (n);
- Os juros compensatórios diminuem a cada período (n).

EXEMPLO 72

Um banco empresta o valor de R$ 10.000,00, com a taxa de 10% ao mês, para ser pago em 5 pagamentos mensais, sem prazo de carência, calculado pelo Sistema Francês de Amortização (SFA). Pede-se: elaborar a planilha de financiamento.

Dados:

PV = R$ 10.000,00

n = 5 meses

i = 10% a.m.

PMT = ?

Solução 1: algébrica

a) Cálculo do valor da prestação (*PMT*) do financiamento

Usando a **Fórmula nº 37:**

$$PMT = PV \left[\frac{(1+i)^n \times i}{(1+i)^n - 1} \right]$$

$$PMT = 10.000 \left[\frac{(1+0,1)^5 \times 0,1}{(1+0,1)^5 - 1} \right]$$

$$PMT = 10.000 \left[\frac{(1,1)^5 \times 0,1}{(1,1)^5 - 1} \right]$$

$$PMT = 10.000 \left[\frac{1,610510... \times 0,1}{1,610510... - 1} \right]$$

$$PMT = 10.000 \left[\frac{0,1610551...}{0,610510...} \right]$$

$PMT = 10.000$ [0,263797...]

$PMT = R\$\ 2.637,97$

b) Cálculo dos juros (*J*)

Usando a **Fórmula nº 4:**

$$J = PV \times i \times n$$

Juros para o 1º período: J_1 = 10.000,00 x 0,1 x 1 = R$ 1.000,00

Juros para o 2º período: J_2 = 8.362,03 x 0,1 x 1 = R$ 836,20

Juros para o 3º período: J_3 = 6.560,26 x 0,1 x 1 = R$ 656,03

Juros para o 4º período: J_4 = 4.578,32 x 0,1 x 1 = R$ 457,83

Juros para o 5º período: J_5 = 2.398,18 x 0,1 x 1 = R$ 239,82

c) Cálculo da parcela de amortização (*PA*)

Fórmula nº 67

$$PA_n = PMT - J$$

Parcela de amortização para o 1º período: PA = 2.637,97 – 1.000,00 = R$ 1.637,97

Parcela de amortização para o 2º período: PA = 2.637,97 – 836,20 = R$ 1.801,77

Parcela de amortização para o 3º período: PA = 2.637,97 – 656,03 = R$ 1.981,94

Parcela de amortização para o 4º período: PA = 2.637,97 – 457,83 = R$ 2.180,14

Parcela de amortização para o 5º período: PA = 2.637,97 – 239,82 = R$ 2.398,15

d) Cálculo do saldo devedor

Fórmula nº 68

$$SD_n = SD_{(anterior)} - PA_n$$

SD_1 = 10.000,00 – 1.637,97 = **R$ 8.362,03**

SD_2 = 8.362,03 – 1.801,77 = **R$ 6.560,26**

SD_3 = 6.560,26 – 1.981,84 = **R$ 4.578,32**

SD_4 = 4.578,32 – 2.180,14 = **R$ 2.398,18**

SD_5 = 2.398,18 – 2.398,15 = **R$ 0,03**

Assim, teremos nossa planilha de financiamento:

n	Saldo devedor (SD_n)	Amortização (PA_n)	Juros (J)	Prestação (PMT)
0	10.000,00	0,00	0,00	0,00
1	8.362,03	1.637,97	1.000,00	2.637,97
2	6.560,26	1.801,77	836,20	2.637,97
3	4.578,32	1.981,94	656,03	2.637,97
4	2.398,18	2.180,14	457,83	2.637,97
5	0,03	2.398,15	239,82	2.637,97
		9.999,97	3.189,88	13.189,85

A diferença de 0,03 deve-se ao arredondamento

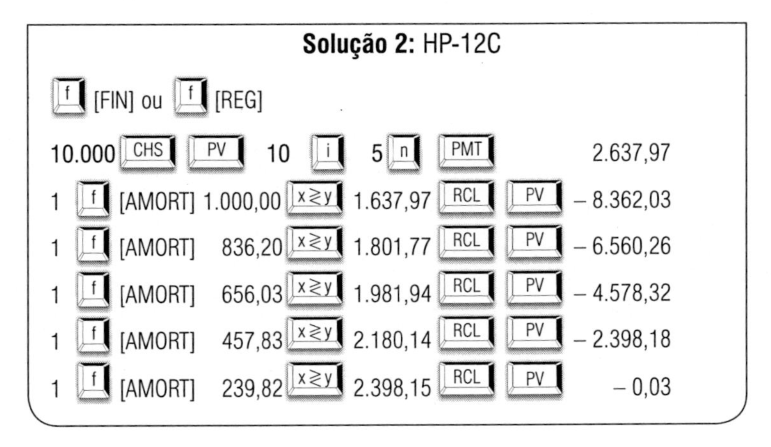

Solução 3: Excel®

Microsoft Excel - EXEMPLO 68

F14 = =SOMA(F8:F13)

VALOR DO FINANCIAMENTO (PV)	R$ 10.000,00
NÚMERO DE PRESTAÇÕES (n)	5
TAXA DE JUROS (i) ao mês	10,00%

n	Saldo Devedor (SD_n)	Amortização (PA_n)	Juros (J)	Prestação (PMT)
0	R$ 10.000,00	0,00	0,00	0,00
1	R$ 8.362,03	R$ 1.637,97	R$ 1.000,00	R$ 2.637,97
2	R$ 6.560,25	R$ 1.801,77	R$ 836,20	R$ 2.637,97
3	R$ 4.578,30	R$ 1.981,95	R$ 656,03	R$ 2.637,97
4	R$ 2.398,16	R$ 2.180,14	R$ 457,83	R$ 2.637,97
5	R$ 0,00	R$ 2.398,16	R$ 239,82	R$ 2.637,97
	Total	R$ 10.000,00	R$ 3.189,87	R$ 13.189,87

7.1.2 Sistema Francês (Carência + Juros Compensatórios)

Nesse caso, não haverá a parcela de amortização durante o período de carência, apenas o pagamento dos juros compensatórios.

73

Um banco empresta o valor de R$ 10.000,00, com a taxa de 10% ao mês, para ser pago em 5 pagamentos mensais, com 2 meses de carência, calculado pelo Sistema Francês de Amortização (SFA). Pede-se: elaborar a planilha de financiamento.

Dados:

PV = R$ 10.000,00

n = 5 meses

c = 2 meses

i = 10% a.m.

PMT = ?

Solução 1: algébrica

a) Cálculo dos juros compensatórios

Juros para o 1º período: J_1 = 10.000,00 x 0,1 x 1 = R$ 1.000,00

Juros para o 2º período: J_2 = 10.000,00 x 0,1 x 1 = R$ 1.000,00

Os demais valores serão exatamente iguais aos do exemplo anterior.

n	Saldo devedor (SD_n)	Amortização (PA_n)	Juros (J)	Prestação (PMT)
0	10.000,00	0,00	0,00	0,00
1	10.000,00	0,00	1.000,00	1.000,00
2	10.000,00	0,00	1.000,00	1.000,00
3	8.362,03	1.637,97	1.000,00	2.637,97
4	6.560,26	1.801,77	836,20	2.637,97
5	4.578,32	1.981,94	656,03	2.637,97
6	2.398,18	2.180,14	457,83	2.637,97
7	0,03	2.398,15	239,82	2.637,97
		9.999,97	5.189,88	15.189,85

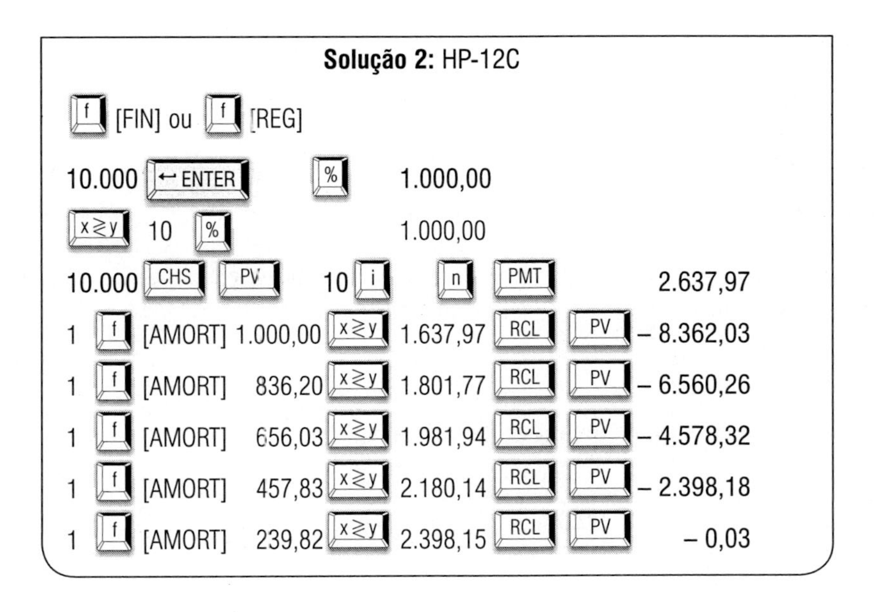

Solução 3: Excel®

Microsoft Excel - EXEMPLO 69

F16 = =SOMA(F8:F15)

VALOR DO FINANCIAMENTO (PV)	R$ 10.000,00
NÚMERO DE PRESTAÇÕES (n)	5
TAXA DE JUROS (i) ao mês	10,00%

n	Saldo Devedor (SD_n)	Amortização (PA_n)	Juros (J)	Prestação (PMT)
0	R$ 10.000,00	0,00	0,00	0,00
1	R$ 10.000,00	R$ 0,00	R$ 1.000,00	R$ 1.000,00
2	R$ 10.000,00	R$ 0,00	R$ 1.000,00	R$ 1.000,00
3	R$ 8.362,03	R$ 1.637,97	R$ 1.000,00	R$ 2.637,97
4	R$ 6.560,25	R$ 1.801,77	R$ 836,20	R$ 2.637,97
5	R$ 4.578,30	R$ 1.981,95	R$ 656,03	R$ 2.637,97
6	R$ 2.398,16	R$ 2.180,14	R$ 457,83	R$ 2.637,97
7	R$ 0,00	R$ 2.398,16	R$ 239,82	R$ 2.637,97
	Total	R$ 10.000,00	R$ 5.189,87	R$ 15.189,87

7.1.3 Sistema Francês (Carência + Saldo Devedor Corrigido)

Nesse caso, não se pagam juros compensatórios; na verdade, os juros serão acrescidos ao saldo devedor com base no regime de capitalização composta e, na sequência, calcula-se a prestação com base no conceito de uma série uniforme de pagamento postecipada.

Vejamos um exemplo:

EXEMPLO 74

Um banco empresta o valor de R$ 10.000,00, com taxa de 10% ao mês, para ser pago em 5 parcelas mensais com 2 meses de carência; porém, não haverá o respectivo pagamento de juros durante o período de carência, devendo, portanto, ser incorporado ao saldo devedor, calculado pelo Sistema Francês de Amortização (SFA). Pede-se: elaborar a planilha de financiamento.

Solução 1: algébrica

a) Atualização do saldo devedor durante o período de carência

Período 1:

Saldo Devedor = 10.000 x 1,1 = R$ 11.000,00

Período 2:

Saldo Devedor = 11.000,00 x 1,1 = R$ 12.100,00

b) Cálculo da prestação (*PMT*)

Dados:

PV = R$ 12.100,00

n = 5 meses

i = 10% a.m.

PMT = ?

$$PMT = 12.100 \left[\frac{(1 + 0,1)^5 \times 0,1}{(1 + 0,1)^5 - 1} \right]$$

$$PMT = 12.100 \left[\frac{(1,1)^5 \times 0,1}{(1,1)^5 - 1} \right]$$

$$PMT = 12.100 \left[\frac{1,610510... \times 0,1}{1,610510... - 1} \right]$$

$$PMT = 12.100 \left[\frac{0,1610551...}{0,610510...} \right]$$

$$PMT = 12.100\ [0,263797...]$$

$$PMT = R\$\ 3.191,95$$

n	Saldo devedor (SD_n)	Amortização (PA_n)	Juros (J)	Prestação (PMT)
0	10.000,00	0,00	0,00	0,00
1	11.000,00	0,00	0,00	0,00
2	12.100,00	0,00	0,00	0,00
3	10.118,05	1.981,95	1.210,00	3.191,95
4	7.937,91	2.180,14	1.011,81	3.191,95
5	5.539,75	2.398,16	793,79	3.191,95
6	2.901,78	2.637,97	553,98	3.191,95
7	0,01	2.901,77	290,18	3.191,95
		12.099,99	3.859,76	15.959,75

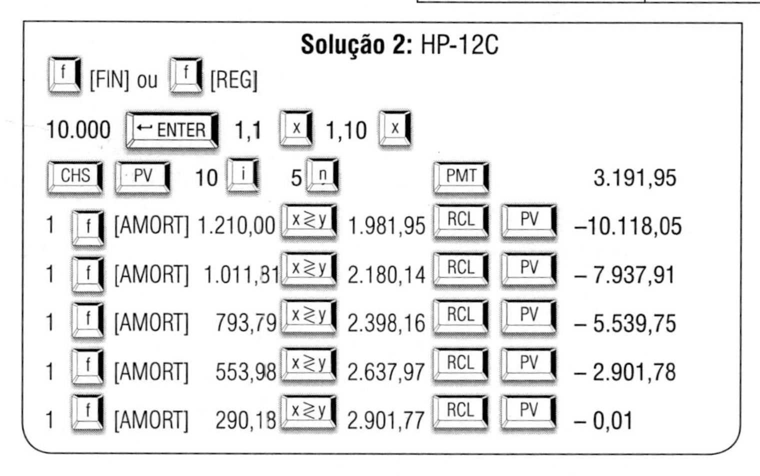

Solução 3: Excel®

Microsoft Excel - EXEMPLO 70

F16 = =SOMA(F8:F15)

VALOR DO FINANCIAMENTO (PV)	R$ 10.000,00
NÚMERO DE PRESTAÇÕES (n)	5
TAXA DE JUROS (i) ao mês	10,00%

n	Saldo Devedor (SD_n)	Amortização (PA_n)	Juros (J)	Prestação (PMT)
0	R$ 10.000,00	0,00	0,00	0,00
1	R$ 11.000,00	R$ 0,00	R$ 0,00	R$ 0,00
2	R$ 12.100,00	R$ 0,00	R$ 0,00	R$ 0,00
3	R$ 10.118,05	R$ 1.981,95	R$ 1.210,00	R$ 3.191,95
4	R$ 7.937,91	R$ 2.180,14	R$ 1.011,81	R$ 3.191,95
5	R$ 5.539,75	R$ 2.398,16	R$ 793,79	R$ 3.191,95
6	R$ 2.901,77	R$ 2.637,97	R$ 553,97	R$ 3.191,95
7	R$ 0,00	R$ 2.901,77	R$ 290,18	R$ 3.191,95
	Total	R$ 12.100,00	R$ 3.859,75	R$ 15.959,75

7.1.4 Sistema Price de Amortização ou Tabela Price

Como já comentamos no item 7.1, o Sistema Price de Amortização, ou simplesmente Tabela Price, é uma derivação do Sistema Francês de Amortização, diferenciando-se apenas nos seguintes pontos:

- A taxa é dada em termos nominais e normalmente é apresentada ao ano;
- O período do financiamento geralmente é menor que o tempo da taxa, e quase sempre é dado ao mês;
- Para transformar as taxas, usa-se o critério da proporcionalidade.

Acreditamos que todos já ouviram falar em Richard Price, o qual publicou, em 1771, sua obra com as teorias sobre a Tabela de Juros Compostos, à qual chamou de Tabela Price.

A terminologia Tabela Price é bastante confundida com o Sistema Francês de Amortização (SFA). O termo ficou assim conhecido em decorrência da publicação de várias tabelas cuja finalidade era facilitar os cálculos, tendo em vista a ausência de calculadoras financeiras e computadores na época.

Tanto a Tabela Price como o Sistema Francês de Amortização e outros que tiveram sua origem a partir dos estudos do professor Richard Price têm como base o sistema de capitalização composto de juros. Os cálculos levam em consideração o método exponencial, ou seja, é bom para o financiador e ruim para o financiado (tomador do empréstimo).

EXEMPLO 75

Um banco empresta o valor de R$ 10.000,00, com a taxa de 12% ao ano, para ser pago em 7 parcelas mensais sem prazo de carência, calculado pelo Sistema Price de Amortização ou Tabela Price. Pede-se: elaborar a planilha de financiamento.

Dados:

PV = R$ 10.000,00
i = 12% a.a. (12/12 = 1% a.m.)
n = 7 meses
PMT = ?

Solução 1: algébrica

$$PMT = 10.000 \left[\frac{(1 + 0{,}01)^7 \times 0{,}01}{(1 + 0{,}01)^7 - 1} \right]$$

$$PMT = 10.000 \left[\frac{(1{,}01)^7 \times 0{,}01}{(1{,}01)^7 - 1} \right]$$

$$PMT = 10.000 \left[\frac{1{,}072135... \times 0{,}01}{1{,}072135... - 1} \right]$$

$$PMT = 10.000 \left[\frac{0{,}010721...}{0{,}072135...} \right]$$

$$PMT = 10.000\ [0{,}148628...]$$

$$PMT = R\$\ 1.486{,}28$$

n	Saldo devedor (SD_n)	Amortização (PA_n)	Juros (J)	Prestação (PMT)
0	10.000,00	0,00	0,00	0,00
1	8.613,72	1.386,28	100,00	1.486,28
2	7.213,58	1.400,14	86,14	1.486,28
3	5.799,44	1.414,14	72,14	1.486,28
4	4.371,15	1.428,29	57,99	1.486,28
5	2.928,58	1.442,57	43,71	1.486,28
6	1.471,59	1.456,99	29,29	1.486,28
7	0,03	1.471,56	14,72	1.486,28
		9.999,97	403,99	10.403,96

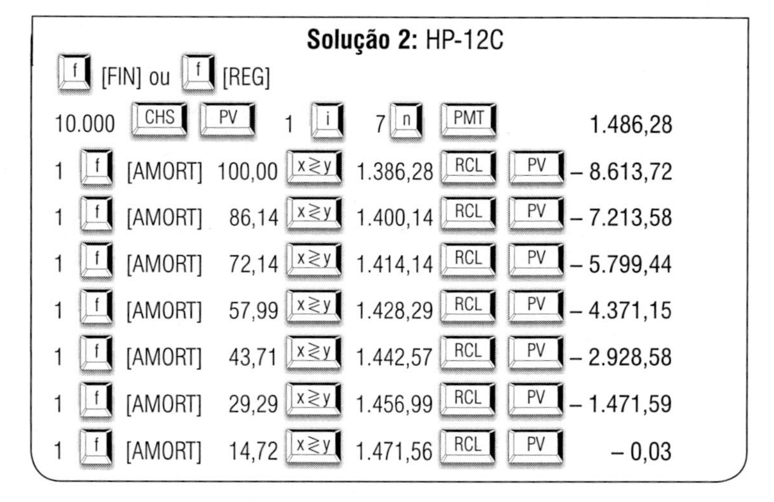
Solução 2: HP-12C

f [FIN] ou f [REG]

10.000 CHS PV 1 i 7 n PMT 1.486,28

1 f [AMORT] 100,00 x≷y 1.386,28 RCL PV – 8.613,72

1 f [AMORT] 86,14 x≷y 1.400,14 RCL PV – 7.213,58

1 f [AMORT] 72,14 x≷y 1.414,14 RCL PV – 5.799,44

1 f [AMORT] 57,99 x≷y 1.428,29 RCL PV – 4.371,15

1 f [AMORT] 43,71 x≷y 1.442,57 RCL PV – 2.928,58

1 f [AMORT] 29,29 x≷y 1.456,99 RCL PV – 1.471,59

1 f [AMORT] 14,72 x≷y 1.471,56 RCL PV – 0,03

Solução 3: Excel®

Microsoft Excel - EXEMPLO 71

Arquivo Editar Exibir Inserir Formatar Ferramentas Dados Janela Ajuda

F16 = =SOMA(F8:F15)

VALOR DO FINANCIAMENTO (PV)	R$ 10.000,00
NÚMERO DE PRESTAÇÕES (n)	7
TAXA DE JUROS (i) ao mês	1,00%

n	Saldo Devedor (SD_n)	Amortização (PA_n)	Juros (J)	Prestação (PMT)
0	R$ 10.000,00	0,00	0,00	0,00
1	R$ 8.613,72	R$ 1.386,28	R$ 100,00	R$ 1.486,28
2	R$ 7.213,57	R$ 1.400,15	R$ 86,14	R$ 1.486,28
3	R$ 5.799,42	R$ 1.414,15	R$ 72,14	R$ 1.486,28
4	R$ 4.371,14	R$ 1.428,29	R$ 57,99	R$ 1.486,28
5	R$ 2.928,56	R$ 1.442,57	R$ 43,71	R$ 1.486,28
6	R$ 1.471,57	R$ 1.457,00	R$ 29,29	R$ 1.486,28
7	R$ 2.899,57	R$ 1.471,57	R$ 14,72	R$ 1.486,28
	Total	R$ 10.000,00	R$ 403,98	R$ 10.403,98

7.2 SISTEMA DE AMORTIZAÇÃO CONSTANTE (SAC)

Como o próprio nome já diz, as parcelas de amortização (PA_n) serão constantes durante o período das amortizações. Nesse sistema de amortização, o financiamento é pago em prestações uniformemente decrescentes, constituídas por duas parcelas: amortização e juros. Enquanto a amortização permanece constante ao longo dos períodos (n), os juros dos períodos são uniformemente decrescentes.

EXEMPLO 76

Um banco empresta o valor de R$ 10.000,00, com a taxa de 10% ao mês, para ser pago em 5 parcelas mensais, sem prazo de carência, calculado pelo Sistema de Amortização Constante (SAC). Pede-se: elaborar a planilha de financiamento.

Dados:

PV = R$ 10.000,00

n = 5 meses

i = 10% a.m.

PMT = ?

Solução 1: algébrica

a) Cálculo da parcela de amortização (PA_n)

Fórmula nº 69

$$PA_n = \frac{VP \text{ ou } SD}{n_n}$$

$$PA_n = \frac{10.000}{5}$$

PA_n = R$ 2.000,00

b) Cálculo dos juros (J_n)

Usando a **Fórmula nº 4:**

$$J = PV \times i \times n$$

Juros para o 1º período: J_1 = 10.000,00 x 0,1 x 1 = R$ 1.000,00

Juros para o 2º período: J_2 = 8.000,00 x 0,1 x 1 = R$ 800,00

Juros para o 3º período: J_3 = 6.000,00 x 0,1 x 1 = R$ 600,00

Juros para o 4º período: J_4 = 4.000,00 x 0,1 x 1 = R$ 400,00

Juros para o 5º período: J_5 = 2.000,00 x 0,1 x 1 = R$ 200,00

c) Cálculo do saldo devedor (*SD*)

Fórmula nº 70

$$SD_n = SD_{(anterior)} - PA_n$$

$SD_1 = 10.000,00 - 2.000,00 = R\$\ 8.000,00$

$SD_2 = 8.000,00 - 2.000,00 = R\$\ 6.000,00$

$SD_3 = 6.000,00 - 2.000,00 = R\$\ 4.000,00$

$SD_4 = 4.000,00 - 2.000,00 = R\$\ 2.000,00$

$SD_5 = 2.000,00 - 2.000,00 = R\$\ 0,00$

d) Cálculo da prestação (PMT*n*)

Fórmula nº 71

$$PMT_n = PA + J_n$$

$PMT_1 = 2.000,00 + 1.000,00 = R\$\ 3.000,00$

$PMT_2 = 2.000,00 + 800,00 = R\$\ 2.800,00$

$PMT_3 = 2.000,00 + 600,00 = R\$\ 2.600,00$

$PMT_4 = 2.000,00 + 400,00 = R\$\ 2.400,00$

$PMT_5 = 2.000,00 + 200,00 = R\$\ 2.200,00$

Assim, teremos nossa planilha de financiamento:

n	Saldo devedor (SD_n)	Amortização (PA_n)	Juros (J)	Prestação (PMT)
0	10.000,00	0,00	0,00	0,00
1	8.000,00	2.000,00	1.000,00	3.000,00
2	6.000,00	2.000,00	800,00	2.800,00
3	4.000,00	2.000,00	600,00	4.600,00
4	2.000,00	2.000,00	400,00	2.400,00
5	0,00	2.000,00	200,00	2.200,00
		10.000,00	3.000,00	13.000,00

Solução 2: Excel®

Microsoft Excel - EXEMPLO 72

Arquivo Editar Exibir Inserir Formatar Ferramentas Dados Janela Ajuda

F14 = =SOMA(F8:F13)

VALOR DO FINANCIAMENTO (PV)	R$ 10.000,00
NÚMERO DE PRESTAÇÕES (n)	5
TAXA DE JUROS (i) ao mês	10,00%

n	Saldo Devedor (SD_n)	Amortização (PA_n)	Juros (J)	Prestação (PMT)
0	R$ 10.000,00	0,00	0,00	0,00
1	R$ 8.000,00	R$ 2.000,00	R$ 1.000,00	R$ 3.000,00
2	R$ 6.000,00	R$ 2.000,00	R$ 800,00	R$ 2.800,00
3	R$ 4.000,00	R$ 2.000,00	R$ 600,00	R$ 2.600,00
4	R$ 2.000,00	R$ 2.000,00	R$ 400,00	R$ 2.400,00
5	R$ 0,00	R$ 2.000,00	R$ 200,00	R$ 2.200,00
	Total	R$ 10.000,00	R$ 3.000,00	R$ 13.000,00

Se compararmos o Sistema de Amortização Constante (SAC) com o Sistema Francês, será fácil perceber que o volume de juros pagos com base no SAC é menor que o do Sistema Francês. Isso ocorre porque no SAC a parcela de amortização é maior no início do processo de amortização em relação ao Sistema Francês, portanto, o saldo devedor (*SD*) também é menor, e, em função disso, paga-se menos juros compensatórios.

7.2.1 Sistema SAC (carência + juros compensatórios)

Nesse caso, não haverá a parcela de amortização durante o período da carência, apenas o pagamento dos juros compensatórios.

EXEMPLO 77

Um banco empresta o valor de R$ 10.000,00, com a taxa de 10% ao mês, para ser pago em 5 parcelas mensais, com 2 meses de carência, calculado pelo Sistema de Amortização Constante (SAC). Pede-se: elaborar a planilha de financiamento.

Dados:

PV = R$ 10.000,00

n = 5 meses

c = 2 meses

i = 10% a.m.

PMT = ?

Solução 1: algébrica

a) Cálculo dos juros compensatórios

Juros para o 1º período: $J_1 = 10.000,00 \times 0,1 \times 1 =$ R$ 1.000,00

Juros para o 2º período: $J_2 = 10.000,00 \times 0,1 \times 1 =$ R$ 1.000,00

Os demais valores serão exatamente iguais ao exemplo anterior.

n	Saldo devedor (SD_n)	Amortização (PA_n)	Juros (J)	Prestação (PMT)
0	10.000,00	0,00	0,00	0,00
1	10.000,00	0,00	1.000,00	1.000,00
2	10.000,00	0,00	1.000,00	1.000,00
3	8.000,00	2.000,00	1.000,00	3.000,00
4	6.000,00	2.000,00	800,00	2.800,00
5	4.000,00	2.000,00	600,00	4.600,00
6	2.000,00	2.000,00	400,00	2.400,00
7	0,00	2.000,00	200,00	2.200,00
		10.000,00	5.000,00	15.000,00

Solução 2: Excel®

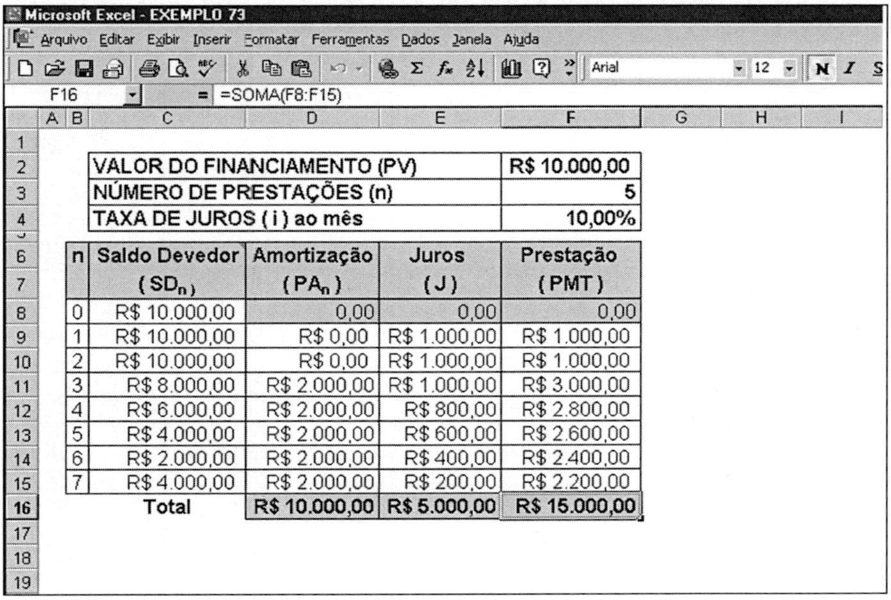

Microsoft Excel - EXEMPLO 73

Arquivo Editar Exibir Inserir Formatar Ferramentas Dados Janela Ajuda

F16 = =SOMA(F8:F15)

VALOR DO FINANCIAMENTO (PV)	R$ 10.000,00
NÚMERO DE PRESTAÇÕES (n)	5
TAXA DE JUROS (i) ao mês	10,00%

n	Saldo Devedor (SD_n)	Amortização (PA_n)	Juros (J)	Prestação (PMT)
0	R$ 10.000,00	0,00	0,00	0,00
1	R$ 10.000,00	R$ 0,00	R$ 1.000,00	R$ 1.000,00
2	R$ 10.000,00	R$ 0,00	R$ 1.000,00	R$ 1.000,00
3	R$ 8.000,00	R$ 2.000,00	R$ 1.000,00	R$ 3.000,00
4	R$ 6.000,00	R$ 2.000,00	R$ 800,00	R$ 2.800,00
5	R$ 4.000,00	R$ 2.000,00	R$ 600,00	R$ 2.600,00
6	R$ 2.000,00	R$ 2.000,00	R$ 400,00	R$ 2.400,00
7	R$ 4.000,00	R$ 2.000,00	R$ 200,00	R$ 2.200,00
	Total	R$ 10.000,00	R$ 5.000,00	R$ 15.000,00

7.2.2 Sistema SAC (carência + saldo devedor corrigido)

Nesse caso, não se pagam juros compensatórios. Na verdade, os juros serão acrescidos ao saldo devedor com base no regime de capitalização composta e, na sequência, calcula-se a prestação com base no conceito de uma série uniforme de pagamento postecipada.

Vejamos um exemplo:

78

Um banco empresta o valor de R$ 10.000,00, com taxa de 10% ao mês, para ser pago em 5 parcelas mensais, com 2 meses de carência; porém, não haverá o respectivo pagamento de juros durante o período de carência, devendo, portanto, ser incorporado ao saldo devedor, calculado pelo Sistema de Amortização Constante (SAC). Pede-se: elaborar a planilha de financiamento.

Solução 1: algébrica

a) Atualização do saldo devedor durante o período de carência

Período 1:

Saldo Devedor = 10.000,00 x 1,1 = R$ 11.000,00

Período 2:

Saldo Devedor = 11.000,00 x 1,1 = R$ 12.100,00

b) Para o cálculo das prestações (PMT_n), utilizam-se os mesmos métodos adotados nos exemplos anteriores do SAC.

n	Saldo devedor (SD_n)	Amortização (PA_n)	Juros (J)	Prestação (PMT)
0	10.000,00	0,00	0,00	0,00
1	11.000,00	0,00	0,00	0,00
2	12.100,00	0,00	0,00	0,00
3	9.680,00	2.420,00	1.210,00	3.630,00
4	7.260,00	2.420,00	968,00	3.388,00
5	4.840,00	2.420,00	726,00	3.146,00
6	2.420,00	2.420,00	484,00	2.904,00
7	0,00	2.420,00	242,00	2.662,00
		12.100,00	3.630,00	15.730,00

Solução 2: Excel®

Microsoft Excel - EXEMPLO 74

Arquivo Editar Exibir Inserir Formatar Ferramentas Dados Janela Ajuda

F16 = =SOMA(F8:F15)

VALOR DO FINANCIAMENTO (PV)	R$ 10.000,00
NÚMERO DE PRESTAÇÕES (n)	5
TAXA DE JUROS (i) ao mês	10,00%

n	Saldo Devedor (SD_n)	Amortização (PA_n)	Juros (J)	Prestação (PMT)
0	R$ 10.000,00	0,00	0,00	0,00
1	R$ 11.000,00	R$ 0,00	R$ 0,00	R$ 0,00
2	R$ 12.100,00	R$ 0,00	R$ 0,00	R$ 0,00
3	R$ 9.680,00	R$ 2.420,00	R$ 1.210,00	R$ 3.630,00
4	R$ 7.260,00	R$ 2.420,00	R$ 968,00	R$ 3.388,00
5	R$ 4.840,00	R$ 2.420,00	R$ 726,00	R$ 3.146,00
6	R$ 2.420,00	R$ 2.420,00	R$ 484,00	R$ 2.904,00
7	R$ -	R$ 2.420,00	R$ 242,00	R$ 2.662,00
	Total	R$ 12.100,00	R$ 3.630,00	R$ 15.730,00

7.3 SISTEMA DE AMORTIZAÇÃO MISTO (SAM)

Esse sistema foi originalmente desenvolvido para atender ao Sistema Financeiro da Habitação (SFH). Nesse caso, o financiamento é pago em prestações uniformemente decrescentes, constituídas por duas parcelas: amortização e juros, que correspondem à média aritmética das respectivas prestações do Sistema de Amortização Francês e do Sistema de Amortização Constante (SAC). Enquanto as amortizações são crescentes ao longo dos períodos (n), os juros dos períodos são decrescentes.

Vejamos um exemplo:

EXEMPLO 79

Um banco empresta o valor de R$ 10.000,00, com taxa de 10% ao mês, para ser pago em 5 parcelas mensais, sem prazo de carência, calculado pelo Sistema de Amortização Mista (SAM). Pede-se: elaborar a planilha de financiamento.

Dados:

PV = R$ 10.000,00

n = 5 meses

i = 10% a.m.

PMT = ?

Solução 1: algébrica

Vamos inicialmente considerar as planilhas de amortização do Sistema Francês e do Sistema SAC.

Sistema Francês (SFA)

n	Saldo devedor (SD_n)	Amortização (PA_n)	Juros (J)	Prestação (PMT)
0	10.000,00	0,00	0,00	0,00
1	8.362,03	1.637,97	1.000,00	2.637,97
2	6.560,26	1.801,77	836,20	2.637,97
3	4.578,32	1.981,94	656,03	2.637,97
4	2.398,18	2.180,14	457,83	2.637,97
5	0,03	2.398,15	239,82	2.637,97
		9.999,97	3.189,88	13.189,85

Sistema SAC

n	Saldo devedor (SD_n)	Amortização (PA_n)	Juros (J)	Prestação (PMT)
0	10.000,00	0,00	0,00	0,00
1	8.000,00	2.000,00	1.000,00	3.000,00
2	6.000,00	2.000,00	800,00	2.800,00
3	4.000,00	2.000,00	600,00	4.600,00
4	2.000,00	2.000,00	400,00	2.400,00
5	0,00	2.000,00	200,00	2.200,00
		10.000,00	3.000,00	13.000,00

a) Cálculo da prestação (PMT_n):

$$PMT_n = \frac{PMT_{SFA} + PMT_{SAC}}{2}$$

$$PMT_1 = \frac{2.637,97 + 3.000}{2} = \text{R\$ } 2.818,99$$

b) Cálculo dos juros (J_n):

$$J_n = \frac{J_{SFA} + J_{SAC}}{2}$$

$$J_1 = \frac{1.000 + 1.000}{2} = R\$\ 1.000,00$$

c) Cálculo da parcela de amortização (PA_n):

$$PA_n = \frac{PA_{SFA} + PA_{SAC}}{2}$$

$$PA_1 = \frac{1.637,97 + 2.000}{2} = R\$\ 1.818,99$$

d) Cálculo do saldo devedor (SD_n):

$$SD_n = \frac{SD_{SFA} + SD_{SAC}}{2}$$

$$SD_1 = \frac{8.362,03 + 8.000}{2} = R\$\ 8.181,02$$

Sistema Misto *(SAM)*

n	Saldo devedor (SD_n)	Amortização (PA_n)	Juros (J)	Prestação (PMT)
0	R$ 10.000,00	0,00	0,00	0,00
1	R$ 8.181,01	R$ 1.818,99	R$ 1.000,00	R$ 2.818,99
2	R$ 6.280,13	R$ 1.900,89	R$ 818,10	R$ 2.718,99
3	R$ 4.289,15	R$ 1.990,97	R$ 628,01	R$ 2.618,99
4	R$ 2.199,08	R$ 2.090,07	R$ 428,92	R$ 2.518,99
5	R$ 0,00	R$ 2.199,08	R$ 219,91	R$ 2.418,99
		R$ 10.000,00	R$ 3.094,94	R$ 13.094,94

Solução 2: Excel®

Microsoft Excel - EXEMPLO 75

Arquivo Editar Exibir Inserir Formatar Ferramentas Dados Janela Ajuda

F43 = =SOMA(F37:F42)

VALOR DO FINANCIAMENTO (PV)	R$ 10.000,00
NÚMERO DE PRESTAÇÕES (PMT)	5
TAXA DE JUROS (i) ao mês	10,00%

Sistema Francês (SFA)

n	Saldo Devedor (SD_n)	Amortização (PA_n)	Juros (J)	Prestação (PMT)
0	R$ 10.000,00	0,00	0,00	0,00
1	R$ 8.362,03	R$ 1.637,97	R$ 1.000,00	R$ 2.637,97
2	R$ 6.560,25	R$ 1.801,77	R$ 836,20	R$ 2.637,97
3	R$ 4.578,30	R$ 1.981,95	R$ 656,03	R$ 2.637,97
4	R$ 2.398,16	R$ 2.180,14	R$ 457,83	R$ 2.637,97
5	R$ 0,00	R$ 2.398,16	R$ 239,82	R$ 2.637,97
	Total	R$ 10.000,00	R$ 3.189,87	R$ 13.189,87

Sistema SAC

n	Saldo Devedor (SD_n)	Amortização (PA_n)	Juros (J)	Prestação (PMT)
0	R$ 10.000,00	0,00	0,00	0,00
1	R$ 8.000,00	R$ 2.000,00	R$ 1.000,00	R$ 3.000,00
2	R$ 6.000,00	R$ 2.000,00	R$ 800,00	R$ 2.800,00
3	R$ 4.000,00	R$ 2.000,00	R$ 600,00	R$ 2.600,00
4	R$ 2.000,00	R$ 2.000,00	R$ 400,00	R$ 2.400,00
5	R$ 0,00	R$ 2.000,00	R$ 200,00	R$ 2.200,00
	Total	R$ 10.000,00	R$ 3.000,00	R$ 13.000,00

Sistema Misto (SAM)

n	Saldo Devedor (SD_n)	Amortização (PA_n)	Juros (J)	Prestação (PMT)
0	R$ 10.000,00	0,00	0,00	0,00
1	R$ 8.181,01	R$ 1.818,99	R$ 1.000,00	R$ 2.818,99
2	R$ 6.280,13	R$ 1.900,89	R$ 818,10	R$ 2.718,99
3	R$ 4.289,15	R$ 1.990,97	R$ 628,01	R$ 2.618,99
4	R$ 2.199,08	R$ 2.090,07	R$ 428,92	R$ 2.518,99
5	R$ 0,00	R$ 2.199,08	R$ 219,91	R$ 2.418,99
	Total	R$ 10.000,00	R$ 3.094,94	R$ 13.094,94

7.4 SISTEMA DE AMORTIZAÇÃO CRESCENTE (SACRE)

Esse sistema de amortização foi criado pela Caixa Econômica Federal (CEF) para ser utilizado em suas linhas de crédito relacionadas ao Sistema Financeiro da Habitação (SFH).

Dependendo da linha de financiamento que você contratar com a Caixa, poderá optar por um desses sistemas:

- Sistema de Amortização Crescente (Sacre);
- Sistema Francês de Amortização (Tabela Price).

O sistema Sacre foi desenvolvido com o objetivo de permitir maior amortização do valor emprestado, reduzindo-se, simultaneamente, a parcela de juros sobre o saldo devedor. Nesse sistema, as prestações mensais são calculadas com base no saldo devedor existente no início de cada período de 12 meses. Assim sendo, o valor das

12 prestações iniciais é calculado da mesma forma como se obtém o valor da primeira prestação do Sistema de Amortização Constante (SAC).

Nos processos de financiamentos do Sistema Financeiro da Habitação (SFH), ambos os sistemas podem gerar *Saldo Residual*.

Saldo Residual: é o valor remanescente no fim do prazo contratado, decorrente da evolução do financiamento. Quando ele é negativo, significa que a dívida foi liquidada e o mutuário terá direito à devolução daquele valor. Quando é positivo, o mutuário deve fazer o pagamento para que a dívida seja liquidada.

Como já salientamos, a metodologia de cálculo deverá ser feita da seguinte forma:

- divide-se o valor do empréstimo pelo número de prestações do financiamento, obtendo-se assim o valor da parcela de amortização (PA_n);
- multiplica-se a taxa mensal de juros pelo valor do empréstimo, obtendo-se o valor dos juros compensatórios (J_n) da primeira prestação (PMT);
- soma-se a parcela dos juros compensatórios (J_n) com a parcela de amortização (PA_n);
- após o pagamento das 12 prestações iniciais, divide-se o saldo devedor remanescente pelo número de prestações a vencer.

Vejamos um exemplo para ilustrar essa situação.

EXEMPLO 80

Um imóvel no valor de R$ 35.000,00 é financiado em 180 prestações. Sabendo-se que a taxa de juros é de 12% ao ano, e que o saldo devedor será corrigido pela TR – Taxa Referencial (projetada) de 1% ao mês durante todo o período do contrato, adotou-se o Sistema Sacre para calcular a amortização da dívida. Pede-se: elaborar a planilha de amortização para as 25 primeiras prestações.

Dados:

Valor do financiamento (PV): R$ 35.000,00

Taxa de juros (i) = 12% a.a., equivalente a 0,948879% a.m.

Taxa de correção do saldo devedor (TR) = 1% a.m.

PMT_n = ?

PA_n = ?

J_n = ?

SD_n = ???

Solução 1: algébrica

a) Cálculo das prestações (PMT)

- **CÁLCULO DAS 12 PRIMEIRAS PRESTAÇÕES:**
- Valor da amortização = $\frac{35.000,00}{180}$ = R$ 194,44
- Valor dos juros = 35.000,00 x 0,948879% = R$ 332,11

- **Valor da prestação (PMT) = R$ 526,55**

- **CÁLCULO DAS 12 PRESTAÇÕES SEGUINTES (DA 13ª A 24ª):**
- Valor da amortização = $\frac{37.125,89}{168}$ = R$ 220,99
- Valor dos juros = 37.125,89 x 0,948879% = R$ 352,28

- **Valor da prestação (PMT) = R$ 573,27**

- **CÁLCULO DAS 12 PRESTAÇÕES SEGUINTES (DA 25ª A 36ª):**
- Valor da amortização = $\frac{39.183,77}{156}$ = R$ 251,18
- Valor dos juros = 39.183,77 x 0,948879% = R$ 371,80

- **Valor da prestação (PMT) = R$ 622,98**

b) Cálculo dos juros compensatórios (J_n)

Juros = (Saldo devedor corrigido pela TR) x (Taxa de juros do financiamento)

35.000,00 x (1,01) = R$ 35.350,00 **(1º saldo devedor corrigido pela TR)**

35.350,00 x 0,948879% = **R$ 335,43 (1ª parcela de juros)**

c) Cálculo das parcelas de amortização (PA_n)

Amortização = Prestação – Juros

526,55 – 335,43 = R$ 191,12

d) Cálculo do saldo devedor (SD_n)

Saldo devedor = Saldo devedor corrigido – amortização

Saldo devedor = 35.350,00 – 191,12 = R$ 35.158,88

Assim, teremos a tabela:

SISTEMA DE AMORTIZAÇÃO CRESCENTE (SACRE)

VALOR DO FINANCIAMENTO (*PV*)	**R$ 35.000,00**
NÚMERO DE PRESTAÇÕES (*n*)	**180**
TAXA DE JUROS (*i*) ao ano	**12,00%**
TAXA DE JUROS (*i*) ao mês	**0,948879%**
TR – TAXA REFERENCIAL (projetada) ao mês	**1,00%**

n	Saldo devedor (SD_n)	Saldo devedor (SD_n) + TR	Amortização (PA_n)	Juros (J)	Prestação (PMT)
0	**35.000,00**	–	–	–	–
1	**35.158,88**	**35.350,00**	**191,12**	**335,43**	**526,55**
2	35.320,86	35.510,47	189,60	336,95	526,55
3	35.486,02	35.674,07	188,05	338,50	526,55
4	35.654,42	35.840,89	186,47	340,09	526,55
5	35.826,11	36.010,96	184,85	341,70	526,55
6	36.001,17	36.184,37	183,21	343,35	526,55
7	36.179,65	36.361,18	181,53	345,02	526,55
8	36.361,63	36.541,45	179,82	346,73	526,55
9	36.547,17	36.725,25	178,07	348,48	526,55
10	36.736,35	36.912,64	176,30	350,26	526,55
11	36.929,23	37.103,71	174,48	352,07	526,55
12	37.125,89	37.298,52	172,63	353,92	526,55
13	**37.279,68**	**37.497,14**	**217,46**	**355,80**	**573,27**
14	37.436,49	37.652,48	215,99	357,28	573,27
15	37.596,36	37.810,85	214,49	358,78	573,27
16	37.759,37	37.972,33	212,96	360,31	573,27
17	37.925,57	38.136,96	211,39	361,87	573,27
18	38.095,03	38.304,83	209,80	363,47	573,27
19	38.267,80	38.475,98	208,18	365,09	573,27
20	38.443,96	38.650,48	206,52	366,75	573,27
21	38.623,56	38.828,40	204,83	368,43	573,27
22	38.806,69	39.009,80	203,11	370,16	573,27
23	38.993,40	39.194,76	201,36	371,91	573,27
24	39.183,77	39.383,33	199,57	373,70	573,27
25	**39.328,14**	**39.575,60**	**247,46**	**375,52**	**622,98**

7.5 SISTEMA DE AMORTIZAÇÃO AMERICANO (SAA)

Nesse tipo de sistema de amortização, o valor principal (*VP*) do empréstimo ou financiamento é devolvido de uma única vez, sendo os juros compensatórios (J_n) pagos durante os períodos (n) da carência ou juntamente com o valor principal.

Vejamos um exemplo:

81

Um banco empresta a importância de R$ 10.000,00, com taxa de 10% ao mês, para ser paga em uma única parcela, porém, devendo os juros compensatórios serem pagos mensalmente durante o prazo da carência, calculados pelo Sistema de Amortização Americano (SAA). Pede-se: elaborar a planilha de financiamento.

Dados:

PV = R$ 10.000,00
n = 5 meses
i = 10% a.m.
PMT = ?

Solução 1: algébrica

a) Cálculo dos juros (J_n)

Juros para o 1º período: J_1 = 10.000,00 x 0,1 x 1 = R$ 1.000,00

Juros para o 2º período: J_2 = 10.000,00 x 0,1 x 1 = R$ 1.000,00

e assim por diante... para os períodos 3, 4 e 5, devendo no período 5 os juros serem adicionados à parcela principal.

VALOR DO FINANCIAMENTO (*PV*)	10.000,00
NÚMERO DE PRESTAÇÕES (n)	5
TAXA DE JUROS (i) ao mês	10,00%

n	Saldo devedor (SD_n)	Amortização (PA_n)	Juros (J)	Prestação (PMT)
0	10.000,00	–	–	–
1	10.000,00	–	1.000,00	1.000,00
2	10.000,00	–	1.000,00	1.000,00
3	10.000,00	–	1.000,00	1.000,00
4	10.000,00	–	1.000,00	1.000,00
5	–	10.000,00	1.000,00	11.000,00
		10.000,00	**5.000,00**	**15.000,00**

7.5.1 Sistema Americano (carência + saldo devedor corrigido)

Nesse caso, os juros serão periodicamente incorporados ao saldo devedor e, no último período (n), o valor principal será amortizado com os juros compensatórios.

Vejamos um exemplo:

EXEMPLO 82

Um banco empresta a importância de R$ 10.000,00, com taxa de 10% ao mês, para ser paga em uma única parcela, porém, devendo os juros compensatórios serem incorporados mensalmente ao saldo durante o prazo de carência, calculados pelo Sistema de Amortização Americano (SAA). Pede-se: elaborar a planilha de financiamento.

Dados:

PV = R$ 10.000,00

n = 5 meses

i = 10% a.m.

PMT = ?

Solução 1: algébrica

b) Cálculo do saldo devedor (SD_n)

Saldo devedor para o 1º período: SD_1 = 10.000,00 x 1,1 = R$ 11.000,00

Saldo devedor para o 2º período: SD_2 = 11.000,00 x 1,1 = R$ 12.100,00

e assim por diante para os períodos 3, 4 e 5, devendo no período 5 os juros serem adicionados ao valor principal.

Assim, teremos a seguinte planilha:

Solução 2: Excel®

Microsoft Excel - EXEMPLO 78

F14 = =SOMA(F8:F13)

VALOR DO FINANCIAMENTO (PV)	10.000,00
NÚMERO DE PRESTAÇÕES (n)	5
TAXA DE JUROS (i) ao mês	10,00%

n	Saldo Devedor (SD_n)	Amortização (PA_n)	Juros (J)	Prestação (PMT)
0	10.000,00	-	-	-
1	11.000,00	-	-	-
2	12.100,00	-	-	-
3	13.310,00	-	-	-
4	14.641,00	-	-	-
5	-	10.000,00	6.105,10	16.105,10
Total		10.000,00	6.105,10	16.105,10

7.6 SISTEMAS DE AMORTIZAÇÃO DE EMPRÉSTIMOS E FINANCIAMENTOS A JUROS SIMPLES

Da mesma forma ocorre nos juros compostos, todos os modelos de amortização de empréstimos e financiamento podem ser desenvolvidos pela metodologia dos juros simples. Neste tópico, apresentaremos dois modelos, a saber:

a) Sistema de Amortização a Juros Simples (método de Gauss)
b) Sistema de Amortização Constante a Juros Simples (SAC_{JS})

7.6.1 Sistema de amortização a juros simples (método de Gauss)

O sistema de amortização, denominado **método de Gauss**, consiste no método pelo qual as prestações são fixas, ou seja, nos mesmos moldes do **Sistema Francês de Amortização (SFA)**, devidamente apresentado e explicado no item 7.1.

É importante ressaltar que o SFA também é conhecido como Tabela Price ou juros compostos e ainda juros sobre juros, gerando, assim, o que no mundo jurídico é conhecido como anatocismo,[1] prática vedada[2] em nosso ordenamento jurídico.

Porém, no desenvolvimento desse modelo, faz-se necessária a construção de um índice de ponderação, a saber:

7.6.1.1 Cálculo do índice de ponderação (IP) de Gauss

Para se elaborar uma Planilha de Amortização de Empréstimos e Financiamentos a Juros Simples com prestações (PMT_{JS}) iguais, fixas, consecutivas, é necessário calcular o índice de ponderação *(IP)*, pela soma dos prazos (n).

Critério da Soma dos Dígitos – assim, José Dutra Vieira Sobrinho (1995, p. 341)[3] faz referência em seu livro ao método, no item 10.4:

> Esse critério, que é largamente utilizado em diversos países, nada mais é do que um caso particular do critério linear ponderado quando as prestações são iguais, periódicas (mensais, trimestrais, anuais etc.) e consecutivas, como comprovaremos mais adiante.

Na verdade, temos mais uma vez de fazer referência à extensa obra de Gauss, que deixou também contribuições no campo da estatística, como as teorias da Distribuição Normal ou Curva de Gauss, que, entre outros conceitos, incorporam também os conceitos da média aritmética simples ($\underline{X}$) e média ponderada ($\underline{X}W$). Tais conceitos são

---

[1] **Anatocismo** é o termo jurídico utilizado para designar a cobrança de juros sobre juros ou aplicação de juros compostos. ***O anatocismo é crime.***

[2] O **Superior Tribunal de Federal (STF)** editou a Súmula nº 121 – ***é vedada a capitalização de juros, ainda que expressamente convencionada.***

[3] VIEIRA SOBRINHO, José Dutra. *Matemática financeira*. 5. ed. São Paulo: Atlas, 1995. p. 341.

semelhantes aos do cálculo ponderado, utilizado para calcular o prazo médio ponderado de um conjunto de títulos, no Capítulo 4, que trata de Desconto. Portanto, refere-se a um conceito bastante empregado.

Em matemática financeira, o conceito é simples. Vamos entendê-lo:

$$\text{Índice de ponderação } (IP) = \frac{\text{Encargos do financiamento}}{\text{Soma dos prazos}}$$

OU

$$\text{Índice de ponderação } (IP) = \frac{(\text{Prestação x Prazo}) - \text{Valor presente}}{\text{Soma dos prazos}}$$

A soma dos prazos pode ser representada pela soma dos termos de uma progressão aritmética (*PA*), ou seja, $S_n \frac{(a_1 + a_n)\,n}{2}$. Assim sendo, podemos deduzir nossa fórmula a partir das seguintes observações:

$IP = \dfrac{(PMT_{JS} \times n) - PV}{\dfrac{(n_1 + n_n)\,n}{2}}$, admitindo que n_1 seja sempre igual 1, pois se trata do primeiro mês, trimestre, semestre etc. de uma série de períodos e que o n_n seja sempre o último termo da série, sendo n o número total de termos. Assim, teremos nossa fórmula básica:

Fórmula nº 72

$$IP = \frac{(PMT_{JS} \times n) - PV}{\dfrac{(1 + n)\,n}{2}}$$

Em que:

PMT_{JS} = prestação ou parcela;

PV = valor presente;

n = número de meses.

EXEMPLO 83

Calcular o índice de ponderação (*IP*), levando-se em consideração os seguintes dados: PV = R$ 1.000,00; i = 10% ao mês; n = 12 meses e PMT_{JS} =R$ 118,28.

Solução 1: algébrica

$$IP = \frac{(PMT_{JS} \times n) - PV}{\frac{(1+n)\,n}{2}}$$

$$IP = \frac{(118{,}28 \times 12) - 1.000}{\frac{(1+12)\,12}{2}}$$

$$IP = \frac{(1.419{,}35) - 1.000}{\frac{(13)\,12}{2}}$$

$$IP = \frac{419{,}36}{\frac{156}{2}}$$

$$IP = \frac{419{,}36}{78}$$

$$IP = 5{,}376410...$$

Solução 2: Excel®

Meses (n)	Prestação (PMT)
1	118,28
2	118,28
3	118,28
4	118,28
5	118,28
6	118,28
7	118,28
8	118,28
9	118,28
10	118,28
11	118,28
12	118,28
TOTAL (T) 78	1.419,35
Valor Presente (PV)	1.000,00
Total de Encargos (T – PV)	419,36
IP = (419,36 / 78)	5,376410...

7.6.1.2 Planilha de amortização de empréstimos e financiamento a juros simples (método de Gauss)

Para que seja possível a elaboração da planilha de amortização (**capital + juros**), devemos considerar os seguintes requisitos:

a) **Juros a apropriar (*J*)**: Índice de ponderação (*IP*) x meses para amortizar;
b) **Parcela de amortização (*PA*)**: Prestação (PMT_{JS}) – Juros a apropriar (*J*);
c) **Saldo devedor (*SD*)**: Saldo devedor anterior (*SDA*) – Parcela de amortização (*PA*).
d) **Cálculo da prestação (PMT_{JS})**:

Fórmula nº 62:

$$PMT_{JS} = \frac{PV\,(1 + i \times n)}{\left[1 + \frac{i(n-1)}{2}\right] n}$$

(opção 1)

e) **Cálculo da prestação (PMT_{JS})**:

Fórmula nº 63:

$$PMT_{JS} = PV \left\{ \frac{(1 + i \times n)}{\left[1 + \frac{i(n-1)}{2}\right] n} \right\}$$

(opção 2)

EXEMPLO 84

Elaborar a planilha de amortização a juros simples, levando-se em consideração os seguintes dados: PV = R$ 1.000,00; i = 10% ao mês; n = 12 meses; PMT_{JS} = R$ 118,28 e Índice de Ponderação (IP) = 5, 376410...

A	B	C	D	E	F	G
			Saldo anterior – E	G-F	B x C	
n	Meses para amortização	Índice de ponderação (IP)	Saldo devedor (SD)	Parcela de amortização (PA)	Juros a apropriar (J)	Prestação (PMT_{JS})
0			1.000,00	—	—	—
1	12	5,376410...	946,24	53,76	64,52	118,28
2	11	5,376410...	887,10	59,14	59,14	118,28
3	10	5,376410...	822,58	64,52	53,76	118,28

(Continuação)

A	B	C	D	E	F	G
			Saldo anterior – E	G-F	B x C	
n	Meses para amortização	Índice de ponderação (IP)	Saldo devedor (SD)	Parcela de amortização (PA)	Juros a apropriar (J)	Prestação (PMT_{JS})
4	9	5,376410...	752,69	69,89	48,39	118,28
5	8	5,376410...	677,42	75,27	43,01	118,28
6	7	5,376410...	596,77	80,65	37,63	118,28
7	6	5,376410...	510,75	86,02	32,26	118,28
8	5	5,376410...	419,35	91,40	26,88	118,28
9	4	5,376410...	322,58	96,77	21,51	118,28
10	3	5,376410...	220,43	102,15	16,13	118,28
11	2	5,376410...	112,90	107,53	10,75	118,28
12	1	5,376410...	0,00	112,90	5,38	118,28
				1.000,00	419,36	1.419,36

Conclusão: O sistema de amortização a juros simples, também conhecido como método de Gauss, é perfeito para ser aplicado em quaisquer situações em que seja necessário o cálculo da prestação (PMT_{JS}) periódica sequencial, principalmente nos contratos de longo prazo, por exemplo: empréstimos bancários maiores que 12 meses, financiamento de veículos, financiamento no âmbito do Sistema Financeiro da Habitação (SFH), entre outros.

7.6.1.3 Comprovação científica do método de Gauss pelo conceito de amortização do saldo devedor a juros simples com cálculo do valor futuro (FV)

EXEMPLO 85

Com base nos dados: PV = R$ 1.000,00; i = 10% ao mês; n = 12 meses e P = R$ 118,28, elaborar a planilha de amortização pelo conceito do valor futuro (FV).

Meses	Fluxo de pagamentos	Saldo em meses	Fator de atualização (FA)	Valor futuro a juros simples	Saldo devedor futuro
0	1.000,00	12	2,2	2.200,00	2.200,00
1	– 118,28	11	2,1	– 248,39	1.951,61

(Continuação)

Meses	Fluxo de pagamentos	Saldo em meses	Fator de atualização (FA)	Valor futuro a juros simples	Saldo devedor futuro
2	– 118,28	10	2,0	– 236,56	1.715,05
3	– 118,28	9	1,9	– 224,73	1.490,32
4	– 118,28	8	1,8	– 212,90	1.277,42
5	– 118,28	7	1,7	– 201,08	1.076,34
6	– 118,28	6	1,6	– 189,25	887,10
7	– 118,28	5	1,5	– 177,42	709,68
8	– 118,28	4	1,4	– 165,59	544,09
9	– 118,28	3	1,3	– 153,76	390,32
10	– 118,28	2	1,2	– 141,94	248,39
11	– 118,28	1	1,1	– 130,11	118,28
12	– 118,28	0	1,0	– 118,28	0,00

Conclusão: Quando atualizamos o valor presente (PV) e a prestação (PMT_{JS}) de uma Série Uniforme de Pagamentos, até o momento "n" com a mesma taxa de juros (i), teremos saldos devedores futuros (SD_F), os quais terão de zerar ao final, mostrando que o cálculo da prestação (PMT_{JS}) é equivalente no futuro, comprovando, assim, a legitimidade do cálculo da prestação (PMT_{JS}) a juros simples.

7.6.2 Sistema de amortização constante (SAC_{JS}) a juros simples

No item 7.2, apresentamos o Sistema SAC, calculado com base no regime de juros compostos. Neste, traremos o Sistema de Amortização Constante a Juros Simples, o que, no presente momento, é uma **novidade dentro da matemática financeira**. A fim de diferenciar os métodos, vamos chamar esse sistema de **SAC_{JS}**,[4] nomenclatura apresentada pelo professor Edson Rovina.[5]

O conceito inicial sobre o SAC, nos moldes em que atualmente é praticado e ensinado, o **SAC_{JC}**,[6] que, segundo Meschiatti,[7] também pode ser chamado de sistema italiano, por ter seu uso constatado inicialmente na história comercial de Veneza (Itália), cujas operações bancárias tomaram força a partir de 1385.

Neste tópico, **apresentaremos aquilo que acreditamos ser mais uma quebra de paradigma**,[8] ou seja, um padrão a ser quebrado (SAC_{JC}) e um novo padrão a ser seguido (SAC_{JS}), também com base científica nos fundamentos e teorias de Gauss.

4 SAC_{JS}: Sistema de Amortização Constante a Juros Simples.

5 ROVINA, Edson. *Uma nova visão da matemática financeira para laudos periciais e contratos de amortização*. Campinas, SP: Millennium, 2009. p. 103-14.

6 SAC_{JC}: Sistema de Amortização Constante a Juros Compostos.

7 NOGUEIRA, José Jorge Meschiatti. *Tabela Price: mitos e paradigma*. 2. ed. Campinas, SP: Millennium, 2008, p. 156.

8 **Paradigma:** (do grego *parádeigma*) literalmente modelo, é a representação de um padrão a ser seguido.

Para que se tenha um sistema de amortização, este deve demonstrar, no mínimo, as seguintes informações:

a) Ordem dos eventos (n);
b) Saldo devedor (SD);
c) Parcela de amortização (PA);
d) Juros a apropriar (J);
e) Prestação ou parcela (PMT_{JS}).

7.6.2.1 Índice de ponderação (IP_{SAC}) para o SAC_{JS}

Para se elaborar uma Planilha de Amortização Constante (SAC_{JS}), como o próprio nome diz, a amortização tem de ser constante e as prestações (PMT_{JS}), decrescentes. A problemática toda está no cálculo dos juros a apropriar; nesse caso, será necessário calcular o índice de ponderação *(IP)*.

Fórmula nº 73

$$IP = \frac{3 \times PV \times i}{\left[(2 \times n \times i) - (2 \times i) + 3\right] n}$$

Vamos então à aplicação da fórmula em nosso exemplo padrão:

EXEMPLO 86

Calcular o índice de ponderação (*IP*), considerando um prazo (*n*) de 12 meses, taxa de 10% ao mês e um valor presente (*PV*) de R$ 1.000,00.

Solução 1: algébrica

$$IP = \frac{PV \times i \times 3}{[(2 \times n \times i) - (2 \times i) + 3]\, n}$$

$$IP = \frac{1000 \times 0{,}1 \times 3}{[(2 \times 12 \times 0{,}1) - (2 \times 0{,}1) + 3]\, 12}$$

$$IP = \frac{300}{[(2{,}4) - (0{,}2) + 3]\, 12}$$

$$IP = \frac{300}{[5{,}2]\, 12}$$

$$IP = \frac{300}{62{,}4}$$

IP = R$ 4,807692...

7.6.2.2 Planilha do sistema de amortização constante (SAC_{JS})

Para que seja possível a elaboração da planilha de amortização constante (SAC_{JS}), devemos considerar os seguintes requisitos:

a) **Juros a apropriar (*J*)**: Índice de ponderação (*IP*) x meses para amortizar;
b) **Parcela de amortização (*PA*)**: Valor presente (*PV*) ÷ *n*;
c) **Saldo devedor (*SD*)**: Saldo devedor anterior (*SDA*) – Parcela de amortização (*PA*).
d) **Cálculo da prestação (PMT_{JS})**: Parcela de amortização (*PA*) + Juros a apropriar (*J*).

EXEMPLO 87

Elaborar a planilha de amortização constante (SAC_{JS}), levando-se em consideração os seguintes dados: *PV* = R$ 1.000,00; *i* = 10% ao mês; *n* = 12 meses e índice de ponderação SAC (IP_{SAC}) = 4, 807692...

A	B	C	D	E	F	G
			Saldo anterior – E	G-F	B x C	
n	Meses para amortização	Índice de ponderação (IP)	Saldo devedor (SD)	Parcela de amortização (PA)	Juros a apropriar (J)	Prestação (PMT_{JS}/ SAC_{JS})
0			1.000,00	–	–	–
1	12	4,807692	916,67	83,33	57,69	141,03
2	11	4,807692	833,33	83,33	52,88	136,22
3	10	4,807692	750,00	83,33	48,08	131,41
4	9	4,807692	666,67	83,33	43,27	126,60
5	8	4,807692	583,33	83,33	38,46	121,79
6	7	4,807692	500,00	83,33	33,65	116,99
7	6	4,807692	416,67	83,33	28,85	112,18
8	5	4,807692	333,33	83,33	24,04	107,37
9	4	4,807692	250,00	83,33	19,23	102,56
10	3	4,807692	166,67	83,33	14,42	97,76
11	2	4,807692	83,33	83,33	9,62	92,95
12	1	4,807692	–	83,33	4,81	88,14
				1.000,00	375,00	1.375,00

Conclusão: O Sistema de Amortização Constante (SAC_{JS}), também baseado nas teorias de Gauss, é perfeito para ser aplicado em quaisquer situações em que seja necessário o cálculo da prestação (PMT_{JS}) decrescente, principalmente nos contratos de longo prazo, por exemplo: empréstimos bancários maiores que 12 meses, financiamento de veículos, financiamento no âmbito do Sistema Financeiro da Habitação (SFH), entre outros.

7.6.2.3 Comprovação científica do conceito de amortização constante (SAC_{JS}) do saldo devedor com base no cálculo do valor futuro (FV)

Com base nos dados: *PV*= R$ 1.000,00; *i* = 10% ao mês; *n* = 12 meses, elaborar planilha de amortização pelo conceito do valor futuro (*FV*).

Meses	Fluxo de pagamentos	Saldo em meses	Fator de atualização	Valor futuro a juros simples	Saldo devedor
0	1.000,00	12	2,2	2.200,00	2.200,00
1	– 141,03	11	2,1	– 296,15	1.903,85
2	– 136,22	10	2,0	– 272,44	1.631,41
3	– 131,41	9	1,9	– 249,68	1.381,73
4	– 126,60	8	1,8	– 227,88	1.153,85
5	– 121,79	7	1,7	– 207,05	946,79
6	– 116,99	6	1,6	– 187,18	759,62
7	– 112,18	5	1,5	– 168,27	591,35
8	– 107,37	4	1,4	– 150,32	441,03
9	– 102,56	3	1,3	– 133,33	307,69
10	– 97,76	2	1,2	– 117,31	190,38
11	– 92,95	1	1,1	– 102,24	88,14
12	– 88,14	0	1,0	– 88,14	0,00

Conclusão: Quando atualizamos o valor presente (PV) e a prestação (PMT_{JS}) calculada pelo método SAC_{JS}, até o momento "n", com mesma taxa de juros (*i*), teremos saldos devedores futuros (SDF), os quais terão de zerar ao final, mostrando que o cálculo da prestação (SAC_{JS}) é equivalente no futuro, comprovando, assim, a legitimidade do cálculo da prestação (SAC_{JS}) a juros simples.

7.6.2.4 Comprovação científica do cálculo da prestação (SAC_{JS}) pelo método do valor futuro (FV)

Para que não fique nenhuma dúvida quanto ao cálculo das prestações (SAC_{JS}), construído a partir do método SAC_{JS}, vamos demonstrar cientificamente que o método é perfeito.

Nosso objetivo é demonstrar que cada prestação (SAC_{JS}), quando atualizada pela Fórmula nº 9: $FV = PV\ (1 + i\ x\ n)$, uma a uma, sua soma deverá ter o mesmo valor, quando calculado em uma única parcela, a partir do valor presente (PV).

$$FVn = PV\ (1 + i\ x\ n_n) = \sum [\ FV_1 = SAC_{JS1}\ (1 + i\ x\ n_1) + FV_2 = SAC_{JS2}\ (1 + i\ x\ n_2) + ... + FV_n = SAC_{JSn}\ (1 + i\ x\ n_n)]$$

Admitindo que FV = 1.000(1 0,1 x 12) = **R$ 2.200,00**, nossa prova científica será confirmada pela seguinte equação:

$$2.200 = \sum [\ FV_1 = SAC_{JS1}\ (1 + i\ x\ n_{1)} + FV_2 = SAC_{JS2}\ (1 + i\ x\ n_{2)} + ... + FV_n = SAC_{JSn}\ (1 + i\ x\ n_{n)}\ ]$$

n	Prestação (SAC_{JS})	Prazo (n) de atualização	Fator de atualização (FA)	Valor futuro (FV) (SAC_{JS}) x (FA)
1	141,03	12-1=11 meses	1+0,1 x 11 = 2,1	R$ 296,16
2	136,22	12-2=10 meses	1+0,1 x 10 = 2,0	R$ 272,44
3	131,41	12-3= 9 meses	1+0,1 x 9 = 1,9	R$ 249,68
4	126,60	12-4= 8 meses	1+0,1 x 8 = 1,8	R$ 227,88
5	121,79	12-5= 7 meses	1+0,1 x 7 = 1,7	R$ 207,04
6	116,99	12-6= 6 meses	1+0,1 x 6 = 1,6	R$ 187,18
7	112,18	12-7= 5 meses	1+0,1 x 5 = 1,5	R$ 168,27
8	107,37	12-8= 4 meses	1+0,1 x 4 = 1,4	R$ 150,32
9	102,56	12-9= 3 meses	1+0,1 x 3 = 1,3	R$ 133,33
10	97,76	12-10= 2 meses	1+0,1 x 2 = 1,2	R$ 117,31
11	92,95	12-11= 1 mês	1+0,1 x 1 = 1,1	R$ 102,25
12	88,14	12-12= 0 mês	1+0,1 x 0 = 1,0	R$ 88,14
TOTAL	R$ 1.375,00	-----------------	18,6	R$ 2.200,00

7.7 COMPARAÇÃO ENTRE A TABELA PRICE, O SISTEMA SAC_{JS} E O MÉTODO DE GAUSS

Neste tópico, faremos uma comparação entre os quatros modelos apresentados, a saber:

Tabela Price, Sistema SAC_{JC}, método de Gauss e Sistema SAC_{JS}.

7.7.1 Sistema de amortização a juros compostos (Tabela Price)

Valor financiado: R$ 100.000,00; i = 1% ao mês e n = 12 meses

n	Saldo devedor *(SD)*	Amortização *(A)*	Juros a apropriar *(J)*	Prestação (PMT_{TP})	Prestação atualizada 1% a.m.
0	100.000,00	0,00	0,00	0,00	
1	92.115,12	7.884,88	1.000,00	8.884,88	9.912,58
2	84.151,39	7.963,73	921,15	8.884,88	9.814,43
3	76.108,02	8.043,36	841,51	8.884,88	9.717,26
4	67.984,22	8.123,80	761,08	8.884,88	9.621,05
5	59.779,18	8.205,04	679,84	8.884,88	9.525,79
6	51.492,09	8.287,09	597,79	8.884,88	9.431,48
7	43.122,13	8.369,96	514,92	8.884,88	9.338,10
8	34.668,47	8.453,66	431,22	8.884,88	9.245,64
9	26.130,27	8.538,19	346,68	8.884,88	9.154,10
10	17.506,69	8.623,58	261,30	8.884,88	9.063,46
11	8.796,88	8.709,81	175,07	8.884,88	8.973,73
12	0,00	8.796,91	87,97	8.884,88	8.884,88
	Totais	100.000,00	6.618,55	106.618,55	112.682,50

Se aplicarmos a fórmula básica dos juros compostos: $FV = PV\ (1 + i)^n$, teremos: $FV = 100.000\ (1{,}01)^{12}$, em que FV = R$ 112.682,50.

7.7.2 Sistema de amortização constante a juros compostos (SAC_{JC})

Valor financiado: R$ 100.000,00; i = 1% ao mês e n = 12 meses

n	Saldo devedor (SD)	Amortização *(A)*	Juros a apropriar *(J)*	Prestação $(PMT_{SAC\text{-}JC})$	Prestação atualizada 1% a.m.
0	100.000,00	0,00	0,00	0,00	
1	91.666,67	8.333,33	1.000,00	9.333,33	10.412,90
2	83.333,33	8.333,33	916,67	9.250,00	10.217,75
3	75.000,00	8.333,33	833,33	9.166,66	10.025,45
4	66.666,67	8.333,33	750,00	9.083,33	9.835,95
5	58.333,33	8.333,33	666,67	9.000,00	9.649,22
6	50.000,00	8.333,33	583,33	8.916,67	9.465,22
7	41.666,67	8.333,33	500,00	8.833,33	9.283,92
8	33.333,33	8.333,33	416,67	8.750,00	9.105,29

(Continuação)

n	Saldo devedor (SD)	Amortização (A)	Juros a apropriar (J)	Prestação (PMT_{SAC-JC})	Prestação atualizada 1% a.m.
9	25.000,00	8.333,33	333,33	8.666,67	8.929,28
10	16.666,67	8.333,33	250,00	8.583,33	8.755,86
11	8.334,33	8.333,33	166,67	8.500,00	8.585,00
12	0,00	8.333,33	83,33	8.416,67	8.416,67
	Totais	100.000,00	6.500,00	106.618,55	112.682,50

Se aplicarmos a fórmula básica dos juros compostos: $FV = PV\ (1 + i)^n$, teremos: $FV = 100.000\ (1{,}01)^{12}$, em que FV = R$ 112.682,50.

$PMT_{TP} = SAC_{JC}$ = JUROS COMPOSTOS = ANATOCISMO

"SÃO EQUIVALENTES"

7.7.3 Sistema de amortização a juros simples (método de Gauss)

Valor financiado: R$ 100.000,00; i = 1% ao mês e n = 12 meses

n	Saldo devedor (SD)	Amortização (A)	Juros a apropriar (J)	Prestação (PMT_{JS})	Prestação atualizada 1% a.m.
0	100.000,00	0,00	0,00	0,00	0,00
1	94.101,11	7.898,89	947,87	8.846,76	9.819,90
2	84.123,22	7.977,88	868,88	8.846,76	9.731,44
3	76.066,35	8.056,87	789,89	8.846,76	9.642,97
4	67.930,49	8.135,86	710,90	8.846,76	9.554,50
5	59.715,64	8.214,85	631,91	8.846,76	9.466,03
6	51.421,80	8.293,84	552,92	8.846,76	9.377,57
7	43.048,97	8.372,83	473,93	8.846,76	9.289,10
8	34.597,16	8.451,82	394,94	8.846,76	9.200,63
9	26.066,35	8.530,81	315,96	8.846,76	9.112,16
10	17.456,56	8.609,79	236,97	8.846,76	9.023,70
11	8.767,77	8.688,78	157,98	8.846,76	8.935,23
12	0,00	8.767,77	78,99	8.846,76	8.846,78
	Totais	100.000,00	6.618,55	106.161,12	112.000,00

Se aplicarmos a fórmula básica dos juros compostos: $FV = PV\ (1 + i \times n)$, teremos: $FV = 100.000\ (1{,}12)$, em que FV = R$ 112.000,00.

7.7.4 Sistema de amortização constante a juros simples (SAC_{JS})

Valor financiado: R$ 100.000,00; i = 1% ao mês e n = 12 meses

n	Saldo devedor (SD)	Amortização (A)	Juros a apropriar (J)	Prestação (PMT_{SAC-JC})	Prestação atualizada 1% a.m.
0	100.000,00	0,00	0,00	0,00	0,00
1	91.666,67	8.333,33	931,68	9.265,01	10.284,16
2	83.333,33	8.333,33	854,04	9.187,37	10.106,11
3	75.000,00	8.333,33	776,40	9.109,73	9.929,61
4	66.666,67	8.333,33	698,76	9.032,09	9.754,66
5	58.333,33	8.333,33	621,12	8.954,45	9.581,26
6	50.000,00	8.333,33	543,48	8.876,81	9.409,42
7	41.666,67	8.333,33	465,84	8.799,17	9.239,13
8	33.333,33	8.333,33	388,20	8.721,53	9.070,39
9	25.000,00	8.333,33	310,56	8.643,89	8.903,21
10	16.666,67	8.333,33	232,92	8.566,25	8.737,58
11	8.334,33	8.333,33	155,28	8.488,61	8.573,50
12	0,00	8.333,33	77,64	8.410,97	8.410,97
Totais		100.000,00	6.055,90	106.055,90	112.000,00

Se aplicarmos a fórmula básica dos juros compostos: $FV = PV\ (1 + i \times \text{n})$, teremos: $FV = 100.000\ (1{,}12)$, em que FV = R$ 112.000,00.

$PMT_{JS} = SAC_{JS}$ = JUROS SIMPLES= NÃO TEM ANATOCISMO

"SÃO EQUIVALENTES"

Em 12 meses, parece ser muito pequena a diferença entre os sistemas, portanto, vamos fazer uma evolução para 360 meses. Nesse caso, trataremos o método da Tabela Price e o Sistema SAC igualmente, pois já provamos sua equivalência a juros compostos.

7.7.5 Comparativo entre os sistemas composto (Price/SAC_{JC}) e simples (Gauss/SAC_{JS})

Mês	Valor financiado	Taxa (%) ao mês	Gauss / SAC_{JS} Juros simples	Price / SAC-JC Juros compostos	Var R$	Var. %
12	100.000,00	1,00%	112.000,00	112.682,50	682,50	0,61%
24	100.000,00	1,00%	124.000,00	126.973,46	2.973,46	2,40%
36	100.000,00	1,00%	136.000,00	173.076,88	7.076,88	5,20%
48	100.000,00	1,00%	148.000,00	161.222,61	13.222,61	8,93%
60	100.000,00	1,00%	160.000,00	181.669,67	21.669,67	13,54%
72	100.000,00	1,00%	172.000,00	204.709,93	32.709,93	19,02%
84	100.000,00	1,00%	184.000,00	230.672,27	46.672,27	25,37%
96	100.000,00	1,00%	196.000,00	259.927,29	63.927,29	32,62%
108	100.000,00	1,00%	208.000,00	292.892,58	84.892,58	40,81%
120	100.000,00	1,00%	220.000,00	330.038,69	110.038,69	50,02%
132	100.000,00	1,00%	232.000,00	371.895,86	139.895,86	60,30%
144	100.000,00	1,00%	244.000,00	419.061,56	175.061,56	71,75%
156	100.000,00	1,00%	256.000,00	472.209,05	216.209,05	84,46%
168	100.000,00	1,00%	268.000,00	532.096,98	264.096,98	98,54%
180	100.000,00	1,00%	280.000,00	599.580,20	319.580,20	114,14%
192	100.000,00	1,00%	292.000,00	675.621,97	383.621,97	131,38%
204	100.000,00	1,00%	304.000,00	761.307,75	457.307,75	150,43%
216	100.000,00	1,00%	316.000,00	857.860,63	541.860,63	171,47%
228	100.000,00	1,00%	328.000,00	966.658,83	638.658,83	194,71%
240	100.000,00	1,00%	340.000,00	1.089.255,37	749.255,37	220,37%
252	100.000,00	1,00%	352.000,00	1.227.400,21	875.400,21	248,69%
264	100.000,00	1,00%	364.000,00	1.383.065,28	1.019.065,28	279,96%
276	100.000,00	1,00%	376.000,00	1.558.472,57	1.182.472,57	314,49%
288	100.000,00	1,00%	388.000,00	1.756.125,91	1.368.125,91	352,61%
300	100.000,00	1,00%	400.000,00	1.978.846,63	1.578.846,63	394,71%
312	100.000,00	1,00%	412.000,00	2.229.813,91	1.817.813,91	441,22%
324	100.000,00	1,00%	424.000,00	2.512.610,13	2.088.610,13	492,60%
336	100.000,00	1,00%	436.000,00	2.831.271,98	2.395.271,98	549,37%
348	100.000,00	1,00%	448.000,00	3.190.348,13	2.742.348,13	612,13%
360	100.000,00	1,00%	460.000,00	3.594.964,13	3.134.964,13	681,51%

Vejamos a comprovação por meio das fórmulas básicas:

$$\text{Capitalização simples}_{(360\ \text{meses})}\text{: } FV = 100.000 \left(1 + \frac{1\%}{100} \times 360\right) = 460.000{,}00 \quad (\textit{método de Gauss})$$

$$\text{Capitalização composta}_{(360\ \text{meses})}\text{: } FV = 100.000 \left(1 + \frac{1\%}{100}\right)^{360} = 3.594.964{,}13 \quad (\textit{Tabela Price})$$

Conclusão: Quando financiamos em longo prazo, evidencia-se que o regime dos juros compostos é perverso se comparado ao regime de juros simples.

7.7.6 Tabelas financeiras a juros simples

O objetivo das tabelas financeiras é possibilitar ao leitor a condição de fazer cálculos complexos por meio de um fator.

Pode-se criar fator para várias finalidades, mas, em nosso caso, vamos elaborar o fator de financiamento em prestações ($F\text{-}PMT_{JS}$) para uma série uniforme de pagamento a juros simples.

Fórmula nº 74

$$F - PMT_{JS} = \frac{1 + i \times n}{\left[1 + \frac{i\,(n-1)}{2}\right] n}$$

Em que:

$F\text{-}PMT_{JS}$ = fator de financiamento de prestação;

i = taxa de juros;

n = prazo ou períodos.

Para testar nossa fórmula, vamos admitir um valor presente (*PV*) de R$ 1.000,00, com uma taxa (i) de 10% ao mês e um prazo (n) de 12 meses. Calcular o valor da prestação (PMT_{JS}).

Solução 1: algébrica

$$F-PMT_{JS} = \frac{1 + 0{,}1 \times 12}{\left[1 + \frac{0{,}1\,(12-1)}{2}\right]12}$$

$$F-PMT_{JS} = \frac{1 + 12}{\left[1 + \frac{0{,}1\,(11)}{2}\right]12}$$

$$F-PMT_{JS} = \frac{2{,}2}{\left[1 + \frac{1{,}1}{2}\right]12}$$

$$F-PMT_{JS} = \frac{2{,}2}{[1 + 0{,}55]\,12}$$

$$F-PMT_{JS} = \frac{2{,}2}{[1{,}55]\,12}$$

$$F-PMT_{JS} = \frac{2{,}2}{18{,}6}$$

$F-PMT_{JS} =$

Porém, por questão de arredondamento, podemos trabalhar com 6 (seis) casas decimais. Assim, nosso **F-PMT$_{JS}$** será de **0,118280...**

a) Modo de utilização

Para utilizar basta multiplicar o valor presente (*PV*) pelo fator de financiamento (*F-PMT$_{JS}$*). Vejamos:

R$ 1.000,00 x 0,118280... = R$ 118,28

O mesmo procedimento deve ser feito para taxas e prazos diferentes.

No Anexo I, apresentaremos nossas Tabelas Financeiras para Financiamento de uma Série Uniforme de Pagamento a Juros Simples, com taxas de 6% ao ano até 24% ao ano e prazos de até 360 meses.

7.8 EXERCÍCIOS SOBRE SISTEMAS DE AMORTIZAÇÃO DE EMPRÉSTIMOS E FINANCIAMENTOS

1) (AFTN/85) Um microcomputador é vendido pelo preço à vista de R$ 2.000,00, mas pode ser financiado com 20% de entrada a uma taxa de juros de 96% ao ano pela Tabela Price. Sabendo-se que o financiamento deve ser amortizado em 5 meses, o total de juros pagos pelo comprador é de aproximadamente:

   a) R$ 403.652,00
   b) R$ 408.239,00
   c) R$ 410.737,00
   d) R$ 412.898,00
   e) R$ 420.225,00

   Resposta: alternativa "a".

2) (AFTN/85) Uma pessoa obteve um empréstimo de R$ 120.000,00, a uma taxa de juros de 2% ao mês, que deverá ser pago em 10 parcelas iguais. O valor dos juros a serem pagos na 8ª parcela será:

   a) R$ 5,00
   b) R$ 51,00
   c) R$ 518,00
   d) R$ 770,00
   e) R$ 5.187,00

   Resposta: alternativa "d".

3) (ISS/SP-98) A fim de expandir os seus negócios, certa pessoa consegue um financiamento de R$ 300.000,00, nas seguintes condições:

   - taxa de juros de 8% ao ano, com pagamentos semestrais;
   - amortização pelo Sistema de Amortização Constante (SAC), com pagamentos semestrais;
   - prazo de amortização: 3 anos.

   Nessas condições, é correto afirmar que os juros a serem pagos no terceiro pagamento importam em:

   a) R$ 14.000,00
   b) R$ 12.000,00
   c) R$ 10.000,00
   d) R$ 8.000,00

e) R$ 6.000,00

Resposta: alternativa "d".

4) O valor da quinta prestação deverá ser:
a) R$ 54.000,00
b) R$ 55.000,00
c) R$ 56.000,00
d) R$ 57.000,00
e) R$ 58.000,00

Resposta: alternativa "a".

5) (ISS/SP-98) Um equipamento, no valor de R$ 50.000,00, é financiado pelo Sistema Francês em 8 semestres, e a primeira prestação ocorrerá ao término do terceiro semestre. Se a operação foi contratada à taxa semestral de 20% e sendo os juros capitalizados durante a carência, o valor de cada prestação será, aproximadamente:
a) R$ 20.540,85
b) R$ 21.650,83
c) R$ 21.860,83
d) R$ 22.350,75
e) R$ 22.750,23

Resposta: alternativa "b".

O saldo devedor no terceiro semestre, após o pagamento da primeira parcela, será, aproximadamente:
a) R$ 57.600,00
b) R$ 58.675,39
c) R$ 58.759,27
d) R$ 64.625,29
e) R$ 64.749,17

Resposta: alternativa "e".

6) (Fiscal de Santa Catarina/98) Um equipamento é vendido por meio de um financiamento em 12 prestações mensais e iguais, e a loja exige 20% sobre o preço à vista como entrada. A taxa de juros compostos da loja é 18% ao ano, Tabela Price. A primeira prestação, no valor de R$ 500,00, vence um mês após a compra. O valor do equipamento, desprezados os centavos, e

a taxa de juros efetiva cobrada, em termos anuais, são, respectivamente:

a) R$ 27.269,00 e 19,56%

b) R$ 5.453,00 e 18,56%

c) R$ 7.200,00 e 18,56%

d) R$ 6.817,00 e 19,56%

e) R$ 6.544,00 e 19,56%

Resposta: alternativa "d".

7) (Fiscal de Santa Catarina/98) Um empréstimo no valor de R$ 90.000,00 deverá ser pago em 15 prestações mensais e consecutivas, vencendo a primeira 30 dias após a liberação do dinheiro, sem carência. Se o financiamento foi feito pelo sistema de amortização constante a uma taxa de juros compostos mensal de 6%, então o saldo devedor após o pagamento da décima quarta prestação será de:

a) R$ 42.000,00

b) R$ 24.000,00

c) R$ 6.000,00

d) R$ 84.000,00

e) R$ 72.000,00

Resposta: alternativa "c".

8) (FTE-RS/91) Um empréstimo no valor de R$ 1.000.000,00 foi contratado para ser registrado no prazo de 2 anos (pelo sistema de amortização progressiva) mediante prestações mensais. Calcular o valor da parcela de juros contida na segunda prestação, sabendo-se que o valor da primeira parcela de juros é de R$ 90.000,00. Somente na resposta, desprezar os centavos.

a) R$ 88.828,00

b) R$ 82.800,00

c) R$ 80.728,00

d) R$ 76.978,00

e) R$ 81.000,00

Resposta: alternativa "a".

9) (FTE-RS/91) Um empréstimo foi contraído para ser resgatado pelo sistema de amortização progressiva, em 20 prestações mensais com juros de 10% ao mês. Sendo de R$ 100.000,00 o valor da décima cota desse empréstimo, qual será o valor da décima segunda cota de amortização desse mesmo empréstimo?

a) R$ 120.000,00

b) R$ 110.000,00

c) R$ 102.010,00

d) R$ 133.100,00

e) R$ 121.000,00

Resposta: alternativa "e".

10) (FTE-RS/91) Determinado empréstimo deverá ser resgatado no prazo de 5 anos, com juros de 9% ao mês (pelo sistema de amortização progressiva). Sabendo-se que o valor da prestação mensal é de R$ 100.000,00, calcular o saldo devedor da dívida imediatamente após o pagamento da 49ª prestação. Na resposta, desprezar os centavos.

a) R$ 716.072,00

b) R$ 641.765,00

c) R$ 361.922,00

d) R$ 680.519,10

e) R$ 670.416,00

Resposta: alternativa "d".

11) (Analista de Orçamento/98) Uma dívida, no valor de R$ 5.417,20, vai ser amortizada pelo Sistema Francês, sem entrada, com pagamento em 6 prestações mensais consecutivas, a primeira delas vencendo ao completar 30 dias da data do empréstimo, com taxa de 3% ao mês. Nessas condições, a cota de amortização da primeira prestação será, aproximadamente:

a) R$ 837,48

b) R$ 842,50

c) R$ 855,72

d) R$ 892,72

e) R$ 902,40

Resposta: alternativa "a".

continuação

12) (ESAF) Um banco de desenvolvimento empresta sob as seguintes condições:

i) taxa nominal de juros de 6% ao ano, com capitalização semestral;

ii) prestações semestrais;

iii) Sistema de Amortização Constante – SAC ou Sistema Francês.

Pede-se: para um empréstimo de R$ 12.000.000,00, qual seria o valor da primeira prestação pelo Sistema de Amortização Constante – SAC, se pelo Sistema Francês as prestações são iguais a R$ 1.406.766,00?

a) R$ 1.560.000,00

b) R$ 1.776.000,00

c) R$ 1.512.000,00

d) R$ 1.680.000,00

e) R$ 1.726.000,00

Resposta: alternativa "a".

capítulo ■ 8

Análise de projetos e decisões de investimentos

A matemática financeira possui um papel fundamental em todo processo de análise de projetos e de decisões de investimentos, pois, com a aplicação das técnicas certas, é possível avaliar com maior clareza e segurança os riscos inerentes a esses processos.

Neste capítulo, estudaremos várias situações de investimento e de avaliação de projetos, e conheceremos as técnicas e a metodologia de cálculos de matemática financeira mais usadas no mercado para essa finalidade.

8.1 TIPOS DE PROJETOS

Segundo o professor Lawrence J. Gitman (1997), em seu livro *Princípios de administração financeira*, os projetos podem ser classificados em dois tipos:

- **Projetos Mutuamente Excludentes**: São projetos que possuem a mesma função e, consequentemente, competem entre si. A aceitação de um projeto desse tipo **elimina** a consideração posterior de todos os outros projetos do grupo.
- **Projetos Independentes**: São projetos cujos fluxos de caixa não estão relacionados ou são independentes entre si; a aceitação de um deles **não exclui** a consideração posterior dos demais projetos. Para maior aprofundamento nesses conceitos, o leitor deve consultar o livro do professor Gitman (1997, p. 291).

8.2 ANALISANDO PROJETOS

Para iniciarmos nossos estudos visando à análise de projetos, vamos considerar o seguinte esquema:

Projeto	Área	Taxa de retorno	Valor do investimento	Retorno financeiro
A	Industrial	18%	R$ 200.000,00	R$ 36.000,00
B	Contabilidade	16%	R$ 50.000,00	R$ 8.000,00
C	Marketing	14%	R$ 120.000,00	R$ 16.800,00
D	Logística	22%	R$ 100.000,00	R$ 22.000,00
E	RH	23%	R$ 250.000,00	R$ 57.500,00
F	Informática	21%	R$ 150.000,00	R$ 31.500,00

Considere também as seguintes informações:

- Custo de oportunidade de 16% ao ano, ou seja, outra opção de investimento;
- Taxa de aplicação de 15% ao ano, uma alternativa de investimento;
- O valor total dos recursos financeiros disponíveis para investimento é de R$ 300.000,00;
- Considere ainda que todo o valor de R$ 300.000,00 tem necessariamente de ser investido; nesse caso, o administrador dos recursos terá de analisar os projetos e tomar a decisão de investimento.

Solução única:

Nesse caso, vamos fazer uma série de combinações, levando em conta os seguintes critérios:

a) Todo valor de R$ 300.000,00 terá de ser totalmente investido;
b) Maior taxa de retorno.

Analisando as alternativas:

$$\text{Projeto} = \frac{\text{Retorno Financeiro}}{\text{Investimento}}$$

- $$\text{A e D} = \frac{36.000 + 22.000}{300.000} = \frac{58.000}{300.000} = 19{,}33\%$$
- $$\text{B e E} = \frac{8.000 + 57.500}{300.000} = \frac{65.500}{300.000} = 21{,}83\%$$
- $$\text{B, D e F} = \frac{8.000 + 22.000 + 31.500}{300.000} = \frac{61.500}{300.000} = 20{,}50\%$$
- $$\text{E + aplicação} = \frac{57.500 + 7.500}{300.000} = \frac{65.500}{300.000} = 21{,}67\%$$

Por esse método de análise, a melhor alternativa seria a combinação dos projetos "B" e "E".

Nesse último caso, o retorno de R$ 7.500,00 foi obtido multiplicando os R$ 50.000,00 pela taxa de 15%; isso foi necessário para que todos os recursos fossem totalmente aplicados. Em um processo de análise como esse, aconselha-se iniciar pelos investimentos que possuem a maior taxa de retorno.

8.3 UTILIZAÇÃO DOS FLUXOS DE CAIXA

Como vimos no item anterior, o processo de análise apresentado depende de várias combinações para se calcular o retorno total dos projetos e escolher a melhor alternativa.

Vamos estudar o processo de análise de projeto com base na metodologia de diagrama de fluxo de caixa.

a) Fluxo de caixa simples

Esse modelo é normalmente usado quando estamos analisando projetos em que ocorre um único pagamento ou recebimento.

- **Do ponto de vista do investidor**

- **Do ponto de vista do tomador**

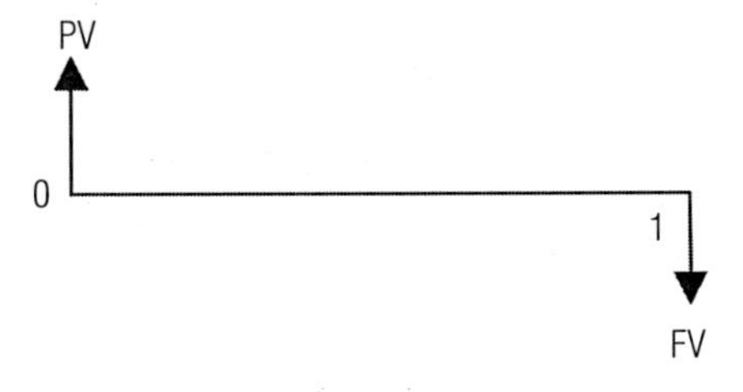

b) Fluxo de caixa convencional

Nesse modelo, existirá uma saída ou uma entrada inicial e, em seguida, haverá uma série de pagamentos ou recebimentos. Nesse caso, o fluxo será composto somente por pagamentos ou somente por recebimentos, dependendo do pagamento inicial (entrada ou saída).

- **Com saída inicial**

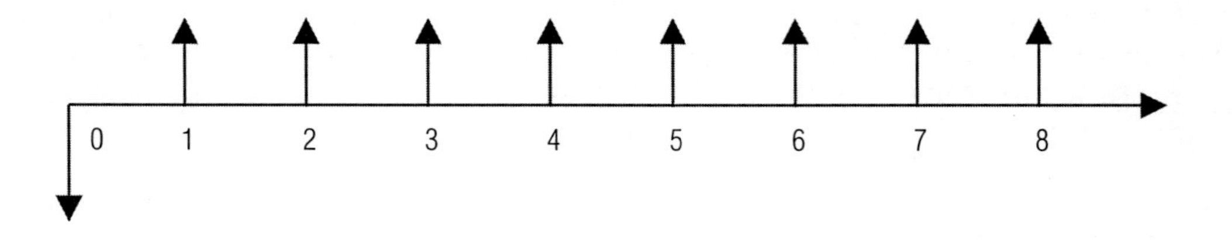

- **Com entrada inicial**

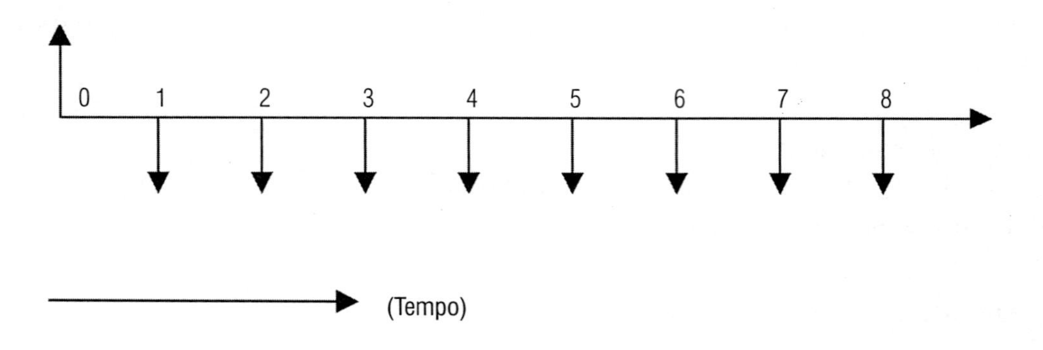

c) Fluxo de caixa não convencional

Nesse modelo, existirá uma saída ou uma entrada inicial e, em seguida, haverá uma série de pagamentos ou recebimentos alternados, ou seja, poderão ocorrer recebimentos ou pagamentos no mesmo fluxo.

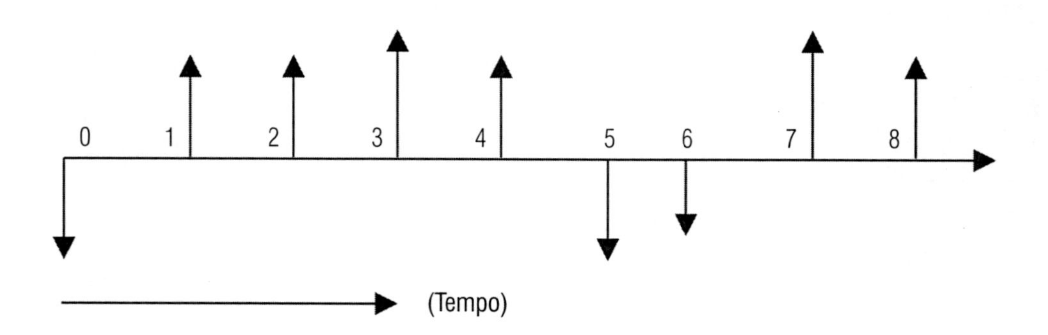

Tanto no item "b" quanto no item "c", pode ocorrer o que denominamos série mista, ou seja, ao contrário das séries uniformes (Capítulo 6), as séries de pagamentos podem ter diferentes valores em um mesmo fluxo de caixa.

EXEMPLO 89

Um terreno é comercializado à vista por R$ 4.500,00 e a prazo ele é oferecido com uma entrada de R$ 1.500,00 e uma única parcela de R$ 3.500,00. Pede-se: determinar o fluxo de caixa dessa operação.

Dados:

Alternativa “a”: à vista por R$ 4.500,00

Alternativa “b”: a prazo – uma entrada de R$ 1.500,00 + uma parcela de R$ 3.500,00.

Solução 1:

Alternativa “a”: à vista

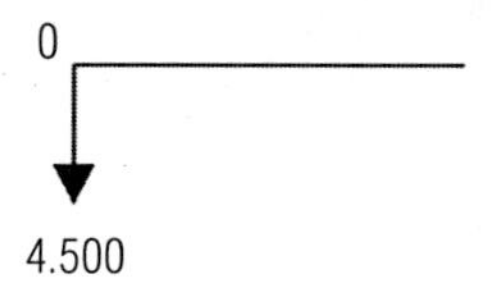

Alternativa “b”: a prazo

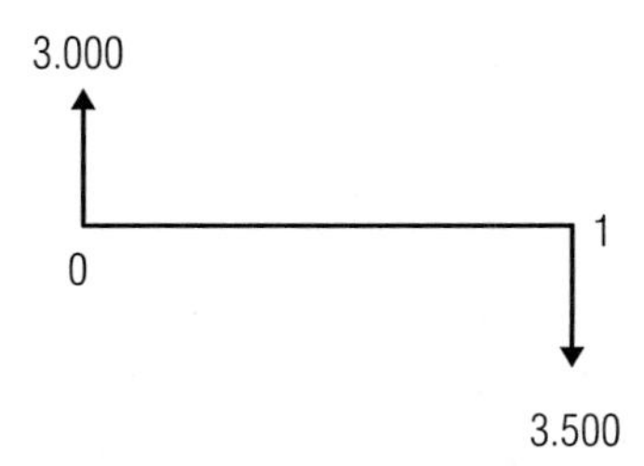

(Fluxo de caixa simples)

Observação:

- cálculo da parcela inicial do plano “b”: 4.500 – 1.500 = 3.000

EXEMPLO 90

Um projeto de investimento inicial de R$ 120.000,00 gera entradas de caixa de R$ 25.000,00; nos próximos 10 anos será necessário um gasto de R$ 5.000,00 por ano para manutenção. Pede-se: determinar o fluxo de caixa dessa operação.

Dados:

Investimento inicial: R$ 120.000,00 (saída de caixa)

Entradas de caixa: R$ 25.000,00

Despesas com manutenção: R$ 5.000,00 (saída de caixa)

Prazo (*n*): 10 anos

Fluxo de caixa: ?

Solução 1: (em mil)

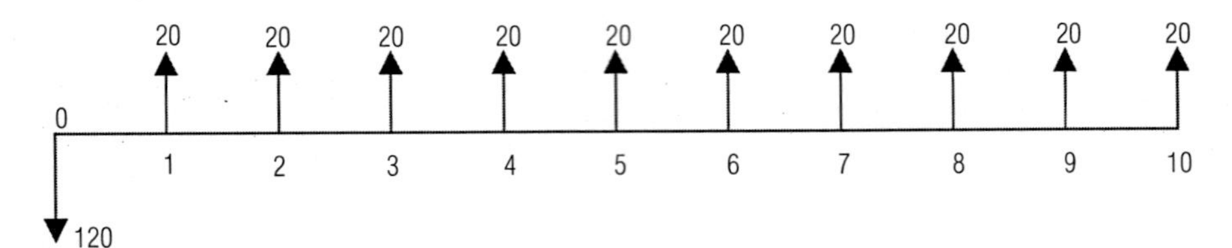

(Fluxo de caixa convencional)

Observação:

- cálculo das parcelas anuais: 25 – 5 = 20 (entradas de caixa)

EXEMPLO 91

Um investimento inicial de R$ 200.000,00 com entradas anuais de R$ 300.000,00 nos próximos 10 anos terá, no fim do 10º ano, o ativo vendido por R$ 50.000,00. As saídas de caixa devem ser de R$ 20.000,00, exceto no 6º ano, quando uma reforma exigirá uma saída de caixa complementar de R$ 500.000,00. Pede-se: determinar o fluxo de caixa da operação.

Dados:

Investimento inicial: R$ 200.000,00 (saída de caixa)

Entradas de caixa: R$ 300.000,00

Despesas com manutenção: R$ 20.000,00 (saída de caixa)

Parcela de venda do ativo: R$ 50.000,00 (entrada de caixa)

Parcela complementar: R$ 500.000,00 (saída de caixa)

Prazo (*n*): 10 anos

Fluxo de caixa: ?

Solução 1: (em mil)

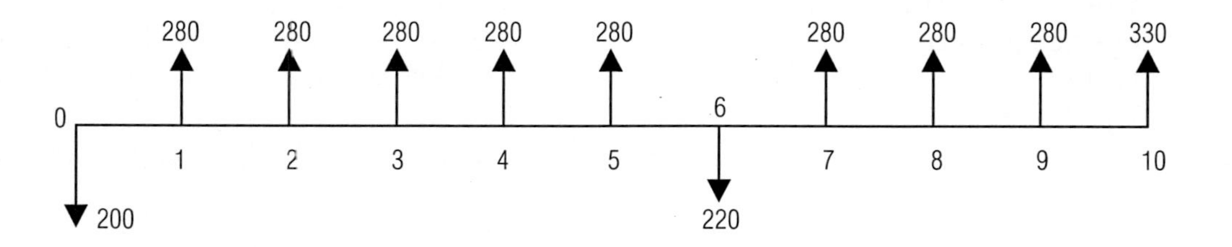

(Fluxo de caixa não convencional)

Observações:

- cálculo das parcelas anuais: 300 – 20 = 280 (entradas de caixa)
- cálculo da 6ª parcela: 300 – 20 – 500 = –220 (saída de caixa)
- cálculo da 10ª parcela: 300 + 50 – 20 = 330 (entrada de caixa)

8.4 TÉCNICAS PARA ANÁLISE DE INVESTIMENTOS

As técnicas para análise de investimentos podem ser entendidas como metodologia para medir o retorno dos investimentos. Nesses tópicos, estudaremos as metodologias de análises que levam em consideração o valor do dinheiro em função do tempo, com base no prazo, na taxa e no retorno monetário.

8.4.1 Período de *payback*

Payback pode ser entendido como o tempo exato de retorno necessário para se recuperar um investimento inicial.

Critérios de decisão:

Todo projeto deve ter um prazo limite para retornar os investimentos.

- Se o ***payback*** **for menor** que o período de *payback* máximo aceitável, **aceita-se o projeto**;
- Se o ***payback*** **for maior** que o período de *payback* máximo aceitável, **rejeita-se o projeto**.

Vantagens do *payback*:

- A maior vantagem do *payback* é a facilidade de se fazer o cálculo, pois se consideram apenas os valores de entradas e de saídas de caixa demonstrados em diagrama de fluxo de caixa, por exemplo.

Desvantagens do *payback*:

- A principal deficiência do *payback* é a de não poder determinar com exatidão o período de retorno do investimento, pois desconsidera o valor do dinheiro no tempo. Por esse motivo, essa técnica de análise é considerada uma técnica **não sofisticada**.
- Outra deficiência é a de não considerar o fluxo de caixa após o período de *payback*.

EXEMPLO 92

Uma empresa está considerando a aquisição de um ativo no valor de R$ 10.000,00, que gera entrada de caixa de R$ 4.000,00 para os próximos 5 anos (vida útil do ativo). Determinar o *payback* desse projeto.

Dados:

Investimento inicial (*PV*): R$ 10.000,00
Entradas de caixa (*PMT*): R$ 4.000,00
Prazo do projeto (*n*): 5 anos
Payback (tempo de retorno): ?

Solução 1: algébrica

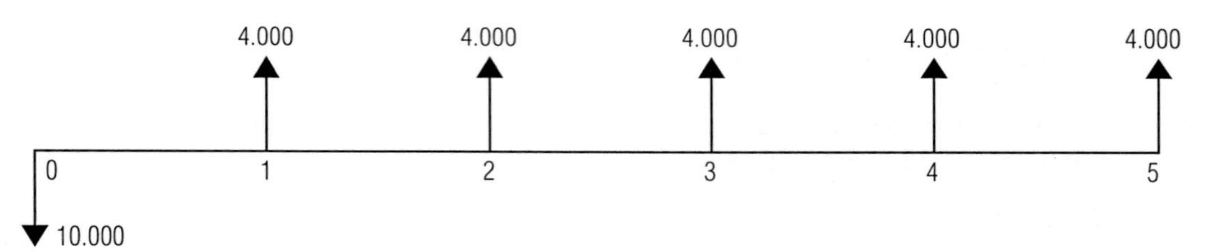

- considere que cada período seja de 12 meses;
- no fim do 1º período, retorna R$ 4.000,00;
- no fim do 2º período, retorna R$ 4.000,00;
- o saldo de investimento a retornar após o 2º período é de R$ 2.000,00, ou seja, o *payback* será de 2 anos e alguns meses. Teremos, então, de encontrar quantos meses faltam, o que pode ser obtido facilmente por uma regra de três. Vamos comprovar.

R$ 4.000,00 —— 1 ano (12 meses)

R$ 2.000,00 —— x meses

Achando o valor de "x"

$$x = \frac{12 \times 2.000}{4.000} = \frac{24.000}{4.000} = 6 \text{ meses}$$

Resposta final: 2 anos e 6 meses.

8.4.2 VPL (valor presente líquido)

O valor presente líquido *(VPL)* é uma das técnicas consideradas sofisticadas em análise de projetos; é obtida calculando-se o valor presente de uma série de fluxos de caixa (pagamentos ou recebimentos) com base em uma taxa de custo de oportunidade conhecida ou estimada, e subtraindo-se o investimento inicial.

Genericamente, podemos definir o VPL como:

VPL = valor presente das entradas ou das saídas de caixa (–) Investimento inicial

Podemos representá-lo por meio da seguinte fórmula:

Fórmula nº 75

$$VPL = \sum_{j=1}^{n} \frac{FC_n}{(1+i)^n} - PV_0$$

Em que:

PV_0 = Valor do investimento inicial;

FC_n = Fluxo de caixa para *n* períodos.

Outra forma de visualizar o conceito do VPL é a seguinte:

Fórmula nº 76

$$VPL = \sum \frac{FC_1}{(1+i)^1} + \frac{FC_2}{(1+i)^2} + \frac{FC_3}{(1+i)^3} + ... + \frac{FC_n}{(1+i)^n} - PV_0$$

Critérios de aceitação:

- Se o VPL é > 0, o projeto deve ser aceito;
- Se o VPL é < 0, o projeto deve ser recusado;
- Se o VPL é = 0, o projeto não oferece ganho ou prejuízo.

EXEMPLO 93

Um projeto de investimento inicial de R$ 70.000,00 gera entradas de caixa de R$ 25.000,00 nos próximos 5 anos; em cada ano, será necessário um gasto de R$ 5.000,00 para manutenção, considerando-se um custo de oportunidade de 8% ao ano. Pede-se: determinar o valor presente líquido dessa operação.

Dados:

Investimento inicial (PV_0): R$ 70.000,00

Entradas de caixa (FC_n): R$ 25.000,00

Despesas com manutenção: R$ 5.000,00 (saída de caixa)

Prazo (*n*): 5 anos

Custo de oportunidade (*i*) = 8% a.a.

VPL = ?

Solução 1: (em mil)

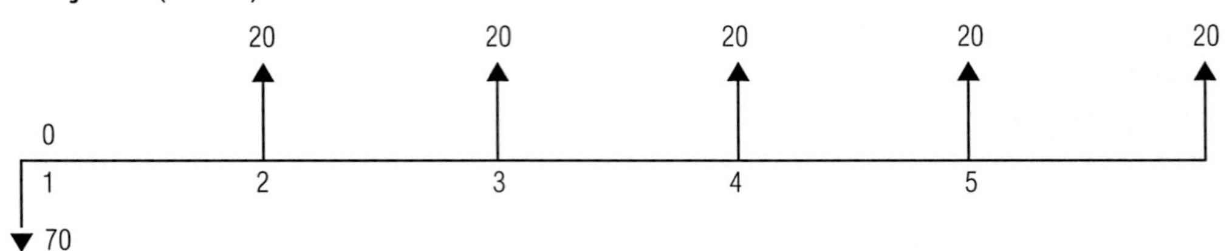

(Fluxo de caixa convencional)

Observações:

- cálculo das parcelas anuais: 25 – 5 = 20 (entradas de caixa)

$$VPL = \sum \frac{20.000}{(1+0{,}08)^1} + \frac{20.000}{(1+0{,}08)^2} + \frac{20.000}{(1+0{,}08)^3} + \frac{20.000}{(1+0{,}08)^4} + \frac{20.000}{(1+0{,}08)^5} - 70.000$$

$$VPL = \sum \frac{20.000}{(1{,}08)^1} + \frac{20.000}{(1{,}08)^2} + \frac{20.000}{(1{,}08)^3} + \frac{20.000}{(1{,}08)^4} + \frac{20.000}{(1{,}08)^5} - 70.000$$

$$VPL = \sum \frac{20.000}{1{,}08} + \frac{20.000}{1{,}1664} + \frac{20.000}{1{,}259712...} + \frac{20.000}{1{,}360489...} + \frac{20.000}{1{,}469328...} - 70.000$$

$VPL = \Sigma\ 18.518{,}52 + 17.146{,}78 + 15.876{,}64 + 14.700{,}60 + 13.611{,}66 - 70.000$

$VPL = 79.854{,}20 - 70.000$

VPL = R$ 9.854,20

VPL > 0, o projeto deve ser aceito.

Solução 2: HP-12C

Na HP-12C, a função NPV, que significa *Net Present Value* (Valor Presente Líquido), calcula diretamente o VPL para um conjunto de até 20 fluxos de caixa (excluindo o fluxo de caixa inicial), desde que cada grupo contenha um máximo de 99 fluxos iguais. Para tanto, vamos trabalhar com funções de fluxo de caixa.

Principais funções relacionadas com fluxo de caixa:

g CFo: Cash $flow_0$ = fluxo de caixa inicial

g CFj: Cash $flow_j$ = $_{Jésimo}$fluxo de caixa inicial

g Nj : Number j – número de fluxos de caixa iguais consecutivos

NPV: Net Present Value = Valor Presente Líquido

IRR : Internal Rate of Return = Taxa Interna de Retorno

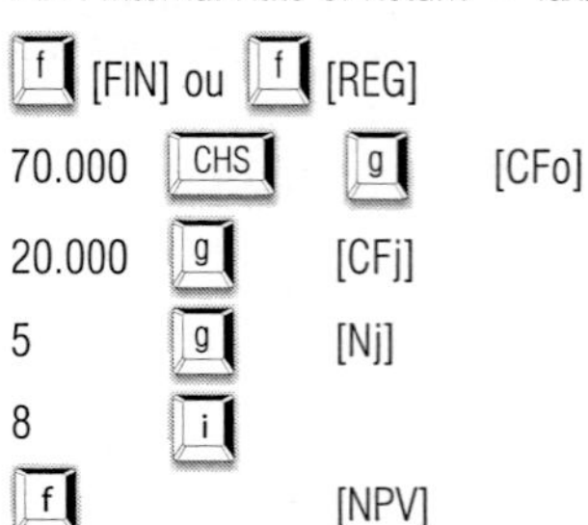

f [FIN] ou f [REG]

70.000 CHS g [CFo]

20.000 g [CFj]

5 g [Nj]

8 i

f [NPV]

R$ 9.854,20

Usando as funções financeiras do Excel®

= FC0 +VPL(taxa; CF1:FCn)

Solução 3: Excel®

Microsoft Excel - EXEMPLO 83

Arquivo Editar Exibir Inserir Formatar Ferramentas Dados Janela Ajuda

C11 = =C5+VPL(D1;C6:C10)

	A	B	C	D
1		CUSTO DE OPORTUNIDADE		8,00%
3		PERÍODO	FLUXO DE CAIXA	
4			DO PROJETO	
5		0	(70.000,00)	
6		1	20.000,00	
7		2	20.000,00	
8		3	20.000,00	
9		4	20.000,00	
10		5	20.000,00	
11		VPL	9.854,20	

EXEMPLO 94

Um investimento de R$ 1.200,00 gera 3 entradas de caixa consecutivas de R$ 650,00, R$ 250,00 e R$ 450,00. Considerando uma taxa de 5% ao mês, determinar o valor presente líquido.

Dados:

Investimento inicial (PV_0): R$ 1.200,00

Entradas de caixa (FC_n): R$ 650,00; R$ 250,00 e R$ 450,00

Prazo (n): 3 anos

Custo de oportunidade (i) = 5% a.a.

VPL = ?

Fluxo de caixa do projeto de investimento

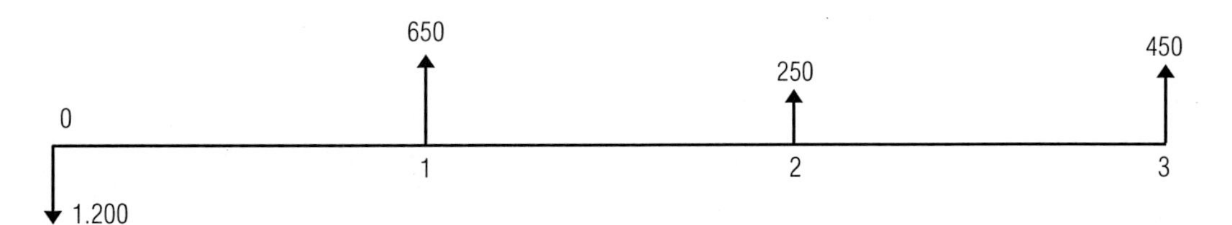

Solução 1: algébrica

$$VPL = \sum \frac{650}{(1+0{,}05)^1} + \frac{250}{(1+0{,}05)^2} + \frac{450}{(1+0{,}05)^3} - 1.200$$

$$VPL = \sum \frac{650}{(1{,}05)^1} + \frac{250}{(1{,}05)^2} + \frac{450}{(1{,}05)^3} - 1.200$$

$$VPL = \sum \frac{650}{1{,}05} + \frac{250}{1{,}1025} + \frac{450}{1{,}157625} - 1.200$$

$$VPL = \Sigma\ 619{,}05 + 226{,}76 + 388{,}73 - 1.200$$

$$VPL = 1.234{,}54 - 1.200$$

VPL = R$ 34,54

VPL > 0, o projeto deve ser aceito.

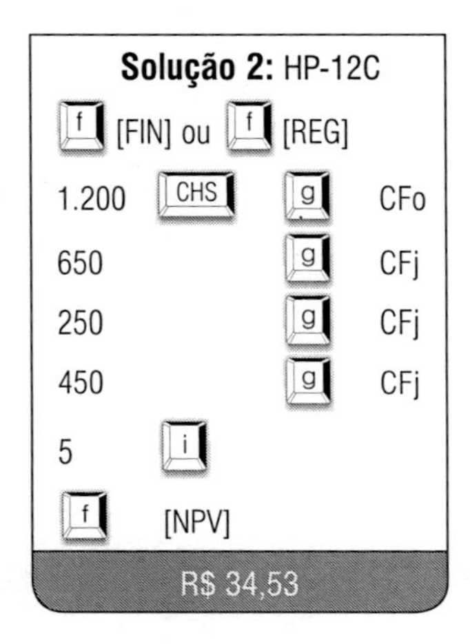
Solução 2: HP-12C

f [FIN] ou f [REG]

1.200 CHS g CFo

650 g CFj

250 g CFj

450 g CFj

5 i

f [NPV]

R$ 34,53

Usando as funções financeiras do Excel®

VPL= FC_0 +VPL(taxa; CF_1:FC_n)

Solução 3: Excel®

Microsoft Excel - EXEMPLO 84

Arquivo Editar Exibir Inserir Formatar Ferramentas Dados Janela Ajuda

C9 = =C5+VPL(D1;C6:C8)

	A	B	C	D	E	F	G	H	I	J
1		CUSTO DE OPORTUNIDADE		5,00%						
3		PERÍODO	FLUXO DE CAIXA							
4			DO PROJETO							
5		0	(1.200,00)							
6		1	650,00							
7		2	250,00							
8		3	450,00							
9		VPL	34,53							
10										
11										
12										
13										

EXEMPLO 95

Um investimento de R$ 6.000,00, efetuado no dia 1/9/2001, gera entradas de caixa nos valores de R$ 1.200,00, R$ 2.000,00 e R$ 3.700,00, com vencimento a 35 dias, 55 dias e 120 dias, respectivamente. Calcular o valor presente líquido da operação, considerando-se um custo de oportunidade de 6% ao mês.

Dados:

Investimento inicial (PV_0): R$ 6.000,00

Entradas de caixa (FC_n): R$ 1.200,00; R$ 2.000,00 e R$ 3.700,00

Prazo (n): 35, 55 e 120 dias

Custo de oportunidade (i) = 6% a.m.

VPL = ?

Fluxo de caixa do projeto de investimento

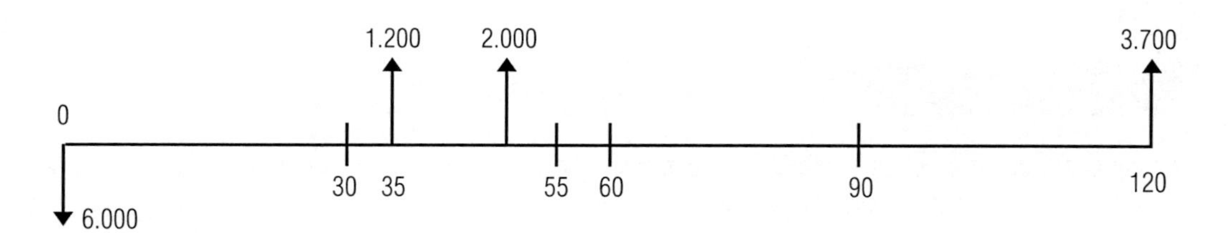

Solução 1: algébrica

$$VPL = \sum \frac{1.200}{(1+0{,}06)^{\frac{120}{30}}} + \frac{2.000}{(1+0{,}06)^{\frac{55}{30}}} + \frac{3.700}{(1+0{,}06)^{\frac{35}{30}}} - 6.000$$

$$VPL = \sum \frac{1.200}{(1{,}06)^{1{,}166667...}} + \frac{2.000}{(1{,}06)^{1{,}833333...}} + \frac{3.700}{(1{,}06)^{4}} - 6.000$$

$$VPL = \sum \frac{1.200}{1{,}070344...} + \frac{2.000}{1{,}112741...} + \frac{3.700}{1{,}262477...^{4}} - 6.000$$

$$VPL = 5.849{,}24 - 6.000$$

$$VPL = -150{,}76$$

VPL < 0, o projeto deve ser recusado.

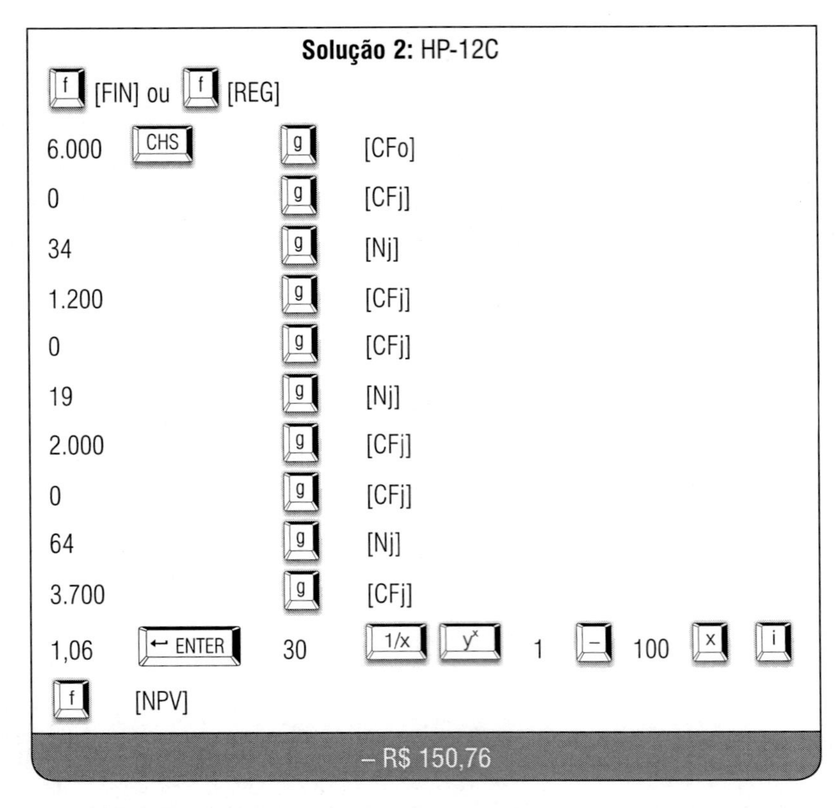

Nesse caso, como os prazos trabalhados estão em dias, a taxa também terá de ser informada ao dia, ou seja, teremos de fazer a equivalência entre as taxas.

Usando as funções financeiras do Excel®

=XVPL(taxa;valores; datas)

Solução 3: Excel®

Microsoft Excel - EXEMPLO 85

Arquivo Editar Exibir Inserir Formatar Ferramentas Dados Janela Ajuda

C9 = =XVPL(TAXA(30/365;;-1;1+D1);C5:C8;B5:B8)

	B	C	D
1	CUSTO DE OPORTUNIDADE		6,00%
3	PERÍODO	FLUXO DE CAIXA DO PROJETO	
5	01/09/01	(6.000,00)	
6	06/10/01	1.200,00	
7	26/10/01	2.000,00	
8	30/12/01	3.700,00	
9	VPL	(150,76)	

8.4.3 Taxa Interna de Retorno (TIR)

A Taxa Interna de Retorno (TIR), a exemplo do VPL, é uma das técnicas consideradas sofisticadas em análise de projetos, talvez até mais que o próprio VPL.

A TIR, em inglês IRR (*Internal Rate of Return*), é a taxa necessária para igualar os fluxos de caixa ao valor presente (*PV*), ou seja, é o custo ou rentabilidade efetiva de um projeto ou simplesmente a taxa de desconto igual aos fluxos de caixa ao investimento inicial, seja pelo regime de juros compostos ou pelo regime de juros simples. Em outras palavras, é a taxa que faz que o VPL seja igual a "0" (zero), isto é, satisfaz a equação VPL = 0.

Para achar a TIR, pelo método algébrico, deve-se recorrer ao processo de tentativa e erro.

Nos tópicos a seguir, mostraremos como calcular a TIR em financiamentos a juros compostos (**processo de tentativa e erro**) e a juros simples (**processo sem erro**). Assim sendo, podemos classificar a TIR em:

a) Taxa Interna de Retorno (TIR_{JC}) a Juros Compostos;

b) Taxa Interna de Retorno (TIR_{JS}) a Juros Simples.

8.4.3.1 Taxa interna de retorno (TIR_{JC}) a juros compostos

Vamos considerar como fórmula a seguinte equação:

$$CF_0 = \sum_{j=1}^{n} \frac{FC_j}{(1+i)^j}$$

Fórmula nº 77

$$PV_0 = \frac{FC_1}{(1+i)^1} + \frac{FC_2}{(1+i)^2} + \frac{FC_3}{(1+i)^3} + ... + \frac{FC_n}{(1+i)^n}$$

Nesse caso, o objetivo é encontrar uma taxa (*i*), que, substituída no lado direito da equação, torne a igualdade verdadeira.

Vamos considerar a seguinte equação:

$$1.000 = \frac{500}{(1+i)^1} + \frac{660}{(1+i)^2}$$

Consideremos ainda que a taxa (*i*) da equação acima seja 10%; substituindo-a na equação, teremos:

$$1.000 = \frac{500}{(1{,}10)^1} + \frac{660}{(1{,}10)^2}$$

$$1.000 = \frac{500}{1{,}10} + \frac{660}{1{,}21}$$

$$1.000 = 454{,}55 + 545{,}45$$

$$1.000 = 1.000$$

A taxa de 10% satisfez a igualdade, portanto, 10% é Taxa Interna de Retorno *(TIR)*, neste caso, a juros compostos.

Critérios de decisão:

- Se a TIR é > Custo de oportunidade, o projeto deve ser aceito;
- Se a TIR é < Custo de oportunidade, o projeto deve ser recusado;
- Se a TIR é = Custo de oportunidade, o projeto não oferece ganho em relação ao custo de oportunidade.

EXEMPLO 96

Um projeto está sendo oferecido nas seguintes condições: um investimento inicial de R$ 1.000,00, com entradas de caixa mensais de R$ 300,00, R$ 500,00 e R$ 400,00 consecutivas. Sabendo-se que um custo de oportunidade aceitável é 10% ao mês, pergunta-se: o projeto deve ser aceito?

Dados:

Investimento inicial (CFo): R$ 1.000,00

Entradas de caixa (CFj): R$ 300;00; R$ 500,00; e R$ 400,00

Custo de oportunidade: 10% a.m.

TIR: ?

Nesse caso, apresentaremos apenas as soluções 2 e 3, tendo em vista que o cálculo para a solução 1 é muito complexo, conforme demonstramos no Capítulo 6.

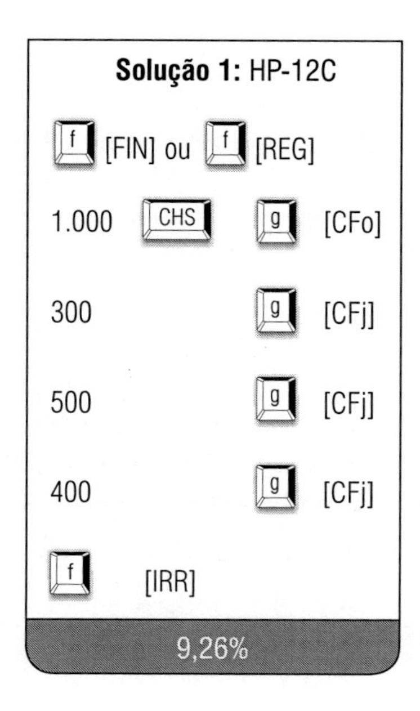

TIR < Custo de oportunidade (10%), o projeto não deve ser aceito.

Solução 2: Excel®

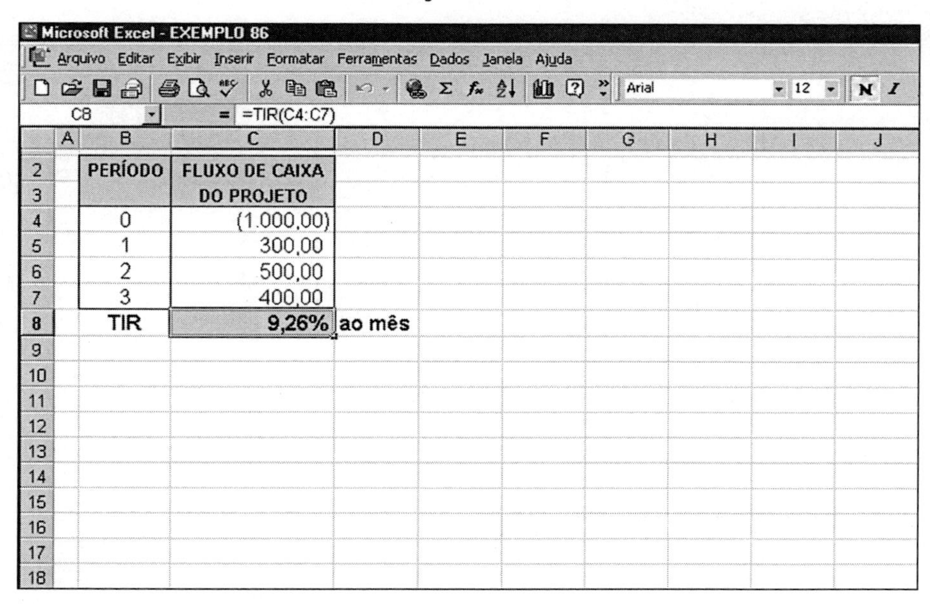

PERÍODO	FLUXO DE CAIXA DO PROJETO	
0	(1.000,00)	
1	300,00	
2	500,00	
3	400,00	
TIR	9,26%	ao mês

8.4.3.1.1 Análise conjunta (VPL, TIR e Payback)

Como vimos nos itens anteriores, um projeto pode ter várias análises, ora pelo VPL, ora pela TIR, ora pelo *payback*; portanto, o correto é fazer a análise considerando as três técnicas.

Vejamos um exemplo:

EXEMPLO 97

Dois projetos A e B de mesmo valor, correspondente a R$ 45.000,00, são oferecidos a um investidor com 10 entradas de caixa. O projeto A tem as seguintes entradas: R$ 4.500,00; R$ 5.500,00; R$ 6.500,00; R$ 7.500,00; R$ 8.500,00; R$ 9.500,00; R$ 10.500,00; R$ 11.500,00; R$ 12.500,00; e R$ 13.500,00.

Para o projeto B, o fluxo é o inverso do projeto A; considerando-se um custo de oportunidade de 13,5% ao ano, calcular o VPL, a TIR e o *payback* dos dois projetos.

Dados:

Investimento inicial: R$ 45.000,00

Prazo (n): 10 anos

Fluxo do projeto A: R$ 4.500,00; R$ 5.500,00; R$ 6.500,00; R$ 7.500,00; R$ 8.500,00; R$ 9.500,00; R$ 10.500,00; R$ 11.500,00; R$ 12.500,00 e R$ 13.500,00.

Fluxo do projeto B: (fluxo inverso ao projeto A)

Custo de oportunidade: 13,5% a.a.

VPL = ?

TIR = ?

Payback = ?

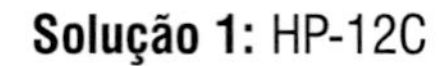

Solução 1: HP-12C

Projeto A			
f [FIN] ou f [REG]			
45.000	CHS	g	[CFo]
4.500		g	[CFj]
5.500		g	[CFj]
6.500		g	[CFj]
7.500		g	[CFj]
8.500		g	[CFj]
9.500		g	[CFj]
10.500		g	[CFj]
11.500		g	[CFj]
12.500		g	[CFj]
13.500		g	[CFj]
f	[IRR]	12,30% a.a.	
13,5	i		
f	[NPV]	– R$ 2.537,24	

Projeto B			
f [FIN] ou f [REG]			
45.000	CHS	g	[CFo]
13.500		g	[CFj]
12.500		g	[CFj]
11.500		g	[CFj]
10.500		g	[CFj]
9.500		g	[CFj]
8.500		g	[CFj]
7.500		g	[CFj]
6.500		g	[CFj]
5.500		g	[CFj]
4.500		g	[CFj]
f	[IRR]	18,99% a.a.	
13,5	i		
f	[NPV]	R$ 8.288,55	

Solução 2: Excel®

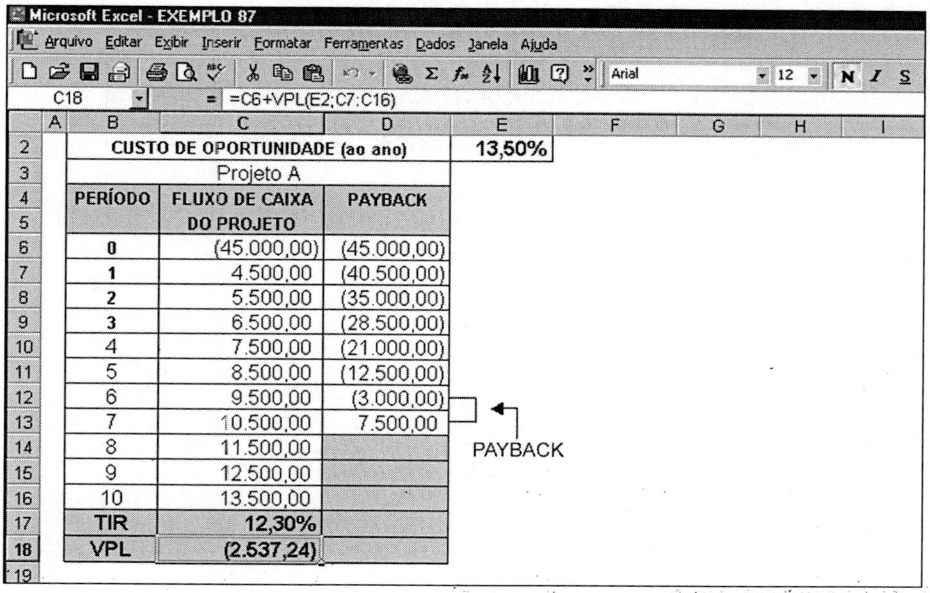

Microsoft Excel - EXEMPLO 87

Arquivo Editar Exibir Inserir Formatar Ferramentas Dados Janela Ajuda

C18 = =C6+VPL(E2;C7:C16)

CUSTO DE OPORTUNIDADE (ao ano)			13,50%
Projeto A			
PERÍODO	FLUXO DE CAIXA DO PROJETO	PAYBACK	
0	(45.000,00)	(45.000,00)	
1	4.500,00	(40.500,00)	
2	5.500,00	(35.000,00)	
3	6.500,00	(28.500,00)	
4	7.500,00	(21.000,00)	
5	8.500,00	(12.500,00)	
6	9.500,00	(3.000,00)	
7	10.500,00	7.500,00	PAYBACK
8	11.500,00		
9	12.500,00		
10	13.500,00		
TIR	12,30%		
VPL	(2.537,24)		

***Payback* para o projeto A:**

10.500 —— 1 ano (12 meses)

3.000 —— x

$$x = \frac{3.000 \times 12}{10.500}$$

$$x = \frac{36.000}{10.500}$$

x = 3,428571... meses

transformando a parte fracionária, teremos:

0,428571 x 30 = 12,857143 (13 dias)

***Payback* total para o projeto A: 6 anos, 3 meses e 13 dias.**

Microsoft Excel - EXEMPLO 87.1

Arquivo Editar Exibir Inserir Formatar Ferramentas Dados Janela Ajuda

C17 = =C5+VPL(E1;C6:C15)

	B	C	D	E
1	CUSTO DE OPORTUNIDADE (ao ano)			13,50%
2	Projeto B			
3	PERÍODO	FLUXO DE CAIXA DO PROJETO	PAYBACK	
5	0	(45.000,00)	(45.000,00)	
6	1	13.500,00	(31.500,00)	
7	2	12.500,00	(19.000,00)	
8	3	11.500,00	(7.500,00)	
9	4	10.500,00	3.000,00	PAYBACK
10	5	9.500,00		
11	6	8.500,00		
12	7	7.500,00		
13	8	6.500,00		
14	9	5.500,00		
15	10	4.500,00		
16	TIR	18,99%		
17	VPL	8.288,55		

***Payback* para o projeto B:**

10.500 —— 1 ano (12 meses)

7.500 —— x

$$x = \frac{7.500 \times 12}{10.500}$$

$$x = \frac{90.000}{10.500}$$

$x =$ 8,571429... meses

transformando a parte fracionária, teremos:

0,571429 x 30 = 17,142857... (18 dias)

***Payback* total para o projeto B: 3 anos, 8 meses e 18 dias.**

O projeto B apresenta as melhores condições nas três técnicas de análise, portanto, deve ser o escolhido para investimento.

8.4.3.2 Taxa interna de retorno (TIR_{JS}) a juros simples

Na verdade, é outra lacuna que estamos preenchendo, também deduzida a partir das teorias de Gauss. No que diz respeito ao regime de capitalização simples, trata-se de uma novidade.

Podemos dizer que a taxa interna de retorno a juros simples é também, como tudo que tem como base as teorias de Gauss, **um cálculo perfeito**. Ao contrário do mesmo cálculo a juros compostos, que, segundo **Gitman** (2002), pode ser feito por meio de um processo de tentativa e erro, calculadora financeira ou pelas funções do Microsoft Excel®. Meschiatti[1] apresenta uma fórmula, que ora estamos adaptando, a saber.

Vamos à fórmula:

Fórmula nº 78

$$TIR_{JS} = \frac{2 - \left(\dfrac{PV \times 2}{PMT_{JS} \times n}\right)}{\left[n\left(\dfrac{PV \times 2}{PMT_{JS} \times n}\right)\right] - (n - 1)}$$

EXEMPLO 98

Calcular a taxa interna de retorno (TIR_{JS}), considerando uma prestação (PMT_{JS}) de R$ 118,28, um prazo (n) de 12 meses e um valor presente (PV) de R$ 1.000,00.

Dados:

PMT_{JS} = R$ 118,28
n = 12 meses
PV = R$ 1.000,00
i = ?

[1] NOGUEIRA, José Jorge Meschiatti. *Tabela Price:* mitos e paradigmas. 2. ed. Campinas, SP: Millennium, 2008. p.150.

Solução 1: algébrica

$$TIR_{JS} = \frac{2 - \left(\dfrac{PV \times 2}{PMT_{JS} \times n}\right)}{\left[n\left(\dfrac{PV \times 2}{PMT_{JS} \times n}\right)\right] - (n-1)}$$

$$TIR_{JS} = \frac{2 - \left(\dfrac{1.000 \times 2}{118{,}28 \times 12}\right)}{\left[12\left(\dfrac{1.000 \times 2}{118{,}28 \times 12}\right)\right] - (12-1)}$$

$$TIR_{JS} = \frac{2 - \left(\dfrac{2.000}{1.419{,}35}\right)}{\left[12\left(\dfrac{2.000}{1.419{,}35}\right)\right] - (11)}$$

$$TIR_{JS} = \frac{2 - (1{,}409091...)}{[12\,(1{,}409091...)] - (11)}$$

$$TIR_{JS} = \frac{0{,}590909...}{[16{,}909091...] - (11)}$$

$$TIR_{JS} = \frac{0{,}590909...}{5{,}909091...}$$

TIR = 0,1 *ou* 10% a.m.

Tal comprovação matemática não pode ser realizada com a mesma facilidade no regime de juros compostos.

8.5 OPERAÇÕES DE *LEASING*

As informações sobre *leasing* foram obtidas no site do Banco Central do Brasil, www.bcb.gov.br.

8.5.1 O que é uma operação de *leasing*?

As empresas vendedoras de bens costumam apresentar o *leasing* como mais uma forma de financiamento, mas o contrato deve ser lido com atenção, pois se trata de operação com características próprias. O *leasing*, também denominado *arrendamento mercantil*, é uma operação em que o possuidor (arrendador, empresa de arrendamento mercantil) de um bem móvel ou imóvel cede a terceiro (arrendatário, cliente, "comprador") o uso desse bem por prazo determinado, recebendo em troca uma contraprestação. O arrendador adquire o bem indicado pelo arrendatário. Essa operação se assemelha, no sentido financeiro, a um financiamento que utilize o bem como garantia e que pode ser amortizado em determinado número de "aluguéis" (prestações) periódicos, acrescidos do valor residual garantido e do valor devido pela opção de compra. Ao final do contrato de arrendamento, o arrendatário tem as seguintes opções:

- comprar o bem por valor previamente contratado;
- renovar o contrato por um novo prazo, tendo como principal o valor residual;
- devolver o bem ao arrendador.

8.5.2 Existe limitação de prazo no contrato de *leasing*?

Sim. O prazo mínimo de arrendamento é de 2 anos para bens com vida útil de até 5 anos e de 3 anos para os demais; por exemplo: para veículos, o prazo mínimo é de 24 meses e para outros equipamentos e imóveis, o prazo mínimo é de 36 meses (bens com vida útil superior a 5 anos). Existe modalidade de operação em que o prazo mínimo é de 90 dias (*leasing* operacional).

8.5.3 É possível quitar o contrato de *leasing* antes do encerramento do prazo?

O contrato de *leasing* tem prazo mínimo definido pelo Banco Central. Em face disso, não é possível a "quitação" da operação antes desse prazo. O direito à opção pela compra do bem só é adquirido ao término do prazo de arrendamento. Por isso, não é aplicável ao contrato de arrendamento mercantil a faculdade de o cliente quitar e adquirir o bem antecipadamente. No entanto, é admitida, desde que esteja prevista no contrato, a transferência dos direitos e obrigações a terceiros, mediante acordo com a empresa arrendadora.

8.5.4 Pessoa física pode contratar uma operação de *leasing*?

Sim. As pessoas físicas e as empresas podem contratar *leasing*.

8.5.5 Incide IOF no arrendamento mercantil?

Não. O IOF não incide nas operações de *leasing*. O imposto que será pago no contrato é o Imposto Sobre Serviços (ISS).

8.5.6 Ficam a cargo de quem as despesas adicionais?

Despesas tais como seguro, manutenção, registro de contrato, Imposto Sobre Serviços (ISS) e demais encargos que incidam sobre os bens arrendados são de responsabilidade do arrendatário ou do arrendador, dependendo do que for pactuado no contrato de arrendamento.

Para mais informações, consulte o *site* do banco central: www.bcb.gov.br.

8.5.7 Cálculo das prestações de *leasing*

O cálculo das prestações de *leasing* com valor residual pode ser facilmente efetuado por meio da seguinte fórmula:

Fórmula nº 79

$$PMT_L = \left[PV_0 - \frac{PV_0 \times i_R}{(1+i)^n} \right] \times \left[\frac{(1+i)^n \times i}{(1+i)^n - 1} \right]$$

Em que:

PV_0 = valor do bem;

i_R = taxa do valor residual;

i = taxa de financiamento;

n = prazo da operação.

99

Um automóvel no valor de R$ 18.500,00 está sendo adquirido mediante uma operação de *leasing*, com uma taxa de 2% ao mês, durante o período de 36 meses. O valor residual definido no ato da contratação será de 5% sobre o valor do automóvel, para ser pago com a prestação nº 36. Calcular o valor da prestação com e sem o valor residual.

Dados:

PV_0 = R$ 18.500,00

i_R = 5%

i = 2% a.m.

n = 36 meses

PMT = ?

PMT_L = ?

Solução 1: algébrica

a) Cálculo da contraprestação com valor residual (PMT_{CR})

$$PMT_{CR} = 18.500 \times \left[\frac{(1 + 0,02)^{36} \times 0,02}{(1 + 0,02)^{36} - 1} \right]$$

$$PMT_{CR} = 18.500 \times \left[\frac{(1,02)^{36} \times 0,02}{(1,02)^{36} - 1} \right]$$

$$PMT_{CR} = 18.500 \times \left[\frac{2,039887 \times 0,02}{2,039887... - 1} \right]$$

$$PMT_{CR} = 18.500 \times \left[\frac{0,040798}{1,039887...} \right]$$

$$PMT_{CR} = 18.500 \times [0,039233...]$$

Para mais detalhes, veja o Capítulo 6.

$PMT = R\$ \ 725,80$

b) Cálculo da contraprestação sem valor residual (PMT_{CL})

$$PMT_{CL} = \left[18.500 - \frac{18.500 \times 0,05}{(1 + 0,02)^{36}} \right] \times \left[\frac{(1 + 0,02)^{36} \times 0,02}{(1 + 0,02)^{36} - 1} \right]$$

$$PMT_{CL} = \left[18.500 - \frac{925,00}{(1,02)^{36}} \right] \times \left[\frac{(1,02)^{36} \times 0,02}{(1,02)^{36} - 1} \right]$$

$$PMT_{CL} = \left[18.500 - \frac{925,00}{2,039887...} \right] \times \left[\frac{2,039887... \times 0,02}{2,039887... - 1} \right]$$

$$PMT_{CL} = \left[18.500 - 453,46 \right] \times \left[\frac{0,040798}{1,039887...} \right]$$

$$PMT_{CL} = [18.046,54] \times [0,039233...]$$

$PMT_{CL} = R\$ \ 708,02$

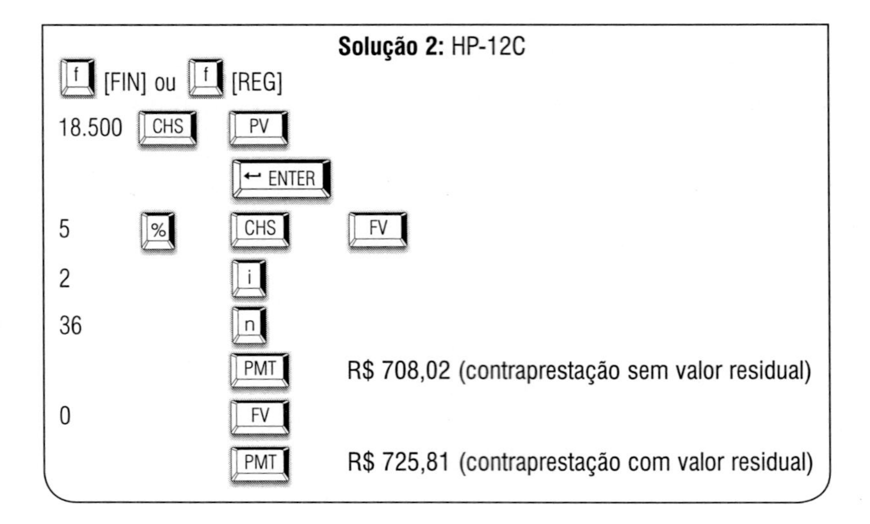

Solução 3: Excel®

Microsoft Excel - EXEMPLO 88

Arquivo Editar Exibir Inserir Formatar Ferramentas Dados Janela Ajuda

B7 = =(B1-B1*B3/(1+B2)^B4)*((1+B2)^B4)*B2/((1+B2)^B4-1)

	A	B	C
1	VALOR PRESENTE *(PV)*	18.500,00	
2	TAXA (*i*)	2,00%	
3	TAXA (i_r)	5,00%	
4	PRAZO (*n*)	36	meses
5	VALOR FUTURO (*FV*)	-	
6	VALOR DA PRESTAÇÃO (*PMT*)	R$ 725,81	
7	**VALOR DA CONTRAPRESTAÇÃO (PMT_{CL})**	**R$ 708,02**	

8.6 ANÁLISE DE COMPRA COM FINANCIAMENTO X *LEASING*

Neste tópico, abordaremos as vantagens e desvantagens em operações que envolvam uma compra com financiamento atrelada a uma operação de *leasing*.

8.6.1 Compra com financiamento

Com relação à compra financiada, podemos dizer que estarão envolvidos pelo menos três agentes: a empresa compradora, o fornecedor e o financiador da operação, normalmente bancos ou financeiras.

A empresa compradora tem a propriedade legal e o direito de uso, mediante contrato de financiamento firmado perante o agente financeiro, e, nesse caso, o bem geralmente fica alienado.

Além disso, há a vantagem, nesse tipo de operação, de poder apropriar-se contabilmente de despesas com juros compensatórios, correção monetária (se houver) para fins de redução da base de cálculo do IRPJ. As depreciações do ativo permanente pelo tempo de vida útil do bem (critérios contábeis) também são apropriadas como despesas na DRE – Demonstração do Resultado do Exercício.

8.6.2 *Leasing* como operação financeira

Nesse caso, a propriedade do ativo é da empresa de *leasing*, que, de conformidade com as condições contratuais específicas (prazo, valor etc.), concede o direito de uso do bem, mediante o pagamento de contraprestações.

O *leasing*, quando comparado com a compra financiada, oferece os seguintes benefícios para a empresa contratante:

- as contraprestações poderão ser deduzidas da base de cálculo do Imposto de Renda;
- a possibilidade de compra pelo valor residual, desde que esteja definido em contrato.

Para ilustrar uma situação na qual o investidor tenha de optar entre uma operação de *leasing* ou a compra financiada, apresentaremos o seguinte exemplo:

EXEMPLO 100

Uma empresa está estudando a compra financiada ou o *leasing* de um equipamento. Esse equipamento foi cotado no mercado por R$ 100.000,00, com vida útil de 5 anos, e prazo de financiamento de 6 anos a uma taxa de 10% ao ano, com base no Sistema Francês de Amortização (SFA). A outra opção é um *leasing* de 3 anos com valor residual "0" (zero) e taxa de juros de 9% ao ano. Considerando-se que o custo de oportunidade seja de 8% ao ano, qual deveria ser a opção escolhida, sabendo-se que a taxa de benefício fiscal da empresa é de 30%?

Dados:

Valor do equipamento: R$ 100.000,00

Taxa de financiamento da compra: 10% a.a. (Sistema Francês)

Prazo do financiamento: 6 anos

Prazo do *leasing*: 3 anos

Taxa de valor residual: "0" (zero)

Taxa de financiamento do *leasing*: 9% a.a. (Sistema Francês)

Custo de oportunidade: 8% ao ano

Taxa de benefício fiscal: 30%

Vida útil do ativo: 5 anos

b) Cálculo da depreciação (D)

$$D = \frac{\text{Valor do Ativo}}{\text{Tempo Vida Útil}} = \frac{100.000}{5} = R\$\ 20.000,00$$

c) Cálculo do benefício fiscal (BF)

para o 1º período:

BF = (juros + depreciação) x taxa de benefício

BF = (10.000 + 20.000) x 0,3 = R$ 9.000,00

d) Cálculo do valor presente

para o 1º período

$$VP = \frac{PMT_n}{(1 + i)^n} = \frac{13.960,74}{(1,08)^1} = R\$\ 12.926,61$$

Para os demais períodos, muda apenas o valor de "n" no índice $(1 + i)^n$, ou seja, 2, 3, e assim por diante.

Para os demais cálculos, ver o Capítulo 7.

No caso do *leasing*, os cálculos seguem o mesmo critério e metodologia do financiamento.

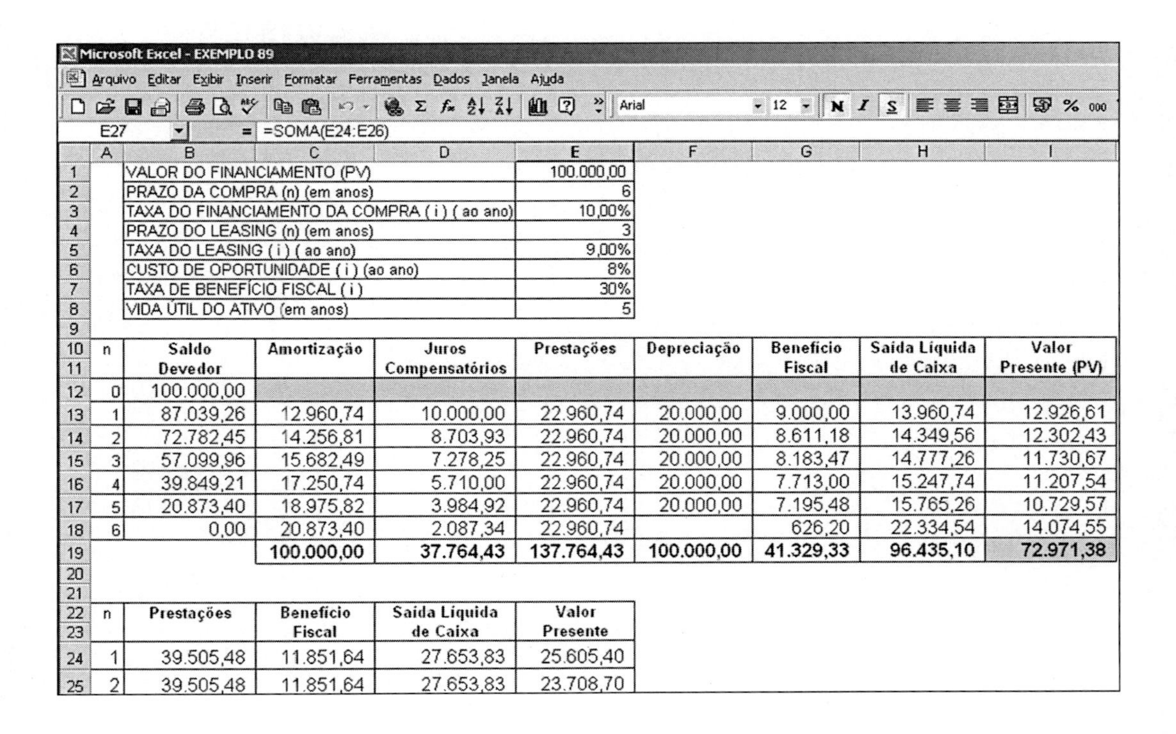

VALOR DO FINANCIAMENTO (PV)	100.000,00
PRAZO DA COMPRA (n) (em anos)	6
TAXA DO FINANCIAMENTO DA COMPRA (i) (ao ano)	10,00%
PRAZO DO LEASING (n) (em anos)	3
TAXA DO LEASING (i) (ao ano)	9,00%
CUSTO DE OPORTUNIDADE (i) (ao ano)	8%
TAXA DE BENEFÍCIO FISCAL (i)	30%
VIDA ÚTIL DO ATIVO (em anos)	5

n	Saldo Devedor	Amortização	Juros Compensatórios	Prestações	Depreciação	Benefício Fiscal	Saída Líquida de Caixa	Valor Presente (PV)
0	100.000,00							
1	87.039,26	12.960,74	10.000,00	22.960,74	20.000,00	9.000,00	13.960,74	12.926,61
2	72.782,45	14.256,81	8.703,93	22.960,74	20.000,00	8.611,18	14.349,56	12.302,43
3	57.099,96	15.682,49	7.278,25	22.960,74	20.000,00	8.183,47	14.777,26	11.730,67
4	39.849,21	17.250,74	5.710,00	22.960,74	20.000,00	7.713,00	15.247,74	11.207,54
5	20.873,40	18.975,82	3.984,92	22.960,74	20.000,00	7.195,48	15.765,26	10.729,57
6	0,00	20.873,40	2.087,34	22.960,74		626,20	22.334,54	14.074,55
		100.000,00	**37.764,43**	**137.764,43**	**100.000,00**	**41.329,33**	**96.435,10**	**72.971,38**

n	Prestações	Benefício Fiscal	Saída Líquida de Caixa	Valor Presente
1	39.505,48	11.851,64	27.653,83	25.605,40
2	39.505,48	11.851,64	27.653,83	23.708,70

Como podemos perceber, o *leasing* é mais interessante que a compra financiada, pois há menor desembolso de caixa.

anexo 1

Tabela de fatores de financiamento para simulação da prestação mensal fixa a juros simples

taxa(a.a)	6,000000%	6,500000%	7,000000%	7,500000%	8,000000%	8,500000%	9,000000%
taxa(a.m) meses	0,500000%	0,541667%	0,583333%	0,625000%	0,666667%	0,708333%	0,750000%
1	1,0050000	1,0054167	1,0058333	1,0062500	1,0066667	1,0070833	1,0075000
2	0,5037406	0,5040515	0,5043623	0,5046729	0,5049834	0,5052938	0,5056040
3	0,3366501	0,3369250	0,3371997	0,3374741	0,3377483	0,3380223	0,3382961
4	0,2531017	0,2533581	0,2536142	0,2538700	0,2541254	0,2543805	0,2546354
5	0,2029703	0,2032152	0,2034596	0,2037037	0,2039474	0,2041906	0,2044335
6	0,1695473	0,1697842	0,1700205	0,1702564	0,1704918	0,1707267	0,1709611
7	0,1456721	0,1459029	0,1461331	0,1463628	0,1465920	0,1468205	0,1470486
8	0,1277641	0,1279902	0,1282156	0,1284404	0,1286645	0,1288880	0,1291108
9	0,1138344	0,1140566	0,1142780	0,1144986	0,1147186	0,1149379	0,1151564
10	0,1026895	0,1029083	0,1031263	0,1033435	0,1035599	0,1037755	0,1039903
11	0,0935698	0,0937857	0,0940007	0,0942149	0,0944282	0,0946406	0,0948521
12	0,0859692	0,0861825	0,0863948	0,0866062	0,0868167	0,0870263	0,0872349
24	0,0441292	0,0443224	0,0445139	0,0447036	0,0448916	0,0450780	0,0452628
36	0,0301405	0,0303203	0,0304978	0,0306729	0,0308458	0,0310164	0,0311848
48	0,0231171	0,0232859	0,0234518	0,0236149	0,0237752	0,0239328	0,0240878
60	0,0188816	0,0190408	0,0191966	0,0193492	0,0194986	0,0196450	0,0197885
72	0,0160415	0,0161920	0,0163387	0,0164820	0,0166217	0,0167582	0,0168915
84	0,0139998	0,0141423	0,0142809	0,0144157	0,0145468	0,0146744	0,0147987
96	0,0124579	0,0125932	0,0127243	0,0128514	0,0129747	0,0130943	0,0132104
108	0,0112499	0,0113785	0,0115028	0,0116229	0,0117390	0,0118514	0,0119602
120	0,0102762	0,0103986	0,0105165	0,0106302	0,0107399	0,0108457	0,0109479
132	0,0094733	0,0095900	0,0097021	0,0098099	0,0099135	0,0100133	0,0101095
144	0,0087989	0,0089102	0,0090170	0,0091193	0,0092175	0,0093118	0,0094024
156	0,0082236	0,0083300	0,0084317	0,0085290	0,0086221	0,0087114	0,0087970
168	0,0077265	0,0078284	0,0079254	0,0080180	0,0081065	0,0081910	0,0082720
180	0,0072923	0,0073897	0,0074824	0,0075707	0,0076548	0,0077351	0,0078119
192	0,0069092	0,0070026	0,0070912	0,0071755	0,0072556	0,0073319	0,0074047
204	0,0065685	0,0066581	0,0067429	0,0068234	0,0068998	0,0069724	0,0070416
216	0,0062632	0,0063492	0,0064305	0,0065074	0,0065804	0,0066496	0,0067154
228	0,0059879	0,0060705	0,0061485	0,0062221	0,0062918	0,0063579	0,0064205
240	0,0057381	0,0058176	0,0058925	0,0059630	0,0060297	0,0060927	0,0061525
252	0,0055104	0,0055870	0,0056588	0,0057265	0,0057903	0,0058506	0,0059077
264	0,0053019	0,0053756	0,0054447	0,0055096	0,0055708	0,0056285	0,0056830
276	0,0051100	0,0051811	0,0052475	0,0053100	0,0053686	0,0054239	0,0054760
288	0,0049329	0,0050014	0,0050654	0,0051254	0,0051817	0,0052347	0,0052846
300	0,0047687	0,0048348	0,0048965	0,0049542	0,0050083	0,0050592	0,0051071
312	0,0046161	0,0046799	0,0047394	0,0047950	0,0048470	0,0048959	0,0049418
324	0,0044738	0,0045355	0,0045929	0,0046464	0,0046965	0,0047434	0,0047875
336	0,0043408	0,0044004	0,0044558	0,0045075	0,0045557	0,0046008	0,0046432
348	0,0042161	0,0042738	0,0043273	0,0043771	0,0044236	0,0044671	0,0045078
360	0,0040990	0,0041548	0,0042065	0,0042546	0,0042994	0,0043413	0,0043805

MÉTODO DE UTILIZAÇÃO:

Valor Financiado x Fator = Prestação Mensal Fixa

taxa(a.a)	9,500000%	10,000000%	10,500000%	11,000000%	11,500000%	12,000000%
taxa(a.m) meses	0,791667%	0,833333%	0,875000%	0,916667%	0,958333%	1,000000%
1	1,0079167	1,0083333	1,0087500	1,0091667	1,0095833	1,0100000
2	0,5059141	0,5062241	0,5065339	0,5068436	0,5071532	0,5074627
3	0,3385697	0,3388430	0,3391161	0,3393889	0,3396616	0,3399340
4	0,2548898	0,2551440	0,2553979	0,2556515	0,2559047	0,2561576
5	0,2046760	0,2049180	0,2051597	0,2054010	0,2056419	0,2058824
6	0,1711951	0,1714286	0,1716616	0,1718941	0,1721261	0,1723577
7	0,1472760	0,1475029	0,1477293	0,1479550	0,1481803	0,1484050
8	0,1293331	0,1295547	0,1297756	0,1299960	0,1302157	0,1304348
9	0,1153743	0,1155914	0,1158078	0,1160236	0,1162386	0,1164530
10	0,1042044	0,1044177	0,1046302	0,1048419	0,1050529	0,1052632
11	0,0950629	0,0952727	0,0954818	0,0956900	0,0958973	0,0961039
12	0,0874426	0,0876494	0,0878553	0,0880603	0,0882644	0,0884676
24	0,0454459	0,0456274	0,0458073	0,0459857	0,0461625	0,0463378
36	0,0313510	0,0315152	0,0316772	0,0318372	0,0319952	0,0321513
48	0,0242403	0,0243902	0,0245378	0,0246829	0,0248257	0,0249663
60	0,0199291	0,0200669	0,0202020	0,0203345	0,0204645	0,0205920
72	0,0170217	0,0171490	0,0172734	0,0173949	0,0175139	0,0176302
84	0,0149197	0,0150376	0,0151525	0,0152645	0,0153738	0,0154804
96	0,0133232	0,0134328	0,0135394	0,0136430	0,0137437	0,0138418
108	0,0120656	0,0121678	0,0122668	0,0123629	0,0124562	0,0125467
120	0,0110466	0,0111421	0,0112344	0,0113238	0,0114104	0,0114943
132	0,0102022	0,0102916	0,0103779	0,0104613	0,0105419	0,0106198
144	0,0094896	0,0095735	0,0096544	0,0097324	0,0098076	0,0098801
156	0,0088792	0,0089581	0,0090340	0,0091071	0,0091774	0,0092452
168	0,0083496	0,0084240	0,0084954	0,0085640	0,0086300	0,0086934
180	0,0078852	0,0079554	0,0080227	0,0080873	0,0081492	0,0082087
192	0,0074742	0,0075406	0,0076041	0,0076650	0,0077233	0,0077792
204	0,0071075	0,0071704	0,0072304	0,0072879	0,0073428	0,0073955
216	0,0067780	0,0068376	0,0068945	0,0069488	0,0070007	0,0070504
228	0,0064800	0,0065367	0,0065906	0,0066421	0,0066912	0,0067382
240	0,0062092	0,0062630	0,0063143	0,0063631	0,0064096	0,0064541
252	0,0059617	0,0060130	0,0060617	0,0061081	0,0061522	0,0061943
264	0,0057346	0,0057835	0,0058299	0,0058740	0,0059159	0,0059559
276	0,0055253	0,0055720	0,0056162	0,0056582	0,0056981	0,0057361
288	0,0053318	0,0053763	0,0054186	0,0054586	0,0054966	0,0055327
300	0,0051522	0,0051948	0,0052351	0,0052733	0,0053096	0,0053440
312	0,0049850	0,0050258	0,0050644	0,0051009	0,0051355	0,0051683
324	0,0048290	0,0048681	0,0049050	0,0049399	0,0049730	0,0050044
336	0,0046830	0,0047205	0,0047559	0,0047893	0,0048209	0,0048509
348	0,0045460	0,0045820	0,0046160	0,0046480	0,0046783	0,0047070
360	0,0044173	0,0044519	0,0044844	0,0045151	0,0045442	0,0045717

MÉTODO DE UTILIZAÇÃO:

Valor Financiado x Fator = Prestação Mensal Fixa

taxa(a.a)	12,500000%	13,000000%	13,500000%	14,000000%	14,500000%	15,000000%
taxa(a.m) meses	1,041667%	1,083333%	1,125000%	1,166667%	1,208333%	1,250000%
1	1,0104167	1,0108333	1,0112500	1,0116667	1,0120833	1,0125000
2	0,5077720	0,5080812	0,5083903	0,5086993	0,5090081	0,5093168
3	0,3402062	0,3404782	0,3407499	0,3410214	0,3412927	0,3415638
4	0,2564103	0,2566626	0,2569146	0,2571663	0,2574176	0,2576687
5	0,2061224	0,2063622	0,2066015	0,2068404	0,2070789	0,2073171
6	0,1725888	0,1728195	0,1730496	0,1732794	0,1735086	0,1737374
7	0,1486291	0,1488528	0,1490758	0,1492984	0,1495204	0,1497418
8	0,1306533	0,1308711	0,1310884	0,1313050	0,1315211	0,1317365
9	0,1166667	0,1168797	0,1170920	0,1173036	0,1175146	0,1177249
10	0,1054726	0,1056814	0,1058894	0,1060966	0,1063031	0,1065089
11	0,0963096	0,0965146	0,0967187	0,0969220	0,0971245	0,0973262
12	0,0886700	0,0888714	0,0890720	0,0892717	0,0894706	0,0896686
24	0,0465116	0,0466840	0,0468548	0,0470242	0,0471922	0,0473588
36	0,0323054	0,0324577	0,0326081	0,0327566	0,0329034	0,0330484
48	0,0251046	0,0252408	0,0253749	0,0255069	0,0256369	0,0257649
60	0,0207171	0,0208399	0,0209604	0,0210787	0,0211949	0,0213090
72	0,0177440	0,0178554	0,0179644	0,0180711	0,0181756	0,0182780
84	0,0155844	0,0156860	0,0157851	0,0158819	0,0159765	0,0160690
96	0,0139373	0,0140303	0,0141208	0,0142091	0,0142952	0,0143791
108	0,0126347	0,0127202	0,0128033	0,0128841	0,0129627	0,0130393
120	0,0115756	0,0116544	0,0117309	0,0118052	0,0118773	0,0119474
132	0,0106952	0,0107682	0,0108389	0,0109074	0,0109738	0,0110382
144	0,0099502	0,0100180	0,0100835	0,0101469	0,0102083	0,0102677
156	0,0093106	0,0093736	0,0094345	0,0094934	0,0095502	0,0096052
168	0,0087545	0,0088133	0,0088701	0,0089248	0,0089776	0,0090287
180	0,0082659	0,0083210	0,0083740	0,0084251	0,0084743	0,0085218
192	0,0078329	0,0078845	0,0079341	0,0079819	0,0080279	0,0080722
204	0,0074460	0,0074945	0,0075410	0,0075858	0,0076288	0,0076703
216	0,0070980	0,0071436	0,0071874	0,0072294	0,0072698	0,0073086
228	0,0067831	0,0068261	0,0068673	0,0069068	0,0069448	0,0069813
240	0,0064965	0,0065371	0,0065760	0,0066133	0,0066490	0,0066834
252	0,0062345	0,0062730	0,0063097	0,0063449	0,0063786	0,0064110
264	0,0059940	0,0060304	0,0060652	0,0060985	0,0061303	0,0061609
276	0,0057723	0,0058068	0,0058398	0,0058713	0,0059015	0,0059304
288	0,0055672	0,0056000	0,0056313	0,0056612	0,0056898	0,0057171
300	0,0053768	0,0054080	0,0054377	0,0054661	0,0054933	0,0055192
312	0,0051996	0,0052293	0,0052576	0,0052846	0,0053104	0,0053351
324	0,0050342	0,0050625	0,0050895	0,0051152	0,0051397	0,0051632
336	0,0048794	0,0049064	0,0049322	0,0049567	0,0049801	0,0050024
348	0,0047342	0,0047600	0,0047846	0,0048080	0,0048303	0,0048516
360	0,0045977	0,0046224	0,0046459	0,0046683	0,0046896	0,0047099

MÉTODO DE UTILIZAÇÃO:

Valor Financiado x Fator = Prestação Mensal Fixa

taxa(a.a)	15,500000%	16,000000%	16,500000%	17,000000%	17,500000%	18,000000%
taxa(a.m) meses	1,291667%	1,333333%	1,375000%	1,416667%	1,458333%	1,500000%
1	1,0129167	1,0133333	1,0137500	1,0141667	1,0145833	1,0150000
2	0,5096253	0,5099338	0,5102421	0,5105503	0,5108583	0,5111663
3	0,3418346	0,3421053	0,3423757	0,3426459	0,3429158	0,3431856
4	0,2579195	0,2581699	0,2584201	0,2586699	0,2589195	0,2591687
5	0,2075548	0,2077922	0,2080292	0,2082658	0,2085020	0,2087379
6	0,1739657	0,1741935	0,1744209	0,1746479	0,1748744	0,1751004
7	0,1499628	0,1501832	0,1504030	0,1506224	0,1508412	0,1510595
8	0,1319514	0,1321656	0,1323792	0,1325923	0,1328048	0,1330166
9	0,1179345	0,1181435	0,1183518	0,1185594	0,1187664	0,1189727
10	0,1067139	0,1069182	0,1071218	0,1073247	0,1075269	0,1077283
11	0,0975271	0,0977273	0,0979266	0,0981252	0,0983230	0,0985201
12	0,0898658	0,0900621	0,0902576	0,0904523	0,0906461	0,0908391
24	0,0475240	0,0476879	0,0478503	0,0480115	0,0481713	0,0483298
36	0,0331917	0,0333333	0,0334733	0,0336116	0,0337483	0,0338834
48	0,0258910	0,0260152	0,0261376	0,0262582	0,0263770	0,0264941
60	0,0214210	0,0215311	0,0216392	0,0217455	0,0218500	0,0219526
72	0,0183783	0,0184766	0,0185730	0,0186674	0,0187600	0,0188508
84	0,0161593	0,0162477	0,0163341	0,0164186	0,0165013	0,0165823
96	0,0144609	0,0145408	0,0146188	0,0146949	0,0147692	0,0148418
108	0,0131138	0,0131863	0,0132570	0,0133260	0,0133931	0,0134587
120	0,0120155	0,0120818	0,0121462	0,0122089	0,0122699	0,0123294
132	0,0111007	0,0111614	0,0112204	0,0112777	0,0113334	0,0113875
144	0,0103253	0,0103811	0,0104353	0,0104878	0,0105388	0,0105884
156	0,0096584	0,0097100	0,0097599	0,0098083	0,0098552	0,0099007
168	0,0090780	0,0091257	0,0091719	0,0092166	0,0092599	0,0093018
180	0,0085677	0,0086120	0,0086548	0,0086962	0,0087363	0,0087751
192	0,0081149	0,0081562	0,0081960	0,0082345	0,0082717	0,0083076
204	0,0077102	0,0077487	0,0077858	0,0078217	0,0078563	0,0078898
216	0,0073460	0,0073820	0,0074167	0,0074502	0,0074825	0,0075137
228	0,0070164	0,0070501	0,0070826	0,0071140	0,0071442	0,0071733
240	0,0067164	0,0067481	0,0067786	0,0068080	0,0068363	0,0068636
252	0,0064421	0,0064719	0,0065006	0,0065282	0,0065548	0,0065805
264	0,0061902	0,0062184	0,0062454	0,0062714	0,0062965	0,0063206
276	0,0059581	0,0059847	0,0060102	0,0060347	0,0060583	0,0060810
288	0,0057434	0,0057685	0,0057926	0,0058158	0,0058381	0,0058595
300	0,0055441	0,0055679	0,0055908	0,0056127	0,0056338	0,0056541
312	0,0053587	0,0053813	0,0054029	0,0054237	0,0054437	0,0054629
324	0,0051856	0,0052071	0,0052277	0,0052474	0,0052664	0,0052846
336	0,0050238	0,0050442	0,0050637	0,0050825	0,0051005	0,0051178
348	0,0048720	0,0048914	0,0049100	0,0049279	0,0049450	0,0049614
360	0,0047293	0,0047479	0,0047656	0,0047826	0,0047989	0,0048146

MÉTODO DE UTILIZAÇÃO:

Valor Financiado x Fator = Prestação Mensal Fixa

taxa(a.a)	18,500000%	19,000000%	19,500000%	20,000000%	20,500000%	21,000000%
taxa(a.m) meses	1,541667%	1,583333%	1,625000%	1,666667%	1,708333%	1,750000%
1	1,0154167	1,0158333	1,0162500	1,0166667	1,0170833	1,0175000
2	0,5114741	0,5117817	0,5120893	0,5123967	0,5127040	0,5130112
3	0,3434551	0,3437244	0,3439934	0,3442623	0,3445309	0,3447993
4	0,2594176	0,2596663	0,2599146	0,2601626	0,2604103	0,2606577
5	0,2089733	0,2092084	0,2094431	0,2096774	0,2099114	0,2101449
6	0,1753260	0,1755511	0,1757758	0,1760000	0,1762238	0,1764471
7	0,1512772	0,1514945	0,1517112	0,1519274	0,1521431	0,1523583
8	0,1332279	0,1334386	0,1336487	0,1338583	0,1340672	0,1342756
9	0,1191784	0,1193835	0,1195879	0,1197917	0,1199948	0,1201973
10	0,1079291	0,1081291	0,1083285	0,1085271	0,1087251	0,1089224
11	0,0987164	0,0989119	0,0991067	0,0993007	0,0994940	0,0996865
12	0,0910313	0,0912227	0,0914133	0,0916031	0,0917920	0,0919802
24	0,0484870	0,0486429	0,0487976	0,0489510	0,0491033	0,0492542
36	0,0340170	0,0341490	0,0342795	0,0344086	0,0345362	0,0346624
48	0,0266096	0,0267234	0,0268355	0,0269461	0,0270552	0,0271627
60	0,0220536	0,0221528	0,0222504	0,0223464	0,0224408	0,0225337
72	0,0189399	0,0190273	0,0191130	0,0191972	0,0192798	0,0193609
84	0,0166615	0,0167391	0,0168151	0,0168895	0,0169624	0,0170339
96	0,0149128	0,0149822	0,0150500	0,0151163	0,0151811	0,0152446
108	0,0135226	0,0135850	0,0136459	0,0137053	0,0137634	0,0138201
120	0,0123873	0,0124437	0,0124987	0,0125523	0,0126046	0,0126556
132	0,0114402	0,0114915	0,0115414	0,0115900	0,0116374	0,0116835
144	0,0106365	0,0106833	0,0107289	0,0107731	0,0108162	0,0108582
156	0,0099449	0,0099878	0,0100294	0,0100699	0,0101093	0,0101476
168	0,0093425	0,0093820	0,0094203	0,0094574	0,0094936	0,0095286
180	0,0088126	0,0088490	0,0088844	0,0089186	0,0089519	0,0089841
192	0,0083425	0,0083762	0,0084088	0,0084405	0,0084712	0,0085010
204	0,0079221	0,0079534	0,0079838	0,0080131	0,0080416	0,0080691
216	0,0075439	0,0075730	0,0076012	0,0076285	0,0076550	0,0076806
228	0,0072015	0,0072287	0,0072550	0,0072804	0,0073051	0,0073289
240	0,0068900	0,0069154	0,0069400	0,0069638	0,0069868	0,0070090
252	0,0066052	0,0066291	0,0066521	0,0066744	0,0066959	0,0067167
264	0,0063438	0,0063662	0,0063878	0,0064087	0,0064289	0,0064484
276	0,0061029	0,0061240	0,0061444	0,0061640	0,0061830	0,0062013
288	0,0058802	0,0059001	0,0059193	0,0059378	0,0059556	0,0059729
300	0,0056736	0,0056924	0,0057105	0,0057279	0,0057448	0,0057610
312	0,0054814	0,0054991	0,0055163	0,0055328	0,0055487	0,0055640
324	0,0053021	0,0053189	0,0053351	0,0053507	0,0053658	0,0053803
336	0,0051344	0,0051504	0,0051657	0,0051805	0,0051948	0,0052086
348	0,0049772	0,0049924	0,0050070	0,0050210	0,0050346	0,0050476
360	0,0048296	0,0048440	0,0048579	0,0048713	0,0048841	0,0048965

MÉTODO DE UTILIZAÇÃO:

Valor Financiado x Fator = Prestação Mensal Fixa

taxa(a.a)	21,500000%	22,000000%	22,500000%	23,000000%	23,500000%	24,000000%
taxa(a.m) meses	1,791667%	1,833333%	1,875000%	1,916667%	1,958333%	2,000000%
1	1,0179167	1,0183333	1,0187500	1,0191667	1,0195833	1,0200000
2	0,5133182	0,5136251	0,5139319	0,5142385	0,5145451	0,5148515
3	0,3450675	0,3453355	0,3456033	0,3458708	0,3461381	0,3464052
4	0,2609048	0,2611517	0,2613982	0,2616444	0,2618903	0,2621359
5	0,2103781	0,2106109	0,2108434	0,2110754	0,2113071	0,2115385
6	0,1766700	0,1768924	0,1771144	0,1773360	0,1775571	0,1777778
7	0,1525730	0,1527872	0,1530008	0,1532140	0,1534267	0,1536388
8	0,1344834	0,1346907	0,1348974	0,1351035	0,1353090	0,1355140
9	0,1203992	0,1206004	0,1208010	0,1210010	0,1212004	0,1213992
10	0,1091190	0,1093149	0,1095101	0,1097046	0,1098985	0,1100917
11	0,0998783	0,1000694	0,1002597	0,1004494	0,1006383	0,1008264
12	0,0921676	0,0923543	0,0925401	0,0927252	0,0929095	0,0930931
24	0,0494040	0,0495526	0,0497001	0,0498464	0,0499915	0,0501355
36	0,0347872	0,0349106	0,0350327	0,0351534	0,0352728	0,0353909
48	0,0272687	0,0273733	0,0274765	0,0275783	0,0276787	0,0277778
60	0,0226251	0,0227150	0,0228035	0,0228906	0,0229764	0,0230608
72	0,0194406	0,0195188	0,0195956	0,0196710	0,0197452	0,0198181
84	0,0171039	0,0171726	0,0172399	0,0173060	0,0173707	0,0174343
96	0,0153067	0,0153675	0,0154270	0,0154853	0,0155424	0,0155983
108	0,0138756	0,0139298	0,0139828	0,0140346	0,0140853	0,0141349
120	0,0127055	0,0127541	0,0128016	0,0128480	0,0128933	0,0129376
132	0,0117285	0,0117724	0,0118152	0,0118570	0,0118977	0,0119376
144	0,0108990	0,0109388	0,0109776	0,0110154	0,0110523	0,0110882
156	0,0101848	0,0102211	0,0102564	0,0102908	0,0103243	0,0103570
168	0,0095628	0,0095959	0,0096282	0,0096596	0,0096902	0,0097200
180	0,0090155	0,0090460	0,0090756	0,0091044	0,0091324	0,0091597
192	0,0085299	0,0085580	0,0085853	0,0086118	0,0086376	0,0086627
204	0,0080959	0,0081219	0,0081471	0,0081716	0,0081953	0,0082185
216	0,0077054	0,0077295	0,0077528	0,0077755	0,0077975	0,0078189
228	0,0073520	0,0073744	0,0073961	0,0074172	0,0074376	0,0074575
240	0,0070306	0,0070514	0,0070717	0,0070913	0,0071103	0,0071288
252	0,0067368	0,0067564	0,0067752	0,0067936	0,0068113	0,0068286
264	0,0064673	0,0064856	0,0065033	0,0065204	0,0065370	0,0065531
276	0,0062190	0,0062362	0,0062528	0,0062688	0,0062844	0,0062995
288	0,0059895	0,0060057	0,0060213	0,0060364	0,0060510	0,0060652
300	0,0057767	0,0057919	0,0058066	0,0058208	0,0058346	0,0058480
312	0,0055789	0,0055932	0,0056071	0,0056205	0,0056334	0,0056460
324	0,0053943	0,0054079	0,0054210	0,0054337	0,0054459	0,0054578
336	0,0052219	0,0052347	0,0052471	0,0052591	0,0052707	0,0052819
348	0,0050602	0,0050724	0,0050842	0,0050955	0,0051065	0,0051171
360	0,0049085	0,0049200	0,0049312	0,0049420	0,0049524	0,0049625

MÉTODO DE UTILIZAÇÃO:

Valor Financiado x Fator = Prestação Mensal Fixa

anexo ■ 2

Tabelas financeiras a juros compostos

As tabelas financeiras servem para auxiliar o leitor a efetuar cálculos sem o uso de calculadora financeira ou de planilha eletrônica.

Vejamos um exemplo.

Considere um capital (*PV*) de R$ 5.000,00 que precisa ser atualizado para 14 dias a juros compostos.

Se o cálculo fosse feito por meio de fórmula, o procedimento seria o seguinte:

$$\mathbf{FV = PV\,(1 + \mathit{i})^{n}}$$

a) Cálculo para 14 dias:

$$FV = 5.000(1{,}05)\,\frac{14}{30}$$

$$FV = 5.000(1{,}05)^{0{,}466667...}$$

$$FV = 5.000 \times 1{,}023030...$$

$$\mathbf{FV = R\$\ 5.115{,}15}$$

Observe que o valor de R$ 5.115,15 foi obtido multiplicando-se o índice **1,023030**. Na tabela financeira, esses índices já estão todos prontos, ficando para o leitor o trabalho de procurar na tabela o índice de adequação.

Esse índice também é chamado fator de atualização de capital.

Na HP-12C, esse mesmo cálculo poderá ser feito da seguinte forma:

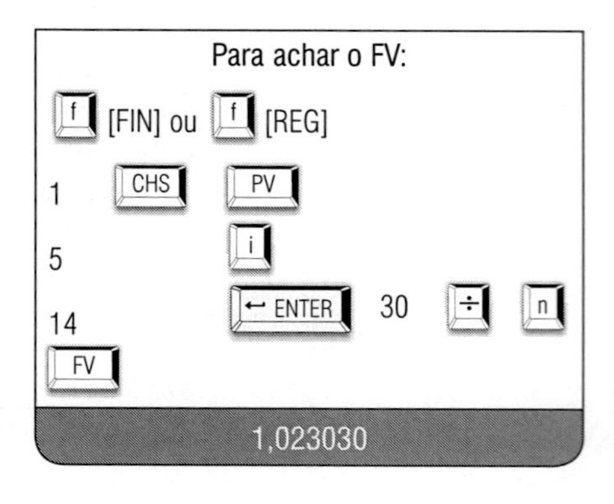

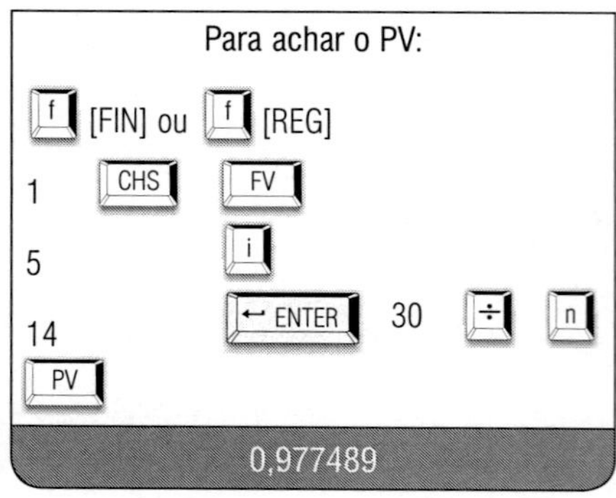

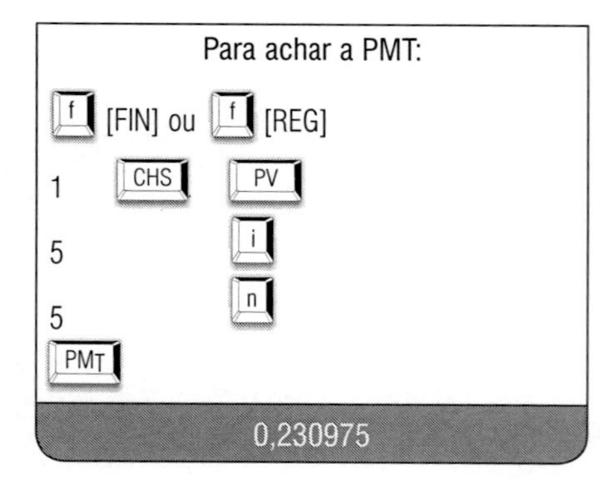

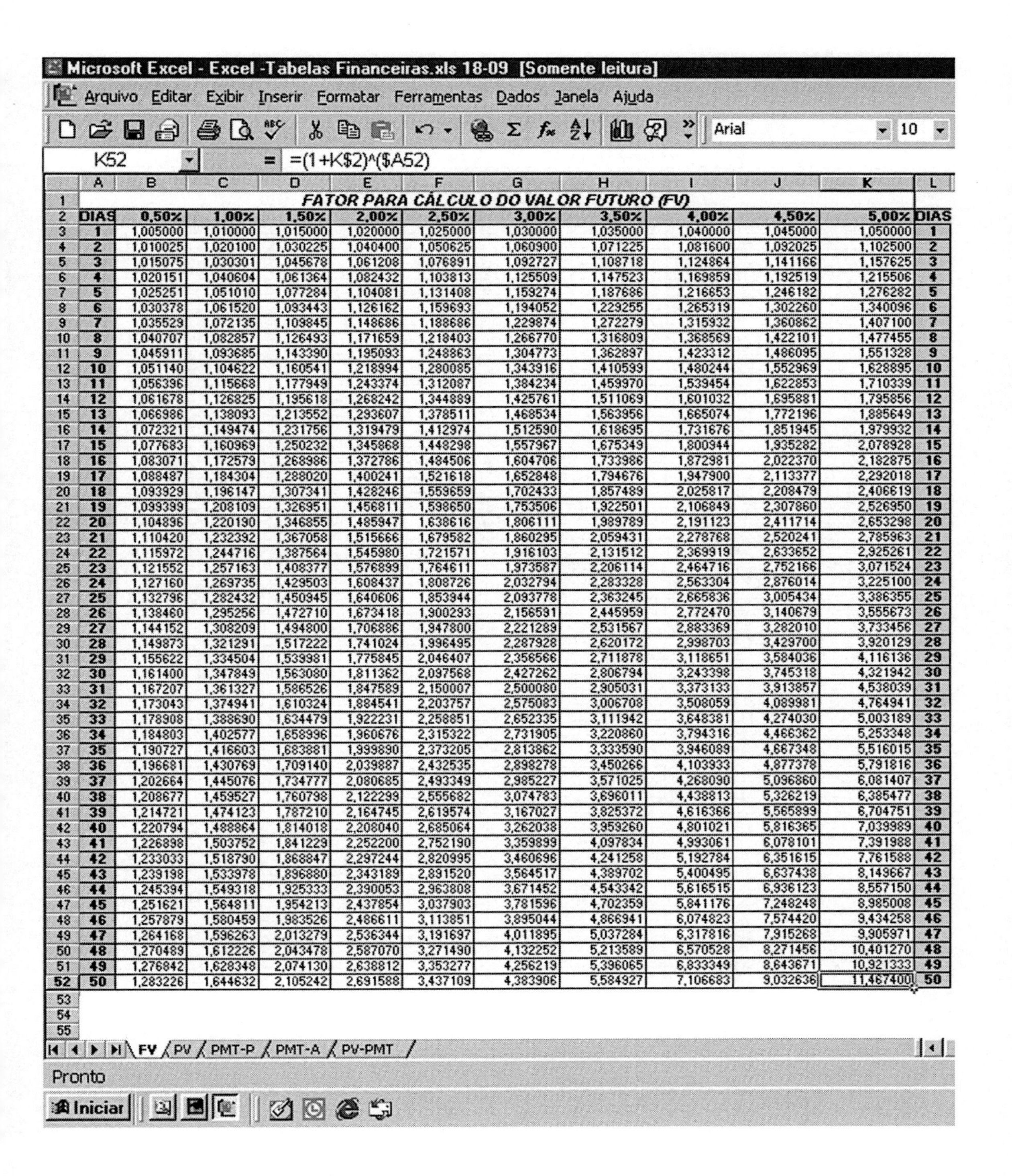

Microsoft Excel - Excel -Tabelas Financeiras.xls 18-09 [Somente leitura]

K52 = =(1+K$2)^($A52)

FATOR PARA CÁLCULO DO VALOR FUTURO (FV)

DIAS	0,50%	1,00%	1,50%	2,00%	2,50%	3,00%	3,50%	4,00%	4,50%	5,00%	DIAS
1	1,005000	1,010000	1,015000	1,020000	1,025000	1,030000	1,035000	1,040000	1,045000	1,050000	1
2	1,010025	1,020100	1,030225	1,040400	1,050625	1,060900	1,071225	1,081600	1,092025	1,102500	2
3	1,015075	1,030301	1,045678	1,061208	1,076891	1,092727	1,108718	1,124864	1,141166	1,157625	3
4	1,020151	1,040604	1,061364	1,082432	1,103813	1,125509	1,147523	1,169859	1,192519	1,215506	4
5	1,025251	1,051010	1,077284	1,104081	1,131408	1,159274	1,187686	1,216653	1,246182	1,276282	5
6	1,030378	1,061520	1,093443	1,126162	1,159693	1,194052	1,229255	1,265319	1,302260	1,340096	6
7	1,035529	1,072135	1,109845	1,148686	1,188686	1,229874	1,272279	1,315932	1,360862	1,407100	7
8	1,040707	1,082857	1,126493	1,171659	1,218403	1,266770	1,316809	1,368569	1,422101	1,477455	8
9	1,045911	1,093685	1,143390	1,195093	1,248863	1,304773	1,362897	1,423312	1,486095	1,551328	9
10	1,051140	1,104622	1,160541	1,218994	1,280085	1,343916	1,410599	1,480244	1,552969	1,628895	10
11	1,056396	1,115668	1,177949	1,243374	1,312087	1,384234	1,459970	1,539454	1,622853	1,710339	11
12	1,061678	1,126825	1,195618	1,268242	1,344889	1,425761	1,511069	1,601032	1,695881	1,795856	12
13	1,066986	1,138093	1,213552	1,293607	1,378511	1,468534	1,563956	1,665074	1,772196	1,885649	13
14	1,072321	1,149474	1,231756	1,319479	1,412974	1,512590	1,618695	1,731676	1,851945	1,979932	14
15	1,077683	1,160969	1,250232	1,345868	1,448298	1,557967	1,675349	1,800944	1,935282	2,078928	15
16	1,083071	1,172579	1,268986	1,372786	1,484506	1,604706	1,733986	1,872981	2,022370	2,182875	16
17	1,088487	1,184304	1,288020	1,400241	1,521618	1,652848	1,794676	1,947900	2,113377	2,292018	17
18	1,093929	1,196147	1,307341	1,428246	1,559659	1,702433	1,857489	2,025817	2,208479	2,406619	18
19	1,099399	1,208109	1,326951	1,456811	1,598650	1,753506	1,922501	2,106849	2,307860	2,526950	19
20	1,104896	1,220190	1,346855	1,485947	1,638616	1,806111	1,989789	2,191123	2,411714	2,653298	20
21	1,110420	1,232392	1,367058	1,515666	1,679582	1,860295	2,059431	2,278768	2,520241	2,785963	21
22	1,115972	1,244716	1,387564	1,545980	1,721571	1,916103	2,131512	2,369919	2,633652	2,925261	22
23	1,121552	1,257163	1,408377	1,576899	1,764611	1,973587	2,206114	2,464716	2,752166	3,071524	23
24	1,127160	1,269735	1,429503	1,608437	1,808726	2,032794	2,283328	2,563304	2,876014	3,225100	24
25	1,132796	1,282432	1,450945	1,640606	1,853944	2,093778	2,363245	2,665836	3,005434	3,386355	25
26	1,138460	1,295256	1,472710	1,673418	1,900293	2,156591	2,445959	2,772470	3,140679	3,555673	26
27	1,144152	1,308209	1,494800	1,706886	1,947800	2,221289	2,531567	2,883369	3,282010	3,733456	27
28	1,149873	1,321291	1,517222	1,741024	1,996495	2,287928	2,620172	2,998703	3,429700	3,920129	28
29	1,155622	1,334504	1,539981	1,775845	2,046407	2,356566	2,711878	3,118651	3,584036	4,116136	29
30	1,161400	1,347849	1,563080	1,811362	2,097568	2,427262	2,806794	3,243398	3,745318	4,321942	30
31	1,167207	1,361327	1,586526	1,847589	2,150007	2,500080	2,905031	3,373133	3,913857	4,538039	31
32	1,173043	1,374941	1,610324	1,884541	2,203757	2,575083	3,006708	3,508059	4,089981	4,764941	32
33	1,178908	1,388690	1,634479	1,922231	2,258851	2,652335	3,111942	3,648381	4,274030	5,003189	33
34	1,184803	1,402577	1,658996	1,960676	2,315322	2,731905	3,220860	3,794316	4,466362	5,253348	34
35	1,190727	1,416603	1,683881	1,999890	2,373205	2,813862	3,333590	3,946089	4,667348	5,516015	35
36	1,196681	1,430769	1,709140	2,039887	2,432535	2,898278	3,450266	4,103933	4,877378	5,791816	36
37	1,202664	1,445076	1,734777	2,080685	2,493349	2,985227	3,571025	4,268090	5,096860	6,081407	37
38	1,208677	1,459527	1,760798	2,122299	2,555682	3,074783	3,696011	4,438813	5,326219	6,385477	38
39	1,214721	1,474123	1,787210	2,164745	2,619574	3,167027	3,825372	4,616366	5,565899	6,704751	39
40	1,220794	1,488864	1,814018	2,208040	2,685064	3,262038	3,959260	4,801021	5,816365	7,039989	40
41	1,226898	1,503752	1,841229	2,252200	2,752190	3,359899	4,097834	4,993061	6,078101	7,391988	41
42	1,233033	1,518790	1,868847	2,297244	2,820995	3,460696	4,241258	5,192784	6,351615	7,761588	42
43	1,239198	1,533978	1,896880	2,343189	2,891520	3,564517	4,389702	5,400495	6,637438	8,149667	43
44	1,245394	1,549318	1,925333	2,390053	2,963808	3,671452	4,543342	5,616515	6,936123	8,557150	44
45	1,251621	1,564811	1,954213	2,437854	3,037903	3,781596	4,702359	5,841176	7,248248	8,985008	45
46	1,257879	1,580459	1,983526	2,486611	3,113851	3,895044	4,866941	6,074823	7,574420	9,434258	46
47	1,264168	1,596263	2,013279	2,536344	3,191697	4,011895	5,037284	6,317816	7,915268	9,905971	47
48	1,270489	1,612226	2,043478	2,587070	3,271490	4,132252	5,213589	6,570528	8,271456	10,401270	48
49	1,276842	1,628348	2,074130	2,638812	3,353277	4,256219	5,396065	6,833349	8,643671	10,921333	49
50	1,283226	1,644632	2,105242	2,691588	3,437109	4,383906	5,584927	7,106683	9,032636	11,467400	50

FV / PV / PMT-P / PMT-A / PV-PMT

Pronto

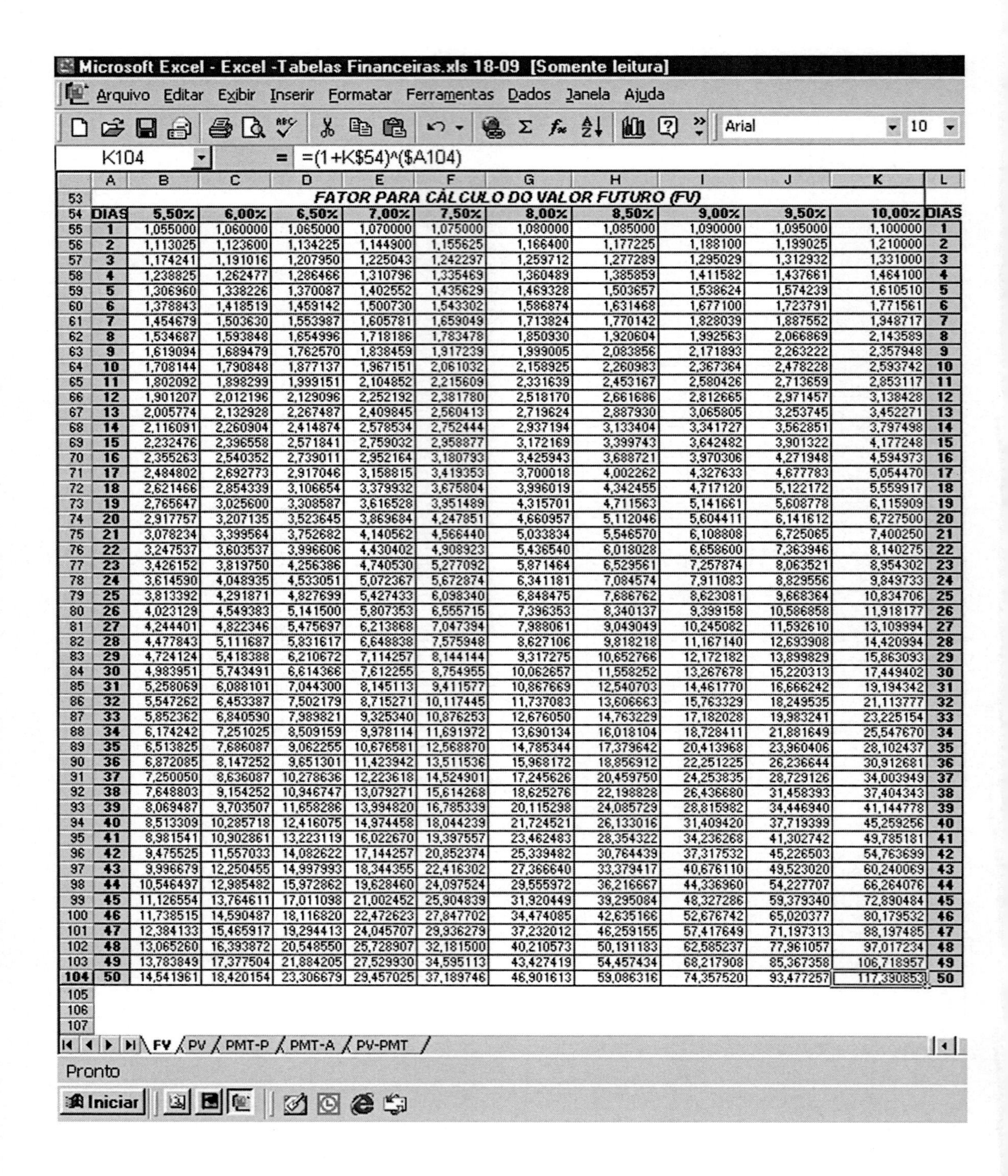

FATOR PARA CÁLCULO DO VALOR FUTURO (FV)

	A	B	C	D	E	F	G	H	I	J	K	L
54	DIAS	5,50%	6,00%	6,50%	7,00%	7,50%	8,00%	8,50%	9,00%	9,50%	10,00%	DIAS
55	1	1,055000	1,060000	1,065000	1,070000	1,075000	1,080000	1,085000	1,090000	1,095000	1,100000	1
56	2	1,113025	1,123600	1,134225	1,144900	1,155625	1,166400	1,177225	1,188100	1,199025	1,210000	2
57	3	1,174241	1,191016	1,207950	1,225043	1,242297	1,259712	1,277289	1,295029	1,312932	1,331000	3
58	4	1,238825	1,262477	1,286466	1,310796	1,335469	1,360489	1,385859	1,411582	1,437661	1,464100	4
59	5	1,306960	1,338226	1,370087	1,402552	1,435629	1,469328	1,503657	1,538624	1,574239	1,610510	5
60	6	1,378843	1,418519	1,459142	1,500730	1,543302	1,586874	1,631468	1,677100	1,723791	1,771561	6
61	7	1,454679	1,503630	1,553987	1,605781	1,659049	1,713824	1,770142	1,828039	1,887552	1,948717	7
62	8	1,534687	1,593848	1,654996	1,718186	1,783478	1,850930	1,920604	1,992563	2,066869	2,143589	8
63	9	1,619094	1,689479	1,762570	1,838459	1,917239	1,999005	2,083856	2,171893	2,263222	2,357948	9
64	10	1,708144	1,790848	1,877137	1,967151	2,061032	2,158925	2,260983	2,367364	2,478228	2,593742	10
65	11	1,802092	1,898299	1,999151	2,104852	2,215609	2,331639	2,453167	2,580426	2,713659	2,853117	11
66	12	1,901207	2,012196	2,129096	2,252192	2,381780	2,518170	2,661686	2,812665	2,971457	3,138428	12
67	13	2,005774	2,132928	2,267487	2,409845	2,560413	2,719624	2,887930	3,065805	3,253745	3,452271	13
68	14	2,116091	2,260904	2,414874	2,578534	2,752444	2,937194	3,133404	3,341727	3,562851	3,797498	14
69	15	2,232476	2,396558	2,571841	2,759032	2,958877	3,172169	3,399743	3,642482	3,901322	4,177248	15
70	16	2,355263	2,540352	2,739011	2,952164	3,180793	3,425943	3,688721	3,970306	4,271948	4,594973	16
71	17	2,484802	2,692773	2,917046	3,158815	3,419353	3,700018	4,002262	4,327633	4,677783	5,054470	17
72	18	2,621466	2,854339	3,106654	3,379932	3,675804	3,996019	4,342455	4,717120	5,122172	5,559917	18
73	19	2,765647	3,025600	3,308587	3,616528	3,951489	4,315701	4,711563	5,141661	5,608778	6,115909	19
74	20	2,917757	3,207135	3,523645	3,869684	4,247851	4,660957	5,112046	5,604411	6,141612	6,727500	20
75	21	3,078234	3,399564	3,752682	4,140562	4,566440	5,033834	5,546570	6,108808	6,725065	7,400250	21
76	22	3,247537	3,603537	3,996606	4,430402	4,908923	5,436540	6,018028	6,658600	7,363946	8,140275	22
77	23	3,426152	3,819750	4,256386	4,740530	5,277092	5,871464	6,529561	7,257874	8,063521	8,954302	23
78	24	3,614590	4,048935	4,533051	5,072367	5,672874	6,341181	7,084574	7,911083	8,829556	9,849733	24
79	25	3,813392	4,291871	4,827699	5,427433	6,098340	6,848475	7,686762	8,623081	9,668364	10,834706	25
80	26	4,023129	4,549383	5,141500	5,807353	6,555715	7,396353	8,340137	9,399158	10,586858	11,918177	26
81	27	4,244401	4,822346	5,475697	6,213868	7,047394	7,988061	9,049049	10,245082	11,592610	13,109994	27
82	28	4,477843	5,111687	5,831617	6,648838	7,575948	8,627106	9,818218	11,167140	12,693908	14,420994	28
83	29	4,724124	5,418388	6,210672	7,114257	8,144144	9,317275	10,652766	12,172182	13,899829	15,863093	29
84	30	4,983951	5,743491	6,614366	7,612255	8,754955	10,062657	11,558252	13,267678	15,220313	17,449402	30
85	31	5,258069	6,088101	7,044300	8,145113	9,411577	10,867669	12,540703	14,461770	16,666242	19,194342	31
86	32	5,547262	6,453387	7,502179	8,715271	10,117445	11,737083	13,606663	15,763329	18,249535	21,113777	32
87	33	5,852362	6,840590	7,989821	9,325340	10,876253	12,676050	14,763229	17,182028	19,983241	23,225154	33
88	34	6,174242	7,251025	8,509159	9,978114	11,691972	13,690134	16,018104	18,728411	21,881649	25,547670	34
89	35	6,513825	7,686087	9,062255	10,676581	12,568870	14,785344	17,379642	20,413968	23,960406	28,102437	35
90	36	6,872085	8,147252	9,651301	11,423942	13,511536	15,968172	18,856912	22,251225	26,236644	30,912681	36
91	37	7,250050	8,636087	10,278636	12,223618	14,524901	17,245626	20,459750	24,253835	28,729126	34,003949	37
92	38	7,648803	9,154252	10,946747	13,079271	15,614268	18,625276	22,198828	26,436680	31,458393	37,404343	38
93	39	8,069487	9,703507	11,658286	13,994820	16,785339	20,115298	24,085729	28,815982	34,446940	41,144778	39
94	40	8,513309	10,285718	12,416075	14,974458	18,044239	21,724521	26,133016	31,409420	37,719399	45,259256	40
95	41	8,981541	10,902861	13,223119	16,022670	19,397557	23,462483	28,354322	34,236268	41,302742	49,785181	41
96	42	9,475525	11,557033	14,082622	17,144257	20,852374	25,339482	30,764439	37,317532	45,226503	54,763699	42
97	43	9,996679	12,250455	14,997993	18,344355	22,416302	27,366640	33,379417	40,676110	49,523020	60,240069	43
98	44	10,546497	12,985482	15,972862	19,628460	24,097524	29,555972	36,216667	44,336960	54,227707	66,264076	44
99	45	11,126554	13,764611	17,011098	21,002452	25,904839	31,920449	39,295084	48,327286	59,379340	72,890484	45
100	46	11,738515	14,590487	18,116820	22,472623	27,847702	34,474085	42,635166	52,676742	65,020377	80,179532	46
101	47	12,384133	15,465917	19,294413	24,045707	29,936279	37,232012	46,259155	57,417649	71,197313	88,197485	47
102	48	13,065260	16,393872	20,548550	25,728907	32,181500	40,210573	50,191183	62,585237	77,961057	97,017234	48
103	49	13,783849	17,377504	21,884205	27,529930	34,595113	43,427419	54,457434	68,217908	85,367358	106,718957	49
104	50	14,541961	18,420154	23,306679	29,457025	37,189746	46,901613	59,086316	74,357520	93,477257	117,390853	50

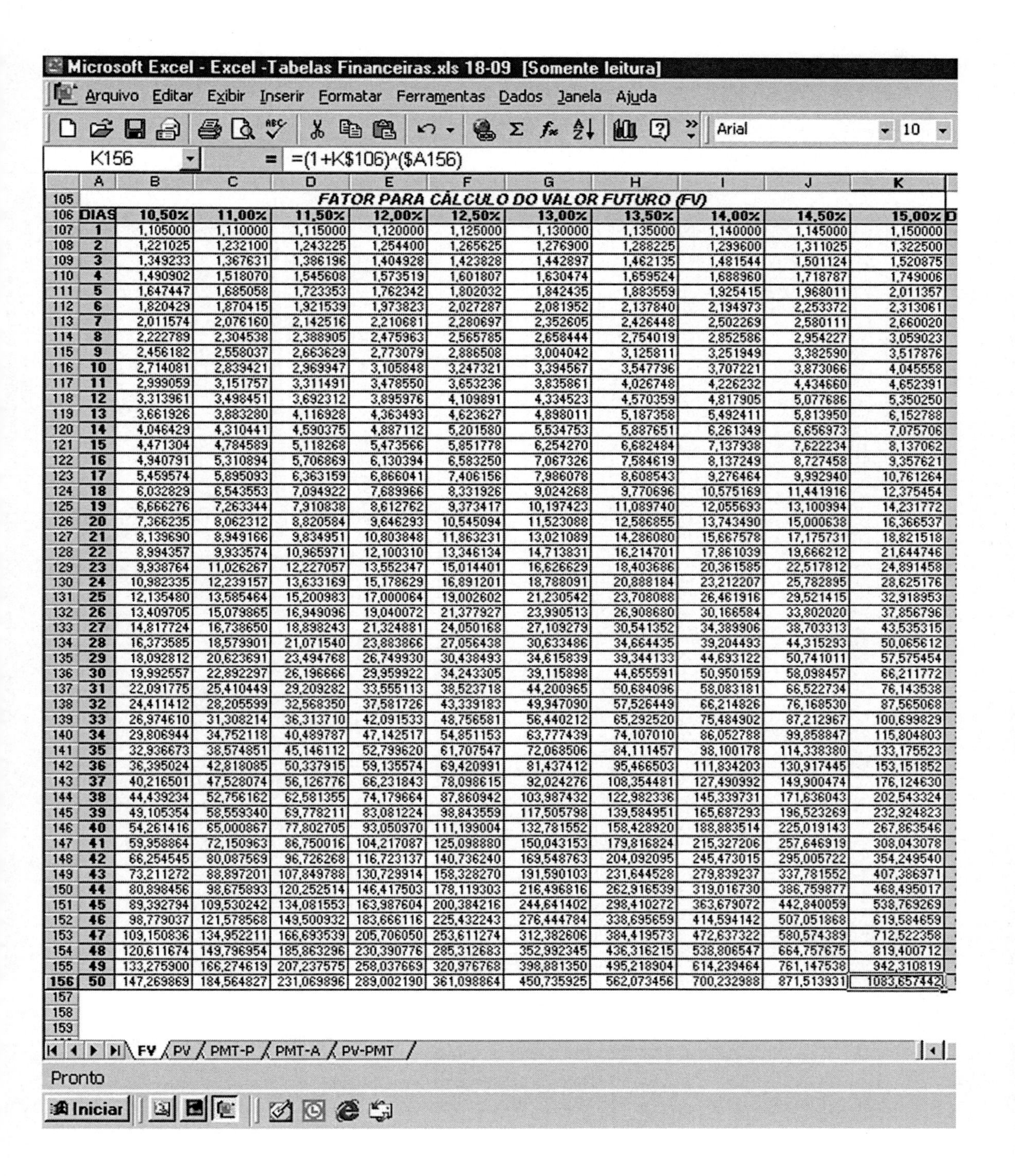

Microsoft Excel - Excel -Tabelas Financeiras.xls 18-09 [Somente leitura]

Arquivo Editar Exibir Inserir Formatar Ferramentas Dados Janela Ajuda

K156 = =(1+K$106)^($A156)

FATOR PARA CÁLCULO DO VALOR FUTURO (FV)

DIAS	10,50%	11,00%	11,50%	12,00%	12,50%	13,00%	13,50%	14,00%	14,50%	15,00%
1	1,105000	1,110000	1,115000	1,120000	1,125000	1,130000	1,135000	1,140000	1,145000	1,150000
2	1,221025	1,232100	1,243225	1,254400	1,265625	1,276900	1,288225	1,299600	1,311025	1,322500
3	1,349233	1,367631	1,386196	1,404928	1,423828	1,442897	1,462135	1,481544	1,501124	1,520875
4	1,490902	1,518070	1,545608	1,573519	1,601807	1,630474	1,659524	1,688960	1,718787	1,749006
5	1,647447	1,685058	1,723353	1,762342	1,802032	1,842435	1,883559	1,925415	1,968011	2,011357
6	1,820429	1,870415	1,921539	1,973823	2,027287	2,081952	2,137840	2,194973	2,253372	2,313061
7	2,011574	2,076160	2,142516	2,210681	2,280697	2,352605	2,426448	2,502269	2,580111	2,660020
8	2,222789	2,304538	2,388905	2,475963	2,565785	2,658444	2,754019	2,852586	2,954227	3,059023
9	2,456182	2,558037	2,663629	2,773079	2,886508	3,004042	3,125811	3,251949	3,382590	3,517876
10	2,714081	2,839421	2,969947	3,105848	3,247321	3,394567	3,547796	3,707221	3,873066	4,045558
11	2,999059	3,151757	3,311491	3,478550	3,653236	3,835861	4,026748	4,226232	4,434660	4,652391
12	3,313961	3,498451	3,692312	3,895976	4,109891	4,334523	4,570359	4,817905	5,077686	5,350250
13	3,661926	3,883280	4,116928	4,363493	4,623627	4,898011	5,187358	5,492411	5,813950	6,152788
14	4,046429	4,310441	4,590375	4,887112	5,201580	5,534753	5,887651	6,261349	6,656973	7,075706
15	4,471304	4,784589	5,118268	5,473566	5,851778	6,254270	6,682484	7,137938	7,622234	8,137062
16	4,940791	5,310894	5,706869	6,130394	6,583250	7,067326	7,584619	8,137249	8,727458	9,357621
17	5,459574	5,895093	6,363159	6,866041	7,406156	7,986078	8,608543	9,276464	9,992940	10,761264
18	6,032829	6,543553	7,094922	7,689966	8,331926	9,024268	9,770696	10,575169	11,441916	12,375454
19	6,666276	7,263344	7,910838	8,612762	9,373417	10,197423	11,089740	12,055693	13,100994	14,231772
20	7,366235	8,062312	8,820584	9,646293	10,545094	11,523088	12,586855	13,743490	15,000638	16,366537
21	8,139690	8,949166	9,834951	10,803848	11,863231	13,021089	14,286080	15,667578	17,175731	18,821518
22	8,994357	9,933574	10,965971	12,100310	13,346134	14,713831	16,214701	17,861039	19,666212	21,644746
23	9,938764	11,026267	12,227057	13,552347	15,014401	16,626629	18,403686	20,361585	22,517812	24,891458
24	10,982335	12,239157	13,633169	15,178629	16,891201	18,788091	20,888184	23,212207	25,782895	28,625176
25	12,135480	13,585464	15,200983	17,000064	19,002602	21,230542	23,708088	26,461916	29,521415	32,918953
26	13,409705	15,079865	16,949096	19,040072	21,377927	23,990513	26,908680	30,166584	33,802020	37,856796
27	14,817724	16,738650	18,898243	21,324881	24,050168	27,109279	30,541352	34,389906	38,703313	43,535315
28	16,373585	18,579901	21,071540	23,883866	27,056438	30,633486	34,664435	39,204493	44,315293	50,065612
29	18,092812	20,623691	23,494768	26,749930	30,438493	34,615839	39,344133	44,693122	50,741011	57,575454
30	19,992557	22,892297	26,196666	29,959922	34,243305	39,115898	44,655591	50,950159	58,098457	66,211772
31	22,091775	25,410449	29,209282	33,555113	38,523718	44,200965	50,684096	58,083181	66,522734	76,143538
32	24,411412	28,205599	32,568350	37,581726	43,339183	49,947090	57,526449	66,214826	76,168530	87,565068
33	26,974610	31,308214	36,313710	42,091533	48,756581	56,440212	65,292520	75,484902	87,212967	100,699829
34	29,806944	34,752118	40,489787	47,142517	54,851153	63,777439	74,107010	86,052788	99,858847	115,804803
35	32,936673	38,574851	45,146112	52,799620	61,707547	72,068506	84,111457	98,100178	114,338380	133,175523
36	36,395024	42,818085	50,337915	59,135574	69,420991	81,437412	95,466503	111,834203	130,917445	153,151852
37	40,216501	47,528074	56,126776	66,231843	78,098615	92,024276	108,354481	127,490992	149,900474	176,124630
38	44,439234	52,756162	62,581355	74,179664	87,860942	103,987432	122,982336	145,339731	171,636043	202,543324
39	49,105354	58,559340	69,778211	83,081224	98,843559	117,505798	139,584951	165,687293	196,523269	232,924823
40	54,261416	65,000867	77,802705	93,050970	111,199004	132,781552	158,428920	188,883514	225,019143	267,863546
41	59,958864	72,150963	86,750016	104,217087	125,098880	150,043153	179,816824	215,327206	257,646919	308,043078
42	66,254545	80,087569	96,726268	116,723137	140,736240	169,548763	204,092095	245,473015	295,005722	354,249540
43	73,211272	88,897201	107,849788	130,729914	158,328270	191,590103	231,644528	279,839237	337,781552	407,386971
44	80,898456	98,675893	120,252514	146,417503	178,119303	216,496816	262,916539	319,016730	386,759877	468,495017
45	89,392794	109,530242	134,081553	163,987604	200,384216	244,641402	298,410272	363,679072	442,840059	538,769269
46	98,779037	121,578568	149,500932	183,666116	225,432243	276,444784	338,695659	414,594142	507,051868	619,584659
47	109,150836	134,952211	166,693539	205,706050	253,611274	312,382606	384,419573	472,637322	580,574389	712,522358
48	120,611674	149,796954	185,863296	230,390776	285,312683	352,992345	436,316215	538,806547	664,757675	819,400712
49	133,275900	166,274619	207,237575	258,037669	320,976768	398,881350	495,218904	614,239464	761,147538	942,310819
50	147,269869	184,564827	231,069896	289,002190	361,098864	450,735925	562,073456	700,232988	871,513931	1083,657442

FV / PV / PMT-P / PMT-A / PV-PMT

Pronto

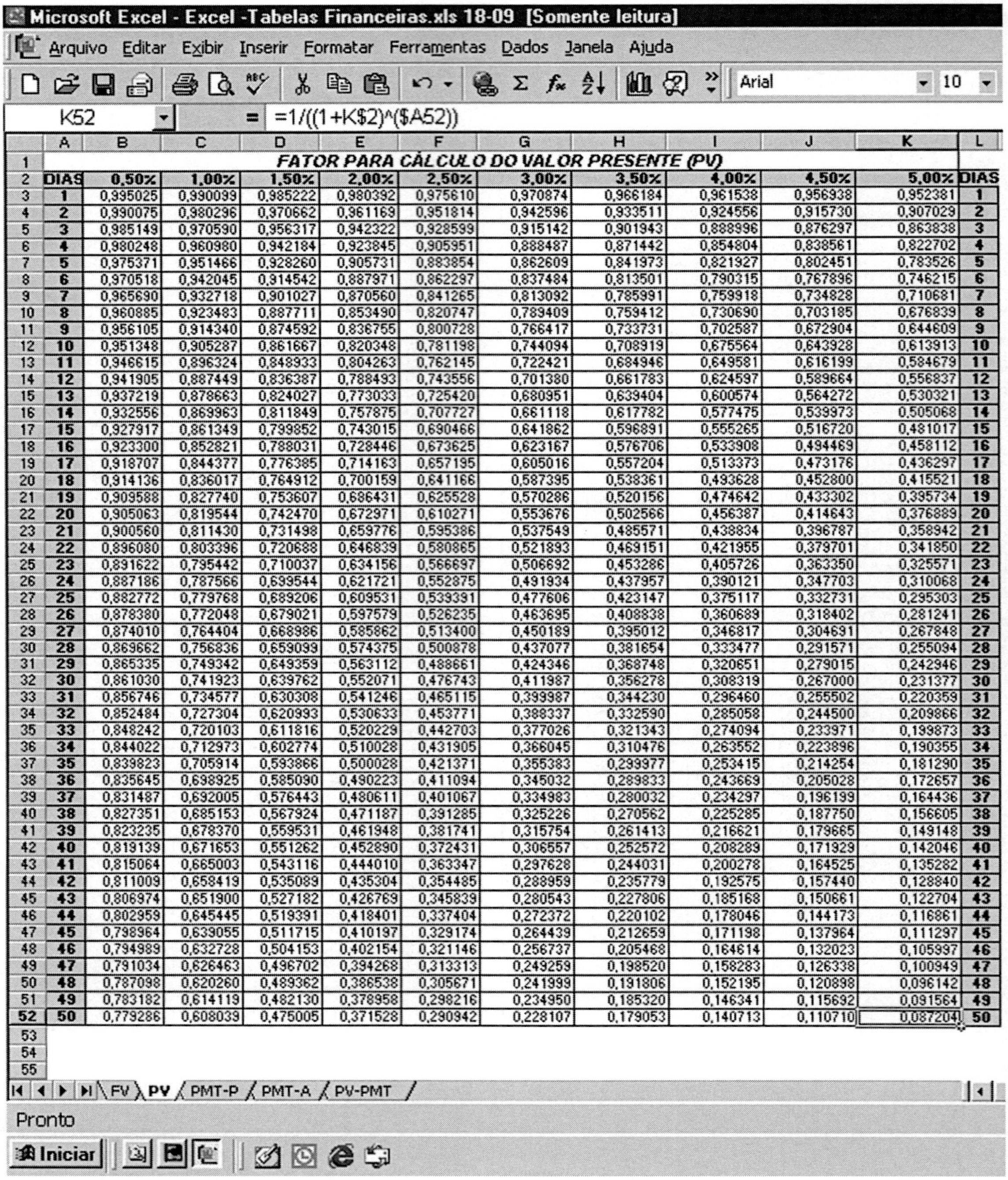

Microsoft Excel - Excel -Tabelas Financeiras.xls 18-09 [Somente leitura]

Arquivo Editar Exibir Inserir Formatar Ferramentas Dados Janela Ajuda

Arial 10

K52 = =1/((1+K$2)^($A52))

FATOR PARA CÁLCULO DO VALOR PRESENTE (PV)

DIAS	0,50%	1,00%	1,50%	2,00%	2,50%	3,00%	3,50%	4,00%	4,50%	5,00%	DIAS
1	0,995025	0,990099	0,985222	0,980392	0,975610	0,970874	0,966184	0,961538	0,956938	0,952381	1
2	0,990075	0,980296	0,970662	0,961169	0,951814	0,942596	0,933511	0,924556	0,915730	0,907029	2
3	0,985149	0,970590	0,956317	0,942322	0,928599	0,915142	0,901943	0,888996	0,876297	0,863838	3
4	0,980248	0,960980	0,942184	0,923845	0,905951	0,888487	0,871442	0,854804	0,838561	0,822702	4
5	0,975371	0,951466	0,928260	0,905731	0,883854	0,862609	0,841973	0,821927	0,802451	0,783526	5
6	0,970518	0,942045	0,914542	0,887971	0,862297	0,837484	0,813501	0,790315	0,767896	0,746215	6
7	0,965690	0,932718	0,901027	0,870560	0,841265	0,813092	0,785991	0,759918	0,734828	0,710681	7
8	0,960885	0,923483	0,887711	0,853490	0,820747	0,789409	0,759412	0,730690	0,703185	0,676839	8
9	0,956105	0,914340	0,874592	0,836755	0,800728	0,766417	0,733731	0,702587	0,672904	0,644609	9
10	0,951348	0,905287	0,861667	0,820348	0,781198	0,744094	0,708919	0,675564	0,643928	0,613913	10
11	0,946615	0,896324	0,848933	0,804263	0,762145	0,722421	0,684946	0,649581	0,616199	0,584679	11
12	0,941905	0,887449	0,836387	0,788493	0,743556	0,701380	0,661783	0,624597	0,589664	0,556837	12
13	0,937219	0,878663	0,824027	0,773033	0,725420	0,680951	0,639404	0,600574	0,564272	0,530321	13
14	0,932556	0,869963	0,811849	0,757875	0,707727	0,661118	0,617782	0,577475	0,539973	0,505068	14
15	0,927917	0,861349	0,799852	0,743015	0,690466	0,641862	0,596891	0,555265	0,516720	0,481017	15
16	0,923300	0,852821	0,788031	0,728446	0,673625	0,623167	0,576706	0,533908	0,494469	0,458112	16
17	0,918707	0,844377	0,776385	0,714163	0,657195	0,605016	0,557204	0,513373	0,473176	0,436297	17
18	0,914136	0,836017	0,764912	0,700159	0,641166	0,587395	0,538361	0,493628	0,452800	0,415521	18
19	0,909588	0,827740	0,753607	0,686431	0,625528	0,570286	0,520156	0,474642	0,433302	0,395734	19
20	0,905063	0,819544	0,742470	0,672971	0,610271	0,553676	0,502566	0,456387	0,414643	0,376889	20
21	0,900560	0,811430	0,731498	0,659776	0,595386	0,537549	0,485571	0,438834	0,396787	0,358942	21
22	0,896080	0,803396	0,720688	0,646839	0,580865	0,521893	0,469151	0,421955	0,379701	0,341850	22
23	0,891622	0,795442	0,710037	0,634156	0,566697	0,506692	0,453286	0,405726	0,363350	0,325571	23
24	0,887186	0,787566	0,699544	0,621721	0,552875	0,491934	0,437957	0,390121	0,347703	0,310068	24
25	0,882772	0,779768	0,689206	0,609531	0,539391	0,477606	0,423147	0,375117	0,332731	0,295303	25
26	0,878380	0,772048	0,679021	0,597579	0,526235	0,463695	0,408838	0,360689	0,318402	0,281241	26
27	0,874010	0,764404	0,668986	0,585862	0,513400	0,450189	0,395012	0,346817	0,304691	0,267848	27
28	0,869662	0,756836	0,659099	0,574375	0,500878	0,437077	0,381654	0,333477	0,291571	0,255094	28
29	0,865335	0,749342	0,649359	0,563112	0,488661	0,424346	0,368748	0,320651	0,279015	0,242946	29
30	0,861030	0,741923	0,639762	0,552071	0,476743	0,411987	0,356278	0,308319	0,267000	0,231377	30
31	0,856746	0,734577	0,630308	0,541246	0,465115	0,399987	0,344230	0,296460	0,255502	0,220359	31
32	0,852484	0,727304	0,620993	0,530633	0,453771	0,388337	0,332590	0,285058	0,244500	0,209866	32
33	0,848242	0,720103	0,611816	0,520229	0,442703	0,377026	0,321343	0,274094	0,233971	0,199873	33
34	0,844022	0,712973	0,602774	0,510028	0,431905	0,366045	0,310476	0,263552	0,223896	0,190355	34
35	0,839823	0,705914	0,593866	0,500028	0,421371	0,355383	0,299977	0,253415	0,214254	0,181290	35
36	0,835645	0,698925	0,585090	0,490223	0,411094	0,345032	0,289833	0,243669	0,205028	0,172657	36
37	0,831487	0,692005	0,576443	0,480611	0,401067	0,334983	0,280032	0,234297	0,196199	0,164436	37
38	0,827351	0,685153	0,567924	0,471187	0,391285	0,325226	0,270562	0,225285	0,187750	0,156605	38
39	0,823235	0,678370	0,559531	0,461948	0,381741	0,315754	0,261413	0,216621	0,179665	0,149148	39
40	0,819139	0,671653	0,551262	0,452890	0,372431	0,306557	0,252572	0,208289	0,171929	0,142046	40
41	0,815064	0,665003	0,543116	0,444010	0,363347	0,297628	0,244031	0,200278	0,164525	0,135282	41
42	0,811009	0,658419	0,535089	0,435304	0,354485	0,288959	0,235779	0,192575	0,157440	0,128840	42
43	0,806974	0,651900	0,527182	0,426769	0,345839	0,280543	0,227806	0,185168	0,150661	0,122704	43
44	0,802959	0,645445	0,519391	0,418401	0,337404	0,272372	0,220102	0,178046	0,144173	0,116861	44
45	0,798964	0,639055	0,511715	0,410197	0,329174	0,264439	0,212659	0,171198	0,137964	0,111297	45
46	0,794989	0,632728	0,504153	0,402154	0,321146	0,256737	0,205468	0,164614	0,132023	0,105997	46
47	0,791034	0,626463	0,496702	0,394268	0,313313	0,249259	0,198520	0,158283	0,126338	0,100949	47
48	0,787098	0,620260	0,489362	0,386538	0,305671	0,241999	0,191806	0,152195	0,120898	0,096142	48
49	0,783182	0,614119	0,482130	0,378958	0,298216	0,234950	0,185320	0,146341	0,115692	0,091564	49
50	0,779286	0,608039	0,475005	0,371528	0,290942	0,228107	0,179053	0,140713	0,110710	0,087204	50

FV | PV | PMT-P | PMT-A | PV-PMT

Pronto

Iniciar

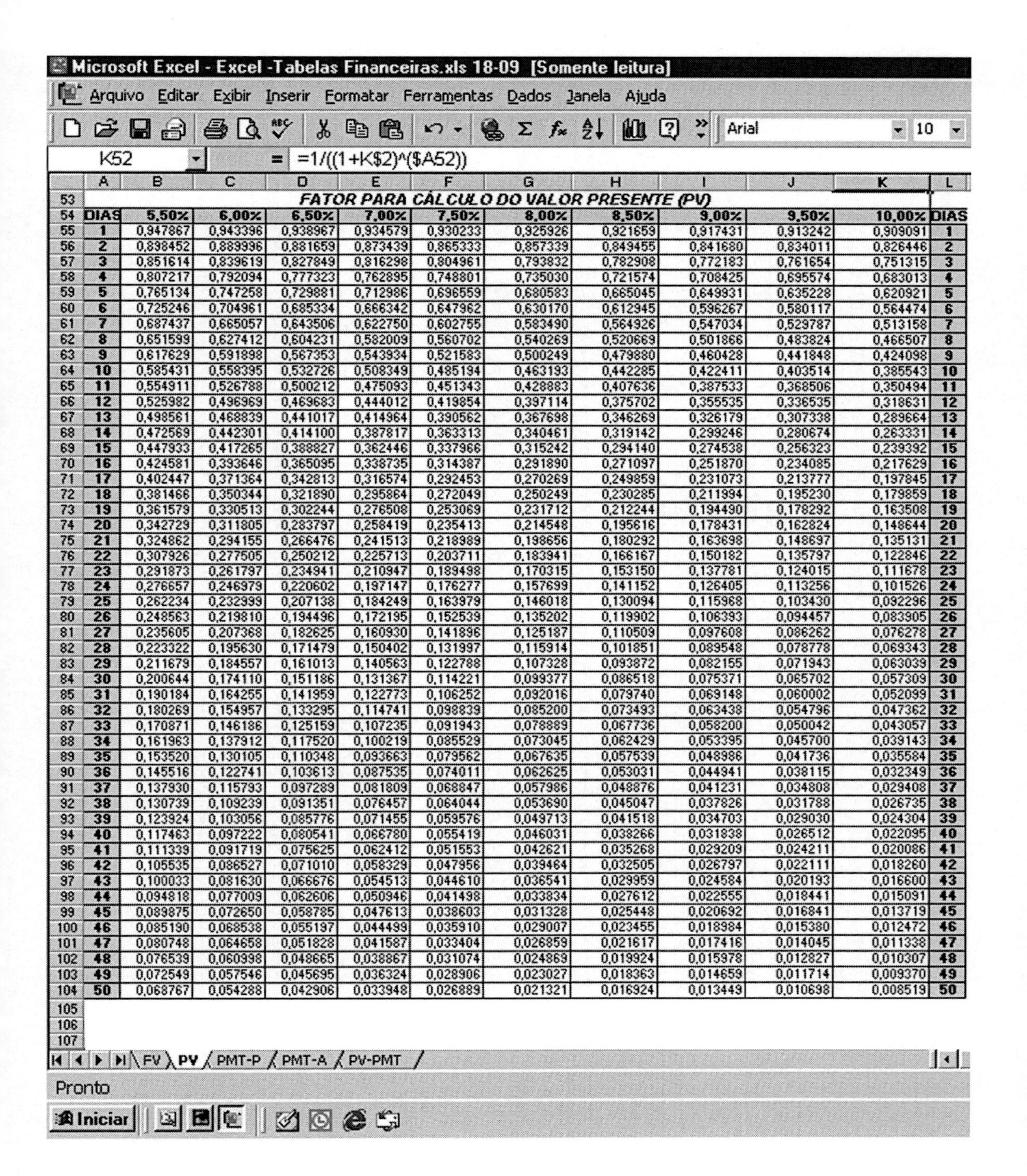

FATOR PARA CÁLCULO DO VALOR PRESENTE (PV)

	A	B	C	D	E	F	G	H	I	J	K	L
54	DIAS	5,50%	6,00%	6,50%	7,00%	7,50%	8,00%	8,50%	9,00%	9,50%	10,00%	DIAS
55	1	0,947867	0,943396	0,938967	0,934579	0,930233	0,925926	0,921659	0,917431	0,913242	0,909091	1
56	2	0,898452	0,889996	0,881659	0,873439	0,865333	0,857339	0,849455	0,841680	0,834011	0,826446	2
57	3	0,851614	0,839619	0,827849	0,816298	0,804961	0,793832	0,782908	0,772183	0,761654	0,751315	3
58	4	0,807217	0,792094	0,777323	0,762895	0,748801	0,735030	0,721574	0,708425	0,695574	0,683013	4
59	5	0,765134	0,747258	0,729881	0,712986	0,696559	0,680583	0,665045	0,649931	0,635228	0,620921	5
60	6	0,725246	0,704961	0,685334	0,666342	0,647962	0,630170	0,612945	0,596267	0,580117	0,564474	6
61	7	0,687437	0,665057	0,643506	0,622750	0,602755	0,583490	0,564926	0,547034	0,529787	0,513158	7
62	8	0,651599	0,627412	0,604231	0,582009	0,560702	0,540269	0,520669	0,501866	0,483824	0,466507	8
63	9	0,617629	0,591898	0,567353	0,543934	0,521583	0,500249	0,479880	0,460428	0,441848	0,424098	9
64	10	0,585431	0,558395	0,532726	0,508349	0,485194	0,463193	0,442285	0,422411	0,403514	0,385543	10
65	11	0,554911	0,526788	0,500212	0,475093	0,451343	0,428883	0,407636	0,387533	0,368506	0,350494	11
66	12	0,525982	0,496969	0,469683	0,444012	0,419854	0,397114	0,375702	0,355535	0,336535	0,318631	12
67	13	0,498561	0,468839	0,441017	0,414964	0,390562	0,367698	0,346269	0,326179	0,307338	0,289664	13
68	14	0,472569	0,442301	0,414100	0,387817	0,363313	0,340461	0,319142	0,299246	0,280674	0,263331	14
69	15	0,447933	0,417265	0,388827	0,362446	0,337966	0,315242	0,294140	0,274538	0,256323	0,239392	15
70	16	0,424581	0,393646	0,365095	0,338735	0,314387	0,291890	0,271097	0,251870	0,234085	0,217629	16
71	17	0,402447	0,371364	0,342813	0,316574	0,292453	0,270269	0,249859	0,231073	0,213777	0,197845	17
72	18	0,381466	0,350344	0,321890	0,295864	0,272049	0,250249	0,230285	0,211994	0,195230	0,179859	18
73	19	0,361579	0,330513	0,302244	0,276508	0,253069	0,231712	0,212244	0,194490	0,178292	0,163508	19
74	20	0,342729	0,311805	0,283797	0,258419	0,235413	0,214548	0,195616	0,178431	0,162824	0,148644	20
75	21	0,324862	0,294155	0,266476	0,241513	0,218989	0,198656	0,180292	0,163698	0,148697	0,135131	21
76	22	0,307926	0,277505	0,250212	0,225713	0,203711	0,183941	0,166167	0,150182	0,135797	0,122846	22
77	23	0,291873	0,261797	0,234941	0,210947	0,189498	0,170315	0,153150	0,137781	0,124015	0,111678	23
78	24	0,276657	0,246979	0,220602	0,197147	0,176277	0,157699	0,141152	0,126405	0,113256	0,101526	24
79	25	0,262234	0,232999	0,207138	0,184249	0,163979	0,146018	0,130094	0,115968	0,103430	0,092296	25
80	26	0,248563	0,219810	0,194496	0,172195	0,152539	0,135202	0,119902	0,106393	0,094457	0,083905	26
81	27	0,235605	0,207368	0,182625	0,160930	0,141896	0,125187	0,110509	0,097608	0,086262	0,076278	27
82	28	0,223322	0,195630	0,171479	0,150402	0,131997	0,115914	0,101851	0,089548	0,078778	0,069343	28
83	29	0,211679	0,184557	0,161013	0,140563	0,122788	0,107328	0,093872	0,082155	0,071943	0,063039	29
84	30	0,200644	0,174110	0,151186	0,131367	0,114221	0,099377	0,086518	0,075371	0,065702	0,057309	30
85	31	0,190184	0,164255	0,141959	0,122773	0,106252	0,092016	0,079740	0,069148	0,060002	0,052099	31
86	32	0,180269	0,154957	0,133295	0,114741	0,098839	0,085200	0,073493	0,063438	0,054796	0,047362	32
87	33	0,170871	0,146186	0,125159	0,107235	0,091943	0,078889	0,067736	0,058200	0,050042	0,043057	33
88	34	0,161963	0,137912	0,117520	0,100219	0,085529	0,073045	0,062429	0,053395	0,045700	0,039143	34
89	35	0,153520	0,130105	0,110348	0,093663	0,079562	0,067635	0,057539	0,048986	0,041736	0,035584	35
90	36	0,145516	0,122741	0,103613	0,087535	0,074011	0,062625	0,053031	0,044941	0,038115	0,032349	36
91	37	0,137930	0,115793	0,097289	0,081809	0,068847	0,057986	0,048876	0,041231	0,034808	0,029408	37
92	38	0,130739	0,109239	0,091351	0,076457	0,064044	0,053690	0,045047	0,037826	0,031788	0,026735	38
93	39	0,123924	0,103056	0,085776	0,071455	0,059576	0,049713	0,041518	0,034703	0,029030	0,024304	39
94	40	0,117463	0,097222	0,080541	0,066780	0,055419	0,046031	0,038266	0,031838	0,026512	0,022095	40
95	41	0,111339	0,091719	0,075625	0,062412	0,051553	0,042621	0,035268	0,029209	0,024211	0,020086	41
96	42	0,105535	0,086527	0,071010	0,058329	0,047956	0,039464	0,032505	0,026797	0,022111	0,018260	42
97	43	0,100033	0,081630	0,066676	0,054513	0,044610	0,036541	0,029959	0,024584	0,020193	0,016600	43
98	44	0,094818	0,077009	0,062606	0,050946	0,041498	0,033834	0,027612	0,022555	0,018441	0,015091	44
99	45	0,089875	0,072650	0,058785	0,047613	0,038603	0,031328	0,025448	0,020692	0,016841	0,013719	45
100	46	0,085190	0,068538	0,055197	0,044499	0,035910	0,029007	0,023455	0,018984	0,015380	0,012472	46
101	47	0,080748	0,064658	0,051828	0,041587	0,033404	0,026859	0,021617	0,017416	0,014045	0,011338	47
102	48	0,076539	0,060998	0,048665	0,038867	0,031074	0,024869	0,019924	0,015978	0,012827	0,010307	48
103	49	0,072549	0,057546	0,045695	0,036324	0,028906	0,023027	0,018363	0,014659	0,011714	0,009370	49
104	50	0,068767	0,054288	0,042906	0,033948	0,026889	0,021321	0,016924	0,013449	0,010698	0,008519	50

Microsoft Excel - Excel -Tabelas Financeiras.xls 18-09 [Somente leitura]

Arquivo Editar Exibir Inserir Formatar Ferramentas Dados Janela Ajuda

Arial 10

K156 = =1/((1+K$106)^($A156))

FATOR PARA CÁLCULO DO VALOR PRESENTE (PV)

	A	B	C	D	E	F	G	H	I	J	K	L
106	DIAS	10,50%	11,00%	11,50%	12,00%	12,50%	13,00%	13,50%	14,00%	14,50%	15,00%	DIAS
107	1	0,904977	0,900901	0,896861	0,892857	0,888889	0,884956	0,881057	0,877193	0,873362	0,869565	1
108	2	0,818984	0,811622	0,804360	0,797194	0,790123	0,783147	0,776262	0,769468	0,762762	0,756144	2
109	3	0,741162	0,731191	0,721399	0,711780	0,702332	0,693050	0,683931	0,674972	0,666168	0,657516	3
110	4	0,670735	0,658731	0,646994	0,635518	0,624295	0,613319	0,602583	0,592080	0,581806	0,571753	4
111	5	0,607000	0,593451	0,580264	0,567427	0,554929	0,542760	0,530910	0,519369	0,508127	0,497177	5
112	6	0,549321	0,534641	0,520416	0,506631	0,493270	0,480319	0,467762	0,455587	0,443779	0,432328	6
113	7	0,497123	0,481658	0,466741	0,452349	0,438462	0,425061	0,412125	0,399637	0,387580	0,375937	7
114	8	0,449885	0,433926	0,418602	0,403883	0,389744	0,376160	0,363106	0,350559	0,338498	0,326902	8
115	9	0,407136	0,390925	0,375428	0,360610	0,346439	0,332885	0,319917	0,307508	0,295631	0,284262	9
116	10	0,368449	0,352184	0,336706	0,321973	0,307946	0,294588	0,281865	0,269744	0,258193	0,247185	10
117	11	0,333438	0,317283	0,301979	0,287476	0,273730	0,260698	0,248339	0,236617	0,225496	0,214943	11
118	12	0,301754	0,285841	0,270833	0,256675	0,243315	0,230706	0,218801	0,207559	0,196940	0,186907	12
119	13	0,273080	0,257514	0,242900	0,229174	0,216280	0,204165	0,192776	0,182069	0,172000	0,162528	13
120	14	0,247132	0,231995	0,217847	0,204620	0,192249	0,180677	0,169847	0,159710	0,150218	0,141329	14
121	15	0,223648	0,209004	0,195379	0,182696	0,170888	0,159891	0,149645	0,140096	0,131195	0,122894	15
122	16	0,202397	0,188292	0,175227	0,163122	0,151901	0,141496	0,131846	0,122892	0,114581	0,106865	16
123	17	0,183164	0,169633	0,157155	0,145644	0,135023	0,125218	0,116164	0,107800	0,100071	0,092926	17
124	18	0,165760	0,152822	0,140946	0,130040	0,120020	0,110812	0,102347	0,094561	0,087398	0,080805	18
125	19	0,150009	0,137678	0,126409	0,116107	0,106685	0,098064	0,090173	0,082948	0,076330	0,070265	19
126	20	0,135755	0,124034	0,113371	0,103667	0,094831	0,086782	0,079448	0,072762	0,066664	0,061100	20
127	21	0,122855	0,111742	0,101678	0,092560	0,084294	0,076798	0,069998	0,063826	0,058222	0,053131	21
128	22	0,111181	0,100669	0,091191	0,082643	0,074928	0,067963	0,061672	0,055988	0,050849	0,046201	22
129	23	0,100616	0,090693	0,081786	0,073788	0,066603	0,060144	0,054337	0,049112	0,044409	0,040174	23
130	24	0,091055	0,081705	0,073351	0,065882	0,059202	0,053225	0,047874	0,043081	0,038785	0,034934	24
131	25	0,082403	0,073608	0,065785	0,058823	0,052624	0,047102	0,042180	0,037790	0,033874	0,030378	25
132	26	0,074573	0,066314	0,059000	0,052521	0,046777	0,041683	0,037163	0,033149	0,029584	0,026415	26
133	27	0,067487	0,059742	0,052915	0,046894	0,041580	0,036888	0,032742	0,029078	0,025838	0,022970	27
134	28	0,061074	0,053822	0,047457	0,041869	0,036960	0,032644	0,028848	0,025507	0,022566	0,019974	28
135	29	0,055271	0,048488	0,042563	0,037383	0,032853	0,028889	0,025417	0,022375	0,019708	0,017369	29
136	30	0,050019	0,043683	0,038173	0,033378	0,029203	0,025565	0,022394	0,019627	0,017212	0,015103	30
137	31	0,045266	0,039354	0,034236	0,029802	0,025958	0,022624	0,019730	0,017217	0,015032	0,013133	31
138	32	0,040964	0,035454	0,030705	0,026609	0,023074	0,020021	0,017383	0,015102	0,013129	0,011420	32
139	33	0,037072	0,031940	0,027538	0,023758	0,020510	0,017718	0,015316	0,013248	0,011466	0,009931	33
140	34	0,033549	0,028775	0,024698	0,021212	0,018231	0,015680	0,013494	0,011621	0,010014	0,008635	34
141	35	0,030361	0,025924	0,022150	0,018940	0,016205	0,013876	0,011889	0,010194	0,008746	0,007509	35
142	36	0,027476	0,023355	0,019866	0,016910	0,014405	0,012279	0,010475	0,008942	0,007638	0,006529	36
143	37	0,024865	0,021040	0,017817	0,015098	0,012804	0,010867	0,009229	0,007844	0,006671	0,005678	37
144	38	0,022503	0,018955	0,015979	0,013481	0,011382	0,009617	0,008131	0,006880	0,005826	0,004937	38
145	39	0,020364	0,017077	0,014331	0,012036	0,010117	0,008510	0,007164	0,006035	0,005088	0,004293	39
146	40	0,018429	0,015384	0,012853	0,010747	0,008993	0,007531	0,006312	0,005294	0,004444	0,003733	40
147	41	0,016678	0,013860	0,011527	0,009595	0,007994	0,006665	0,005561	0,004644	0,003881	0,003246	41
148	42	0,015093	0,012486	0,010338	0,008567	0,007105	0,005898	0,004900	0,004074	0,003390	0,002823	42
149	43	0,013659	0,011249	0,009272	0,007649	0,006316	0,005219	0,004317	0,003573	0,002960	0,002455	43
150	44	0,012361	0,010134	0,008316	0,006830	0,005614	0,004619	0,003803	0,003135	0,002586	0,002134	44
151	45	0,011187	0,009130	0,007458	0,006098	0,004990	0,004088	0,003351	0,002750	0,002258	0,001856	45
152	46	0,010124	0,008225	0,006689	0,005445	0,004436	0,003617	0,002953	0,002412	0,001972	0,001614	46
153	47	0,009162	0,007410	0,005999	0,004861	0,003943	0,003201	0,002601	0,002116	0,001722	0,001403	47
154	48	0,008291	0,006676	0,005380	0,004340	0,003505	0,002833	0,002292	0,001856	0,001504	0,001220	48
155	49	0,007503	0,006014	0,004825	0,003875	0,003115	0,002507	0,002019	0,001628	0,001314	0,001061	49
156	50	0,006790	0,005418	0,004328	0,003460	0,002769	0,002219	0,001779	0,001428	0,001147	0,000923	50
157												
158												
159												

FV PV PMT-P PMT-A PV-PMT

Pronto

Iniciar

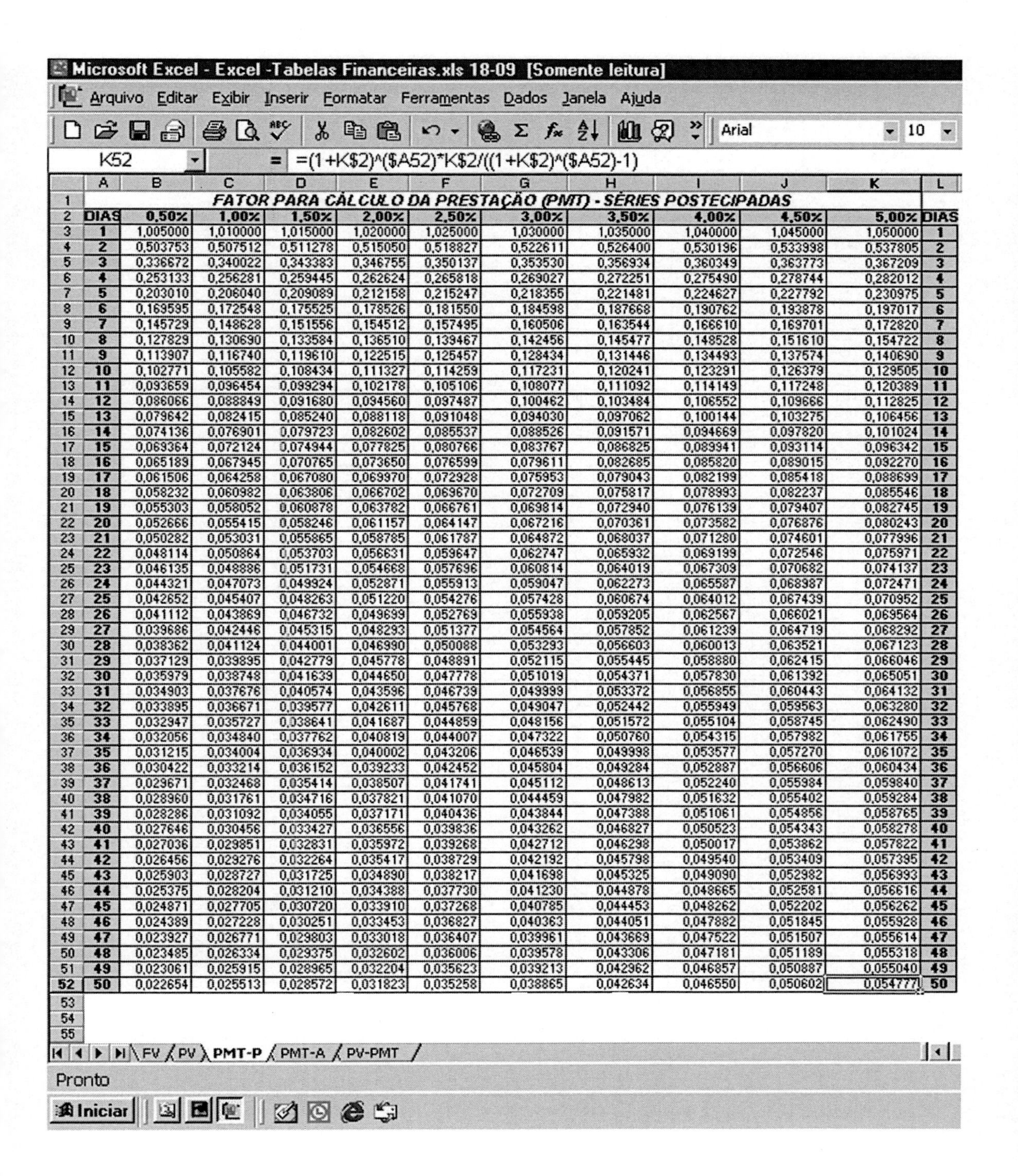

Microsoft Excel - Excel -Tabelas Financeiras.xls 18-09 [Somente leitura]

Arquivo Editar Exibir Inserir Formatar Ferramentas Dados Janela Ajuda

K52 = =(1+K$2)^($A52)*K$2/((1+K$2)^($A52)-1)

FATOR PARA CÁLCULO DA PRESTAÇÃO (PMT) - SÉRIES POSTECIPADAS

DIAS	0,50%	1,00%	1,50%	2,00%	2,50%	3,00%	3,50%	4,00%	4,50%	5,00%	DIAS
1	1,005000	1,010000	1,015000	1,020000	1,025000	1,030000	1,035000	1,040000	1,045000	1,050000	1
2	0,503753	0,507512	0,511278	0,515050	0,518827	0,522611	0,526400	0,530196	0,533998	0,537805	2
3	0,336672	0,340022	0,343383	0,346755	0,350137	0,353530	0,356934	0,360349	0,363773	0,367209	3
4	0,253133	0,256281	0,259445	0,262624	0,265818	0,269027	0,272251	0,275490	0,278744	0,282012	4
5	0,203010	0,206040	0,209089	0,212158	0,215247	0,218355	0,221481	0,224627	0,227792	0,230975	5
6	0,169595	0,172548	0,175525	0,178526	0,181550	0,184598	0,187668	0,190762	0,193878	0,197017	6
7	0,145729	0,148628	0,151556	0,154512	0,157495	0,160506	0,163544	0,166610	0,169701	0,172820	7
8	0,127829	0,130690	0,133584	0,136510	0,139467	0,142456	0,145477	0,148528	0,151610	0,154722	8
9	0,113907	0,116740	0,119610	0,122515	0,125457	0,128434	0,131446	0,134493	0,137574	0,140690	9
10	0,102771	0,105582	0,108434	0,111327	0,114259	0,117231	0,120241	0,123291	0,126379	0,129505	10
11	0,093659	0,096454	0,099294	0,102178	0,105106	0,108077	0,111092	0,114149	0,117248	0,120389	11
12	0,086066	0,088849	0,091680	0,094560	0,097487	0,100462	0,103484	0,106552	0,109666	0,112825	12
13	0,079642	0,082415	0,085240	0,088118	0,091048	0,094030	0,097062	0,100144	0,103275	0,106456	13
14	0,074136	0,076901	0,079723	0,082602	0,085537	0,088526	0,091571	0,094669	0,097820	0,101024	14
15	0,069364	0,072124	0,074944	0,077825	0,080766	0,083767	0,086825	0,089941	0,093114	0,096342	15
16	0,065189	0,067945	0,070765	0,073650	0,076599	0,079611	0,082685	0,085820	0,089015	0,092270	16
17	0,061506	0,064258	0,067080	0,069970	0,072928	0,075953	0,079043	0,082199	0,085418	0,088699	17
18	0,058232	0,060982	0,063806	0,066702	0,069670	0,072709	0,075817	0,078993	0,082237	0,085546	18
19	0,055303	0,058052	0,060878	0,063782	0,066761	0,069814	0,072940	0,076139	0,079407	0,082745	19
20	0,052666	0,055415	0,058246	0,061157	0,064147	0,067216	0,070361	0,073582	0,076876	0,080243	20
21	0,050282	0,053031	0,055865	0,058785	0,061787	0,064872	0,068037	0,071280	0,074601	0,077996	21
22	0,048114	0,050864	0,053703	0,056631	0,059647	0,062747	0,065932	0,069199	0,072546	0,075971	22
23	0,046135	0,048886	0,051731	0,054668	0,057696	0,060814	0,064019	0,067309	0,070682	0,074137	23
24	0,044321	0,047073	0,049924	0,052871	0,055913	0,059047	0,062273	0,065587	0,068987	0,072471	24
25	0,042652	0,045407	0,048263	0,051220	0,054276	0,057428	0,060674	0,064012	0,067439	0,070952	25
26	0,041112	0,043869	0,046732	0,049699	0,052769	0,055938	0,059205	0,062567	0,066021	0,069564	26
27	0,039686	0,042446	0,045315	0,048293	0,051377	0,054564	0,057852	0,061239	0,064719	0,068292	27
28	0,038362	0,041124	0,044001	0,046990	0,050088	0,053293	0,056603	0,060013	0,063521	0,067123	28
29	0,037129	0,039895	0,042779	0,045778	0,048891	0,052115	0,055445	0,058880	0,062415	0,066046	29
30	0,035979	0,038748	0,041639	0,044650	0,047778	0,051019	0,054371	0,057830	0,061392	0,065051	30
31	0,034903	0,037676	0,040574	0,043596	0,046739	0,049999	0,053372	0,056855	0,060443	0,064132	31
32	0,033895	0,036671	0,039577	0,042611	0,045768	0,049047	0,052442	0,055949	0,059563	0,063280	32
33	0,032947	0,035727	0,038641	0,041687	0,044859	0,048156	0,051572	0,055104	0,058745	0,062490	33
34	0,032056	0,034840	0,037762	0,040819	0,044007	0,047322	0,050760	0,054315	0,057982	0,061755	34
35	0,031215	0,034004	0,036934	0,040002	0,043206	0,046539	0,049998	0,053577	0,057270	0,061072	35
36	0,030422	0,033214	0,036152	0,039233	0,042452	0,045804	0,049284	0,052887	0,056606	0,060434	36
37	0,029671	0,032468	0,035414	0,038507	0,041741	0,045112	0,048613	0,052240	0,055984	0,059840	37
38	0,028960	0,031761	0,034716	0,037821	0,041070	0,044459	0,047982	0,051632	0,055402	0,059284	38
39	0,028286	0,031092	0,034055	0,037171	0,040436	0,043844	0,047388	0,051061	0,054856	0,058765	39
40	0,027646	0,030456	0,033427	0,036556	0,039836	0,043262	0,046827	0,050523	0,054343	0,058278	40
41	0,027036	0,029851	0,032831	0,035972	0,039268	0,042712	0,046298	0,050017	0,053862	0,057822	41
42	0,026456	0,029276	0,032264	0,035417	0,038729	0,042192	0,045798	0,049540	0,053409	0,057395	42
43	0,025903	0,028727	0,031725	0,034890	0,038217	0,041698	0,045325	0,049090	0,052982	0,056993	43
44	0,025375	0,028204	0,031210	0,034388	0,037730	0,041230	0,044878	0,048665	0,052581	0,056616	44
45	0,024871	0,027705	0,030720	0,033910	0,037268	0,040785	0,044453	0,048262	0,052202	0,056262	45
46	0,024389	0,027228	0,030251	0,033453	0,036827	0,040363	0,044051	0,047882	0,051845	0,055928	46
47	0,023927	0,026771	0,029803	0,033018	0,036407	0,039961	0,043669	0,047522	0,051507	0,055614	47
48	0,023485	0,026334	0,029375	0,032602	0,036006	0,039578	0,043306	0,047181	0,051189	0,055318	48
49	0,023061	0,025915	0,028965	0,032204	0,035623	0,039213	0,042962	0,046857	0,050887	0,055040	49
50	0,022654	0,025513	0,028572	0,031823	0,035258	0,038865	0,042634	0,046550	0,050602	0,054777	50

FV PV PMT-P PMT-A PV-PMT

Pronto

Iniciar

Microsoft Excel - Excel -Tabelas Financeiras.xls 18-09 [Somente leitura]

Arquivo Editar Exibir Inserir Formatar Ferramentas Dados Janela Ajuda

K104 = =(1+K$54)^($A104)*K$54/((1+K$54)^($A104)-1)

FATOR PARA CÁLCULO DA PRESTAÇÃO (PMT) - SÉRIES POSTECIPADAS

	A	B	C	D	E	F	G	H	I	J	K	L
54	DIAS	5,50%	6,00%	6,50%	7,00%	7,50%	8,00%	8,50%	9,00%	9,50%	10,00%	DIAS
55	1	1,055000	1,060000	1,065000	1,070000	1,075000	1,080000	1,085000	1,090000	1,095000	1,100000	1
56	2	0,541618	0,545437	0,549262	0,553092	0,556928	0,560769	0,564616	0,568469	0,572327	0,576190	2
57	3	0,370654	0,374110	0,377576	0,381052	0,384538	0,388034	0,391539	0,395055	0,398580	0,402115	3
58	4	0,285294	0,288591	0,291903	0,295228	0,298568	0,301921	0,305288	0,308669	0,312063	0,315471	4
59	5	0,234176	0,237396	0,240635	0,243891	0,247165	0,250456	0,253766	0,257092	0,260436	0,263797	5
60	6	0,200179	0,203363	0,206568	0,209796	0,213045	0,216315	0,219607	0,222920	0,226253	0,229607	6
61	7	0,175964	0,179135	0,182331	0,185553	0,188800	0,192072	0,195369	0,198691	0,202036	0,205405	7
62	8	0,157864	0,161036	0,164237	0,167468	0,170727	0,174015	0,177331	0,180674	0,184046	0,187444	8
63	9	0,143839	0,147022	0,150238	0,153486	0,156767	0,160080	0,163424	0,166799	0,170205	0,173641	9
64	10	0,132668	0,135868	0,139105	0,142378	0,145686	0,149029	0,152408	0,155820	0,159266	0,162745	10
65	11	0,123571	0,126793	0,130055	0,133357	0,136697	0,140076	0,143493	0,146947	0,150437	0,153963	11
66	12	0,116029	0,119277	0,122568	0,125902	0,129278	0,132695	0,136153	0,139651	0,143188	0,146763	12
67	13	0,109684	0,112960	0,116283	0,119651	0,123064	0,126522	0,130023	0,133567	0,137152	0,140779	13
68	14	0,104279	0,107585	0,110940	0,114345	0,117797	0,121297	0,124842	0,128433	0,132068	0,135746	14
69	15	0,099626	0,102963	0,106353	0,109795	0,113287	0,116830	0,120420	0,124059	0,127744	0,131474	15
70	16	0,095583	0,098952	0,102378	0,105858	0,109391	0,112977	0,116614	0,120300	0,124035	0,127817	16
71	17	0,092042	0,095445	0,098906	0,102425	0,106000	0,109629	0,113312	0,117046	0,120831	0,124664	17
72	18	0,088920	0,092357	0,095855	0,099413	0,103029	0,106702	0,110430	0,114212	0,118046	0,121930	18
73	19	0,086150	0,089621	0,093156	0,096753	0,100411	0,104128	0,107901	0,111730	0,115613	0,119547	19
74	20	0,083679	0,087185	0,090756	0,094393	0,098092	0,101852	0,105671	0,109546	0,113477	0,117460	20
75	21	0,081465	0,085005	0,088613	0,092289	0,096029	0,099832	0,103695	0,107617	0,111594	0,115624	21
76	22	0,079471	0,083046	0,086691	0,090406	0,094187	0,098032	0,101939	0,105905	0,109928	0,114005	22
77	23	0,077670	0,081278	0,084961	0,088714	0,092535	0,096422	0,100372	0,104382	0,108449	0,112572	23
78	24	0,076036	0,079679	0,083398	0,087189	0,091050	0,094978	0,098970	0,103023	0,107134	0,111300	24
79	25	0,074549	0,078227	0,081981	0,085811	0,089711	0,093679	0,097712	0,101806	0,105959	0,110168	25
80	26	0,073193	0,076904	0,080695	0,084561	0,088500	0,092507	0,096580	0,100715	0,104909	0,109159	26
81	27	0,071952	0,075697	0,079523	0,083426	0,087402	0,091448	0,095560	0,099735	0,103969	0,108258	27
82	28	0,070814	0,074593	0,078453	0,082392	0,086405	0,090489	0,094639	0,098852	0,103124	0,107451	28
83	29	0,069769	0,073580	0,077474	0,081449	0,085498	0,089619	0,093806	0,098056	0,102364	0,106728	29
84	30	0,068805	0,072649	0,076577	0,080586	0,084671	0,088827	0,093051	0,097336	0,101681	0,106079	30
85	31	0,067917	0,071792	0,075754	0,079797	0,083916	0,088107	0,092365	0,096686	0,101064	0,105496	31
86	32	0,067095	0,071002	0,074997	0,079073	0,083226	0,087451	0,091742	0,096096	0,100507	0,104972	32
87	33	0,066335	0,070273	0,074299	0,078408	0,082594	0,086852	0,091176	0,095562	0,100004	0,104499	33
88	34	0,065630	0,069598	0,073656	0,077797	0,082015	0,086304	0,090660	0,095077	0,099549	0,104074	34
89	35	0,064975	0,068974	0,073062	0,077234	0,081483	0,085803	0,090189	0,094636	0,099138	0,103690	35
90	36	0,064366	0,068395	0,072513	0,076715	0,080994	0,085345	0,089760	0,094235	0,098764	0,103343	36
91	37	0,063800	0,067857	0,072005	0,076237	0,080545	0,084924	0,089368	0,093870	0,098426	0,103030	37
92	38	0,063272	0,067358	0,071535	0,075795	0,080132	0,084539	0,089010	0,093538	0,098119	0,102747	38
93	39	0,062780	0,066894	0,071099	0,075387	0,079751	0,084185	0,088682	0,093236	0,097840	0,102491	39
94	40	0,062320	0,066462	0,070694	0,075009	0,079400	0,083860	0,088382	0,092960	0,097587	0,102259	40
95	41	0,061891	0,066059	0,070318	0,074660	0,079077	0,083561	0,088107	0,092708	0,097357	0,102050	41
96	42	0,061489	0,065683	0,069968	0,074336	0,078778	0,083287	0,087856	0,092478	0,097148	0,101860	42
97	43	0,061113	0,065333	0,069644	0,074036	0,078502	0,083034	0,087625	0,092268	0,096958	0,101688	43
98	44	0,060761	0,065006	0,069341	0,073758	0,078247	0,082802	0,087414	0,092077	0,096785	0,101532	44
99	45	0,060431	0,064700	0,069060	0,073500	0,078011	0,082587	0,087220	0,091902	0,096627	0,101391	45
100	46	0,060122	0,064415	0,068797	0,073260	0,077794	0,082390	0,087042	0,091742	0,096484	0,101263	46
101	47	0,059831	0,064148	0,068553	0,073037	0,077592	0,082208	0,086878	0,091595	0,096353	0,101147	47
102	48	0,059559	0,063898	0,068325	0,072831	0,077405	0,082040	0,086728	0,091461	0,096234	0,101041	48
103	49	0,059302	0,063664	0,068112	0,072639	0,077232	0,081886	0,086590	0,091339	0,096126	0,100946	49
104	50	0,059061	0,063444	0,067914	0,072460	0,077072	0,081743	0,086463	0,091227	0,096027	0,100859	50

FV / PV / PMT-P / PMT-A / PV-PMT

Pronto

Iniciar

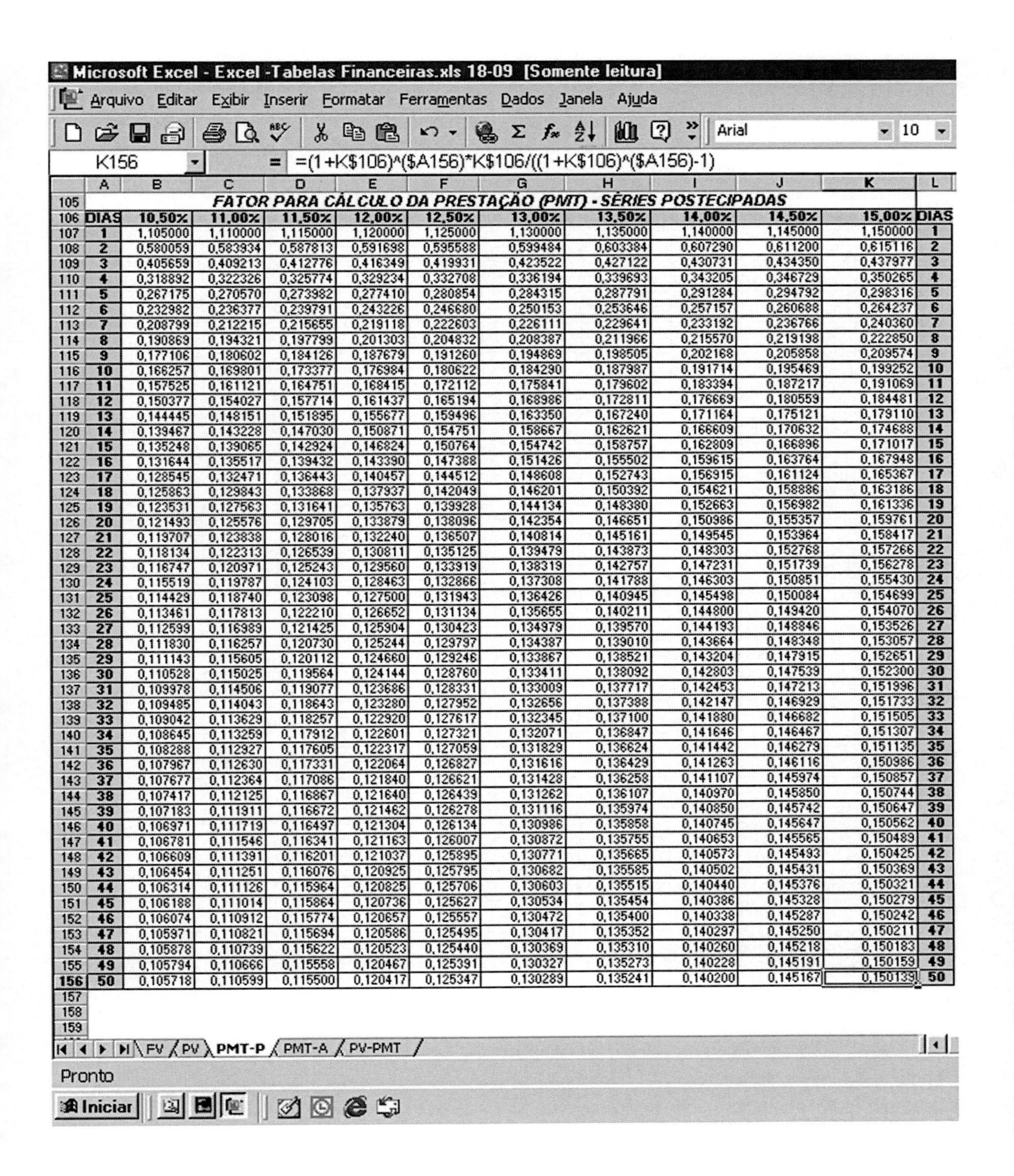

FATOR PARA CÁLCULO DA PRESTAÇÃO (PMT) - SÉRIES POSTECIPADAS

DIAS	10,50%	11,00%	11,50%	12,00%	12,50%	13,00%	13,50%	14,00%	14,50%	15,00%	DIAS
1	1,105000	1,110000	1,115000	1,120000	1,125000	1,130000	1,135000	1,140000	1,145000	1,150000	1
2	0,580059	0,583934	0,587813	0,591698	0,595588	0,599484	0,603384	0,607290	0,611200	0,615116	2
3	0,405659	0,409213	0,412776	0,416349	0,419931	0,423522	0,427122	0,430731	0,434350	0,437977	3
4	0,318892	0,322326	0,325774	0,329234	0,332708	0,336194	0,339693	0,343205	0,346729	0,350265	4
5	0,267175	0,270570	0,273982	0,277410	0,280854	0,284315	0,287791	0,291284	0,294792	0,298316	5
6	0,232982	0,236377	0,239791	0,243226	0,246680	0,250153	0,253646	0,257157	0,260688	0,264237	6
7	0,208799	0,212215	0,215655	0,219118	0,222603	0,226111	0,229641	0,233192	0,236766	0,240360	7
8	0,190869	0,194321	0,197799	0,201303	0,204832	0,208387	0,211966	0,215570	0,219198	0,222850	8
9	0,177106	0,180602	0,184126	0,187679	0,191260	0,194869	0,198505	0,202168	0,205858	0,209574	9
10	0,166257	0,169801	0,173377	0,176984	0,180622	0,184290	0,187987	0,191714	0,195469	0,199252	10
11	0,157525	0,161121	0,164751	0,168415	0,172112	0,175841	0,179602	0,183394	0,187217	0,191069	11
12	0,150377	0,154027	0,157714	0,161437	0,165194	0,168986	0,172811	0,176669	0,180559	0,184481	12
13	0,144445	0,148151	0,151895	0,155677	0,159496	0,163350	0,167240	0,171164	0,175121	0,179110	13
14	0,139467	0,143228	0,147030	0,150871	0,154751	0,158667	0,162621	0,166609	0,170632	0,174688	14
15	0,135248	0,139065	0,142924	0,146824	0,150764	0,154742	0,158757	0,162809	0,166896	0,171017	15
16	0,131644	0,135517	0,139432	0,143390	0,147388	0,151426	0,155502	0,159615	0,163764	0,167948	16
17	0,128545	0,132471	0,136443	0,140457	0,144512	0,148608	0,152743	0,156915	0,161124	0,165367	17
18	0,125863	0,129843	0,133868	0,137937	0,142049	0,146201	0,150392	0,154621	0,158886	0,163186	18
19	0,123531	0,127563	0,131641	0,135763	0,139928	0,144134	0,148380	0,152663	0,156982	0,161336	19
20	0,121493	0,125576	0,129705	0,133879	0,138096	0,142354	0,146651	0,150986	0,155357	0,159761	20
21	0,119707	0,123838	0,128016	0,132240	0,136507	0,140814	0,145161	0,149545	0,153964	0,158417	21
22	0,118134	0,122313	0,126539	0,130811	0,135125	0,139479	0,143873	0,148303	0,152768	0,157266	22
23	0,116747	0,120971	0,125243	0,129560	0,133919	0,138319	0,142757	0,147231	0,151739	0,156278	23
24	0,115519	0,119787	0,124103	0,128463	0,132866	0,137308	0,141788	0,146303	0,150851	0,155430	24
25	0,114429	0,118740	0,123098	0,127500	0,131943	0,136426	0,140945	0,145498	0,150084	0,154699	25
26	0,113461	0,117813	0,122210	0,126652	0,131134	0,135655	0,140211	0,144800	0,149420	0,154070	26
27	0,112599	0,116989	0,121425	0,125904	0,130423	0,134979	0,139570	0,144193	0,148846	0,153526	27
28	0,111830	0,116257	0,120730	0,125244	0,129797	0,134387	0,139010	0,143664	0,148348	0,153057	28
29	0,111143	0,115605	0,120112	0,124660	0,129246	0,133867	0,138521	0,143204	0,147915	0,152651	29
30	0,110528	0,115025	0,119564	0,124144	0,128760	0,133411	0,138092	0,142803	0,147539	0,152300	30
31	0,109978	0,114506	0,119077	0,123686	0,128331	0,133009	0,137717	0,142453	0,147213	0,151996	31
32	0,109485	0,114043	0,118643	0,123280	0,127952	0,132656	0,137388	0,142147	0,146929	0,151733	32
33	0,109042	0,113629	0,118257	0,122920	0,127617	0,132345	0,137100	0,141880	0,146682	0,151505	33
34	0,108645	0,113259	0,117912	0,122601	0,127321	0,132071	0,136847	0,141646	0,146467	0,151307	34
35	0,108288	0,112927	0,117605	0,122317	0,127059	0,131829	0,136624	0,141442	0,146279	0,151135	35
36	0,107967	0,112630	0,117331	0,122064	0,126827	0,131616	0,136429	0,141263	0,146116	0,150986	36
37	0,107677	0,112364	0,117086	0,121840	0,126621	0,131428	0,136258	0,141107	0,145974	0,150857	37
38	0,107417	0,112125	0,116867	0,121640	0,126439	0,131262	0,136107	0,140970	0,145850	0,150744	38
39	0,107183	0,111911	0,116672	0,121462	0,126278	0,131116	0,135974	0,140850	0,145742	0,150647	39
40	0,106971	0,111719	0,116497	0,121304	0,126134	0,130986	0,135858	0,140745	0,145647	0,150562	40
41	0,106781	0,111546	0,116341	0,121163	0,126007	0,130872	0,135755	0,140653	0,145565	0,150489	41
42	0,106609	0,111391	0,116201	0,121037	0,125895	0,130771	0,135665	0,140573	0,145493	0,150425	42
43	0,106454	0,111251	0,116076	0,120925	0,125795	0,130682	0,135585	0,140502	0,145431	0,150369	43
44	0,106314	0,111126	0,115964	0,120825	0,125706	0,130603	0,135515	0,140440	0,145376	0,150321	44
45	0,106188	0,111014	0,115864	0,120736	0,125627	0,130534	0,135454	0,140386	0,145328	0,150279	45
46	0,106074	0,110912	0,115774	0,120657	0,125557	0,130472	0,135400	0,140338	0,145287	0,150242	46
47	0,105971	0,110821	0,115694	0,120586	0,125495	0,130417	0,135352	0,140297	0,145250	0,150211	47
48	0,105878	0,110739	0,115622	0,120523	0,125440	0,130369	0,135310	0,140260	0,145218	0,150183	48
49	0,105794	0,110666	0,115558	0,120467	0,125391	0,130327	0,135273	0,140228	0,145191	0,150159	49
50	0,105718	0,110599	0,115500	0,120417	0,125347	0,130289	0,135241	0,140200	0,145167	0,150139	50

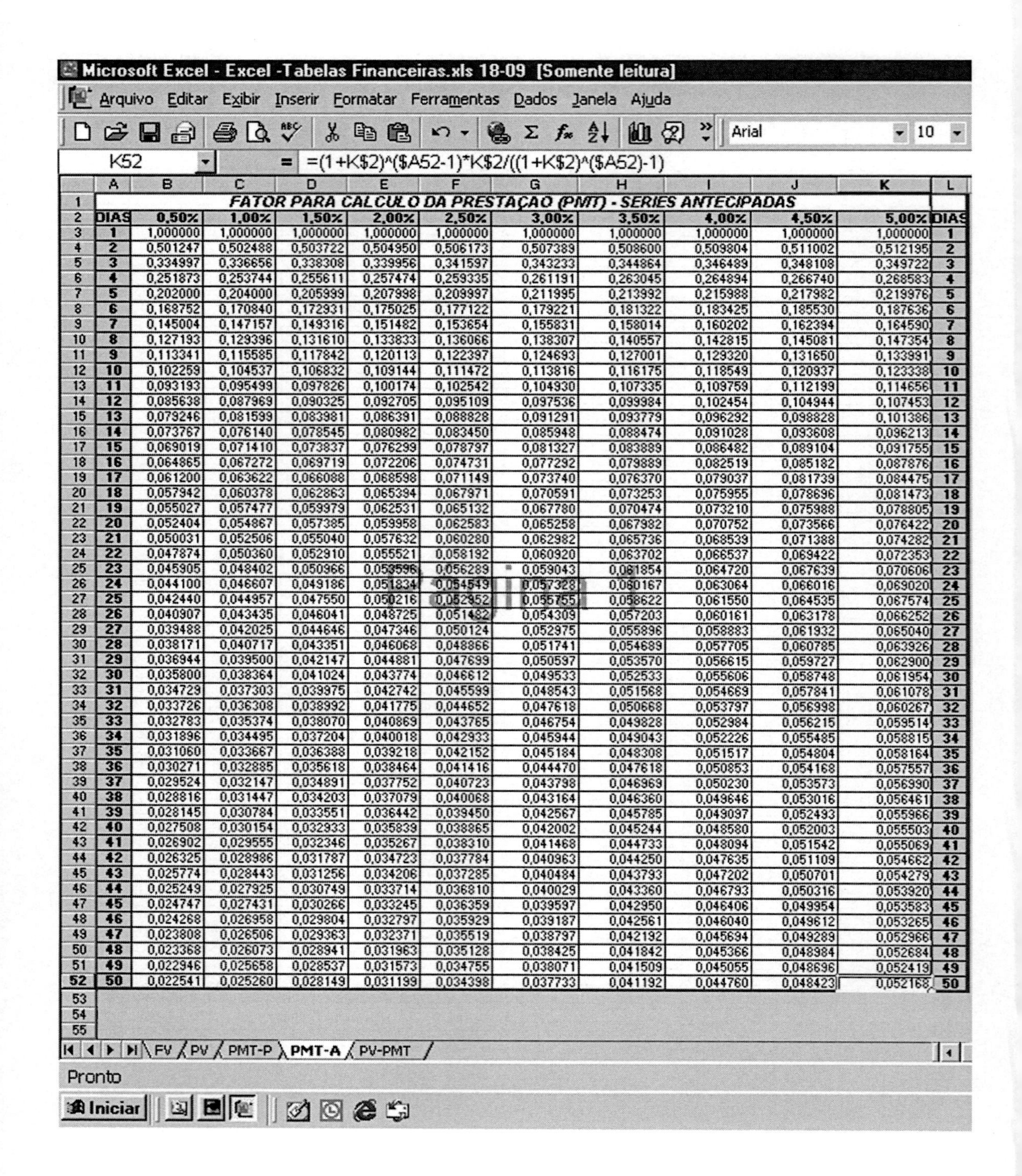

Microsoft Excel - Excel -Tabelas Financeiras.xls 18-09 [Somente leitura]

K52 = =(1+K$2)^($A52-1)*K$2/((1+K$2)^($A52)-1)

DIAS	0,50%	1,00%	1,50%	2,00%	2,50%	3,00%	3,50%	4,00%	4,50%	5,00%	DIAS
FATOR PARA CALCULO DA PRESTAÇAO (PMT) - SERIES ANTECIPADAS											
1	1,000000	1,000000	1,000000	1,000000	1,000000	1,000000	1,000000	1,000000	1,000000	1,000000	1
2	0,501247	0,502488	0,503722	0,504950	0,506173	0,507389	0,508600	0,509804	0,511002	0,512195	2
3	0,334997	0,336656	0,338308	0,339956	0,341597	0,343233	0,344864	0,346489	0,348108	0,349722	3
4	0,251873	0,253744	0,255611	0,257474	0,259335	0,261191	0,263045	0,264894	0,266740	0,268583	4
5	0,202000	0,204000	0,205999	0,207998	0,209997	0,211995	0,213992	0,215988	0,217982	0,219976	5
6	0,168752	0,170840	0,172931	0,175025	0,177122	0,179221	0,181322	0,183425	0,185530	0,187636	6
7	0,145004	0,147157	0,149316	0,151482	0,153654	0,155831	0,158014	0,160202	0,162394	0,164590	7
8	0,127193	0,129396	0,131610	0,133833	0,136066	0,138307	0,140557	0,142815	0,145081	0,147354	8
9	0,113341	0,115585	0,117842	0,120113	0,122397	0,124693	0,127001	0,129320	0,131650	0,133991	9
10	0,102259	0,104537	0,106832	0,109144	0,111472	0,113816	0,116175	0,118549	0,120937	0,123338	10
11	0,093193	0,095499	0,097826	0,100174	0,102542	0,104930	0,107335	0,109759	0,112199	0,114656	11
12	0,085638	0,087969	0,090325	0,092705	0,095109	0,097536	0,099984	0,102454	0,104944	0,107453	12
13	0,079246	0,081599	0,083981	0,086391	0,088828	0,091291	0,093779	0,096292	0,098828	0,101386	13
14	0,073767	0,076140	0,078545	0,080982	0,083450	0,085948	0,088474	0,091028	0,093608	0,096213	14
15	0,069019	0,071410	0,073837	0,076299	0,078797	0,081327	0,083889	0,086482	0,089104	0,091755	15
16	0,064865	0,067272	0,069719	0,072206	0,074731	0,077292	0,079889	0,082519	0,085182	0,087876	16
17	0,061200	0,063622	0,066088	0,068598	0,071149	0,073740	0,076370	0,079037	0,081739	0,084475	17
18	0,057942	0,060378	0,062863	0,065394	0,067971	0,070591	0,073253	0,075955	0,078696	0,081473	18
19	0,055027	0,057477	0,059979	0,062531	0,065132	0,067780	0,070474	0,073210	0,075988	0,078805	19
20	0,052404	0,054867	0,057385	0,059958	0,062583	0,065258	0,067982	0,070752	0,073566	0,076422	20
21	0,050031	0,052506	0,055040	0,057632	0,060280	0,062982	0,065736	0,068539	0,071388	0,074282	21
22	0,047874	0,050360	0,052910	0,055521	0,058192	0,060920	0,063702	0,066537	0,069422	0,072353	22
23	0,045905	0,048402	0,050966	0,053596	0,056289	0,059043	0,061854	0,064720	0,067639	0,070606	23
24	0,044100	0,046607	0,049186	0,051834	0,054549	0,057328	0,060167	0,063064	0,066016	0,069020	24
25	0,042440	0,044957	0,047550	0,050216	0,052952	0,055755	0,058622	0,061550	0,064535	0,067574	25
26	0,040907	0,043435	0,046041	0,048725	0,051482	0,054309	0,057203	0,060161	0,063178	0,066252	26
27	0,039488	0,042025	0,044646	0,047346	0,050124	0,052975	0,055896	0,058883	0,061932	0,065040	27
28	0,038171	0,040717	0,043351	0,046068	0,048866	0,051741	0,054689	0,057705	0,060785	0,063926	28
29	0,036944	0,039500	0,042147	0,044881	0,047699	0,050597	0,053570	0,056615	0,059727	0,062900	29
30	0,035800	0,038364	0,041024	0,043774	0,046612	0,049533	0,052533	0,055606	0,058748	0,061954	30
31	0,034729	0,037303	0,039975	0,042742	0,045599	0,048543	0,051568	0,054669	0,057841	0,061078	31
32	0,033726	0,036308	0,038992	0,041775	0,044652	0,047618	0,050668	0,053797	0,056998	0,060267	32
33	0,032783	0,035374	0,038070	0,040869	0,043765	0,046754	0,049828	0,052984	0,056215	0,059514	33
34	0,031896	0,034495	0,037204	0,040018	0,042933	0,045944	0,049043	0,052226	0,055485	0,058815	34
35	0,031060	0,033667	0,036388	0,039218	0,042152	0,045184	0,048308	0,051517	0,054804	0,058164	35
36	0,030271	0,032885	0,035618	0,038464	0,041416	0,044470	0,047618	0,050853	0,054168	0,057557	36
37	0,029524	0,032147	0,034891	0,037752	0,040723	0,043798	0,046969	0,050230	0,053573	0,056990	37
38	0,028816	0,031447	0,034203	0,037079	0,040068	0,043164	0,046360	0,049646	0,053016	0,056461	38
39	0,028145	0,030784	0,033551	0,036442	0,039450	0,042567	0,045785	0,049097	0,052493	0,055966	39
40	0,027508	0,030154	0,032933	0,035839	0,038865	0,042002	0,045244	0,048580	0,052003	0,055503	40
41	0,026902	0,029555	0,032346	0,035267	0,038310	0,041468	0,044733	0,048094	0,051542	0,055069	41
42	0,026325	0,028986	0,031787	0,034723	0,037784	0,040963	0,044250	0,047635	0,051109	0,054662	42
43	0,025774	0,028443	0,031256	0,034206	0,037285	0,040484	0,043793	0,047202	0,050701	0,054279	43
44	0,025249	0,027925	0,030749	0,033714	0,036810	0,040029	0,043360	0,046793	0,050316	0,053920	44
45	0,024747	0,027431	0,030266	0,033245	0,036359	0,039597	0,042950	0,046406	0,049954	0,053583	45
46	0,024268	0,026958	0,029804	0,032797	0,035929	0,039187	0,042561	0,046040	0,049612	0,053265	46
47	0,023808	0,026506	0,029363	0,032371	0,035519	0,038797	0,042192	0,045694	0,049289	0,052966	47
48	0,023368	0,026073	0,028941	0,031963	0,035128	0,038425	0,041842	0,045366	0,048984	0,052684	48
49	0,022946	0,025658	0,028537	0,031573	0,034755	0,038071	0,041509	0,045055	0,048696	0,052419	49
50	0,022541	0,025260	0,028149	0,031199	0,034398	0,037733	0,041192	0,044760	0,048423	0,052168	50

FV / PV / PMT-P / PMT-A / PV-PMT

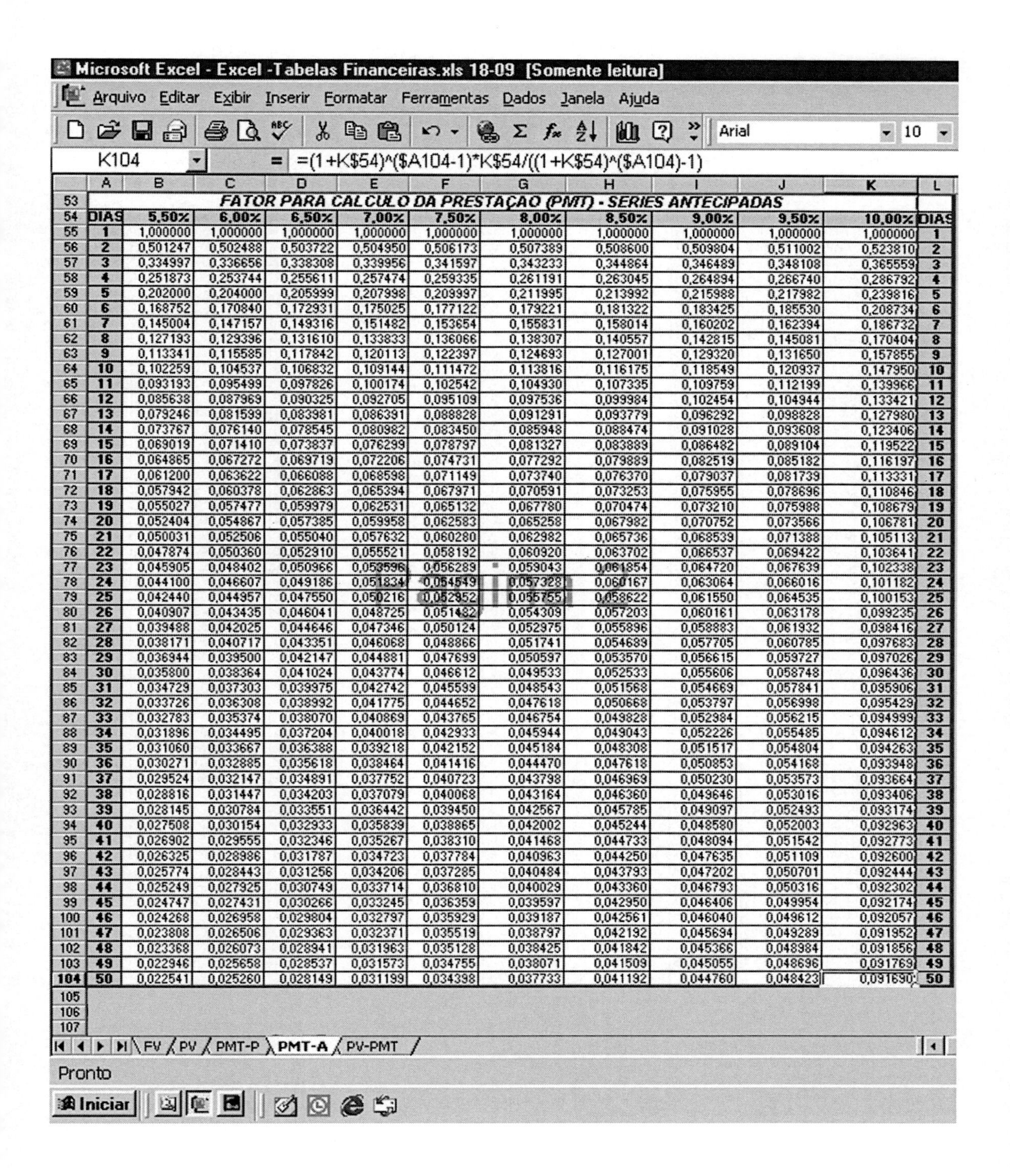

Microsoft Excel - Excel -Tabelas Financeiras.xls 18-09 [Somente leitura]

Arquivo Editar Exibir Inserir Formatar Ferramentas Dados Janela Ajuda

K104 = =(1+K$54)^($A104-1)*K$54/((1+K$54)^($A104)-1)

FATOR PARA CALCULO DA PRESTAÇAO (PMT) - SERIES ANTECIPADAS

DIAS	5,50%	6,00%	6,50%	7,00%	7,50%	8,00%	8,50%	9,00%	9,50%	10,00%	DIAS
1	1,000000	1,000000	1,000000	1,000000	1,000000	1,000000	1,000000	1,000000	1,000000	1,000000	1
2	0,501247	0,502488	0,503722	0,504950	0,506173	0,507389	0,508600	0,509804	0,511002	0,523810	2
3	0,334997	0,336656	0,338308	0,339956	0,341597	0,343233	0,344864	0,346489	0,348108	0,365559	3
4	0,251873	0,253744	0,255611	0,257474	0,259335	0,261191	0,263045	0,264894	0,266740	0,286792	4
5	0,202000	0,204000	0,205999	0,207998	0,209997	0,211995	0,213992	0,215988	0,217982	0,239816	5
6	0,168752	0,170840	0,172931	0,175025	0,177122	0,179221	0,181322	0,183425	0,185530	0,208734	6
7	0,145004	0,147157	0,149316	0,151482	0,153654	0,155831	0,158014	0,160202	0,162394	0,186732	7
8	0,127193	0,129396	0,131610	0,133833	0,136066	0,138307	0,140557	0,142815	0,145081	0,170404	8
9	0,113341	0,115585	0,117842	0,120113	0,122397	0,124693	0,127001	0,129320	0,131650	0,157855	9
10	0,102259	0,104537	0,106832	0,109144	0,111472	0,113816	0,116175	0,118549	0,120937	0,147950	10
11	0,093193	0,095499	0,097826	0,100174	0,102542	0,104930	0,107335	0,109759	0,112199	0,139966	11
12	0,085638	0,087969	0,090325	0,092705	0,095109	0,097536	0,099984	0,102454	0,104944	0,133421	12
13	0,079246	0,081599	0,083981	0,086391	0,088828	0,091291	0,093779	0,096292	0,098828	0,127980	13
14	0,073767	0,076140	0,078545	0,080982	0,083450	0,085948	0,088474	0,091028	0,093608	0,123406	14
15	0,069019	0,071410	0,073837	0,076299	0,078797	0,081327	0,083889	0,086482	0,089104	0,119522	15
16	0,064865	0,067272	0,069719	0,072206	0,074731	0,077292	0,079889	0,082519	0,085182	0,116197	16
17	0,061200	0,063622	0,066088	0,068598	0,071149	0,073740	0,076370	0,079037	0,081739	0,113331	17
18	0,057942	0,060378	0,062863	0,065394	0,067971	0,070591	0,073253	0,075955	0,078696	0,110846	18
19	0,055027	0,057477	0,059979	0,062531	0,065132	0,067780	0,070474	0,073210	0,075988	0,108679	19
20	0,052404	0,054867	0,057385	0,059958	0,062583	0,065258	0,067982	0,070752	0,073566	0,106781	20
21	0,050031	0,052506	0,055040	0,057632	0,060280	0,062982	0,065736	0,068539	0,071388	0,105113	21
22	0,047874	0,050360	0,052910	0,055521	0,058192	0,060920	0,063702	0,066537	0,069422	0,103641	22
23	0,045905	0,048402	0,050966	0,053596	0,056289	0,059043	0,061854	0,064720	0,067639	0,102338	23
24	0,044100	0,046607	0,049186	0,051834	0,054549	0,057328	0,060167	0,063064	0,066016	0,101182	24
25	0,042440	0,044957	0,047550	0,050216	0,052952	0,055755	0,058622	0,061550	0,064535	0,100153	25
26	0,040907	0,043435	0,046041	0,048725	0,051482	0,054309	0,057203	0,060161	0,063178	0,099235	26
27	0,039488	0,042025	0,044646	0,047346	0,050124	0,052975	0,055896	0,058883	0,061932	0,098416	27
28	0,038171	0,040717	0,043351	0,046068	0,048866	0,051741	0,054689	0,057705	0,060785	0,097683	28
29	0,036944	0,039500	0,042147	0,044881	0,047699	0,050597	0,053570	0,056615	0,059727	0,097026	29
30	0,035800	0,038364	0,041024	0,043774	0,046612	0,049533	0,052533	0,055606	0,058748	0,096436	30
31	0,034729	0,037303	0,039975	0,042742	0,045599	0,048543	0,051568	0,054669	0,057841	0,095906	31
32	0,033726	0,036308	0,038992	0,041775	0,044652	0,047618	0,050668	0,053797	0,056998	0,095429	32
33	0,032783	0,035374	0,038070	0,040869	0,043765	0,046754	0,049828	0,052984	0,056215	0,094999	33
34	0,031896	0,034495	0,037204	0,040018	0,042933	0,045944	0,049043	0,052226	0,055485	0,094612	34
35	0,031060	0,033667	0,036388	0,039218	0,042152	0,045184	0,048308	0,051517	0,054804	0,094263	35
36	0,030271	0,032885	0,035618	0,038464	0,041416	0,044470	0,047618	0,050853	0,054168	0,093948	36
37	0,029524	0,032147	0,034891	0,037752	0,040723	0,043798	0,046969	0,050230	0,053573	0,093664	37
38	0,028816	0,031447	0,034203	0,037079	0,040068	0,043164	0,046360	0,049646	0,053016	0,093406	38
39	0,028145	0,030784	0,033551	0,036442	0,039450	0,042567	0,045785	0,049097	0,052493	0,093174	39
40	0,027508	0,030154	0,032933	0,035839	0,038865	0,042002	0,045244	0,048580	0,052003	0,092963	40
41	0,026902	0,029555	0,032346	0,035267	0,038310	0,041468	0,044733	0,048094	0,051542	0,092773	41
42	0,026325	0,028986	0,031787	0,034723	0,037784	0,040963	0,044250	0,047635	0,051109	0,092600	42
43	0,025774	0,028443	0,031256	0,034206	0,037285	0,040484	0,043793	0,047202	0,050701	0,092444	43
44	0,025249	0,027925	0,030749	0,033714	0,036810	0,040029	0,043360	0,046793	0,050316	0,092302	44
45	0,024747	0,027431	0,030266	0,033245	0,036359	0,039597	0,042950	0,046406	0,049954	0,092174	45
46	0,024268	0,026958	0,029804	0,032797	0,035929	0,039187	0,042561	0,046040	0,049612	0,092057	46
47	0,023808	0,026506	0,029363	0,032371	0,035519	0,038797	0,042192	0,045694	0,049289	0,091952	47
48	0,023368	0,026073	0,028941	0,031963	0,035128	0,038425	0,041842	0,045366	0,048984	0,091856	48
49	0,022946	0,025658	0,028537	0,031573	0,034755	0,038071	0,041509	0,045055	0,048696	0,091769	49
50	0,022541	0,025260	0,028149	0,031199	0,034398	0,037733	0,041192	0,044760	0,048423	0,091690	50

FV / PV / PMT-P / PMT-A / PV-PMT

Pronto

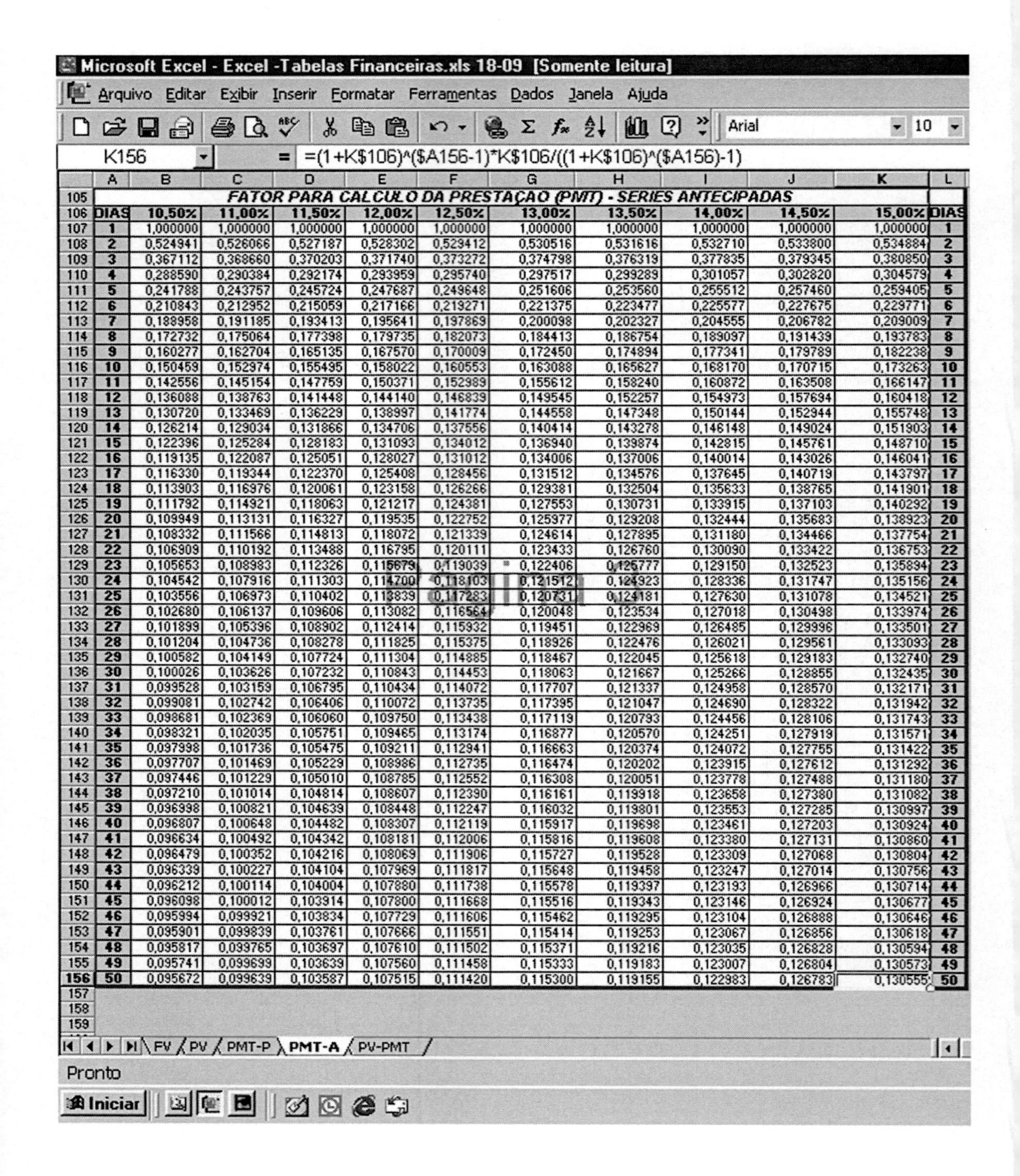

Microsoft Excel - Excel -Tabelas Financeiras.xls 18-09 [Somente leitura]

Arquivo Editar Exibir Inserir Formatar Ferramentas Dados Janela Ajuda

Arial 10

K156 = =(1+K$106)^($A156-1)*K$106/((1+K$106)^($A156)-1)

FATOR PARA CALCULO DA PRESTAÇAO (PMT) - SERIES ANTECIPADAS

DIAS	10,50%	11,00%	11,50%	12,00%	12,50%	13,00%	13,50%	14,00%	14,50%	15,00%	DIAS
1	1,000000	1,000000	1,000000	1,000000	1,000000	1,000000	1,000000	1,000000	1,000000	1,000000	1
2	0,524941	0,526066	0,527187	0,528302	0,529412	0,530516	0,531616	0,532710	0,533800	0,534884	2
3	0,367112	0,368660	0,370203	0,371740	0,373272	0,374798	0,376319	0,377835	0,379345	0,380850	3
4	0,288590	0,290384	0,292174	0,293959	0,295740	0,297517	0,299289	0,301057	0,302820	0,304579	4
5	0,241788	0,243757	0,245724	0,247687	0,249648	0,251606	0,253560	0,255512	0,257460	0,259405	5
6	0,210843	0,212952	0,215059	0,217166	0,219271	0,221375	0,223477	0,225577	0,227675	0,229771	6
7	0,188958	0,191185	0,193413	0,195641	0,197869	0,200098	0,202327	0,204555	0,206782	0,209009	7
8	0,172732	0,175064	0,177398	0,179735	0,182073	0,184413	0,186754	0,189097	0,191439	0,193783	8
9	0,160277	0,162704	0,165135	0,167570	0,170009	0,172450	0,174894	0,177341	0,179789	0,182238	9
10	0,150459	0,152974	0,155495	0,158022	0,160553	0,163088	0,165627	0,168170	0,170715	0,173263	10
11	0,142556	0,145154	0,147759	0,150371	0,152989	0,155612	0,158240	0,160872	0,163508	0,166147	11
12	0,136088	0,138763	0,141448	0,144140	0,146839	0,149545	0,152257	0,154973	0,157694	0,160418	12
13	0,130720	0,133469	0,136229	0,138997	0,141774	0,144558	0,147348	0,150144	0,152944	0,155748	13
14	0,126214	0,129034	0,131866	0,134706	0,137556	0,140414	0,143278	0,146148	0,149024	0,151903	14
15	0,122396	0,125284	0,128183	0,131093	0,134012	0,136940	0,139874	0,142815	0,145761	0,148710	15
16	0,119135	0,122087	0,125051	0,128027	0,131012	0,134006	0,137006	0,140014	0,143026	0,146041	16
17	0,116330	0,119344	0,122370	0,125408	0,128456	0,131512	0,134576	0,137645	0,140719	0,143797	17
18	0,113903	0,116976	0,120061	0,123158	0,126266	0,129381	0,132504	0,135633	0,138765	0,141901	18
19	0,111792	0,114921	0,118063	0,121217	0,124381	0,127553	0,130731	0,133915	0,137103	0,140292	19
20	0,109949	0,113131	0,116327	0,119535	0,122752	0,125977	0,129208	0,132444	0,135683	0,138923	20
21	0,108332	0,111566	0,114813	0,118072	0,121339	0,124614	0,127895	0,131180	0,134466	0,137754	21
22	0,106909	0,110192	0,113488	0,116795	0,120111	0,123433	0,126760	0,130090	0,133422	0,136753	22
23	0,105653	0,108983	0,112326	0,115679	0,119039	0,122406	0,125777	0,129150	0,132523	0,135894	23
24	0,104542	0,107916	0,111303	0,114700	0,118103	0,121512	0,124923	0,128336	0,131747	0,135156	24
25	0,103556	0,106973	0,110402	0,113839	0,117283	0,120731	0,124181	0,127630	0,131078	0,134521	25
26	0,102680	0,106137	0,109606	0,113082	0,116564	0,120048	0,123534	0,127018	0,130498	0,133974	26
27	0,101899	0,105396	0,108902	0,112414	0,115932	0,119451	0,122969	0,126485	0,129996	0,133501	27
28	0,101204	0,104736	0,108278	0,111825	0,115375	0,118926	0,122476	0,126021	0,129561	0,133093	28
29	0,100582	0,104149	0,107724	0,111304	0,114885	0,118467	0,122045	0,125618	0,129183	0,132740	29
30	0,100026	0,103626	0,107232	0,110843	0,114453	0,118063	0,121667	0,125266	0,128855	0,132435	30
31	0,099528	0,103159	0,106795	0,110434	0,114072	0,117707	0,121337	0,124958	0,128570	0,132171	31
32	0,099081	0,102742	0,106406	0,110072	0,113735	0,117395	0,121047	0,124690	0,128322	0,131942	32
33	0,098681	0,102369	0,106060	0,109750	0,113438	0,117119	0,120793	0,124456	0,128106	0,131743	33
34	0,098321	0,102035	0,105751	0,109465	0,113174	0,116877	0,120570	0,124251	0,127919	0,131571	34
35	0,097998	0,101736	0,105475	0,109211	0,112941	0,116663	0,120374	0,124072	0,127755	0,131422	35
36	0,097707	0,101469	0,105229	0,108986	0,112735	0,116474	0,120202	0,123915	0,127612	0,131292	36
37	0,097446	0,101229	0,105010	0,108785	0,112552	0,116308	0,120051	0,123778	0,127488	0,131180	37
38	0,097210	0,101014	0,104814	0,108607	0,112390	0,116161	0,119918	0,123658	0,127380	0,131082	38
39	0,096998	0,100821	0,104639	0,108448	0,112247	0,116032	0,119801	0,123553	0,127285	0,130997	39
40	0,096807	0,100648	0,104482	0,108307	0,112119	0,115917	0,119698	0,123461	0,127203	0,130924	40
41	0,096634	0,100492	0,104342	0,108181	0,112006	0,115816	0,119608	0,123380	0,127131	0,130860	41
42	0,096479	0,100352	0,104216	0,108069	0,111906	0,115727	0,119528	0,123309	0,127068	0,130804	42
43	0,096339	0,100227	0,104104	0,107969	0,111817	0,115648	0,119458	0,123247	0,127014	0,130756	43
44	0,096212	0,100114	0,104004	0,107880	0,111738	0,115578	0,119397	0,123193	0,126966	0,130714	44
45	0,096098	0,100012	0,103914	0,107800	0,111668	0,115516	0,119343	0,123146	0,126924	0,130677	45
46	0,095994	0,099921	0,103834	0,107729	0,111606	0,115462	0,119295	0,123104	0,126888	0,130646	46
47	0,095901	0,099839	0,103761	0,107666	0,111551	0,115414	0,119253	0,123067	0,126856	0,130618	47
48	0,095817	0,099765	0,103697	0,107610	0,111502	0,115371	0,119216	0,123035	0,126828	0,130594	48
49	0,095741	0,099699	0,103639	0,107560	0,111458	0,115333	0,119183	0,123007	0,126804	0,130573	49
50	0,095672	0,099639	0,103587	0,107515	0,111420	0,115300	0,119155	0,122983	0,126783	0,130555	50

FV / PV / PMT-P / PMT-A / PV-PMT

Pronto

Iniciar

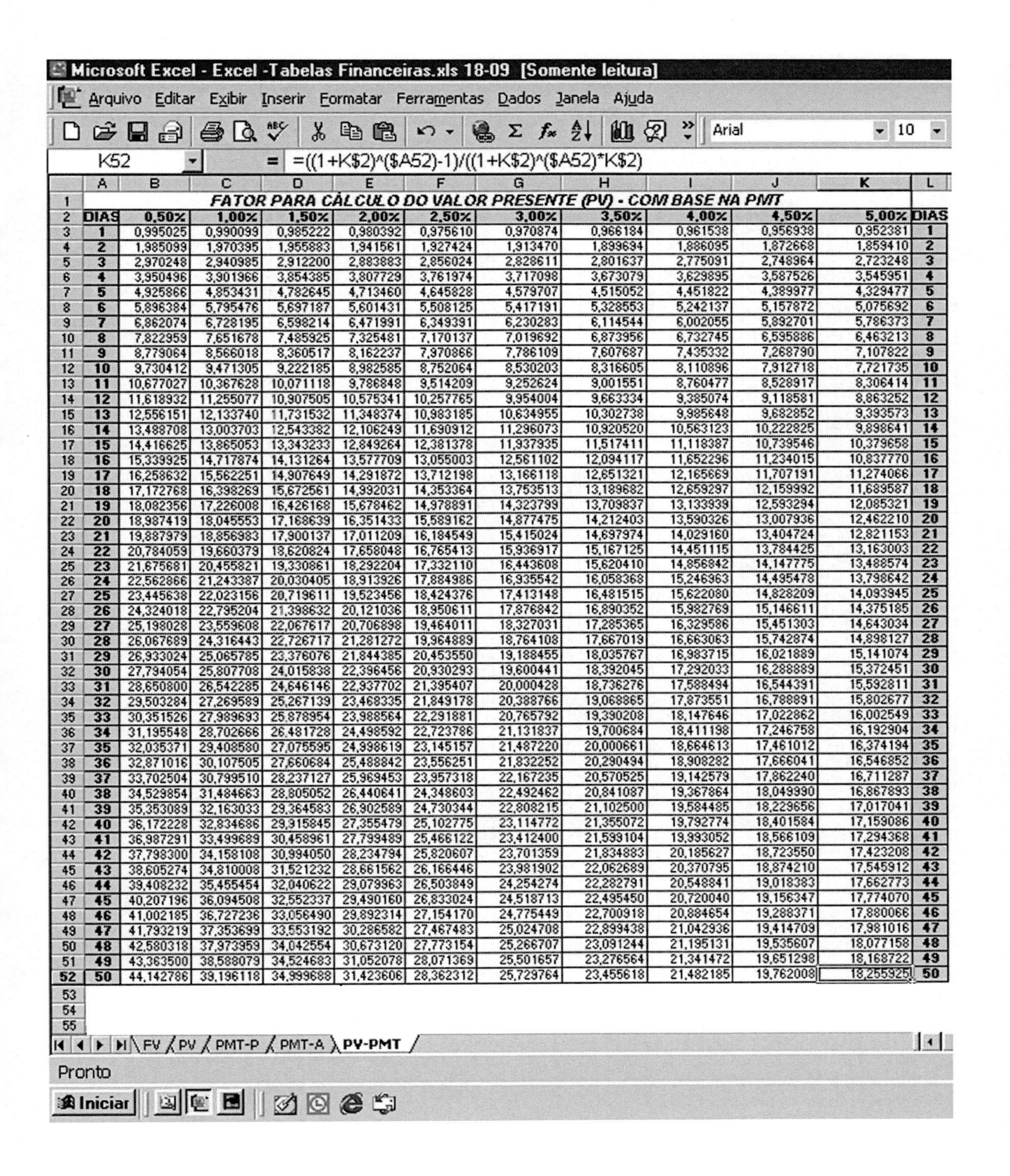

Microsoft Excel - Excel -Tabelas Financeiras.xls 18-09 [Somente leitura]

Arquivo Editar Exibir Inserir Formatar Ferramentas Dados Janela Ajuda

K52 = =((1+K$2)^($A52)-1)/((1+K$2)^($A52)*K$2)

FATOR PARA CÁLCULO DO VALOR PRESENTE (PV) - COM BASE NA PMT

DIAS	0,50%	1,00%	1,50%	2,00%	2,50%	3,00%	3,50%	4,00%	4,50%	5,00%	DIAS
1	0,995025	0,990099	0,985222	0,980392	0,975610	0,970874	0,966184	0,961538	0,956938	0,952381	1
2	1,985099	1,970395	1,955883	1,941561	1,927424	1,913470	1,899694	1,886095	1,872668	1,859410	2
3	2,970248	2,940985	2,912200	2,883883	2,856024	2,828611	2,801637	2,775091	2,748964	2,723248	3
4	3,950496	3,901966	3,854385	3,807729	3,761974	3,717098	3,673079	3,629895	3,587526	3,545951	4
5	4,925866	4,853431	4,782645	4,713460	4,645828	4,579707	4,515052	4,451822	4,389977	4,329477	5
6	5,896384	5,795476	5,697187	5,601431	5,508125	5,417191	5,328553	5,242137	5,157872	5,075692	6
7	6,862074	6,728195	6,598214	6,471991	6,349391	6,230283	6,114544	6,002055	5,892701	5,786373	7
8	7,822959	7,651678	7,485925	7,325481	7,170137	7,019692	6,873956	6,732745	6,595886	6,463213	8
9	8,779064	8,566018	8,360517	8,162237	7,970866	7,786109	7,607687	7,435332	7,268790	7,107822	9
10	9,730412	9,471305	9,222185	8,982585	8,752064	8,530203	8,316605	8,110896	7,912718	7,721735	10
11	10,677027	10,367628	10,071118	9,786848	9,514209	9,252624	9,001551	8,760477	8,528917	8,306414	11
12	11,618932	11,255077	10,907505	10,575341	10,257765	9,954004	9,663334	9,385074	9,118581	8,863252	12
13	12,556151	12,133740	11,731532	11,348374	10,983185	10,634955	10,302738	9,985648	9,682852	9,393573	13
14	13,488708	13,003703	12,543382	12,106249	11,690912	11,296073	10,920520	10,563123	10,222825	9,898641	14
15	14,416625	13,865053	13,343233	12,849264	12,381378	11,937935	11,517411	11,118387	10,739546	10,379658	15
16	15,339925	14,717874	14,131264	13,577709	13,055003	12,561102	12,094117	11,652296	11,234015	10,837770	16
17	16,258632	15,562251	14,907649	14,291872	13,712198	13,166118	12,651321	12,165669	11,707191	11,274066	17
18	17,172768	16,398269	15,672561	14,992031	14,353364	13,753513	13,189682	12,659297	12,159992	11,689587	18
19	18,082356	17,226008	16,426168	15,678462	14,978891	14,323799	13,709837	13,133939	12,593294	12,085321	19
20	18,987419	18,045553	17,168639	16,351433	15,589162	14,877475	14,212403	13,590326	13,007936	12,462210	20
21	19,887979	18,856983	17,900137	17,011209	16,184549	15,415024	14,697974	14,029160	13,404724	12,821153	21
22	20,784059	19,660379	18,620824	17,658048	16,765413	15,936917	15,167125	14,451115	13,784425	13,163003	22
23	21,675681	20,455821	19,330861	18,292204	17,332110	16,443608	15,620410	14,856842	14,147775	13,488574	23
24	22,562866	21,243387	20,030405	18,913926	17,884986	16,935542	16,058368	15,246963	14,495478	13,798642	24
25	23,445638	22,023156	20,719611	19,523456	18,424376	17,413148	16,481515	15,622080	14,828209	14,093945	25
26	24,324018	22,795204	21,398632	20,121036	18,950611	17,876842	16,890352	15,982769	15,146611	14,375185	26
27	25,198028	23,559608	22,067617	20,706898	19,464011	18,327031	17,285365	16,329586	15,451303	14,643034	27
28	26,067689	24,316443	22,726717	21,281272	19,964889	18,764108	17,667019	16,663063	15,742874	14,898127	28
29	26,933024	25,065785	23,376076	21,844385	20,453550	19,188455	18,035767	16,983715	16,021889	15,141074	29
30	27,794054	25,807708	24,015838	22,396456	20,930293	19,600441	18,392045	17,292033	16,288889	15,372451	30
31	28,650800	26,542285	24,646146	22,937702	21,395407	20,000428	18,736276	17,588494	16,544391	15,592811	31
32	29,503284	27,269589	25,267139	23,468335	21,849178	20,388766	19,068865	17,873551	16,788891	15,802677	32
33	30,351526	27,989693	25,878954	23,988564	22,291881	20,765792	19,390208	18,147646	17,022862	16,002549	33
34	31,195548	28,702666	26,481728	24,498592	22,723786	21,131837	19,700684	18,411198	17,246758	16,192904	34
35	32,035371	29,408580	27,075595	24,998619	23,145157	21,487220	20,000661	18,664613	17,461012	16,374194	35
36	32,871016	30,107505	27,660684	25,488842	23,556251	21,832252	20,290494	18,908282	17,666041	16,546852	36
37	33,702504	30,799510	28,237127	25,969453	23,957318	22,167235	20,570525	19,142579	17,862240	16,711287	37
38	34,529854	31,484663	28,805052	26,440641	24,348603	22,492462	20,841087	19,367864	18,049990	16,867893	38
39	35,353089	32,163033	29,364583	26,902589	24,730344	22,808215	21,102500	19,584485	18,229656	17,017041	39
40	36,172228	32,834686	29,915845	27,355479	25,102775	23,114772	21,355072	19,792774	18,401584	17,159086	40
41	36,987291	33,499689	30,458961	27,799489	25,466122	23,412400	21,599104	19,993052	18,566109	17,294368	41
42	37,798300	34,158108	30,994050	28,234794	25,820607	23,701359	21,834883	20,185627	18,723550	17,423208	42
43	38,605274	34,810008	31,521232	28,661562	26,166446	23,981902	22,062689	20,370795	18,874210	17,545912	43
44	39,408232	35,455454	32,040622	29,079963	26,503849	24,254274	22,282791	20,548841	19,018383	17,662773	44
45	40,207196	36,094508	32,552337	29,490160	26,833024	24,518713	22,495450	20,720040	19,156347	17,774070	45
46	41,002185	36,727236	33,056490	29,892314	27,154170	24,775449	22,700918	20,884654	19,288371	17,880066	46
47	41,793219	37,353699	33,553192	30,286582	27,467483	25,024708	22,899438	21,042936	19,414709	17,981016	47
48	42,580318	37,973959	34,042554	30,673120	27,773154	25,266707	23,091244	21,195131	19,535607	18,077158	48
49	43,363500	38,588079	34,524683	31,052078	28,071369	25,501657	23,276564	21,341472	19,651298	18,168722	49
50	44,142786	39,196118	34,999688	31,423606	28,362312	25,729764	23,455618	21,482185	19,762008	18,255925	50

FV / PV / PMT-P / PMT-A / PV-PMT

Pronto

Iniciar

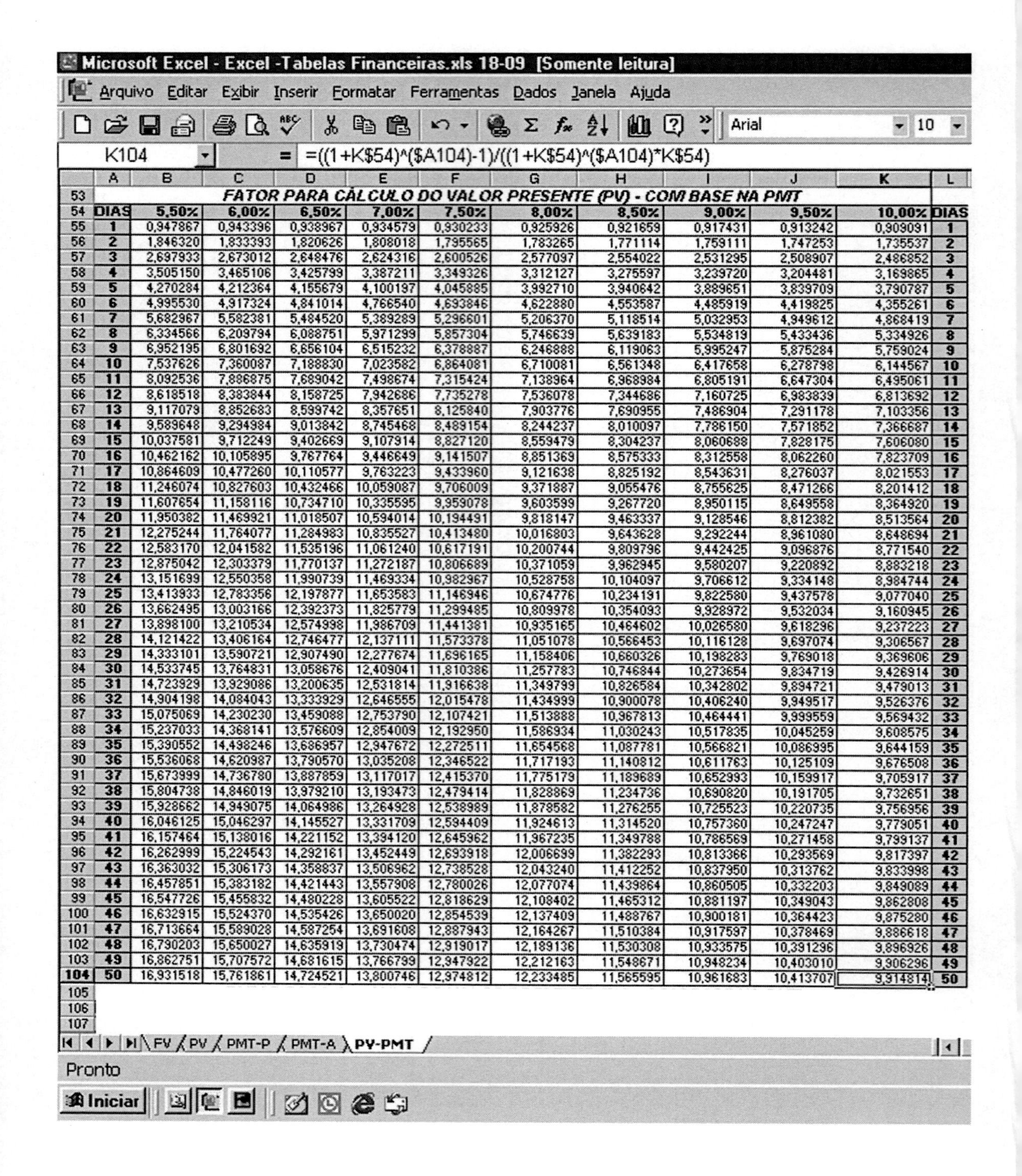

Microsoft Excel - Excel -Tabelas Financeiras.xls 18-09 [Somente leitura]

Arquivo Editar Exibir Inserir Formatar Ferramentas Dados Janela Ajuda

K104 = =((1+K$54)^($A104)-1)/((1+K$54)^($A104)*K$54)

FATOR PARA CÁLCULO DO VALOR PRESENTE (PV) - COM BASE NA PMT

DIAS	5,50%	6,00%	6,50%	7,00%	7,50%	8,00%	8,50%	9,00%	9,50%	10,00%	DIAS
1	0,947867	0,943396	0,938967	0,934579	0,930233	0,925926	0,921659	0,917431	0,913242	0,909091	1
2	1,846320	1,833393	1,820626	1,808018	1,795565	1,783265	1,771114	1,759111	1,747253	1,735537	2
3	2,697933	2,673012	2,648476	2,624316	2,600526	2,577097	2,554022	2,531295	2,508907	2,486852	3
4	3,505150	3,465106	3,425799	3,387211	3,349326	3,312127	3,275597	3,239720	3,204481	3,169865	4
5	4,270284	4,212364	4,155679	4,100197	4,045885	3,992710	3,940642	3,889651	3,839709	3,790787	5
6	4,995530	4,917324	4,841014	4,766540	4,693846	4,622880	4,553587	4,485919	4,419825	4,355261	6
7	5,682967	5,582381	5,484520	5,389289	5,296601	5,206370	5,118514	5,032953	4,949612	4,868419	7
8	6,334566	6,209794	6,088751	5,971299	5,857304	5,746639	5,639183	5,534819	5,433436	5,334926	8
9	6,952195	6,801692	6,656104	6,515232	6,378887	6,246888	6,119063	5,995247	5,875284	5,759024	9
10	7,537626	7,360087	7,188830	7,023582	6,864081	6,710081	6,561348	6,417658	6,278798	6,144567	10
11	8,092536	7,886875	7,689042	7,498674	7,315424	7,138964	6,968984	6,805191	6,647304	6,495061	11
12	8,618518	8,383844	8,158725	7,942686	7,735278	7,536078	7,344686	7,160725	6,983839	6,813692	12
13	9,117079	8,852683	8,599742	8,357651	8,125840	7,903776	7,690955	7,486904	7,291178	7,103356	13
14	9,589648	9,294984	9,013842	8,745468	8,489154	8,244237	8,010097	7,786150	7,571852	7,366687	14
15	10,037581	9,712249	9,402669	9,107914	8,827120	8,559479	8,304237	8,060688	7,828175	7,606080	15
16	10,462162	10,105895	9,767764	9,446649	9,141507	8,851369	8,575333	8,312558	8,062260	7,823709	16
17	10,864609	10,477260	10,110577	9,763223	9,433960	9,121638	8,825192	8,543631	8,276037	8,021553	17
18	11,246074	10,827603	10,432466	10,059087	9,706009	9,371887	9,055476	8,755625	8,471266	8,201412	18
19	11,607654	11,158116	10,734710	10,335595	9,959078	9,603599	9,267720	8,950115	8,649558	8,364920	19
20	11,950382	11,469921	11,018507	10,594014	10,194491	9,818147	9,463337	9,128546	8,812382	8,513564	20
21	12,275244	11,764077	11,284983	10,835527	10,413480	10,016803	9,643628	9,292244	8,961080	8,648694	21
22	12,583170	12,041582	11,535196	11,061240	10,617191	10,200744	9,809796	9,442425	9,096876	8,771540	22
23	12,875042	12,303379	11,770137	11,272187	10,806689	10,371059	9,962945	9,580207	9,220892	8,883218	23
24	13,151699	12,550358	11,990739	11,469334	10,982967	10,528758	10,104097	9,706612	9,334148	8,984744	24
25	13,413933	12,783356	12,197877	11,653583	11,146946	10,674776	10,234191	9,822580	9,437578	9,077040	25
26	13,662495	13,003166	12,392373	11,825779	11,299485	10,809978	10,354093	9,928972	9,532034	9,160945	26
27	13,898100	13,210534	12,574998	11,986709	11,441381	10,935165	10,464602	10,026580	9,618296	9,237223	27
28	14,121422	13,406164	12,746477	12,137111	11,573378	11,051078	10,566453	10,116128	9,697074	9,306567	28
29	14,333101	13,590721	12,907490	12,277674	11,696165	11,158406	10,660326	10,198283	9,769018	9,369606	29
30	14,533745	13,764831	13,058676	12,409041	11,810386	11,257783	10,746844	10,273654	9,834719	9,426914	30
31	14,723929	13,929086	13,200635	12,531814	11,916638	11,349799	10,826584	10,342802	9,894721	9,479013	31
32	14,904198	14,084043	13,333929	12,646555	12,015478	11,434999	10,900078	10,406240	9,949517	9,526376	32
33	15,075069	14,230230	13,459088	12,753790	12,107421	11,513888	10,967813	10,464441	9,999559	9,569432	33
34	15,237033	14,368141	13,576609	12,854009	12,192950	11,586934	11,030243	10,517835	10,045259	9,608575	34
35	15,390552	14,498246	13,686957	12,947672	12,272511	11,654568	11,087781	10,566821	10,086995	9,644159	35
36	15,536068	14,620987	13,790570	13,035208	12,346522	11,717193	11,140812	10,611763	10,125109	9,676508	36
37	15,673999	14,736780	13,887859	13,117017	12,415370	11,775179	11,189689	10,652993	10,159917	9,705917	37
38	15,804738	14,846019	13,979210	13,193473	12,479414	11,828869	11,234736	10,690820	10,191705	9,732651	38
39	15,928662	14,949075	14,064986	13,264928	12,538989	11,878582	11,276255	10,725523	10,220735	9,756956	39
40	16,046125	15,046297	14,145527	13,331709	12,594409	11,924613	11,314520	10,757360	10,247247	9,779051	40
41	16,157464	15,138016	14,221152	13,394120	12,645962	11,967235	11,349788	10,786569	10,271458	9,799137	41
42	16,262999	15,224543	14,292161	13,452449	12,693918	12,006699	11,382293	10,813366	10,293569	9,817397	42
43	16,363032	15,306173	14,358837	13,506962	12,738528	12,043240	11,412252	10,837950	10,313762	9,833998	43
44	16,457851	15,383182	14,421443	13,557908	12,780026	12,077074	11,439864	10,860505	10,332203	9,849089	44
45	16,547726	15,455832	14,480228	13,605522	12,818629	12,108402	11,465312	10,881197	10,349043	9,862808	45
46	16,632915	15,524370	14,535426	13,650020	12,854539	12,137409	11,488767	10,900181	10,364423	9,875280	46
47	16,713664	15,589028	14,587254	13,691608	12,887943	12,164267	11,510384	10,917597	10,378469	9,886618	47
48	16,790203	15,650027	14,635919	13,730474	12,919017	12,189136	11,530308	10,933575	10,391296	9,896926	48
49	16,862751	15,707572	14,681615	13,766799	12,947922	12,212163	11,548671	10,948234	10,403010	9,906296	49
50	16,931518	15,761861	14,724521	13,800746	12,974812	12,233485	11,565595	10,961683	10,413707	9,914814	50

FV / PV / PMT-P / PMT-A / PV-PMT

Pronto

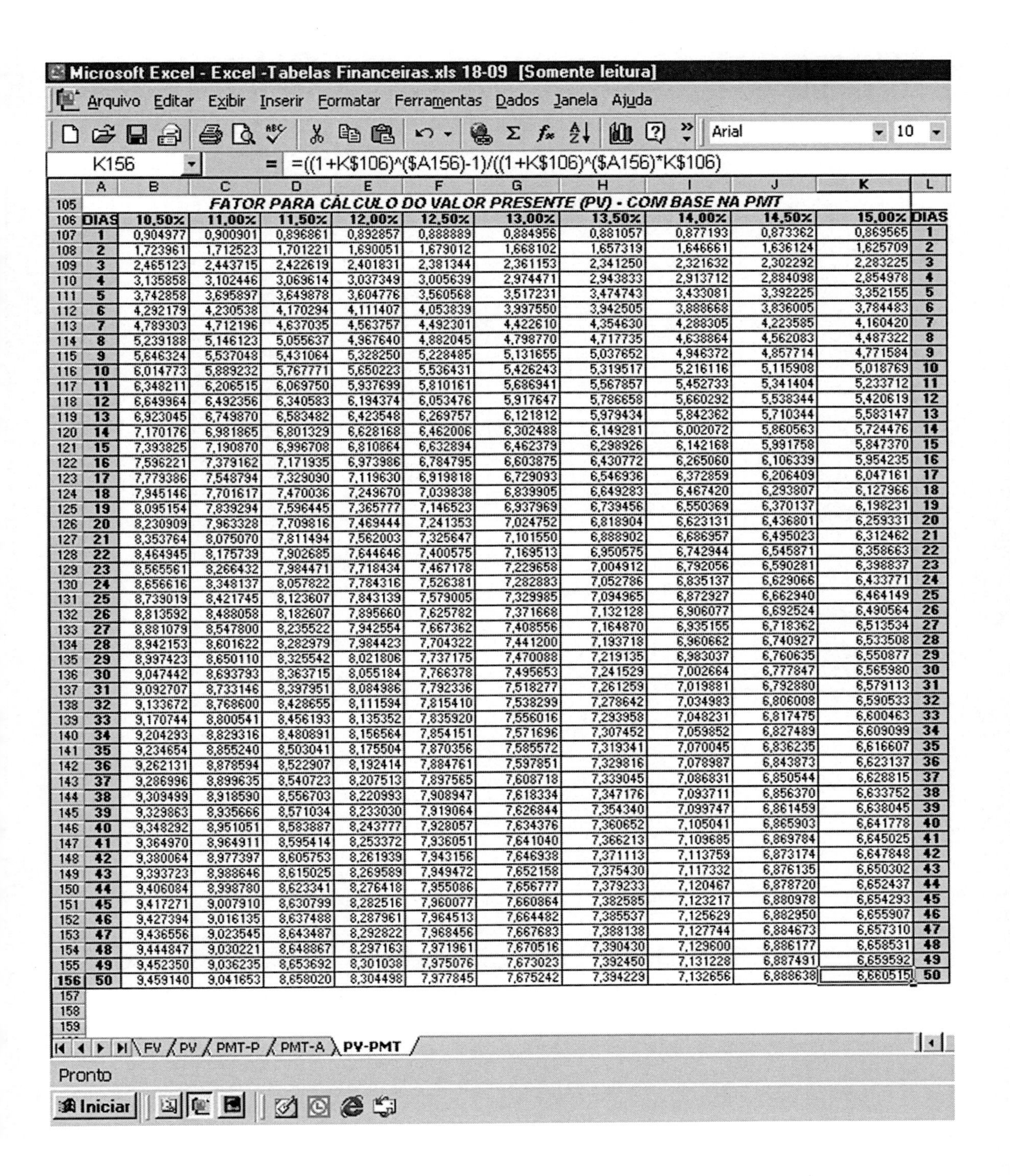

Microsoft Excel - Excel -Tabelas Financeiras.xls 18-09 [Somente leitura]

Arquivo Editar Exibir Inserir Formatar Ferramentas Dados Janela Ajuda

K156 = =((1+K$106)^($A156)-1)/((1+K$106)^($A156)*K$106)

	A	B	C	D	E	F	G	H	I	J	K	L
105	**FATOR PARA CÁLCULO DO VALOR PRESENTE (PV) - COM BASE NA PMT**											
106	**DIAS**	**10,50%**	**11,00%**	**11,50%**	**12,00%**	**12,50%**	**13,00%**	**13,50%**	**14,00%**	**14,50%**	**15,00%**	**DIAS**
107	**1**	0,904977	0,900901	0,896861	0,892857	0,888889	0,884956	0,881057	0,877193	0,873362	0,869565	**1**
108	**2**	1,723961	1,712523	1,701221	1,690051	1,679012	1,668102	1,657319	1,646661	1,636124	1,625709	**2**
109	**3**	2,465123	2,443715	2,422619	2,401831	2,381344	2,361153	2,341250	2,321632	2,302292	2,283225	**3**
110	**4**	3,135858	3,102446	3,069614	3,037349	3,005639	2,974471	2,943833	2,913712	2,884098	2,854978	**4**
111	**5**	3,742858	3,695897	3,649878	3,604776	3,560568	3,517231	3,474743	3,433081	3,392225	3,352155	**5**
112	**6**	4,292179	4,230538	4,170294	4,111407	4,053839	3,997550	3,942505	3,888668	3,836005	3,784483	**6**
113	**7**	4,789303	4,712196	4,637035	4,563757	4,492301	4,422610	4,354630	4,288305	4,223585	4,160420	**7**
114	**8**	5,239188	5,146123	5,055637	4,967640	4,882045	4,798770	4,717735	4,638864	4,562083	4,487322	**8**
115	**9**	5,646324	5,537048	5,431064	5,328250	5,228485	5,131655	5,037652	4,946372	4,857714	4,771584	**9**
116	**10**	6,014773	5,889232	5,767771	5,650223	5,536431	5,426243	5,319517	5,216116	5,115908	5,018769	**10**
117	**11**	6,348211	6,206515	6,069750	5,937699	5,810161	5,686941	5,567857	5,452733	5,341404	5,233712	**11**
118	**12**	6,649964	6,492356	6,340583	6,194374	6,053476	5,917647	5,786658	5,660292	5,538344	5,420619	**12**
119	**13**	6,923045	6,749870	6,583482	6,423548	6,269757	6,121812	5,979434	5,842362	5,710344	5,583147	**13**
120	**14**	7,170176	6,981865	6,801329	6,628168	6,462006	6,302488	6,149281	6,002072	5,860563	5,724476	**14**
121	**15**	7,393825	7,190870	6,996708	6,810864	6,632894	6,462379	6,298926	6,142168	5,991758	5,847370	**15**
122	**16**	7,596221	7,379162	7,171935	6,973986	6,784795	6,603875	6,430772	6,265060	6,106339	5,954235	**16**
123	**17**	7,779386	7,548794	7,329090	7,119630	6,919818	6,729093	6,546936	6,372859	6,206409	6,047161	**17**
124	**18**	7,945146	7,701617	7,470036	7,249670	7,039838	6,839905	6,649283	6,467420	6,293807	6,127966	**18**
125	**19**	8,095154	7,839294	7,596445	7,365777	7,146523	6,937969	6,739456	6,550369	6,370137	6,198231	**19**
126	**20**	8,230909	7,963328	7,709816	7,469444	7,241353	7,024752	6,818904	6,623131	6,436801	6,259331	**20**
127	**21**	8,353764	8,075070	7,811494	7,562003	7,325647	7,101550	6,888902	6,686957	6,495023	6,312462	**21**
128	**22**	8,464945	8,175739	7,902685	7,644646	7,400575	7,169513	6,950575	6,742944	6,545871	6,358663	**22**
129	**23**	8,565561	8,266432	7,984471	7,718434	7,467178	7,229658	7,004912	6,792056	6,590281	6,398837	**23**
130	**24**	8,656616	8,348137	8,057822	7,784316	7,526381	7,282883	7,052786	6,835137	6,629066	6,433771	**24**
131	**25**	8,739019	8,421745	8,123607	7,843139	7,579005	7,329985	7,094965	6,872927	6,662940	6,464149	**25**
132	**26**	8,813592	8,488058	8,182607	7,895660	7,625782	7,371668	7,132128	6,906077	6,692524	6,490564	**26**
133	**27**	8,881079	8,547800	8,235522	7,942554	7,667362	7,408556	7,164870	6,935155	6,718362	6,513534	**27**
134	**28**	8,942153	8,601622	8,282979	7,984423	7,704322	7,441200	7,193718	6,960662	6,740927	6,533508	**28**
135	**29**	8,997423	8,650110	8,325542	8,021806	7,737175	7,470088	7,219135	6,983037	6,760635	6,550877	**29**
136	**30**	9,047442	8,693793	8,363715	8,055184	7,766378	7,495653	7,241529	7,002664	6,777847	6,565980	**30**
137	**31**	9,092707	8,733146	8,397951	8,084986	7,792336	7,518277	7,261259	7,019881	6,792880	6,579113	**31**
138	**32**	9,133672	8,768600	8,428655	8,111594	7,815410	7,538299	7,278642	7,034983	6,806008	6,590533	**32**
139	**33**	9,170744	8,800541	8,456193	8,135352	7,835920	7,556016	7,293958	7,048231	6,817475	6,600463	**33**
140	**34**	9,204293	8,829316	8,480891	8,156564	7,854151	7,571696	7,307452	7,059852	6,827489	6,609099	**34**
141	**35**	9,234654	8,855240	8,503041	8,175504	7,870356	7,585572	7,319341	7,070045	6,836235	6,616607	**35**
142	**36**	9,262131	8,878594	8,522907	8,192414	7,884761	7,597851	7,329816	7,078987	6,843873	6,623137	**36**
143	**37**	9,286996	8,899635	8,540723	8,207513	7,897565	7,608718	7,339045	7,086831	6,850544	6,628815	**37**
144	**38**	9,309499	8,918590	8,556703	8,220993	7,908947	7,618334	7,347176	7,093711	6,856370	6,633752	**38**
145	**39**	9,329863	8,935666	8,571034	8,233030	7,919064	7,626844	7,354340	7,099747	6,861459	6,638045	**39**
146	**40**	9,348292	8,951051	8,583887	8,243777	7,928057	7,634376	7,360652	7,105041	6,865903	6,641778	**40**
147	**41**	9,364970	8,964911	8,595414	8,253372	7,936051	7,641040	7,366213	7,109685	6,869784	6,645025	**41**
148	**42**	9,380064	8,977397	8,605753	8,261939	7,943156	7,646938	7,371113	7,113759	6,873174	6,647848	**42**
149	**43**	9,393723	8,988646	8,615025	8,269589	7,949472	7,652158	7,375430	7,117332	6,876135	6,650302	**43**
150	**44**	9,406084	8,998780	8,623341	8,276418	7,955086	7,656777	7,379233	7,120467	6,878720	6,652437	**44**
151	**45**	9,417271	9,007910	8,630799	8,282516	7,960077	7,660864	7,382585	7,123217	6,880978	6,654293	**45**
152	**46**	9,427394	9,016135	8,637488	8,287961	7,964513	7,664482	7,385537	7,125629	6,882950	6,655907	**46**
153	**47**	9,436556	9,023545	8,643487	8,292822	7,968456	7,667683	7,388138	7,127744	6,884673	6,657310	**47**
154	**48**	9,444847	9,030221	8,648867	8,297163	7,971961	7,670516	7,390430	7,129600	6,886177	6,658531	**48**
155	**49**	9,452350	9,036235	8,653692	8,301038	7,975076	7,673023	7,392450	7,131228	6,887491	6,659592	**49**
156	**50**	9,459140	9,041653	8,658020	8,304498	7,977845	7,675242	7,394229	7,132656	6,888638	6,660515	**50**
157												
158												
159												

FV / PV / PMT-P / PMT-A / **PV-PMT**

Pronto

Iniciar

Bibliografia

ASSAF NETO, Alexandre. *Matemática financeira e suas aplicações*. São Paulo: Atlas, 1992.

BARROS, Dimas Monteiro de. *Matemática financeira para concursos*. São Paulo: Novas Conquistas, 2000.

BAUER, Udibert Reinoldo. *Calculadora HP-12C: manuseio, cálculos financeiros e análise de investimento*. São Paulo: Atlas, 1996.

CARVALHO, Carlos. *Aritmética comercial e financeira*. 19. ed. São Paulo: Atlântica, 1958.

EWALD, Luiz Carlos. *Apostila matemática financeira e análise de investimento*. Rio de Janeiro: Fundação Getulio Vargas, 1999.

GITMAN, Lawrence J. *Princípios de administração financeira*. 7. ed. São Paulo: Harbra, 1997.

HAZZAN, Samuel; POMPEO, José Nicolau. *Matemática financeira*. 4. ed. São Paulo: Atual, 1993.

HEWLETT-PACKARD. *Manual do proprietário e guia para solução de problemas – HP-12C*. Brasil, 1981.

LOCIKS, Júlio. *Matemática financeira para concursos*. 6. ed. Brasília: Vestcon, 2000.

MATHIAS, Washington Franco; GOMES, José Maria. *Matemática financeira*. 2. ed. São Paulo: Atlas, 1993.

NOGUEIRA, José Jorge Meschiatti. *Tabela Price: mitos e paradigmas*. 2. ed. Campinas: Millennium, 2008.

PUCCINI, Abelardo de Lima. *Matemática financeira objetiva e aplicada*. 6. ed. São Paulo: Saraiva, 1999

ROVINA, Edson. *Uma nova visão da matemática financeira: para laudos periciais e contratos de amortização*. Campinas: Millennium, 2009.

SHINODA, Carlos. *Matemática financeira para usuários do Excel*. São Paulo: Atlas, 1998.

TOSI, Armando José. *Matemática financeira com utilização do Excel*. São Paulo: Atlas, 2000.

VIEIRA SOBRINHO, José Dutra. *Matemática financeira*. 5. ed. São Paulo: Atlas, 1996.

______. *Manual de aplicações financeiras HP-12C*. São Paulo: Atlas, 1985.

Sobre o autor

Anísio Costa Castelo Branco Professor, Pesquisador, Escritor, Consultor Financeiro, Perito Judicial e Administrador. Presidente da Centralizadora de Cálculos Judiciais (CAJESP), Instituto Brasileiro de Finanças e Negócios (IBRAFIN), Associação dos Peritos Judiciais em Administração, Contabilidade e Economia (ABRAPEJ), e do Instituto Brasil Tolerância Zero (IBTZ). Especialização e Mestrado em Administração com ênfase em finanças pela USF/SP/Ad Homines. Membro do Sindicato dos Administradores de São Paulo.

Colaborador do Ministério Público do Estado de São Paulo (MPSP) em questões ligadas a matemática financeira no âmbito do Sistema Financeiro da Habitação e Imobiliário.

Atuação como professor nas áreas de Finanças, Administração e Negócios no Instituto de Pesquisas Tecnológicas da Universidade de São Paulo (IPT/USP), Faculdades São Luiz (FLS/PUC), Serviço Nacional de Aprendizagem Comercial (SENAC/SP), Universidade Santo Amaro (UNISA), Universidade São Judas/SP, Universidade Cruzeiro do Sul (UNICSUL), Universidade Bandeirante (UNIBAN), Faculdade Anchieta, Universidade Radial (UNIRADIAL), Integração (Escola de Negócios), além de palestras ministradas no mestrado da PUC/SP, Universidade Uninove, Universidade Anhanguera, Faculdade Trevisan, entre outras.

Consultor de vários programas de televisão nas seguintes redes: SBT, Rede Record, TV Gazeta, Rede TV, TV Cultura, Rede Globo Internacional, RIT TV, Rede Brasil, TV Aparecida, Alt TV, entre outros. Além de vários artigos publicados em jornais e revistas sobre Finanças Pessoais e Direito do Consumidor.